蒂图·安德雷斯库系列丛书(第一辑)

数学反思
(2010—2011)

Mathematical Reflections
Two More Years (2010–2011)

[美]蒂图·安德雷斯库(Titu Andreescu) 著

余应龙 译

哈尔滨工业大学出版社
HARBIN INSTITUTE OF TECHNOLOGY PRESS

黑版贸审字 08—2017—067 号

图书在版编目(CIP)数据

数学反思:2010—2011/(美)蒂图·安德雷斯库(Titu Andreescu)著;余应龙译.—哈尔滨:哈尔滨工业大学出版社,2018.9(2023.3 重印)

书名原文:Mathematical Reflections Two More Years(2010—2011)

ISBN 978-7-5603-7296-9

Ⅰ.①数… Ⅱ.①蒂…②余… Ⅲ.①数学—竞赛题—题解 Ⅳ.①O1-44

中国版本图书馆 CIP 数据核字(2018)第 057427 号

2014 XYZ Press,LLC

All rights reserved. This work may not be copied in whole or in part without the written permission of the publisher (XYZ Press, LLC, 3425 Neiman Rd., Plano, TX 75025, USA) except for brief excerpts in connection with reviews or scholarly analysis. www.awesomemath.org

策划编辑	刘培杰 张永芹
责任编辑	李广鑫
封面设计	孙茵艾
出版发行	哈尔滨工业大学出版社
社　　址	哈尔滨市南岗区复华四道街 10 号　邮编 150006
传　　真	0451-86414749
网　　址	http://hitpress.hit.edu.cn
印　　刷	哈尔滨午阳印刷有限公司
开　　本	787mm×1092mm　1/16　印张 21　字数 472 千字
版　　次	2018 年 9 月第 1 版　2023 年 3 月第 2 次印刷
书　　号	ISBN 978-7-5603-7296-9
定　　价	58.00 元

(如因印装质量问题影响阅读,我社负责调换)

原来真理注注比思想简单

Richard Feynman

序言

得到了忠实读者的赏识和他们具有建设性反馈意见的鼓舞,在此我们呈现《数学反思》一书:本书编撰了同名网上杂志 2010 和 2011 卷的修订本.该杂志每年出版六期,从 2006 年 1 月开始,它吸引了世界各国的读者和投稿人.为了实现使数学变得更优雅,更激动人心这一个共同的目标,该杂志成功地鼓舞了具有不同文化背景的人们对数学的热情.

本书的读者对象是高中学生、数学竞赛的参与者、大学生,以及任何对数学拥有热情的人.许多问题的提出和解答,以及文章都来自于热情洋溢的读者,他们渴望创造性、经验,以及提高对数学思想的领悟.在出版本书时,我们特别注意对许多问题的解答和文章的校正与改进,以使读者能够享受到更多的学习乐趣.

这里的文章主要集中于主流课堂以外的令人感兴趣的问题.学生们通过学习正规的数学课堂教育范围之外的材料才能开阔视野.对于指导老师来讲,这些文章为其提供了一个超越传统课程内容范畴的机会,激起其对问题讨论的动力,通过极为珍贵的发现时刻指导学生.所有这些富有特色的问题都是原创的.为了让读者更容易接受这些材料,本书由具有解题能力的专家精心编撰.初级部分呈现的是入门问题(尽管未必容易).高级部分和奥林匹克部分是为国内和国际数学竞赛准备的,例如美国数学竞赛(USAMO)或者国际数学奥林匹克(IMO)竞赛.大学部分为高等学校学生提供了解线性代数、微积分或图论等范围内非传统问题的独有的方法.

没有忠实的读者和网上杂志的合作,本书的出版是看不到希望的. 我们衷心感谢所有的读者,并对他们继续给予有力的支持表示感激之情. 我们真诚希望各位能沿着他们的足迹,接过他们的接力棒,使该杂志给热忱的数学爱好者提供更多的机会,以及在未来出版既有创新精神,又有趣的作品的这一使命得到实现.

我们也要对 Maxim Ignatiuc 先生为收集稿件提供的帮助表示感谢. 对 Gabriel Dospinescu,Cosmin Pohoata 和 Iven Borsenco 先生审阅本书表示十分感谢. 特别要感谢的是 Richard Stong 先生对手稿多处做了改进. 如果你有兴趣阅读该杂志,请登录:http://awesomemath.org/mathematical-reflections/. 读者也可以将撰写的文章、提出的问题或给出的解答发送到邮箱:reflections@awesomemath.org.

出售本书的收入,我们将用于维持未来几年杂志的运营. 让我们共同分享本书中的问题和文章吧!

Titu Andreescu 博士

目录

1 **问题** ·· 1
   1.1 初级问题 ·· 1
   1.2 高级问题 ·· 7
   1.3 大学本科问题 ·· 14
   1.4 奥林匹克问题 ·· 21

2 **解答** ·· 29
   2.1 初级问题的解答 ·· 29
   2.2 高级问题的解答 ·· 72
   2.3 大学本科问题的解答 ·· 120
   2.4 奥林匹克问题的解答 ·· 173

3 **文章** ·· 228
   3.1 黎曼和的一般化 ·· 228
   3.2 关于不等式的一个引理 ·· 232
   3.3 一个已解决的猜想的历史 ······································ 235
   3.4 边界上有正方形的三角形 ······································ 238
   3.5 论正多边形中的距离 ·· 245
   3.6 关于点的幂的一个注释 ·· 251
   3.7 关于积性函数的一些评注 ······································ 255
       3.7.1 引言 ·· 255
       3.7.2 函数 S_k ·· 255
       3.7.3 S_k 的狄利克雷级数 ·································· 257

3.8 阿波罗尼斯圆和等动力点 ……………………………………………… 259
    3.8.1 引言 …………………………………………………………… 259
    3.8.2 阿波罗尼斯圆 ………………………………………………… 259
    3.8.3 等动力点 ……………………………………………………… 262
    3.8.4 奥林匹克问题和更多的应用 ………………………………… 267
    3.8.5 更多的问题 …………………………………………………… 271

3.9 $Z[\varphi]$ 和模 n 的斐波那契数列 …………………………………… 274
    3.9.1 模 n 的周期性 ……………………………………………… 274
    3.9.2 l 的范围 …………………………………………………… 277
    3.9.3 证明一些恒等式 ……………………………………………… 277

3.10 美国数学月刊中的一个问题的改进 …………………………………… 279
    3.10.1 引言 ………………………………………………………… 279
    3.10.2 一些主要的结果 …………………………………………… 280

3.11 论 Casey 不等式 ……………………………………………………… 281

3.12 德洛茨·法尼直线定理的拉蒙恩的一般化的简短证明 …………… 285
    3.12.1 德洛茨·法尼直线定理的一般化 ………………………… 285
    3.12.2 定理 2 的证明 ……………………………………………… 285

3.13 一般化表示定理及其应用 …………………………………………… 287
    3.13.1 引言 ………………………………………………………… 288
    3.13.2 一些定义、事实和命题 …………………………………… 288
    3.13.3 一般化表示定理(GRT) …………………………………… 289
    3.13.4 一些应用 …………………………………………………… 291

3.14 蒙日－达朗贝尔圆定理 ……………………………………………… 296

编辑手记 ……………………………………………………………………… 305

1 问 题

1.1 初级问题

J145 求一切形如 $aaaabbbbb$,且能写成两个正整数的五次幂的和的九位数的个数.

J146 已知 $A_1A_2A_3A_4A_5$ 是凸五边形,$X \in A_1A_2, Y \in A_2A_3, Z \in A_3A_4, U \in A_4A_5, V \in A_5A_1, A_1Z, A_2U, A_3V, A_4X, A_5Y$ 相交于 P.

证明:$\dfrac{A_1X}{A_2X} \cdot \dfrac{A_2Y}{A_3Y} \cdot \dfrac{A_3Z}{A_4Z} \cdot \dfrac{A_4U}{A_5U} \cdot \dfrac{A_5V}{A_1V} = 1$.

J147 对于 $n \geqslant 1$,有 $a_0 = a_1 = 1, a_{n+1} = 1 + \dfrac{a_1^2}{a_0} + \cdots + \dfrac{a_n^2}{a_{n-1}}$. 求 a_n 的一个通项.

J148 对于 $n \geqslant 2$,对每一个 $\alpha_1, \cdots, \alpha_n \in (0, \pi)$,有 $\alpha_1 + \cdots + \alpha_n = \pi, \alpha_k \neq \dfrac{\pi}{2}$,以下等式成立:

$$\sum_{i=1}^n \tan \alpha_i = \dfrac{\sum_{i=1}^n \cot \alpha_i}{\prod_{i=1}^n \cot \alpha_i}$$

求一切这样的 n.

J149 在四边形 $ABCD$ 中,$\angle A > 60°$. 证明:
$$AC^2 < 2(BC^2 + CD^2).$$

J150 设 n 是大于 2 的整数. 求一切实数 x,使 $\{x\} \leqslant \{nx\}$,这里 $\{a\}$ 是 a 的小数部分.

J151 设 $a \geqslant b \geqslant c > 0$. 证明:
$$(a - b + c)\left(\dfrac{1}{a} - \dfrac{1}{b} + \dfrac{1}{c}\right) \geqslant 1.$$

J152 设 $a, b, c > 0$. 证明以下不等式成立:
$$\dfrac{a+b}{a+b+2c} + \dfrac{b+c}{b+c+2a} + \dfrac{c+a}{c+a+2b} + \dfrac{ab+bc+ca}{a^2+b^2+c^2} \leqslant \dfrac{13}{6}.$$

J153 求一切使 $n^2 + 2\,010n$ 是完全平方数的整数 n.

J154 设 $MNPQ$ 是 $\triangle ABC$ 的内接矩形,$M, N \in BC, P \in AC, Q \in AB$. 证明:

$S_{MNPQ} \leqslant \frac{1}{2} S_{\triangle ABC}$.

J155 求 n 个连续整数的平方和是质数的一切 n.

J156 设 $f:\mathbf{R} \to \mathbf{R}$ 是一个这样的函数:对一切实数 x 和一切 $y > 0, f(x) + f(x+y)$ 是有理数. 证明:对一切实数 $x, f(x)$ 是有理数.

J157 求值:
$$1^2 + 2^2 + 3^2 - 4^2 - 5^2 + 6^2 + 7^2 + 8^2 - 9^2 - 10^2 + \cdots - 2\,010^2$$
这里是连续三个"+",接着是两个"−".

J158 设 n 是与 10 互质的正整数. 证明:n^{20} 的百位数字是偶数.

J159 求使 $9n + 16$ 和 $16n + 9$ 是完全平方数的一切整数 n.

J160 在 $\triangle ABC$ 中,$\angle A = 90°$,设 d 是经过该三角形的内心 I 的直线,分别交 AB, AC 于 P, Q. 求 $AP \cdot AQ$ 的最小值.

J161 设 a, b, c 是正实数,$a + b + c + 2 = abc$. 求
$$\frac{1}{a} + \frac{1}{b} + \frac{1}{c}$$
的最小值.

J162 设 $a_1, a_2, \cdots, a_n$ 是正实数. 证明:
$$\frac{a_1}{(1+a_1)^2} + \frac{a_2}{(1+a_1+a_2)^2} + \cdots + \frac{a_n}{(1+a_1+\cdots+a_n)^2} \leqslant \frac{a_1+\cdots+a_n}{1+a_1+\cdots+a_n}.$$

J163 设 a, b, c 是非零实数,$ab + bc + ca \geqslant 0$. 证明:
$$\frac{ab}{a^2+b^2} + \frac{bc}{b^2+c^2} + \frac{ca}{c^2+a^2} \geqslant \frac{1}{2}.$$

J164 如果 x 和 y 是正实数,并且 $(x + \sqrt{x^2+1})(y + \sqrt{y^2+1}) = 2\,011$,求 $x + y$ 的最小值.

J165 求满足方程组
$$\begin{cases} (x^2+1)(y^2+1) + \dfrac{z^2}{10} = 2\,010 \\ (x+y)(xy-1) + 14z = 1\,985 \end{cases}$$
的整数三元组 (x, y, z).

J166 点 P 在 $\triangle ABC$ 内,设 d_a, d_b, d_c 是 P 到三边的距离. 证明:
$$\frac{K}{d_a d_b d_c} \geqslant \frac{s}{2Rr}$$
其中 K 为点 P 的垂足三角形的面积,s, R, r 分别是 $\triangle ABC$ 的半周长、外接圆的半径和内切圆的半径.

J167 设 a, b, c 是大于 1 的实数,且

$$\frac{b+c}{a^2-1}+\frac{c+a}{b^2-1}+\frac{a+b}{c^2-1} \geqslant 1.$$

证明：
$$\left(\frac{bc+1}{a^2-1}\right)^2+\left(\frac{ca+1}{b^2-1}\right)^2+\left(\frac{ab+1}{c^2-1}\right)^2 \geqslant \frac{10}{3}.$$

J168 设 n 是正整数. 求使方程组
$$\begin{cases} x_1+x_2+\cdots+x_n=a \\ x_1^2+x_2^2+\cdots+x_n^2=a \end{cases}$$
没有整数解的最小正整数 a.

J169 如果 $x,y,z>0, x+y+z=1$. 求
$$E(x,y,z)=\frac{xy}{x+y}+\frac{yz}{y+z}+\frac{zx}{z+x}$$
的最大值.

J170 在正五边形 $ABCDE$ 的内部考虑一点 M, 使 $\triangle MDE$ 是等边三角形. 求 $\triangle AMB$ 的各个内角.

J171 如果不同的字母表示不同的数, 以下的加法是否可能正确?

```
  A X X X U
  B X X V
  C X X Y
+ D E X X Z
  ─────────
  X X X X X
```

J172 设 P 是等边 $\triangle ABC$ 的内部一点, A',B',C' 分别是 AP,BP,CP 与边 BC,CA,AB 的交点. 求使
$$A'B^2+B'C^2+C'A^2=AB'^2+BC'^2+CA'^2$$
的一切点 P.

J173 a 和 b 是有理数, 且
$$|a| \leqslant \frac{47}{|a^2-3b^2|}, |b| \leqslant \frac{52}{|b^2-3a^2|}.$$
证明: $a^2+b^2 \leqslant 17$.

J174 $\triangle ABC$ 的内切圆分别与边 BC,CA,AB 切于 D,E,F. 设 K 是边 BC 上的一点, M 是线段 AK 上的点, 且 $AM=AE=AF$. 设 L,N 分别表示 $\triangle ABK$ 和 $\triangle ACK$ 的内心. 证明: 当且仅当 $DLMN$ 是正方形时, K 是从 A 出发的高的垂足.

J175 设 $a,b \in (0,\frac{\pi}{2})$, 且
$$\sin^2 a+\cos 2b \geqslant \frac{1}{2}\sec a, \sin^2 b+\cos 2a \geqslant \frac{1}{2}\sec b.$$
证明: $\cos^6 a+\cos^6 b \geqslant \frac{1}{2}$.

J176 求方程组

$$\begin{cases} x_1 + x_2 + \cdots + x_n = 1 \\ \dfrac{1}{x_1} + \dfrac{1}{x_2} + \cdots + \dfrac{1}{x_n} + \dfrac{1}{x_1 x_2 \cdots x_n} = n^3 + 1 \end{cases}$$

的正实数解.

J177 设 x, y, z 是非负实数, 且对某些正实数 a, b, c, 有 $ax + by + cz \leqslant 3abc$. 证明:

$$\sqrt{\frac{x+y}{2}} + \sqrt{\frac{y+z}{2}} + \sqrt{\frac{z+x}{2}} + \sqrt[4]{xyz} \leqslant \frac{1}{4}(abc + 5a + 5b + 5c).$$

J178 求整数数列 $(a_n)_{n \geqslant 0}$ 和 $(b_n)_{n \geqslant 0}$, 对每一个 $n \geqslant 0$, 有

$$(2 + \sqrt{5})^n = a_n + b_n \frac{1 + \sqrt{5}}{2}.$$

J179 求方程组

$$\begin{cases} (x+y)(y^3 - z^3) = 3(z-x)(z^3 + x^3) \\ (y+z)(z^3 - x^3) = 3(x-y)(x^3 + y^3) \\ (z+x)(x^3 - y^3) = 3(y-z)(y^3 + z^3) \end{cases}$$

的实数解.

J180 设 a, b, c, d 是不同的实数, 且

$$\frac{1}{\sqrt[3]{a-b}} + \frac{1}{\sqrt[3]{b-c}} + \frac{1}{\sqrt[3]{c-d}} + \frac{1}{\sqrt[3]{d-a}} \neq 0.$$

证明: $\sqrt[3]{a-b} + \sqrt[3]{b-c} + \sqrt[3]{c-d} + \sqrt[3]{d-a} \neq 0$.

J181 设 a, b, c, d 是正实数. 证明:

$$\left(\frac{a+b}{2}\right)^3 + \left(\frac{c+d}{2}\right)^3 \leqslant \left(\frac{a^2 + d^2}{a+d}\right)^3 + \left(\frac{b^2 + c^2}{b+c}\right)^3.$$

J182 圆 $C_1(O_1, r)$ 和 $C_2(O_2, R)$ 外切. 过 O_1 的切线切 C_2 于 A 和 B, 过 O_2 的切线切 C_1 于 C 和 D. 设 $O_1 A \cap O_2 C = E, O_1 B \cap O_2 D = F$. 证明: $EF \cap O_1 O_2 = AD \cap BC$.

J183 设 x, y, z 是实数. 证明:

$$(x^2 + y^2 + z^2)^2 + xyz(x + y + z) \geqslant \frac{2}{3}(xy + yz + zx)^2 + (x^2 y^2 + y^2 z^2 + z^2 x^2)^2.$$

J184 求满足方程组

$$x + y + z + w = xy + yz + zx + w^2 - w = xyz - w^3 = -1$$

的所有整数四元组 (w, x, y, z).

J185 设 $H(x, y) = \dfrac{2xy}{x+y}$ 是正实数 x, y 的调和平均. 对于 $n \geqslant 2$, 求最大常数 C, 对任何正实数 $a_1, a_2, \cdots, a_n, b_1, b_2, \cdots, b_n$, 以下不等式成立:

$$\frac{C}{H(a_1 + \cdots + a_n, b_1 + \cdots + b_n)} \leqslant \frac{1}{H(a_1, b_1)} + \cdots + \frac{1}{H(a_n, b_n)}.$$

J186 设 $\triangle ABC$ 是直角三角形,$\angle C$ 是直角,$AC=3$,$BC=4$,中线 AA_1 交角平分线 BB_1 于 O. 过点 O 的直线 l 交斜边 AB 于 M,交 AC 于 N. 证明:
$$\frac{MB}{MA} \cdot \frac{NC}{NA} \leqslant \frac{4}{9}.$$

J187 设 $m \geqslant 1$,$f:[m,\infty) \to [1,\infty)$,$f(x)=x^2-2mx^2+m^2+1$.
(1) 证明:f 是双射.
(2) 解方程 $f(x)=f^{-1}(x)$.
(3) 解方程 $x^2-2mx^2+m^2+1=m+\sqrt{x-1}$.

J188 设 a,b,c 是正实数. 证明:
$$\frac{1}{10a+11b+11c}+\frac{1}{11a+10b+11c}+\frac{1}{11a+11b+10c} \leqslant \frac{1}{32a}+\frac{1}{32b}+\frac{1}{32c}.$$

J189 求所有质数 q_1,q_2,q_3,q_4,q_5,使 $q_1^4+q_2^4+q_3^4+q_4^4+q_5^4$ 是两个连续偶数的积.

J190 点 A',B',C' 分别在 $\triangle ABC$ 的边 BC,CA,AB 上,AA',BB',CC' 共点于 M,且
$$\frac{AM}{MA'} \cdot \frac{BM}{MB'} \cdot \frac{CM}{MC'} = 2\,011.$$
求 $\frac{AM}{MA'}+\frac{BM}{MB'}+\frac{CM}{MC'}$ 的值.

J191 求一切正整数 $n \geqslant 2$,使 $(n-2)!+(n+2)!$ 是完全平方数.

J192 考虑锐角 $\triangle ABC$. 设 $X \in AB$,$Y \in AC$,使四边形 $BXYC$ 是圆外接四边形,R_1,R_2,R_3 分别是 $\triangle AXY,\triangle BXY,\triangle ABC$ 的外接圆的半径. 证明:如果 $R_1^2+R_2^2=R_3^2$,则 BC 是圆 $(BXYC)$ 的直径.

J193 设正方形 $ABCD$ 的中心为 O. 过 O 平行于 AD 的直线交 AB,CD 于 M,N,平行于 AB 的直线交 AC 于 P. 证明:
$$OP^4+\left(\frac{MN}{2}\right)^4=MP^2 \cdot NP^2.$$

J194 设 a,b,c 是 $\triangle ABC$ 的边长,c 是最大边. 证明:
$$\frac{ab(2c+a+b)}{(a+c)(b+c)} \leqslant \frac{a+b+c}{3}.$$

J195 求一切质数 p 和 q,使 $pq-555p$ 和 $pq+555q$ 都是完全平方数.

J196 设 I 是 $\triangle ABC$ 的内心,A',B',C' 是从顶点 A,B,C 出发的高的垂足. 证明:如果 $IA'=IB'=IC'$,那么 $\triangle ABC$ 是等边三角形.

J197 设 x,y,z 是正实数. 证明:
$$\sqrt{2(x^2y^2+y^2z^2+z^2x^2)\left(\frac{1}{x^3}+\frac{1}{y^3}+\frac{1}{z^3}\right)}$$

$$\geq x\sqrt{\frac{1}{y}+\frac{1}{z}}+y\sqrt{\frac{1}{z}+\frac{1}{x}}+z\sqrt{\frac{1}{x}+\frac{1}{y}}.$$

J198 求一切正整数组(x,y),使$x!+y!+3$是完全立方数.

J199 证明:存在无穷多对质数对(p,q),使p^6+q^4有差为$4pq$的两个正因子.

J200 设x,y,z是正实数,且$x\leq 2,y\leq 3,x+y+z=11$.证明:$xyz\leq 36$.

J201 已知$\triangle ABC$是等腰三角形,$AB=AC$.点D在AC上,$\angle CBD=3\angle ABD$.如果
$$\frac{1}{AB}+\frac{1}{BD}=\frac{1}{BC}.$$
求$\angle A$.

J202 设I是$\triangle ABC$的内心,A_1,B_1,C_1是I关于边BC,CA,AB的中点的对称点.如果I_a,I_b,I_c分别表示与边BC,CA,AB相切的旁切圆的圆心,证明:直线I_aA_1,I_bB_1,I_cC_1共点.

J203 在梯形$ABCD$中,$AB \parallel CD$,顶点A,B处的角是锐角,设E是A关于B的对称点.直线BC和过A,E的与以D为圆心,与AB相切的圆的两条切线共点于F.证明:当且仅当$AF+EF=4AB$时,BC平分线段EF.

J204 已知$\triangle ABC$的内心I,从A出发的高的垂足和BC边的中点,用直尺和圆规作$\triangle ABC$.

J205 求具有以下性质的最大的n位数$a_1a_2\cdots a_n$:

(1) 各位数字都不是零,且各不相同;

(2) 对于每一个$k=2,\cdots,n-1$,$\frac{1}{a_{k-1}},\frac{1}{a_k},\frac{1}{a_{k+1}}$是等差数列或等比数列.

J206 平面内有点A,B,C,X,Y,Z.证明:当且仅当$\triangle XBC,\triangle YCA,\triangle ZAB$的外心共线时,$\triangle AYZ,\triangle BZX,\triangle CXY$的外心共线.

J207 已知a,b是非负整数,求形如2^a5^b+1,且能被一个各位数字都不相同的数整除的最大的数.

J208 设K是$\triangle ABC$的对称中线的交点.R是外接圆的半径.证明:
$$AK+BK+CK\leq 3R.$$

译者注:对称中线指的是中线关于角平分线对称的西瓦线.可以证明三角形的三条对称中线共点.

J209 设a,b,c是正实数,$a+b+c=1$.证明:
$$\frac{(b+c)^5}{a}+\frac{(c+a)^5}{b}+\frac{(a+b)^5}{c}\geq \frac{32}{9}(bc+ca+ab).$$

J210 设P,Q是$\triangle ABC$所在平面内的点,且
$$\{AP,BP,CP\}=\{AQ,BQ,CQ\}.$$

证明：$PG = QG$，其中 G 是 $\triangle ABC$ 的重心.

J211 设 a,b,c 是正实数，$a^3 + b^3 + c^3 = 1$. 证明：
$$\frac{1}{a^5(b^2+c^2)^2} + \frac{1}{b^5(c^2+a^2)^2} + \frac{1}{c^5(a^2+b^2)^2} \geq \frac{81}{4}.$$

J212 求方程组
$$\begin{cases} (x-2y)(x-4z) = 6 \\ (y-2z)(y-4x) = 10 \\ (z-2x)(z-4y) = -16 \end{cases}$$
的实数解.

J213 对于任何正整数 n，设 $S(n)$ 表示其十进制表示的各位数字的和. 证明：对于不能被 1 整除的一切正整数 n，使 $S(n) > S(n^2 + 2\,012)$ 的 n 的集合是无穷集合.

J214 设 $a,b,c,d,e \in [1,2]$. 证明：
$$ab + bc + cd + de + ea \geq a^2 + b^2 + c^2 + d^2 - e^2.$$
并求等号成立时，a,b,c,d,e 的值.

J215 证明：对于任何质数 $p > 3$，$\dfrac{p^6-7}{3} + 2p^2$ 都能写成两个完全立方数的和.

J216 设 ω 是一个圆，M 是圆外一点. 过 M 作直线 l_1, l_2, l_3 与 ω 相交，并考虑交点 $l_1 \cap \omega = \{A_1, A_2\}$，$l_2 \cap \omega = \{B_1, B_2\}$，$l_3 \cap \omega = \{C_1, C_2\}$. 记 $P = A_1B_2 \cap A_2B_1$，$Q = B_1C_2 \cap B_2C_1$，R 是 PQ 与 ω 的交点之一. 证明：MR 与 ω 相切.

1.2 高级问题

S145 设 k 是正实数. 求所有函数 $f: \mathbf{R} \to \mathbf{R}$，使对于一切 $x,y,z \in \mathbf{R}$，有
$$f(xy) + f(yz) + f(zx) - k(f(x)f(yz) + f(y)f(zx) + f(z)f(xy)) \geq \frac{3}{4k}.$$

S146 在 $\triangle ABC$ 中，设 m_a, m_b, m_c 是 $\triangle ABC$ 的中线，k_a, k_b, k_c 是对称中线，r 是内切圆的半径，R 是外接圆的半径. 证明：
$$\frac{3R}{2r} \geq \frac{m_a}{k_a} + \frac{m_b}{k_b} + \frac{m_c}{k_c} \geq 3.$$

S147 设 $x_1, \cdots, x_n, a, b > 0$. 证明以下不等式成立：
$$\frac{x_1^3}{(ax_1+bx_2)(ax_2+bx_1)} + \cdots + \frac{x_n^3}{(ax_n+bx_1)(ax_1+bx_n)} \geq \frac{x_1 + \cdots + x_n}{(a+b)^2}.$$

S148 设 n 是正整数，a,b,c 是实数，且 $a^2b \geq c^2$. 求一切实数 $x_1, x_2, \cdots, x_n, y_1, y_2, \cdots, y_n$，使
$$x_1y_1 + \cdots + x_ny_n = \frac{a}{2}, \quad x_1^2 + \cdots + x_n^2 + b(y_1^2 + \cdots + y_n^2) = c.$$

S149 证明:在任意锐角 $\triangle ABC$ 中,
$$\frac{1}{2}(1+\frac{r}{R})^2-1 \leqslant \cos A\cos B\cos C \leqslant \frac{r}{2R}(1-\frac{r}{R}).$$

S150 设 $A_1A_2A_3A_4$ 是内接于圆 $C(O,R)$,外切于 $\omega(I,r)$ 的四边形. R_i 表示与 A_iA_{i+1} 相切,且与边 $A_{i-1}A_i$ 和 $A_{i+1}A_{i+2}$ 的延长线相切的圆的半径. 证明:和式 $R_1+R_2+R_3+R_4$ 与点 A_1,A_2,A_3,A_4 的位置无关.

S151 求实数三元组 (x,y,z),使
$$x^2+y^2+z^2+1=xy+yz+zx+|x-2y+z|.$$

S152 设 $k\geqslant 2$ 是整数,$m,n\geqslant 2$,m,n 互质. 证明:方程
$$x_1^m+x_2^m+\cdots+x_k^m=x_{k+1}^n$$
有无穷多组不同的正整数解.

S153 设 X 是凸四边形 $ABCD$ 的内点. P,Q,R,S 分别是 X 在边 AB,BC,CD,DA 上的正射影. 证明:当且仅当
$$QB\cdot BC+SD\cdot DA=\frac{1}{2}(AB^2+CD^2)$$
时,
$$PA\cdot AB+RC\cdot CD=\frac{1}{2}(AD^2+BC^2)$$

S154 设 $k\geqslant 2$ 是整数,$n_1,\cdots,n_k$ 是正整数. 证明:不存在有理数 $x_1,x_2,\cdots,x_k,y_1,y_2,\cdots,y_k$,使
$$(x_1+y_1\sqrt{2})^{2n_1}+\cdots+(x_k+y_k\sqrt{2})^{2n_k}=5+4\sqrt{2}$$

S155 设 a,b,c,d 是复数,对应于凸四边形 $ABCD$ 的顶点. 已知 $\overline{ac}=ac,\overline{bd}=bd,a+b+c+d=0$. 证明:$ABCD$ 是平行四边形.

S156 设 $f:\mathbf{N}\to[0,\infty)$ 是满足以下条件的函数:
(1) $f(100)=10$;
(2) 对一切非负整数 n,有
$$\frac{1}{f(0)+f(1)}+\frac{1}{f(1)+f(2)}+\cdots+\frac{1}{f(n)+f(n+1)}=f(n+1).$$
求 $f(n)$ 的通项.

S157 设 ABC 是三角形. 求在直线 BC 上的点 X 的轨迹,使
$$AB^2+AC^2=2(AX^2+BX^2).$$

S158 是否存在这样的整数 n,使 $n+8,8n-27$ 和 $27n-1$ 中恰好有两个是完全立方数.

S159 在 $\triangle ABC$ 中,直线 AA',BB',CC' 共点于 P,其中 A',B',C' 分别在边 BC,

CA,AB 上. 考虑分别在线段 $B'C'$,$C'A'$,$A'B'$ 上的点 A'',B'',C''. 证明：当且仅当 $A'A''$, $B'B''$,$C'C''$ 共点时,AA'',BB'',CC'' 共点.

S160 在 $\triangle ABC$ 中,$\angle B \geqslant 2\angle C$.设 D 是从 A 出发的高的垂足,M 是 BC 的中点.证明：
$$DM \geqslant \frac{AB}{2}.$$

S161 设锐角 $\triangle ABC$ 内接于圆心为 O,半径为 R 的圆.如果 d_a,d_b,d_c 是 O 到三角形的各边的距离.证明：
$$R^3 - (d_a^2 + d_b^2 + d_c^2)R - 2d_a d_b d_c = 0.$$

S162 Alice 有一架最小量程为克的天平.第 n 步她从一块大的薄片中切出一块边长为 n 的正方形的薄片,然后放到天平的两个秤盘中的一个.边长为 1 的正方形薄片的质量是 1 克.

(1)证明：对于每一个整数 g,Alice 把正方形的薄片放在秤盘上,经过若干步以后,可以使两个秤盘上的薄片的总质量之差是 g 克.

(2)求使得两个秤盘中的薄片的总质量之差是 2 010 克的最少的步数.

S163 (1)证明：对于每一个正整数 n,存在唯一的正整数 a_n,使
$$(1+\sqrt{5})^n = \sqrt{a_n} + \sqrt{a_n + 4^n}.$$

(2)当 n 是偶数时,证明：a_n 能被 $5 \cdot 4^{n-1}$ 整除,并求出商.

S164 设 $ABCD$ 是对角线互相垂直的圆内接四边形.对于外接圆上的点 P,设 l_P 是过点 P 的圆的切线.设 $U = l_A \cap l_B$,$V = l_B \cap l_C$,$W = l_C \cap l_D$,$K = l_D \cap l_A$.证明：四边形 $UVWK$ 是圆内接四边形.

S165 设 I 是 $\triangle ABC$ 的内心.证明：
$$AI \cdot BI \cdot CI \geqslant 8r^3.$$
其中 r 是 $\triangle ABC$ 的内切圆的半径.

S166 如果 $a_1, a_2, \cdots, a_k \in (1,0)$,$k$,$n$ 是整数,$k > n \geqslant 1$,证明以下不等式成立：
$$\min\{a_1(1-a_2)^n, a_2(1-a_3)^n, \cdots, a_k(1-a_1)^n\} \leqslant \frac{n^n}{(n+1)^{n+1}}.$$

S167 设 I_a 是 $\triangle ABC$ 的与边 BC 相切的旁切圆的圆心.A',B',C' 分别是旁切圆与边 BC,CA,AB 的切点.证明：$\triangle AI_a A'$,$\triangle BI_a B'$,$\triangle CI_a C'$ 的外接圆有一个不同于点 I_a 的公共点,且该公共点位于直线 $G_a I_a$ 上,这里 G_a 是 $A'B'C'$ 的重心.

S168 设 $a_0 \geqslant 2$,$a_{n+1} = a_n^2 - a_n + 1$,$n \geqslant 0$.证明：
$$\log_{a_0}(a_n - 1) \log_{a_1}(a_n - 1) \cdots \log_{a_{n-1}}(a_n - 1) \geqslant n^n.$$

S169 设 $k > 1$ 是奇数,且对某些正整数 a,b,c,d,$\{a,b\} \neq \{c,d\}$,有 $a^k + b^k = c^k + d^k$.证明：$\dfrac{a^k + b^k}{a+b}$ 不是质数.

S170 考虑 $n(n \geqslant 6)$ 个圆, 这 n 个圆的半径都是 $r < 1$, 都与一个半径为 1 的圆相切. 假定每个半径为 r 的圆都与另两个半径为 r 的圆相切. 求 r.

S171 证明: 如果多项式 $P \in \mathbf{R}[X]$ 有 n 个不同的实数零点, 那么对任何 $\alpha \in \mathbf{R}$, 多项式 $Q(X) = \alpha X P(X) + P'(X)$ 有 $n-1$ 个不同的实数零点.

S172 设 a, b, c 是正实数. 证明:
$$\sum_{cyc} \frac{a^2 b^2 (b-c)}{a+b} \geqslant 0.$$

S173 设
$$f_n(x, y, z) = \frac{(x-y)z^{n+2} + (y-z)x^{n+2} + (z-x)y^{n+2}}{(x-y)(y-z)(x-z)}.$$
证明: $f_n(x, y, z)$ 可写成 n 次多项式的和, 并对一切正整数 n, 求 $f_n(1,1,1)$.

S174 证明: 对于每一个正整数 k, 方程
$$x_1^3 + x_2^3 + \cdots + x_k^3 + x_{k+1}^2 = x_{k+2}^4$$
有无穷多组正整数解, 且 $x_1 < x_2 < \cdots < x_{k+1}$.

S175 设 p 是质数. 求一切整数 $a_1, \cdots, a_n$, 使
$$a_1 + \cdots + a_n = p^2 - p,$$
且方程 $px^n + a_1 x^{n-1} + \cdots + a_n = 0$ 的一切解都是非零整数.

S176 设 ABC 是三角形. AA_1, BB_1, CC_1 是相交于点 P 的 Ceva 线. $K_a = K_{AB_1C_1}$, $K_b = K_{BC_1A_1}$, $K_c = K_{CA_1B_1}$ 表示 $\triangle AB_1C_1, \triangle BC_1A_1, \triangle CA_1B_1$ 的面积. 证明: $K_{A_1B_1C_1}$ 是方程
$$x^3 + (K_a + K_b + K_c)x^2 - 4K_a K_b K_c = 0$$
的根.

S177 证明: 在任意锐角 $\triangle ABC$ 中
$$\sin \frac{A}{2} + \sin \frac{B}{2} + \sin \frac{C}{2} \geqslant \frac{5R + 2r}{4R}.$$

S178 证明: 存在正有理数数列 $(x_k)_{k \geqslant 1}$ 和 $(y_k)_{k \geqslant 1}$, 使对于一切正整数 n 和 k, 有
$$(x_k + y_k \sqrt{5})^n = F_{kn-1} + F_{kn} \frac{1+\sqrt{5}}{2},$$
这里 $(F_m)_{m \geqslant 1}$ 是斐波那契数列.

S179 求一切正整数 a, b, 使 $\frac{(a^2+1)^2}{ab-1}$ 是正整数.

S180 求方程组
$$\begin{cases} x^4 + y^4 = \dfrac{121x - 122y}{4xy} \\ x^4 + 14x^2 y^2 + y^4 = \dfrac{122x + 121y}{x^2 + y^2} \end{cases}$$
的非零实数解.

S181 设 a 和 b 是正实数,且
$$|a-2b| \leqslant \frac{1}{\sqrt{a}} \text{ 和 } |2a-b| \leqslant \frac{1}{\sqrt{b}}.$$
证明:$a+b \leqslant 2$.

S182 设 a,b,c 是实数,$a>b>c$. 证明:对每一个实数 x,以下不等式成立.
$$\sum_{cyc}(x-a)^4(b-c) \geqslant \frac{1}{6}(a-b)(b-c)(a-c)((a-b)^2+(b-c)^2+(c-a)^2).$$

S183 设 $a_0 \in (0,1), a_n = a_{n-1} - \frac{a_{n-1}^2}{2}, n \geqslant 1$. 证明:对一切 n,有
$$\frac{n}{2} \leqslant \frac{1}{a_n} - \frac{1}{a_0} < \frac{n+1+\sqrt{n}}{2}.$$

S184 设 $H_n = \frac{1}{2} + \frac{1}{3} + \cdots + \frac{1}{n}, n \geqslant 2$. 证明:
$$e^{H_n} > \sqrt[n]{n!} \geqslant 2^{H_n}.$$

S185 设 A_1, A_2, A_3 是抛物线 $x^2 = 4py(p>0)$ 上不共线的三点,直线 l_1, l_2, l_3 分别切抛物线于点 A_1, A_2, A_3. 设 $B_1 = l_2 \cap l_3, B_2 = l_3 \cap l_1, B_3 = l_1 \cap l_2$,证明:$\frac{|A_1A_2A_3|}{|B_1B_2B_3|}$ 是常数,并求这个常数的值.

S186 我们希望把概率 $p_k(k=0,1,2,3)$ 分配给取值为集合 $\{0,1,2,3\}$ 的三个随机变量 X_1, X_2, X_3(其中某个概率可能是 0),使 $X_i(i=1,2,3)$ 是以 $P(X_i = p_k)(k=0,1,2,3)$ 的同等分布,且 $X_1 + X_2 + X_3 = 3$. 证明:当且仅当 $p_2 + p_3 \leqslant \frac{1}{3}, p_1 = 1 - 2p_2 - 3p_3$ 和 $p_0 = p_2 + 2p_3$ 时,这才有可能.

S187 求一切正整数 n,使区间
$$\left(\frac{1+\sqrt{5+4\sqrt{24n-23}}}{2}, \frac{1+\sqrt{5+4\sqrt{24n+25}}}{2}\right)$$
中至少有一个整数.

S188 设 $a \geqslant b \geqslant c$ 是 $\triangle ABC$ 的边长,其中 $b+c \geqslant \frac{7}{4}a$. O, I 分别是该三角形的外心和内心. 证明:圆心为 O,半径为 OI 的圆完全在 $\triangle ABC$ 的内部.

S189 设 a,b,c 是实数,$a<3$,多项式
$$P(x) = x^3 + ax^2 + bx + c$$
的所有零点都是负实数. 证明:$b+c \neq 4$.

S190 设 a,b,c 是正实数. 证明:
$$\frac{1}{2a^2+bc} + \frac{1}{2b^2+ca} + \frac{1}{2c^2+ab} \leqslant \frac{1}{9}\left(\frac{1}{a} + \frac{1}{b} + \frac{1}{c}\right)^2.$$

S191 证明:对于任何正整数 k,数列 $(\tau(k+n^2))_{n\geq 1}$ 无界,其中 $\tau(m)$ 是 m 的正约数的个数.

S192 设 s,r,R,r_a,r_b,r_c 分别表示 $\triangle ABC$ 的半周长,内切圆半径,外接圆半径和旁切圆半径. 证明

$$s\sqrt{\frac{2}{R}} \leqslant \sqrt{r_a}+\sqrt{r_b}+\sqrt{r_c} \leqslant \frac{s}{\sqrt{r}}.$$

S193 求一切正整数对 (x,y),对于某质数 p,q,有

$$x^2+y^2=p^6+q^6+1.$$

S194 设 p 是 $4k+3$ 型质数,n 是正整数. 证明:对于每一个整数 m,存在整数 a 和 b,使

$$a^{2^n}+b^{2^n} \equiv m (\bmod p).$$

S195 设 I 和 O 分别是 $\triangle ABC$ 的内心和外心,M 是边 BC 的中点. $\angle A$ 的平分线分别交直线 BC 和 OM 于点 L 和 Q. 证明:

$$AI \cdot LQ = IL \cdot IQ.$$

S196 求对于某两个正整数 a 和 b,能写成 $\dfrac{a^3+b^3}{2\,011}$ 的最小的质数.

S197 设数列 $(F_n)_{n\geq 0}$ 是斐波那契数列. 证明:对于任何质数 $p\geq 3$,p 整除 $F_{2p}-F_p$.

S198 设 x,y,z 是正实数,且

$$(x-2)(y-2)(z-2) \geqslant xyz-2.$$

证明:

$$\frac{x}{\sqrt{x^5+y^3+z}}+\frac{y}{\sqrt{y^5+z^3+x}}+\frac{z}{\sqrt{z^5+x^3+y}} \leqslant \frac{3}{\sqrt{x+y+z}}.$$

S199 在 $\triangle ABC$ 中,BB',CC' 分别是 $\angle B$ 和 $\angle C$ 的平分线. 证明:

$$B'C' \geqslant \frac{2bc}{(a+b)(a+c)}\left((a+b+c)\sin\frac{A}{2}-\frac{a}{2}\right).$$

S200 在正六边形 $A_1A_2A_3A_4A_5A_6$ 的每一个顶点上放一根杆子. 在相应于顶点 A_i 的杆子上有 a_i 个环. 从任何三个相邻的杆中的每一个杆子中取出一个环,连接后可以组成有三个环组成的链. 这样的链的最大个数是什么?

S201 证明:在任何 $\triangle ABC$ 中,如果 R 是外接圆的半径,r_a 是与边 a 相切的旁切圆的半径,那么

$$r_a \leqslant 4R\sin^3\left(\frac{A}{3}+\frac{\pi}{6}\right).$$

S202 设 a,b 是整数,且对于某两个连续整数 m,n,有 $a^2m-b^2n=a-b$. 证明:

$$(a,b)=\sqrt{|a-b|}.$$

这里 (a,b) 是 a 和 b 的最大公约数.

S203 设 P 是不在 $\triangle ABC$ 的边上的点. XYZ 是点 P 关于 $\triangle ABC$ 的 Ceva 三角形,考虑 Y_a, Z_a 分别是 BC 与分别过 Y, Z 平行于 AX 的直线的交点.证明: AX, YZ_a, Y_aZ 共点,且这个共点 Q 满足条件
$$AX \cdot QX = AQ \cdot PX.$$

S204 求一切正整数 k 和 n,使 $k^n - 1$ 和 n 恰好被同样一些质数整除.

S205 设 $C_0(O, R)$ 是一个圆,I 是 C_0 内一点.考虑圆 $C_1(I, r_1)$ 和 $C_2(I, r_2)$,存在一个三角形内接于 C_0,外切于 C_1;也存在一个四边形内接于 C_0,外切于 C_2.证明:
$$1 < \frac{r_2}{r_1} \leqslant \sqrt{2}.$$

S206 求一切正整数 $n \geqslant 2$,具有质约数 p,使 $n-1$ 能被 $n!$ 中的 p 的幂整除.

S207 设 a, b, c 是不同的非零实数,且
$$ab + bc + ca = 3, a + b + c \neq abc + \frac{2}{abc}.$$
证明: $\left(\sum_{\text{cyc}} \frac{a(b-c)}{bc-1}\right)\left(\sum_{\text{cyc}} \frac{bc-1}{a(b-c)}\right)$ 是整数的平方.

S208 设 $f \in \mathbf{Z}[X]$,对一切正整数 $n, f(1) + f(2) + \cdots + f(n)$ 是完全平方数.证明:存在正整数 k,多项式 $g \in \mathbf{Z}[X]$,有 $g(0) = 0$,以及 $k^2 f(X) = g^2(X) - g^2(X-1)$.

S209 设 a, b, c 是 $\triangle ABC$ 的边长,s 是半周长,r 是内切圆的半径,R 是外接圆的半径.证明:
$$\frac{sr}{R}\left(1 + \frac{R-2r}{4R+r}\right) \leqslant \frac{(s-b)(s-c)}{a} + \frac{(s-c)(s-a)}{b} + \frac{(s-a)(s-b)}{c}.$$

S210 设 p 是奇质数,$F(X) = \sum_{k=0}^{p-1} \binom{2k}{k}^2 \cdot X^k$.证明:对一切 $x \in \mathbf{Z}$,有
$$(-1)^{\frac{p-1}{2}} F(X) \equiv F\left(\frac{1}{16} - x\right) \pmod{p^2}.$$

S211 设六元组 (a, b, c, d, e, f) 是同时满足以下方程:
$$2a^2 - 6b^2 - 7c^2 + 9d^2 = -1$$
$$9a^2 + 7b^2 + 6c^2 + 2d^2 = e$$
$$9a^2 - 7b^2 - 6c^2 + 2d^2 = f$$
$$2a^2 + 6b^2 + 7c^2 + 9d^2 = ef$$
的正实数组.证明:当且仅当 $\frac{7a}{b} = \frac{c}{d}$ 时,$a^2 - b^2 - c^2 + d^2 = 0$.

S212 考虑圆 $\omega(I, r)$ 以及圆内的一点 Γ.只用直尺和圆规作一个三角形,使圆 ω 是其内切圆,Γ 是其 Gergonne 点.

注 一个三角形的 Gergonne 点指的是由顶点和内切圆与对边的切点确定的直线的

交点.

S213 设 a,b,c 是正实数,且 $a^2 \geqslant b^2+bc+c^2$. 证明:
$$a > \min(b,c) + \frac{|b^2-c^2|}{a}.$$

S214 设 $x > y$ 是正有理数,R_0 是大小为 $x \times y$ 的矩形. 把 R_0 切割成两块:一块是大小为 $y \times y$ 的正方形,另一块是大小为 $(x-y) \times y$ 的矩形 R_1. 类似地,R_2 是由 R_1 切割成的,依此类推. 证明:在经过有限次切割以后,矩形序列 $R_1, R_2, \cdots, R_k$ 最后变为正方形 R_k. 并求 k(用 x,y 表示),以及 R_k 的大小.

S215 设 ABC 是给定的三角形,ρ_A, ρ_B, ρ_C 分别是过 A, B, C,且与欧拉线 OH 平行的直线,这里 O, H 分别是 $\triangle ABC$ 的外心和垂心. 设 X 是 ρ_A 与直线 BC 的交点. 类似地定义点 Y, Z. 如果 I_a, I_b, I_c 分别是 $\triangle ABC$ 相应的旁心,那么直线 XI_a, YI_b, ZI_c 共点于 $\triangle I_a I_b I_c$ 的外接圆上.

S216 设 p 是质数. 证明:对于每一个正整数 n,多项式
$$P(X) = (X^p+1^2)(X^p+2^2)\cdots(X^p+n^2)+1$$
在 $\mathbf{Z}[X]$ 中不可约.

1.3 大学本科问题

U145 考虑行列式
$$D_n = \begin{vmatrix} 1 & 2 & \cdots & n \\ 1 & 2^2 & \cdots & n^2 \\ \vdots & \vdots & & \vdots \\ 1 & 2^n & \cdots & n^n \end{vmatrix}.$$

求 $\lim\limits_{n \to \infty}(D_n)^{\frac{1}{n^2 \ln n}}$.

U146 设 n 是正整数. 对于一切 i,j,定义
$$S_n(i,j) = \sum_{k=1}^{n} k^{i+j}.$$

求行列式 $\Delta = |S_n(i,j)|$ 的值.

U147 设 $f: \mathbf{R} \to \mathbf{R}$ 是可微函数,设 $c \in \mathbf{R}$,且对一切 $a,b \in \mathbf{R}$,有
$$\int_a^b f(x)\mathrm{d}x \neq (b-a)f(c).$$

证明:$f'(c) = 0$.

U148 设 $f:[0,1] \to \mathbf{R}$ 是连续不减函数. 证明:
$$\frac{1}{2}\int_0^1 f(x)\mathrm{d}x \leqslant \int_0^1 xf(x)\mathrm{d}x \leqslant \int_{\frac{1}{2}}^1 f(x)\mathrm{d}x.$$

U149 求一切实数 a,存在函数 $f,g:[0,1]\to \mathbf{R}$,对一切 $x,y\in[0,1]$,有
$$(f(x)-f(y))(g(x)-g(y))\geqslant |x-y|^a.$$

U150 设 $\{a_n\}$ 和 $\{b_n\}$ 是正超越数组成的数列,且对一切正整数 p,级数 $\sum_n (a_n^p + b_n^p)$ 收敛.假定对一切正整数 p,存在正整数 q,有
$$\sum_n a_n^p = \sum_n b_n^q.$$
证明:存在正整数 r 和正整数的一个排列 σ,有 $a_n = b_{\sigma(n)}^r$.

U151 设 n 是正整数,设
$$f(x) = x^{n+8} - 10x^{n+6} + 2x^{n+4} - 10x^{n+2} + x^n + x^3 - 10x + 1$$
求 $f(\sqrt{2}+\sqrt{3})$ 的值.

U152 证明:对于 $n\geqslant 3$,有
$$\varphi(2) + \varphi(3) + \cdots + \varphi(n) \geqslant \frac{n(n-1)}{4} + 1,$$
这里 φ 是欧拉函数.

U153 设 a,b,c,d 是非零复数,$ad-bc\neq 0$,n 是正整数.考虑方程
$$(ax+b)^n + (cx+d)^n = 0$$
(1) 证明:当 $|a|=|c|$ 时,方程的根在同一直线上.
(2) 证明:当 $|a|\neq |c|$ 时,方程的根在同一个圆上.
(3) 当 $|a|\neq |c|$ 时,求该圆的半径.

U154 设 $\{x\}$ 是 x 的小数部分.求对 $a,b\in\mathbf{R}$,使集合
$$S_{a,b} = \{(\{na\},\{nb\}) \mid n\in\mathbf{N}\}$$
在单位正方形 $[0,1]^2$ 内是稠密的充分条件和必要条件.

U155 求 $\int_{1/3}^{1/2} \frac{\arctan 2x - \operatorname{arccot} 3x}{x} dx$ 的值.

U156 设 $f:[a,b]\to\mathbf{R}$ 是连续函数,且
$$\int_0^1 xf(x)dx = 0.$$
证明:$\left|\int_0^1 x^2 f(x)dx\right| \leqslant \frac{1}{6}\max_{x\in[0,1]} |f(x)|$.

U157 设 $(A,+,\cdot)$ 是使 $1+1=0$ 的有限环.证明:方程 $x^2=0$ 的解的个数等于方程 $x^2=1$ 的解的个数.

U158 设数列 $\{a_n\}_{n\geqslant 0}$,有 $a_0>0$,对 $n=0,1,\cdots$,有 $a_{n+1}=a_n+\frac{1}{a_n}$.

(1) 证明:$\lim_{n\to\infty} a_n = +\infty$.

(2) 求:$\lim_{n\to\infty} \frac{a_n}{\sqrt{n}}$.

U159 设 x, y 是正实数. 证明:
$$x^y y^x \leqslant \left(\frac{x+y}{2}\right)^{x+y}.$$

U160 设 p 是质数, s 和 n 是正整数. 证明:
$$\sum_{k \equiv 0 (\bmod p)} (-1)^k \begin{bmatrix} n \\ k \end{bmatrix} \cdot k^s$$
是 p^d 的倍数, 这里 $d = \lfloor \frac{n-s-1}{p-1} \rfloor$, $\lfloor x \rfloor$ 表示 x 的整数部分.

U161 设 $f:(0, \infty) \to (0, \infty)$ 是对一切 $x \in (0, \infty)$ 满足 $f((x)) = x^2$ 的函数.
(1) 求 $f(1)$.
(2) 确定 f 在 $x = 1$ 处是否可微.

U162 设 $f: \mathbf{R} \to \mathbf{R}$ 是单调函数, 设 $F: \mathbf{R} \to \mathbf{R}$, 且
$$F(x) = \int_0^x f(t) \mathrm{d}t.$$
证明: 如果 F 可微, 那么 f 连续.

U163 设 (x, y, z) 是不同的正整数三元组, 求能被 2 010 整除的 $f(x, y, z) = x^2 + y^2 + z^2 - xy - yz - zx$ 的最小值.

U164 证明: $\varphi(2^{2010!} - 1)$ 的末尾至少有 499 个 0.

U165 设 $G = \{A_1, A_2, \cdots, A_m\} \subset M_n(\mathbf{R})$, 使 $(G, \cdot)$ 是一个群. 证明: $\mathrm{tr}(A_1 + A_2 + \cdots + A_m)$ 是能被 m 整除的整数.

U166 求一切函数 $f:[0, \infty) \to [0, \infty)$, 使
(1) f 是积性函数.
(2) $\lim_{x \to \infty} f(x)$ 存在, 而且非零.

U167 设 $f:[0,1] \to \mathbf{R}$ 是连续的可微函数, 且 $f(1) = 0$, 证明:
$$\left| \int_0^1 x f(x) \mathrm{d}x \right| \leqslant \frac{1}{6} \max_{x \in [0,1]} |f'(x)|.$$

U168 设 $f:[a, b] \to \mathbf{R}$ 是在 (a, b) 上的二阶可微函数, 设
$$\max_{x \in [a,b]} |f''(x)| = M.$$
证明:
$$\left| \int_a^b f(x) \mathrm{d}x - f\left(\frac{a+b}{2}\right)(b-a) \right| \leqslant \frac{(b-a)^3}{24} M.$$

U169 数列 $(x_n)_{n \geqslant 1}$ 和 $(y_n)_{n \geqslant 1}$ 定义为 $x_1 = 2, y_1 = 1$, 对一切 n, 有 $x_{n+1} = x_n^2 + 1$, $y_{n+1} = x_n y_n$. 证明: 对一切 n, 有
$$\frac{x_n}{y_n} < \frac{651}{250}.$$

U170 实数数列$(x_n)_{n\geqslant 1}$和$(y_n)_{n\geqslant 1}$定义为:$x_1=\alpha,y_1=\beta,|\alpha|\neq|\beta|,\alpha\beta\neq 0$,对一切$n\geqslant 1$,有
$$x_{n+1}=\max(x_n-y_n,x_n+y_n),$$
$$y_{n+1}=\min(x_n-y_n,x_n+y_n),$$
证明:
$$\lim_{n\to\infty}x_n=\lim_{n\to\infty}y_n=\infty.$$

U171 设A是n阶矩阵,且$A^{10}=O_n$.证明:
$$\frac{1}{4}A^4+12A^3+\frac{1}{2}A^2+A+I_n$$
可逆.

U172 设$f:\mathbf{R}\to\mathbf{R}$对一切$x\in\mathbf{R}$是严格递增的可逆函数,且对一切$x\in\mathbf{R}$,有$f(x)+f^{-1}(x)=\mathrm{e}^x-1$.证明:$f$至多有一个固定的点.

U173 设ϑ是实数.证明:
$$\sum_{k=0}^{n-1}\frac{\sin(\frac{2k\pi}{n}-\vartheta)}{3+2\cos(\frac{2k\pi}{n}-\vartheta)}=\frac{(-1)^n\sin(n\vartheta)}{5F_n^2+4(-1)^n\sin^2(\frac{n\vartheta}{2})}.$$
这里F_n是第n个斐波那契数.

U174 设p是质数.在F_p中的n阶线性递推关系是对于一切$i\geqslant 0$在F_p中满足形如以下关系式
$$a_{i+n}=c_{n-1}a_{i+n-1}+\cdots+c_1a_{i+1}+a_i$$
的数列$\{a_k\}_{k\geqslant 0}$,其中$c_0,c_1,\cdots,c_{n-1}\in F_p,c_0\neq 0$.

(1)F_p中的n阶线性递推最大的可能周期是什么?

(2)有多少个不同的n阶线性递推关系具有这个最大的周期?

U175 在一个平面内画l条直线、c个圆、e个椭圆最多能出现多少个交点?

U176 在空间考虑点(a,b,c)的集合,这里$a,b,c\in\{0,1,2\}$.求没有三点共线的点的最大个数.

U177 设$a_1,a_2,\cdots,a_n$和$b_1,b_2,\cdots,b_n$是大于1的整数.证明:存在无穷多个质数p,对于一切$i=1,2,\cdots,n$,使p整除$b_i^{\frac{p-1}{a_i}}-1$.

U178 设k是确定的正整数,设
$$S_n^{(j)}=\binom{n}{j}+\binom{n}{j+k}+\binom{n}{j+2k}+\cdots \quad (j=0,1,\cdots,k-1)$$
证明:

$$\left(S_n^{(0)} + S_n^{(1)}\cos\frac{2\pi}{k} + \cdots + S_n^{(k-1)}\cos\frac{2(k-1)\pi}{k}\right)^2 +$$
$$\left(S_n^{(1)}\sin\frac{2\pi}{k} + S_n^{(2)}\sin\frac{4\pi}{k} + \cdots + S_n^{(k-1)}\sin\frac{2(k-1)\pi}{k}\right)^2 = \left(2\cos\frac{\pi}{k}\right)^{2n}.$$

U179 设 $f:[0,\infty) \to \mathbf{R}$ 是连续函数,且 $f(0)=0$,对一切 $x \geqslant 0$, $f(2x) \leqslant f(x) + x$. 证明:对一切 $x \in [0,\infty)$,有 $f(x) \leqslant x$.

U180 设 $a_1,\cdots,a_k,b_1,\cdots,b_k,n_1,\cdots,n_k$ 是正整数,以及
$$a = a_1 + \cdots + a_k, b = b_1 + \cdots + b_k, n = n_1 + \cdots + n_k, k \geqslant 2.$$
证明: $\int_0^1 (a_1+b_1x)^{n_1}\cdots(a_k+b_kx)^{n_k}\mathrm{d}x \leqslant \dfrac{(a+b)^{n+1}-a^{n+1}}{(n+1)b}$.

U181 考虑数列 $\{a_n\}_{n\geqslant 0}$ 和 $\{b_n\}_{n\geqslant 0}$,其中 $a_0=b_0=1$,当 $n\geqslant 1$ 时
$$a_{n+1} = a_n + b_n, b_{n+1} = (n^2+n+1)a_n + b_n.$$
求 $\lim\limits_{n\to\infty} B_n$ 的值,其中 $B_n = \dfrac{(n+1)^2}{\sqrt[n+1]{a_{n+1}}} - \dfrac{n^2}{\sqrt[n]{a_n}}$.

U182 求在 $[0,1]$ 上满足以下条件的一切连续函数 $f(x)$.

如果 $x \in [0,\frac{1}{2}]$,则 $f(x)=c$,这里 c 是常数;

如果 $x \in (\frac{1}{2},1]$,则 $f(x)=f(2x-1)$.

U183 设 m 和 n 是正整数. 证明:
$$\sum_{k=0}^n \frac{1}{k+m+1}\binom{n}{k} \leqslant \frac{(m+2n)^{m+n+1}-n^{m+n+1}}{(m+n+1)(m+n)^{m+n+1}}.$$

U184 设 $f,g:[a,b] \to \mathbf{R}$ 是连续函数,且 $\int_a^b f(x)\mathrm{d}x = 0$.

证明:存在某个 c,满足
$$f'(c)\int_c^b g(x)\mathrm{d}x + g'(c)\int_a^b f(x)\mathrm{d}x = 2f(c)g(c).$$

U185 确定是否存在一个满足条件:

(1) 对一切复数 z,有 $f(f(z)) = f(z)$;

(2) 存在一个复数 z_0,有 $f(z_0) \neq z_0$.

的非常数的复解析函数.

U186 设 $(A,+,\cdot)$ 是特征值大于等于 3 的有限环,且对每一个 $x \in U(A)$,
$$1 + x \in U(A) \bigcup \{0\},$$
这里 $U(A)$ 是 A 的单位集. 证明: A 是域.

U187 设 p 是质数,且 $p \equiv 3 \pmod{8}$ 或 $p \equiv 5 \pmod{8}$, $p=2q+1$, q 是质数. 求
$$\omega^2 + \omega^4 + \cdots + \omega^{2^{p-1}}$$

的值,这里 $\omega \neq 1$ 是 1 的 p 次根.

U188 设 G 是有限群,对于每一个正整数 m,方程 $x^m = e$ 在 G 中的解的个数至多是 m.证明:G 是循环群.

U189 设 $a_1, \cdots, a_n, b_1, \cdots, b_n$ 是不同的复数,且对一切 $k, l = 1, 2, \cdots, n$,有 $a_k + b_l \neq 0$.解方程组

$$\frac{x_1}{a_k + b_1} + \frac{x_2}{a_k + b_2} + \cdots + \frac{x_n}{a_k + b_n} = \frac{1}{a_k}, k = 1, 2, \cdots, n.$$

U190 求 $\lim\limits_{n \to \infty} \left(n \frac{\sqrt[n+1]{(n+1)!}}{\sqrt[n]{n!}} - (n-1) \frac{\sqrt[n]{n!}}{\sqrt[n-1]{(n-1)!}} \right)$ 的值.

U191 对于正整数 n,定义 $a_n = \prod\limits_{k=1}^{n} \left(1 + \frac{1}{2^k}\right)$.证明:

$$2 - \frac{1}{2^n} \leqslant a_n < 3 - \frac{1}{2^{n-1}}.$$

U192 设 $f: \mathbf{R} \to \mathbf{R}$ 是在 $\mathbf{R}$ 中任何一点都有有限的单边极限的函数.证明:

(1) f 的间断点的集合至多是可数个,实际上 f 在任何区间 $[a, b]$ 上可积.

(2) 如果 $F(x) = \int_0^x f(x) \mathrm{d}x$ 在 $\mathbf{R}$ 中任何一点可微,那么 f 在 $\mathbf{R}$ 中任何一点有有限的极限.

U193 设 n 是正整数.求最大的常数 $c_n > 0$,使得对于一切正实数 $x_1, \cdots, x_n$,有

$$\frac{1}{x_1^2} + \cdots + \frac{1}{x_n^2} + \frac{1}{(x_1 + \cdots + x_n)^2} \geqslant c_n \left(\frac{1}{x_1} + \cdots + \frac{1}{x_n} + \frac{1}{x_1 + \cdots + x_n} \right)^2.$$

U194 证明:使 n 整除 $2^{n^2+1} + 3^n$ 的正整数 n 的密度为零.

U195 给出正整数 n,设 $f(n)$ 是其数字的个数的平方.例如,$f(2) = 1, f(123) = 9$.证明:$\sum\limits_{n=1}^{\infty} \frac{1}{nf(n)}$ 收敛.

U196 设 $A, B \in M_2(\mathbf{Z})$ 是满足交换律的矩阵,对于任何正整数 n,存在 $C \in M_2(\mathbf{Z})$,使 $A^n + B^n = C^n$.证明:$A^2 = 0$ 或 $B^2 = 0$ 或 $AB = 0$.

U197 设 $n \geqslant 2$ 是整数.求一切连续函数 $f: \mathbf{R} \to \mathbf{R}$,对于一切 $x_1, x_2, \cdots, x_n \in \mathbf{R}$,有

$$\sum_{i=1}^{n} f(x_i) - \sum_{1 \leqslant i < j \leqslant n} f(x_i + x_j) + \cdots + (-1)^{n-1} f(x_1 + \cdots + x_n) = 0.$$

U198 数列 $\{x_n\}_n$ 定义为 $x_0 = 1$,对于 $n \geqslant 0, x_{n+1} = 1 + x_n + \frac{1}{x_n}$.证明:存在实数 a,使

$$\lim_{n \to \infty} \frac{n}{\log n} (x_n - n - \log n - a) = 1.$$

U199 在 $\triangle ABC$ 中,证明:

$$3\sqrt{3} \leqslant \cot\frac{A+B}{4} + \cot\frac{B+C}{4} + \cot\frac{C+A}{4} \leqslant \frac{3\sqrt{3}}{2} + \frac{s}{2r}.$$

这里 s 和 r 分别表示 $\triangle ABC$ 的半周长和内切圆的半径.

U200 设 p 是奇质数,n 是大于1的整数.求一切整数 k,存在一个秩为 k,元素都是有理数的 $n \times n$ 的矩阵 A,且
$$A + A^2 + \cdots + A^p = 0.$$

U201 求值:$\sum_{n=2}^{\infty} \frac{3n^2-1}{(n^3-n)^2}.$

U202 将区间 $(0,1]$ 分割成 N 个相等的区域 $(\frac{i-1}{N}, \frac{i}{N}]$,这里 $i \in \{1, 2, \cdots, N\}$.如果一个区间包含集合 $\{1, \frac{1}{2}, \frac{1}{3}, \cdots, \frac{1}{N}\}$ 中的至少一个数,那么这个区间称为特殊区间.求:特殊区间的个数的最佳近似值.

U203 设 P 是实系数5次多项式,所有的零点都是实数.证明:对于每一个不是 P 或 P' 的零点的实数 a,存在实数 b,有
$$b^2 P(a) + 4b P'(a) + 5 P''(a) = 0.$$

U204 设 P 是凸多边形 $A_1 A_2 \cdots A_n$ 内一点.证明:
$$\min_{i \in \{1,2,\cdots,n\}} \angle PA_i A_{i+1} \leqslant \frac{\pi}{2} - \frac{\pi}{n},$$

这里 $A_{n+1} = A_1$.

U205 设 E 是范数为 $\|\cdot\|_1$ 和 $\|\cdot\|_2$ 的向量空间.确定 $\min(\|\cdot\|_1, \|\cdot\|_2)$ 是不是范数.

U206 证明:恰好存在一个有30个元素8个自同构.

U207 设 $n \geqslant 3$ 是奇数.求 $\sum_{k=1}^{\frac{n-1}{2}} \sec\frac{2k\pi}{n}$ 的值.

U208 设 X 和 Y 为标准柯西随机变量.证明:随机变量 $Z = X^2 + Y^2$ 的概率密度函数由
$$f_Z(t) = \frac{2}{\pi} \cdot \frac{1}{(t+2)\sqrt{t+1}}$$

给出.回忆一下随机变量 X 的概率密度函数式
$$f_X(t) = \frac{1}{\pi} \cdot \frac{1}{t^2+1}.$$

U209 设 $k \geqslant 2$ 是正整数,G 是有偶数个顶点的 $(k-1)$-棱的 k-正规连通图.证明:对于该图的每一条棱 e,存在一个 G 的包含 e 的完全匹配图.

U210 如果 G 有引出子图 G_1 和 G_2,且 $G = G_1 \cup G_2$,$S = G_1 \cap G_2$,那么称 G 由 G_1 和

G_2 沿 S 粘贴得到. 如果一张图从完全子图开始,能够沿完全子图递推地粘贴后得到,那么这张图称为弦图. 对于图 $G(V,E)$,定义其希尔伯特多项式 $H_G(x)$ 为

$$H_G(x) = 1 + Vx + Ex^2 + c(K_3)x^3 + c(K_4)x^4 + \cdots + c(K_{\omega(G)})x^{\omega(G)},$$

这里 $c(K_i)$ 是 G 中 i-圈的个数,$\omega(G)$ 是 G 中圈的个数. 证明:如果 G 是连通弦图,那么 $H_G(-1) = 0$.

U211 在集合 $M = \mathbf{R} - \{3\}$ 上,定义以下的二元运算律:
$$x * y = 3(xy - 3x - 3y) + m,$$
这里 $m \in \mathbf{R}$. 求 m 的一切可能的值,使 $\{M, *\}$ 是一个群.

U212 设 G 是一个包含子群 $K \neq \{e\}$ 的有限阿贝尔群,且具有性质:对于 G 的每一个子群 $H \neq \{e\}$,有 $K \subset H$. 证明:G 是一个循环群.

U213 设 $x_0 \in (0, \pi)$ 确定. 对于 $n \in \mathbf{N}$,设 $x_n = \sin x_{n-1}$. 证明:
$$x_n = \frac{3^{\frac{1}{2}}}{n^{\frac{1}{2}}} - \frac{3^{\frac{3}{2}} \ln n}{10 n^{\frac{3}{2}}} + O(n^{-\frac{3}{2}}).$$

U214 证明:
$$\lim_{n \to \infty} \prod_{k=1}^{n} \frac{\cosh(k^2 + k + \frac{1}{2}) + i \sinh(k + \frac{1}{2})}{\cosh(k^2 + k + \frac{1}{2}) - i \sinh(k + \frac{1}{2})} = \frac{e^2 - 1 + 2ie}{e^2 + 1}.$$

U215 设 $f: [-1, 1] \to \mathbf{R}$ 是连续函数,且 $\int_{-1}^{1} x^2 f(x) dx = 0$. 证明:
$$\int_{-1}^{1} f^2(x) dx \geq \frac{9}{8} \left(\int_{-1}^{1} f(x) dx \right)^2.$$

U216 设 n 是正整数,Δ_{f_N} 是多项式 $f_N = x^N - x - 1$ 的判别式. 证明:对于任何整除 Δ_{f_N} 的质数 p,f_N 的缩减模 p 有一个重根,$N - 2$ 不是重根.

注 n 次多项式 f 的判别式 Δ_f 定义为
$$\Delta_f = a_n^{2n-2} \prod_{i<j} (r_i - r_j)^2,$$
其中 a_n 是首项系数,$r_1, \cdots, r_n$ 是某个分裂域中的多项式的根(包括重根).

1.4 奥林匹克问题

O145 求 n 为正整数,且使 $(1^4 + \frac{1}{4})(2^4 + \frac{1}{4}) \cdots (n^4 + \frac{1}{4})$ 是有理数的平方.

O146 求一切正整数数对 (m, n),使 $\varphi(\varphi(n^m)) = n$,这里 φ 是欧拉函数.

O147 设 H 是锐角 $\triangle ABC$ 的垂心,A', B', C' 分别是 BC, CA, AB 的中点. A_1, A_2 是圆 $(A', A'H)$ 与边 BC 的交点. 分别以同样的方法定义 B_1, B_2 和 C_1, C_2. 证明:A_1, A_2, B_1,

B_2, C_1, C_2 共圆.

O148 设 A_1, A_2 是 $\triangle ABC$ 的内角 A 的两条三等角分线与外接圆的交点.类似地定义 B_1, B_2, C_1, C_2.设 A_3 是直线 B_1B_2 和 C_1C_2 的交点.类似地定义 B_3 和 C_3.证明:当且仅当 $\triangle ABC$ 是等腰三角形时,$\triangle ABC$ 和 $\triangle A_3B_3C_3$ 的内心和外心共线.

O149 把一个圆分割成 n 个相等的扇形.我们用 $n-1$ 种颜色对这 n 个扇形涂色,每种颜色至少涂一次,有多少种这样的涂法?

O150 设 n 是正整数,$\varepsilon_0, \cdots, \varepsilon_{n-1}$ 是 1 的 n 次根,a, b 是复数.求乘积

$$\prod_{k=0}^{n-1}(a+b\varepsilon_k^2)$$

的值.

O151 考虑 $\triangle ABC$ 内的一点 P.直线 PA, PB, PC 分别交 BC, CA, AB 于 A', B', C'.证明:当且仅当在 $\triangle PAB, \triangle PBC, \triangle PCA$ 中至少有两个面积相等时

$$\frac{BA'}{BC} + \frac{CB'}{CA} + \frac{AC'}{AB} = \frac{3}{2}.$$

O152 设数列 $(a_n)_{n\geq 0}$ 和 $(b_n)_{n\geq 0}$ 定义如下:

$$a_{n+3} = a_{n+2} + 2a_{n+1} + a_n, n = 0, 1, \cdots, a_0 = 1, a_1 = 2, a_2 = 3$$

和

$$b_{n+3} = b_{n+2} + 2b_{n+1} + b_n, n = 0, 1, \cdots, b_0 = 3, b_1 = 2, b_2 = 1.$$

有多少个整数同时出现在这两个数列中?

O153 求所有整数三元组 (x, y, z),使 $x^2y + y^2z + z^2x = 2010^2, x^2y^2 + yz^2 + zx^2 = -2010$.

O154 已知锐角 $\triangle ABC$ 不是等腰三角形.设 O, I, H 分别是 $\triangle ABC$ 的外心、内心和垂心.证明:$\angle OIH > 135°$.

O155 证明:方程 $x^2 + y^3 = 4z^6$ 没有非零的整数解.

O156 在圆内接四边形 $ABCD$ 中,$AB = AD$.点 M, N 分别在边 BC 和 CD 上,且 $MN = BM + DN$.直线 AM 和 AN 又分别相交于 $ABCD$ 的外接圆上的点 P 和 Q.证明:$\triangle APQ$ 的垂心在线段 MN 上.

O157 一只青蛙在实数轴上从原点出发跳向点 $(1,0)$,第 n 次跳的长度是它到点 $(1,0)$ 的距离的 $\frac{1}{p_n}$ 倍,这里 p_n 是第 n 个质数($p_1 = 2, p_2 = 3, p_3 = 5, \cdots$).问青蛙能否到达点 $(1,0)$?

O158 对于每一个正整数 n,定义

$$a_n = \frac{(n+1)(n+2)\cdots(n+2010)}{2010!}.$$

证明:存在无穷多个 n,使 a_n 是不小于 2010 的质因数的整数.

O159 设 G 是顶点个数 $n \geqslant 5$ 的图. G 的棱用两种颜色涂色, 且不存在同色环路 C_3 和 C_5. 证明: 该图中的棱不多于 $\frac{3}{8}n^2$ 条.

O160 设 $a_1, a_2, \cdots, a_n, \cdots$ 是正整数数列, 对每一个质数 p, 该数列中存在无穷多项能被 p 整除. 证明: 每一个小于 1 的正有理数能表示为
$$\frac{b_1}{a_1} + \frac{b_2}{a_1 a_2} + \cdots + \frac{b_n}{a_1 a_2 \cdots a_n},$$
这里 $b_1, b_2, \cdots, b_n$ 是整数, 且 $0 \leqslant b_i \leqslant a_i - 1, i = 1, 2, \cdots, n$.

O161 设 a, b, c 是正实数, 且 $abc = 1$. 证明:
$$\frac{1}{a^5(b+2c)^2} + \frac{1}{b^5(c+2a)^2} + \frac{1}{c^5(a+2b)^2} \geqslant \frac{1}{3}.$$

O162 在凸六边形 $ABCDEF$ 中, $AB \parallel DE$, $BC \parallel EF$, $CD \parallel FA$, 且
$$AB + DE = BC + EF = CD + FA.$$
A_1, B_1, D_1, E_1 分别是边 AB, BC, DE, EF 的中点. 证明: $\angle D_1 O E_1 = \frac{1}{2} \angle DEF$, 这里 O 是线段 $A_1 D_1$ 和 $B_1 E_1$ 的交点.

O163 证明: 方程 $\frac{x^3 + y^3}{x - y} = 2010$ 没有正整数解.

O164 设点 A_1 是 $\triangle ABC$ 的边 BC 上的一点. 从 A_1 出发作三角形的一条角的平分线的对称点, 使下一个点在三角形的另一边上. 按照同一个方向进行这个过程: 或者顺时针方向, 或者逆时针方向. 于是在第一步作了一个等腰 $\triangle A_1 C B_1$ (B_1 在 AC 上). 第二步作了一个等腰 $\triangle B_1 A C_1$ (C_1 在 AB 上). 实际上, 我们得到点列 $A_1, B_1, C_1, A_2, \cdots$.

(1) 证明: 这一过程第六步就结束, 即 $A_1 \equiv A_3$.

(2) 证明: $A_1, A_2, B_1, B_2, C_1, C_2$ 位于同一个圆上.

O165 设 R, r 是边长为 a, b, c 的 $\triangle ABC$ 的外接圆的半径和内切圆的半径. 证明:
$$2 - 2 \sum_{\text{cyc}} \left(\frac{a}{b+c}\right)^2 \leqslant \frac{r}{R}.$$

O166 $\triangle ABC$ 的内心为 I, 内切圆 σ 分别切 BC, AC 于 A_1, B_1. 点 A_2 和 B_2 分别是圆 σ 的过 A_1, B_1 的直径的另一个端点. 设 A_3 是 AA_2 和 BC 的交点, M 是边 AC 的中点, N 是 $A_1 A_3$ 的中点. 直线 MI 交 BB_1 于 T, 直线 AT 交 BC 于 P. 设 Q 在 BC 上, R 是 AB 和 QB_1 的交点, $NR \cap AC = \{S\}$. 证明: 当且仅当 $BP = PQ$ 时, $AS = 2SM$.

O167 证明: 在任何凸四边形 $ABCD$ 中
$$\cos \frac{A-B}{4} + \cos \frac{B-C}{4} + \cos \frac{C-D}{4} + \cos \frac{D-A}{4}$$
$$\geqslant 2 + \frac{1}{2}(\sin A + \sin B + \sin C + \sin D).$$

O168 给定凸多边形 $A_1A_2\cdots A_n, n \geq 4$. R_i 是 $\triangle A_{i-1}A_iA_{i+1}$ 的外接圆的半径, 这里 $i = 2, 3, \cdots, n, A_{n+1}$ 为顶点 A_1. 给定 $R_2 = R_3 = \cdots = R_n$, 证明: 多边形 $A_1A_2\cdots A_n$ 是圆的内接多边形.

O169 设 a, b, c, d 是实数, 且
$$(a^2+1)(b^2+1)(c^2+1)(d^2+1) = 16.$$
证明:
$$-3 \leq ab + bc + cd + da + ac + bd - abcd \leq 5.$$

O170 设 a, b 是正整数, a 不整除 b, b 不整除 a. 证明: 存在整数 $x, 0 < x \leq a$, 使 a, b 都整除 $x^{\varphi(b)} - x$, 这里 φ 是欧拉函数.

O171 证明: 在任何凸四边形 $ABCD$ 中,
$$\sin(\frac{A}{3}+60°) + \sin(\frac{B}{3}+60°) + \sin(\frac{C}{3}+60°) + \sin(\frac{D}{3}+60°)$$
$$\geq \frac{1}{3}(8 + \sin A + \sin B + \sin C + \sin D).$$

O172 证明: 如果一块 7×7 个的正方形木板上被 38 块多米诺覆盖, 每一块多米诺恰好覆盖木板上的两个方格, 那么可以在除去一块多米诺后, 余下的 37 块多米诺覆盖该木板.

O173 求一切整数三元组 (x, y, z), 使
$$\frac{x^3+y^3+z^3}{3} - xyz = \max\{\sqrt[3]{x-y}, \sqrt[3]{y-z}, \sqrt[3]{z-x}\}.$$

O174 考虑面积为 S 的凸四边形 $ABCD$ 内一点 O. 假定 K, L, M, N 分别是边 AB, BC, CD, DA 上的内点. 如果 $OKBL$ 和 $OMDN$ 分别是面积为 S_1 和 S_2 的平行四边形. 证明:

(1) $\sqrt{S_1} + \sqrt{S_2} < 1.25\sqrt{S}$;

(2) $\sqrt{S_1} + \sqrt{S_2} < C_0\sqrt{S}$, 其中 $C_0 = \max\limits_{0<\alpha<\frac{\pi}{2}} \frac{\sin(2\alpha+\frac{\pi}{4})}{\cos\alpha}$.

O175 求一切正整数组 (x, y), 使 $x^3 - y^3 = 2010(x^2+y^2)$.

O176 设 $P(n)$ 是下列命题: 对于一切正实数 $x_1, x_2, \cdots, x_n, x_1 + x_2 + \cdots + x_n = n$, 有
$$\frac{x_2}{\sqrt{x_1+2x_3}} + \frac{x_3}{\sqrt{x_2+2x_4}} + \cdots + \frac{x_1}{\sqrt{x_n+2x_2}} \geq \frac{n}{\sqrt{3}}.$$
证明: 当 $n \leq 4$ 时, $P(n)$ 成立, 当 $n \geq 9$ 时, $P(n)$ 不成立.

O177 设点 P 位于一个圆的内部. 过点 P 的两条互相垂直的变直线交该圆于 A, B 两点. 求线段 AB 的中点的轨迹.

O178 设 m,n 是正整数. 证明:对于每一个奇正整数 b,存在无穷多个质数 p,由 $p^n \equiv 1 \pmod{b^m}$ 可推得 $b^{m-1} \mid n$.

O179 证明:对于任何 $n \geq 6$,任何凸四边形能分割成 n 个圆内接四边形.

O180 设 p 是质数. 证明:每一个正整数 $n \geq p$, p^2 整除
$$\binom{n+p}{p}^2 - \binom{n+2p}{2p} - \binom{n+p}{2p}.$$

O181 设 a,b,c 是 $\triangle ABC$ 的三边的长. 证明:
$$\sqrt{\frac{abc}{-a+b+c}} + \sqrt{\frac{abc}{a-b+c}} + \sqrt{\frac{abc}{a+b-c}} \geq a+b+c.$$

O182 考虑 $\triangle ABC$ 的边 BC 上的 m 个点,CA 上的 n 个点,AB 上的 s 个点. 将边 AB 和 AC 上的点与 BC 上的点联结. 确定位于 $\triangle ABC$ 的内部的交点的个数的最大值.

O183 求 $\sum_{k=1}^{2010} \tan^4\left(\frac{k\pi}{2011}\right)$ 的值.

O184 点 A,B,C,D 依次在一条直线上. 用直尺和圆规过 A,B 作平行线 a,b. 过 C,D 作平行线 c,d,使交点是一个菱形的顶点.

O185 求最小的整数 $n \geq 2011$,使方程
$$x^4 + y^4 + z^4 + w^4 - 4xyzw = n$$
有正整数解.

O186 设 n 是正整数. 证明:
$$\binom{2n}{n}, \binom{2n-1}{n}, \cdots, \binom{n+1}{n}$$
的每一个奇数最大公约数是 $2^n - 1$ 的约数.

O187 A,B,C,D 四点依次位于一条直线上. 过 A,B 和 C,D 作平行线 a,b 和 c,d,使交点是正方形的顶点,并求出用 u,v,w 表示的正方形的边长,这里 $u=AB, v=BC, w=CD$.

O188 设 $a_1,a_2,\cdots,a_n$ 是非零实数,不必不同. 求:当 $n=2010$ 时,及当 $n=2011$ 时,使 $\sum_{i\in A} a_i = 0$ 的 $\{1,2,\cdots,n\}$ 的子集 A 的个数的最大值.

O189 已知 A,B,C 是给定球面上的不同的三点,求 $\triangle ABC$ 的垂心的轨迹.

O190 设 $\triangle ABC$ 的三边的长是 a,b,c,中线是 m_a, m_b, m_c. 证明
$$m_a + m_b + m_c \leq \frac{1}{2}\sqrt{7(a^2+b^2+c^2) + 2(ab+bc+ca)}.$$

O191 设 I 是 $\triangle ABC$ 的内心,IA_1, IB_1, IC_1 分别是三角形的对称中线. 证明:AA_1,BB_1,CC_1 共点,且该点位于直线 $G\Gamma$ 上,这里 G 是 $\triangle ABC$ 的重心,Γ 是 $\triangle ABC$ 的 Gergonne 点.

O192 设 p 是质数,且 $p \equiv 2 \pmod 3$. 证明:不存在奇偶性相同的整数 a,b,c,使

$$\left(\frac{a}{2}+\frac{b}{2}\mathrm{i}\sqrt{3}\right)^p = c + \mathrm{i}\sqrt{3}.$$

O193 设 a,b,c 是正实数. 证明:

$$\frac{1}{a+b+\frac{1}{abc}+1} + \frac{1}{b+c+\frac{1}{abc}+1} + \frac{1}{c+a+\frac{1}{abc}+1} \leqslant \frac{a+b+c}{a+b+c+1}.$$

O194 设 A 是非负整数,包含零的集合,a_n 是方程 $x_1+x_2+\cdots+x_n=n$ 的解的个数,这里 $x_1,x_2,\cdots,x_n \in A, a_0=1$. 如果对于一切 $n \geqslant 0$,有

$$\sum_{k=0}^{n} a_k a_{n-k} = \frac{3^{n+1}+(-1)^n}{4}.$$

求 A.

O195 设 O,I,H 分别是 $\triangle ABC$ 的外心、内心和垂心,D 是 $\triangle ABC$ 的内点,且

$$BC \cdot DA = CA \cdot DB = AB \cdot DC.$$

证明:当且仅当 $\angle C = 90°$ 时,A,B,D,O,I,H 共圆.

O196 在 $\triangle ABC$ 中,设 $\angle ABC > \angle ACB$,点 P 是 $\triangle ABC$ 所在平面内的 $\triangle ABC$ 外的一点,使

$$\frac{PB}{PC} = \frac{AB}{AC}.$$

证明:(允许角带有符号)

$$\angle ACB + \angle APB + \angle APC = \angle ABC.$$

O197 设 x,y,z 是整数,$3xyz$ 是完全立方数. 证明:$(x+y+z)^3$ 是四个非零立方数的和.

O198 设 a,b,c 是正实数,且

$$(a^2+1)(b^2+1)(c^2+1)\left(\frac{1}{a^2b^2c^2}+1\right) = 2\,011.$$

求 $\max(a(b+c), b(c+a), c(a+b))$ 的最大可能的值.

O199 在锐角 $\triangle ABC$ 中,$A=20°$,三边的长 a,b,c 满足

$$\sqrt[3]{a^3+b^3+c^3-3abc} = \min(b,c).$$

证明:$\triangle ABC$ 是等腰三角形.

O200 确定一切质数 p,使数列

$$a_n = 2^n n^2 + 1 \quad (n \geqslant 1)$$

中没有 p 的倍数.

O201 设 O 是 $\triangle ABC$ 的外心,E,F 分别是过 B,C 垂直于 BA,CA 的直线与 CA,AB 所在直线的交点. 证明:过 F,E 分别垂直于 OB,OC 的直线的交点 L 在高 AD 上,且满足

$$DL = LA\sin^2 A.$$

O202 求一切正整数数对(x,y),存在非负整数z,使
$$(1+\frac{1}{x})(1+\frac{1}{y})=1+(\frac{2}{3})^z.$$

O203 设M是$\triangle ABC$的外接圆上任意一点,这一点到内切圆的切线交BC所在的直线于X_1和X_2.证明:$\triangle MX_1X_2$的外接圆与$\triangle ABC$的外接圆的第二个交点与伪内切圆的外接圆的切线重合.(通常伪内切圆指的是与三角形的两边相切并与外接圆内切的圆).

O204 Alice和Bob以如下方式下象棋:Alice在$(2m+1)\times(2n+1)$的棋盘的左上角的方格中有一个兵,她想经过有限步把这个兵移动到右下角的方格中.两位选手轮流走棋,Alice先走.Alice每走一步棋,可以把兵留在原处,也可以把兵移动到相邻的方格中.轮到Bob走棋,他可以不动,也可以选择一个特定的方格进行"阻隔",但是他必须给Alice留一条从当时的位置经过相邻的方格到右下角的方格的路.Bob迫使Alice走的步数的最大值是多少?

O205 求一切这样的n,使每一个数是包含n个1和一个3的质数.

O206 设$D\in BC$是重心为G的$\triangle ABC$的对称中线的一个端点.经过A的圆切BC于D的圆分别交AB,AC于E,F.假定$3AD^2=AB^2+AC^2$.证明:当且仅当$\triangle ABC$是等腰三角形,且A是顶角时,G在EF上.

O207 由$x_1=x_2=x_3=1$,以及$x_nx_{n-3}=x_{n-1}^2+x_{n-1}x_{n-2}+x_{n-2}^2(n\geqslant 4)$定义有理数数列$\{x_n\}_{n\geqslant 1}$.证明:对每个正整数$n$,$x_n$是整数.

O208 设$z_1,z_2,\cdots,z_n$是复数,且对一切$k\geqslant 2\,011$,$z_1^k+z_2^k+\cdots+z_n^k$是有理数的k次幂.证明:z_i中至多有一个非零.

O209 设P是外接圆为Γ的$\triangle ABC$的边BC上一点,T_1和T_2是与Γ内切,也分别与AP,BP和AP,CP相切的圆.如果I是$\triangle ABC$的内心,M是Γ的不经过顶点A的BC弧的中点.证明:T_1和T_2的根轴是由M和线段IP的中点确定的直线.

O210 正整数的集合被划分成一个数列集合$(L_{n,i})_{i\geqslant 1}$,对一切正整数n和i,$L_{n,i}$整除$L_{n,i+1}$.证明:对于一切正整数t,存在无穷多个n,使$\omega(L_{n,i})=t$,这里$\omega(a)=\alpha_1+\cdots+\alpha_r$,其中正整数$a$的质因数分解式是$a=p_1^{\alpha_1}p_2^{\alpha_2}\cdots p_r^{\alpha_r}$.

O211 证明:对于每一个正整数n,数
$$4^n+8^n+16^n+(6^n+9^n+12^n)$$
至少有三个不同的质因数.

O212 对于一切$i\in\mathbf{N}$,设$f_0(i)=1$,对$k\geqslant 1$,设$f_k(n)=\sum_{i=1}^n f_{k-1}(i)$.证明

$$\sum_{j=0}^{\lfloor \frac{n}{2} \rfloor} f_j(n-2j) = F_n.$$

这里 F_n 是第 n 个斐波那契数.

O213 设 n 是正奇数, z 是使 $z^{2^{n-1}} - 1 = 0$ 的复数. 求

$$\prod_{k=1}^{n} \left(z^{2^k} + \frac{1}{z^{2^k}} - 1 \right)$$

的值.

O214 正多边形的顶点 $A_1, A_2, \cdots, A_n$ 位于以 O 为圆心的圆 C 上. 定义在平面内圆 C 外的点的集合上的映射 $P \to \sum_{k=1}^{n} \dfrac{1}{PA_k^4}$ 是 OP 的有理函数吗?

O215 证明: 不存在等差数列的连续四项 a, b, c, d 也满足条件: $ab+1, ac+1, ad+1, bc+1, bd+1, cd+1$ 都是完全平方数.

O216 设 $f \in \mathbf{Z}[X]$ 是首项系数为 1, 次数大于 1 的多项式. 假定对于一切 $n \geqslant 2$, $f(X^n)$ 在 $\mathbf{Z}[X]$ 中是既约多项式. 问是否能推得 f 在 $\mathbf{Z}[X]$ 中是既约多项式?

2 解 答

2.1 初级问题的解答

J145 求一切形如 $aaaabbbbb$，且能写成两个正整数的五次幂的和的九位数的个数.

解 设 $aaaabbbbb = m^5 + n^5$，m,n 是正整数. 首先注意到 $64^5 = (2^6)^5 = 2^{30} = (2^{10})^3 = (1\,024)^3 > 1\,000^3 = 10^9$. 于是 $m, n \leqslant 63$.

接下来，看模 11. 计算 $1^5 \equiv 3^5 \equiv 4^5 \equiv 5^5 \equiv 1 \pmod{11}$，$2^5 \equiv -1 \pmod{11}$.

其余的情况都是 -1. 于是我们看到五次幂模 11 仅有的可能性是 $-1, 0, 1$，因而 $m^5 + n^5$ 模 11 是 $\pm 1, 0, \pm 2$. 因为 $aaaabbbb0$ 显然是 11 的倍数，这就得到 $b \equiv \pm 1, 0, \pm 2 \pmod{11}$，于是 $b \in \{0,1,2,9\}$. （注意对数字 b，$b \equiv -1 \pmod{11}$ 是不可能的.）

再看模 25. 由牛顿二项式公式，我们看到 $(5u+v)^5 \equiv v^5 \pmod{25}$，即 x^5 模 25 由 x 模 5 确定. 计算 $(\pm 1)^5 \equiv \pm 1 \pmod{25}$ 和 $(\pm 2)^5 \equiv \pm 7 \pmod{25}$. 于是五次幂模 25 的仅有的可能值是 $0, \pm 1, \pm 7$，$m^5 + n^5$ 模 25 的可能值是 $0, \pm 1, \pm 2, \pm 6, \pm 7, \pm 8, \pm 14$. 因为 $aaaabbbbb \equiv bb \pmod{25}$，所以 $b \in \{0,1,3,4,7,9\}$. 与上面的结果相结合，得到 $b \in \{0,1,9\}$.

假定 $b = 1$. 由上面的模计算看出 m 和 n 模 5 都等于 3，m 和 n 中有一个是 11 的倍数. 为不失一般性，设 m 是 11 的倍数. 于是 $m \equiv 33 \pmod{55}$，因为 $m < 63$，所以 $m = 33$. 看模 2，我们知道 $m+n$ 是奇数，所以 n 是偶数. 于是 $n^5 \equiv 0 \pmod{32}$. 但因为 $aaaa11111 \equiv 11 \equiv 3 \pmod 4$ 和 $m^5 \equiv 33^5 \equiv 1 \pmod 4$，这是矛盾的（偶数只需模 4）.

假定 $b = 9$. 由上面的模计算看出 m 和 n 中的一个模 5 余 0，另一个模 5 余 4. 再看模 2，我们知道 $m+n$ 是奇数，不失一般性，设 m 是奇数，n 是偶数. 此时 $n^5 \equiv 0 \pmod{32}$，于是 $aaaa99999 \equiv 99999 \equiv -1 \pmod{32}$. 由于 $m^5 + 1 = (m+1)(m^4 - m^3 + m^2 - m + 1)$，看到第二个因式是奇数，于是推得 $m \equiv -1 \pmod{32}$. 因为 $m \leqslant 63$，所以 $m = 31$ 或 $m = 63$. 但因为这两种情况都与 m 模 5 余 0，或余 4 不相容. 于是得到矛盾.

假定 $b = 0$. 由上面的模的计算看出 $m+n$ 是 5 的倍数. 再看模 2，看出 $m+n$ 是偶数，由上界看出 $m+n \leqslant 126$. 于是 $m+n$ 不能被 5^3 整除. 因为 5^5 整除 $m^5 + n^5 = (m+n)((m+n)^4 - 5mn(m+n)^2 + 5m^2n^2)$，我们看出 5^5 必能整除第二个因式 $(m+n)^4 - 5mn(m+n)^2 + 5m^2n^2$. 因为我们已经知道 5 整除 $m+n$，这意味着 5^3 必能整除 $5m^2n^2$. 于是 5 整除 m 或 n，

因为 5 整除它们的和,所以实际上 5 必整除 m 和 n. 我们分两种情况进一步讨论.

(1) 假定 m 和 n 都是奇数. 于是 32 整除 $m^5+n^5=(m+n)((m+n)^4-5mn(m+n)^2+5m^2n^2)$,我们看出第二个因式是奇数,所以 $m+n$ 是 32 的倍数. 因为它也是 5 的倍数,这就是说 $m+n$ 是 32 的倍数,这与 $m,n \leqslant 63$ 矛盾.

(2) 假定 m 和 n 都是偶数. 于是 $m=10u, n=10v$ 都是 10 的倍数,于是归结为较小的数 $aaaa = u^5+v^5$ 来解,因为小于 10 000 的五次幂有 $1^5=1, 2^5=32, 3^5=243, 4^5=1\,024$, $5^5=3\,125$ 和 $6^5=7\,776$,我们看到只有 $1^5+6^5=7\,777$. 于是原题的唯一解是 $777\,700\,000=10^5+60^5$.

J146 已知 $A_1A_2A_3A_4A_5$ 是凸五边形,$X \in A_1A_2, Y \in A_2A_3, Z \in A_3A_4, U \in A_4A_5$, $V \in A_5A_1, A_1Z, A_2U, A_3V, A_4X, A_5Y$ 相交于 P.

证明:$\dfrac{A_1X}{A_2X} \cdot \dfrac{A_2Y}{A_3Y} \cdot \dfrac{A_3Z}{A_4Z} \cdot \dfrac{A_4U}{A_5U} \cdot \dfrac{A_5V}{A_1V}=1$.

证明 引理 如图 1,如果点 P 在 $\triangle ABC$ 的边 BC 上,则 $\dfrac{PB}{PC}=\dfrac{AB}{AC} \cdot \dfrac{\sin \angle PAB}{\sin \angle PAC}$.

回到原来的问题,设
$$\angle A_1PX = \angle A_4PZ = \alpha, \angle XPA_2 = \angle UPA_4 = \beta,$$
$$\angle A_2PY = \angle A_5PU = \gamma, \angle YPA_3 = \angle VPA_5 = \delta,$$
$$\angle A_3PZ = \angle A_1PV = \varepsilon,$$
如图 2 所示.

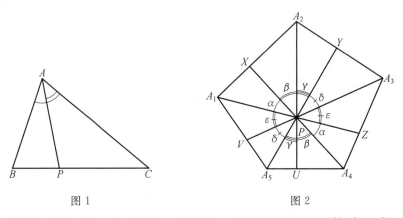

图 1　　　　　图 2

对 $\triangle A_1PA_2, \triangle A_2PA_3, \triangle A_3PA_4, \triangle A_4PA_5, \triangle A_5PA_1$ 用上面的引理,得到

$$\dfrac{A_1X}{A_2X} \cdot \dfrac{A_2Y}{A_3Y} \cdot \dfrac{A_3Z}{A_4Z} \cdot \dfrac{A_4U}{A_5U} \cdot \dfrac{A_5V}{A_1V}=\dfrac{\sin \alpha}{\sin \beta} \cdot \dfrac{\sin \gamma}{\sin \delta} \cdot \dfrac{\sin \varepsilon}{\sin \alpha} \cdot \dfrac{\sin \beta}{\sin \gamma} \cdot \dfrac{\sin \delta}{\sin \varepsilon}=1.$$

J147 对于 $n \geqslant 1$,有 $a_0=a_1=1, a_{n+1}=1+\dfrac{a_1^2}{a_0}+\cdots+\dfrac{a_n^2}{a_{n-1}}$. 求 a_n 的一个通项.

解 对于 $n \geqslant 2$,将递推关系重写为

$$a_{n+1} = (1 + \frac{a_1^2}{a_0} + \cdots + \frac{a_{n-1}^2}{a_{n-2}}) + \frac{a_n^2}{a_{n-1}} = a_n + \frac{a_n^2}{a_{n-1}}$$

或

$$\frac{a_{n+1}}{a_n} = \frac{a_n}{a_{n-1}} + 1.$$

因为 $\frac{a_1}{a_0} = 1$，对 n 用归纳法很快看出 $\frac{a_n}{a_{n-1}} = n$，或对于 $n \geq 2, a_n = na_{n-1}$。因为 $a_1 = 1$，可以看出，对一切 n，有 $a_n = n!$（再对 n 用归纳法）。

J148 对于 $n \geq 2$，对每一个 $\alpha_1, \cdots, \alpha_n \in (0, \pi)$，有 $\alpha_1 + \cdots + \alpha_n = \pi, \alpha_k \neq \frac{\pi}{2}$，以下等式成立：

$$\sum_{i=1}^n \tan \alpha_i = \frac{\sum_{i=1}^n \cot \alpha_i}{\prod_{i=1}^n \cot \alpha_i}.$$

求一切这样的 n。

解 如果 $n=2$，得到

$$\tan \alpha_1 + \tan \alpha_2 = \frac{\tan \alpha_1 + \tan \alpha_2}{\tan \alpha_1 \tan \alpha_2} \tan \alpha_1 \tan \alpha_2$$

假定 $n \geq 3$，设 $\alpha_1 = \cdots = \alpha_n = \frac{\pi}{n}$ 得到 $(\tan \frac{\pi}{n})^{n-2} = 1$；于是 $\tan \frac{\pi}{n} = \pm 1$，所以 $\frac{\pi}{n} = \pm(k\pi + \frac{\pi}{4})$，于是 $n=4$，注意到 $\alpha_1 + \alpha_2 + \alpha_3 + \alpha_4 = \pi$，得到

$$-1 = e^{i\alpha_1} \cdot e^{i\alpha_2} \cdot e^{i\alpha_3} \cdot e^{i\alpha_4} = \prod_{k=1}^4 \cos(\alpha_k) \cdot \prod_{k=1}^4 (1 + i \cdot \tan(\alpha_k)).$$

于是

$$\text{Im}\Big(\prod_{k=1}^4 (1 + i \cdot \tan(\alpha_k))\Big) = 0.$$

展开后得到 $\tan(\alpha_k)$ 的和等于这些正切的三个之积之和，这就是我们要求的恒等式。所以 n 的值是 2 和 4。

J149 在四边形 $ABCD$ 中，$\angle A > 60°$。证明：

$$AC^2 < 2(BC^2 + CD^2).$$

证明 设 M 是 BD 的中点，则 $BM = MD = \frac{1}{2}BD$，在 $\triangle CMD$ 中用余弦定理，得到

$$CD^2 = CM^2 + \frac{1}{4}BD^2 - CM \cdot BD \cos \angle CMD$$

$$BC^2 = MC^2 + \frac{1}{4}BD^2 - CM \cdot BD \cos \angle CMB$$

注意 $\angle CMD + \angle CMB = 180°$,所以相加后,相应的余弦抵消,于是
$$2(BD^2 + CD^2) = 4CM^2 + BD^2.$$
在 $\triangle ABD$ 中用余弦定理,由于 $\angle A > 60°$,得到
$$BD^2 = AD^2 + AB^2 - 2AB \cdot AD\cos A > AD^2 + AB^2 - AB \cdot AD.$$
与中线长的公式
$$AM^2 = \frac{AD^2 + AB^2}{2} - \frac{BD^2}{4}$$
相结合,得到
$$BD^2 - \frac{4}{3}AM^2 = \frac{4}{3}BD^2 - \frac{2}{3}(AD^2 + AB^2) > \frac{2}{3}(AD^2 - 2AB \cdot AD + AB^2)$$
$$= \frac{2}{3}(AD - AB)^2 \geqslant 0.$$
于是
$$2(BC^2 + CD^2) = 4CM^2 + BD^2 > 4CM^2 + \frac{4}{3}AM^2$$
$$= (AM + CM)^2 + \frac{1}{3}(3CM - AM)^2$$
$$\geqslant (AM + CM)^2 \geqslant AC^2.$$

J150 设 n 是大于 2 的整数.求一切实数 x,使 $\{x\} \leqslant \{nx\}$,这里 $\{a\}$ 是 a 的小数部分.

解 设 $k \leqslant x < k+1$,则 $nk \leqslant nx < nk + n$. 可写成
$$[k, k+1) = \bigcup_{r=0}^{n-1}[k + \frac{r}{n}, k + \frac{r+1}{n}) = \bigcup_{r=0}^{n-1} I_r.$$
对于 $x \in I_r$,不等式 $\{x\} \leqslant \{nx\}$ 可改写为 $x - k \leqslant nx - nk - r$,即 $x \geqslant k + \frac{r}{n-1}$.
一致的条件是
$$x \in I_r \Leftrightarrow k + \frac{r}{n} \leqslant k + \frac{r}{n-1} \leqslant k + \frac{r+1}{n}.$$
于是可以推出:

(1) 如果 $x \in I_0$,则满足 $\{x\} \leqslant \{nx\}$;

(2) 如果 $x \in I_r, r \geqslant 1$,则只有属于子区间 $J_r \subset I_r$ 的 x 满足不等式,这里
$$J_r = [k + \frac{r}{n-1}, k + \frac{r+1}{n}).$$

J151 设 $a \geqslant b \geqslant c > 0$. 证明:
$$(a - b + c)(\frac{1}{a} - \frac{1}{b} + \frac{1}{c}) \geqslant 1.$$

证明 把欲证不等式改写为

$$\frac{1}{a} - \frac{1}{b} + \frac{1}{c} \geqslant \frac{1}{a-b+c}.$$

该不等式等价于
$$\frac{a+c}{ac} \geqslant \frac{a+c}{b(a-b+c)}.$$

只要检验
$$ac \leqslant b(a-b+c) \text{ 或 } (b-a)(b-c) \leqslant 0$$

即可. 由已知条件可知最后一个不等式成立. 于是证毕.

J152 设 $a,b,c > 0$. 证明以下不等式成立：
$$\frac{a+b}{a+b+2c} + \frac{b+c}{b+c+2a} + \frac{c+a}{c+a+2b} + \frac{ab+bc+ca}{a^2+b^2+c^2} \leqslant \frac{13}{6}.$$

证明 因为 $\sum_{\text{cyc}} \frac{a+b}{a+b+2c} = \sum_{\text{cyc}} (1 - \frac{2c}{a+b+2c})$，所以欲证的不等式等价于
$$\sum_{\text{cyc}} \frac{a+b}{a+b+2c} \geqslant \frac{5}{6} + \frac{2(ab+bc+ca)}{3(a^2+b^2+c^2)}.$$

由 Cauchy – Schwarz 不等式, 只要证明
$$\frac{(a+b+c)^2}{2(a^2+b^2+c^2)+2(ab+bc+ca)} - \frac{2}{3} \cdot \frac{ab+bc+ca}{a^2+b^2+c^2} \geqslant \frac{5}{12}.$$

现在设 $ab+bc+ca = x$，由于上式是齐次式，所以可设 $a+b+c = 1$，得到
$$\frac{1}{2} \cdot \frac{1}{1-x} - \frac{1}{3} \cdot \frac{x}{1-2x} \geqslant \frac{5}{12}, 0 \leqslant x \leqslant \frac{1}{3}.$$

化简后得到
$$\frac{1}{12} \cdot \frac{(2x+1)(3x-1)}{(1-x)(2x-1)} \geqslant 0, 0 \leqslant x \leqslant \frac{1}{3},$$

这显然成立.

J153 求一切使 $n^2 + 2010n$ 是完全平方数的整数 n.

解 本题是要解 $n^2 + 2010n = m^2$. 将该方程改写为 $1005^2 = (n+1005)^2 - m^2 = (n+m+1005)(n-m+1005)$，我们看到 $a = n+m+1005$ 和 $b = n-m+1005$ 是整数（可能是非整数），且 $ab = 1005^2 = 3^2 \cdot 5^2 \cdot 67^2$. 给出这样的 a 和 b，可回到 $n = \frac{a+b}{2} - 1005, m = \frac{a-b}{2}$，因为 a 和 b 都是奇数，所以 a 和 b 都是整数. 将 a 和 b 交换可得到 m 的相反数，所以只要考虑 n. 不失一般性，考虑 $|b| \leqslant 1005$. 这就给出 28 对 (a,b)：$(1\,010\,025, 1), (336\,675, 3), (202\,005, 5), (112\,225, 9), (67\,335, 15), (40\,401, 25), (22\,445, 45), (15\,075, 67), (13\,467, 75), (5\,025, 201), (4\,489, 225), (3\,015, 335), (1\,675, 603), (1\,005, 1\,005), (-1\,010\,025, -1), (-336\,675, -3), (-202\,005, -5), (-112\,225, -9), (-67\,335, -15), (-40\,401, -25), (-22\,445, -45), (-15\,075, -67), (-13\,467,$

−75),(−5 025,−201),(−4 489,−225),(−3 015,−335),(−1 675,−603),(−1 005,−1 005). n 的相应的值是 504 008,167 334,100 000,55 112,32 670,19 208,10 240,6 566,5 766,1 608,1 352,670,134,0,−506 018,−3 618,−3 362,−2 680,−2 144 和 −2 010.

J154 设 $MNPQ$ 是 $\triangle ABC$ 的内接矩形,$M,N \in BC, P \in AC, Q \in AB$. 证明:$S_{矩形MNPQ} \leqslant \frac{1}{2} S_{\triangle ABC}$.

第一种证法 设 $x = NP, a = BC$. 因为 $PQ \parallel BC$,所以 $\triangle QAP \sim \triangle BAC$,于是

$$\frac{PQ}{CB} = \frac{h_a - x}{h_a} \Leftrightarrow PQ = \frac{a(h_a - x)}{h_a}.$$

于是

$$S_{矩形MNPQ} = \frac{a}{h_a} x(h_a - x) \leqslant \frac{a}{h_a} x \left(\frac{x + (h_a - x)}{2} \right)^2 = \frac{ah_a}{4} = \frac{1}{2} S_{\triangle ABC}.$$

第二种证法 假定 $\triangle ABC$ 是由纸制成的,矩形 $MNPQ$ 是由薄的金属片制成的. 进一步假定图形放在底边 BC 上,将矩形 $MNPQ$ 放在 $\triangle ABC$ 的上面,将 $\triangle ABC$ 没有被覆盖的部分折叠到矩形 $MNPQ$ 的上面. 显然直观上折叠的部分完全覆盖矩形 $MNPQ$.

更清楚地说,线段 BC 没有被覆盖的部分在矩形 $MNPQ$ 的下面一边 MN 所在的直线上,所以在 M 或 N 的附近没有不被覆盖的区域. 边 AC 在点 P 附近的折层已拼合(AB 在点 Q 附近的情况相同),所以 P 或 Q 附近的区域全都被覆盖了. 由于这些折层已拼合,接下来考虑顶点的折叠情况. 如果这个顶点是 B 或 C,因为 B 和 C 的像仍在矩形 $MNPQ$ 的底边上,问题已经解决. 如果上面的翻折(沿 PQ 翻折)延伸到底边的下方,那么问题也解决了. 如果这个顶点是 A,那么翻折的左边(沿 QM 翻折)的折层覆盖 A 左边的每一点,翻折的右边的折层(沿 NP 翻折)覆盖 A 右边的每一点.

因为 $\triangle ABC$ 的折层覆盖矩形 $MNPQ$ 的背面和正面,所以我们已经得出结论,即矩形 $MNPQ$ 的面积小于等于 $\frac{1}{2} \triangle ABC$ 的面积.

J155 求 n 个连续整数的平方和是质数的一切 n.

解 如果 $n = 1$,那么没有整数的平方是质数. 于是 n 至少是 2. 在 $n = 2$ 和 $n = 3$ 的情况下,我们可以找到连续整数 1,2 和 2,3,4,平方和分别是 5 和 29,都是质数. 于是可以假定 $n \geqslant 4$. 在这种情况下,容易看出任何 n 个连续整数的平方和 $A = a^2 + (a+1)^2 + \cdots + (a+n-1)^2$,超过 n(各项中除了有一项可能至少是 1 以外,至少有一项是 4 或更多,于是 $A \geqslant n + 2$). 计算下式

$$A = 6a^2 + 2(1 + 2 + \cdots + (n-1))a + 1^2 + 2^2 + \cdots + (n-1)^2$$
$$= \frac{n}{6}(6a^2 + 6(n-1)a + (n-1)(2n-1)).$$

于是，$\dfrac{n}{(6,n)}$ 是 A 的约数，故小于 A. 如果 A 是质数，那么这个约数必是 1，于是 n 整除 6. 这样余下的情况只有 $n=6$，于是容易找出连续整数 $-1,0,1,2,3,4$，平方和为 31，是质数. 最后，答案是 $n \in \{2,3,6\}$.

J156 设 $f:\mathbf{R} \to \mathbf{R}$ 是一个这样的函数：对一切实数 x 和一切 $y>0, f(x)+f(x+y)$ 是有理数. 证明：对一切实数 $x,f(x)$ 是有理数.

证明 对于每一个实数 x，考虑一个实数 $y>0$，定义 u,v,w 如下：
$$u=f(x)+f(x+y), v=f(x-y)+f(x), w=f(x-y)+f(x+y).$$
因为 $x=(x-y)+y, x+y=(x-y)+2y$，由已知条件可知 u,v,w 都是有理数，于是
$$f(x)=\frac{1}{2}(u+v-w)$$
是有理数，证毕.

J157 求值：
$$1^2+2^2+3^2-4^2-5^2+6^2+7^2+8^2-9^2-10^2+\cdots-2\,010^2$$
这里是连续三个"＋"，接着是两个"－".

解 注意到
$$(5k-4)^2+(5k-3)^2+(5k-2)^2-(5k-1)^2-(5k)^2=25k^2-80k+28.$$
于是
$$1^2+2^2+3^2-4^2-5^2+6^2+7^2+8^2-9^2-10^2+\cdots-2\,010^2$$
等价于
$$25\sum_{k=1}^{402}k^2-80\sum_{k=1}^{402}k+28\sum_{k=1}^{402}1=25 \cdot \frac{402 \cdot 403 \cdot 805}{6}-40 \cdot 402 \cdot 403+28 \cdot 402$$
$$=536\,925\,141.$$

J158 设 n 是与 10 互质的正整数. 证明：n^{20} 的百位数字是偶数.

证明 如果 n 与 10 互质，那么 n 与 2 和 5 互质. 因为 $\varphi(5^2)=5 \cdot 4=20, \varphi(2^3)=2^2 \cdot 1=4$，这里 $\varphi(n)$ 是欧拉函数，所以 $n^{20} \equiv 1(\bmod 25), n^{20}=(n^4)^5 \equiv 1^5 \equiv 1(\bmod 8)$，或 $n^{20} \equiv 1(\bmod 200)$，根据中国剩余定理确保模 200 的这个余数是唯一的可能，于是 n^{20} 的末三位数字是 $a01$，这里 a 是偶数. 推得结论.

J159 求使 $9n+16$ 和 $16n+9$ 是完全平方数的一切整数 n.

解 如果 $9n+16$ 和 $16n+9$ 是完全平方数，那么 $n \geqslant 0$，并且
$$p_n=(9n+16)(16n+9)=(12n)^2+(9^2+16^2)n+12^2$$
也是完全平方数. 因为
$$(12n+12)^2 \leqslant (12n)^2+(9^2+16^2)n+12^2 \leqslant (12n+15)^2,$$

所以如果 $n>0$，那么必有 $p_n=(12n+13)^2$ 或 $p_n=(12n+14)^2$。前者得到 $n=1$，后者得到 $n=52$。反之容易检验，当 $n=0,1,52$ 时，满足要求。

J160 在 $\triangle ABC$ 中，$\angle A=90°$，设 d 是经过该三角形的内心 I 的直线，分别交 AB，AC 于 P,Q。求 $AP\cdot AQ$ 的最小值。

第一种解法 设 M,N 分别是 I 在 AC,AB 上的射影。我们有 $IM=IN=r$。由 $\triangle PMI$ 和 $\triangle INQ$ 相似，得到 $PM\cdot NQ=r^2$，这里是 $\triangle ABC$ 的内切圆的半径。于是，我们有

$$AP\cdot AQ=(AM+MP)(AN+NQ)$$
$$=AM\cdot AN+AM\cdot NQ+MP\cdot AN+MP\cdot NQ$$
$$=2r^2+r(NQ+MP)\geqslant 2r^2+2r\sqrt{MP\cdot NQ}$$
$$=2r^2+2r^2=4r^2.$$

当且仅当 $MP=NQ\Leftrightarrow AP=AQ\Leftrightarrow \angle APQ=\angle AQP=45°$ 时，等号成立。

第二种解法 注意到 $AMIN$ 是正方形（因而也是矩形）内接于 $\triangle APQ$。从 J154 可以得出

$$AP\cdot AQ=2S_{\triangle APQ}\geqslant 4S_{\text{正方形}AMIN}=4r^2.$$

J161 设 a,b,c 是正实数，$a+b+c+2=abc$。求

$$\frac{1}{a}+\frac{1}{b}+\frac{1}{c}$$

的最小值。

第一种解法 注意到 $a+b+c+2=abc$，意味着

$$3+2(a+b+c)+(ab+bc+ca)=abc+ab+bc+ca+a+b+c+1.$$

于是

$$(a+1)(b+1)(c+1)=\sum_{\text{cyc}}(a+1)(b+1).$$

除以左边，得到

$$\sum_{\text{cyc}}\frac{1}{a+1}=1\Leftrightarrow \sum_{\text{cyc}}\frac{1}{1+\frac{1}{a}}=2.$$

由 Cauchy-Schwarz 不等式得

$$\sum_{\text{cyc}}\left(1+\frac{1}{a}\right)\sum_{\text{cyc}}\frac{1}{1+\frac{1}{a}}\geqslant 9\Leftrightarrow \sum_{\text{cyc}}\left(1+\frac{1}{a}\right)\geqslant \frac{9}{2}\Leftrightarrow \sum_{\text{cyc}}\frac{1}{a}\geqslant \frac{3}{2}.$$

对于 $a=b=c=2$ 进行上面的计算，得到等号全部成立，于是得最小值是 $\frac{3}{2}$。

第二种解法 设 $x=\frac{1}{1+a}$，$y=\frac{1}{1+b}$，$z=\frac{1}{1+c}$，由一般的代数知识，可知 $a+b+c+2=abc$ 等价于 $x+y+z=1$，于是

$$a = \frac{1-x}{x} = \frac{y+z}{x}, b = \frac{1-y}{y} = \frac{x+z}{y}, c = \frac{1-z}{z} = \frac{y+x}{z}.$$

用变量 x,y,z 表示,则不等式是

$$\frac{x}{y+z} + \frac{y}{x+z} + \frac{z}{x+y}, \quad x+y+z = 1.$$

上面的表达式的最小值是 $\frac{2}{3}$,这是熟知的 Nesbitt 不等式的内容.许多有效的证明方法之一是

$$\frac{x}{y+z} + \frac{y}{x+z} + \frac{z}{x+y} \geqslant \frac{(x+y+z)^2}{2(xy+yz+zx)} = \frac{1}{2(xy+yz+zx)} \geqslant \frac{3}{2},$$

这里用到了 Cauchy-Schwarz 不等式.

于是问题就归结为 $xy + yz + zx \leqslant \frac{1}{3}$,这是显然的.

J162 设 $a_1, a_2, \cdots, a_n$ 是正实数.证明:

$$\frac{a_1}{(1+a_1)^2} + \frac{a_2}{(1+a_1+a_2)^2} + \cdots + \frac{a_n}{(1+a_1+\cdots+a_n)^2} \leqslant \frac{a_1+\cdots+a_n}{1+a_1+\cdots+a_n}.$$

证明 我们将用归纳法证明这一结果.对于 $n=1$,结果等价于

$$\frac{a_1}{(1+a_1)^2} \leqslant \frac{a_1}{1+a_1},$$

因为 $1+a_1 > 1$,这一严格不等式显然成立.

如果严格不等式对 $n-1$ 成立,那么要证明这一结果对 n 成立,只要证明

$$\frac{s_n - a_n}{1+s_n-a_n} + \frac{a_n}{(1+s_n)^2} \leqslant \frac{s_n}{1+s_n},$$

$$(s_n - a_n)(1+s_n)^2 \leqslant (s_n + s_n^2 - a_n)(1+s_n-a_n),$$

这里已经用了 $s_n = a_1 + a_2 + \cdots + a_n$,将上式重新排列后化简,就转化为 $a_n^2 \geqslant 0$,这显然成立.这一结论推出,对一切 n,不等式严格成立.当 $a_1, a_2, \cdots, a_n$ 都趋近于 0 时,不等式就可以任意接近等式,两边都任意趋近于 $a_1 + a_2 + \cdots + a_n$,反之,也趋近于 0.

J163 设 a,b,c 是非零实数,$ab+bc+ca \geqslant 0$.证明:

$$\frac{ab}{a^2+b^2} + \frac{bc}{b^2+c^2} + \frac{ca}{c^2+a^2} \geqslant \frac{1}{2}.$$

证明 我们有

$$\sum_{cyc} \frac{ab}{a^2+b^2} = \sum_{cyc}\left(\frac{ab}{a^2+b^2} + \frac{1}{2}\right) - \frac{3}{2} = \sum_{cyc} \frac{(a+b)^2}{2(a^2+b^2)} - \frac{3}{2}$$

$$\geqslant \sum_{cyc} \frac{(a+b)^2}{2(a^2+b^2+c^2)} - \frac{3}{2}$$

$$= \frac{2(a^2+b^2+c^2) + 2(ab+bc+ca)}{2(a^2+b^2+c^2)} - \frac{3}{2}$$

$$= 1 + \frac{ab+bc+ca}{a^2+b^2+c^2} - \frac{3}{2} = \frac{ab+bc+ca}{a^2+b^2+c^2} - \frac{1}{2} \geqslant -\frac{1}{2},$$

最后一步中,我们用了 $ab+bc+ca \geqslant 0$ 这一事实.

J164 如果 x 和 y 是正实数,并且 $(x+\sqrt{x^2+1})(y+\sqrt{y^2+1})=2\,011$,求 $x+y$ 的最小值.

解 设 $u = x+\sqrt{x^2+1}$,则 $\frac{1}{u} = \sqrt{x^2+1}-x$,于是有

$$x = \frac{1}{2}\left(u - \frac{1}{u}\right).$$

类似地,定义 $v = y+\sqrt{y^2+1}$,则 $y = \frac{1}{2}\left(v-\frac{1}{v}\right)$.于是由已知条件,得到 $uv=2\,011$,于是

$$x = \frac{1}{2}\left(u - \frac{v}{2\,011}\right), \quad y = \frac{1}{2}\left(v - \frac{u}{2\,011}\right).$$

相加后,利用 AM−GM 不等式,得到

$$x+y = \frac{1\,005}{2\,011}(u+v) \geqslant \frac{2\,010}{2\,011}\sqrt{uv} = \frac{2\,010}{\sqrt{2\,011}},$$

当且仅当 $x=y=\frac{1\,005}{\sqrt{2\,011}}$ 时,等号成立.于是最小值是 $\frac{2\,010}{\sqrt{2\,011}}$.

J165 求满足方程组

$$\begin{cases}(x^2+1)(y^2+1)+\dfrac{z^2}{10}=2\,010 \\ (x+y)(xy-1)+14z=1\,985\end{cases}$$

的整数三元组 (x,y,z).

解 注意到对某个整数 k,有 $z=10k$,这是因为

$$\frac{z^2}{10} = 2\,010 - (x^2+1)(y^2+1)$$

是整数. 设 $p=x+y, q=xy-1$,于是

$$(x^2+1)(y^2+1) = x^2y^2+x^2+y^2+1 = (xy-1)^2+(x+y)^2 = p^2+q^2$$

于是原方程组变为

$$\begin{cases}p^2+q^2+10k^2=2\,010 \\ pq+140k=1\,985\end{cases} \Leftrightarrow \begin{cases}p^2+q^2=2\,010-10k^2 \\ pq=1\,985-140k\end{cases} \quad ①$$

因为 $(p-q)^2 = 2\,010-10k^2-2(1\,985-140k) = -10(k-14)^2$,于是只有当 $k=14$ 时才能使 ① 有解.当 $k=14$ 时,① 变为

$$\begin{cases}p^2+q^2=50 \\ pq=25\end{cases} \Leftrightarrow p=q=5.$$

于是
$$\begin{cases} x+y=5 \\ xy=6 \end{cases} \Leftrightarrow \begin{cases} x=2 \\ y=3 \end{cases} \text{或} \begin{cases} x=3 \\ y=2 \end{cases}.$$

三元组 $(x,y,z)=(2,3,140)$ 和 $(3,2,140)$ 是原方程组的一切整数解.

J166 点 P 在 $\triangle ABC$ 内,设 d_a,d_b,d_c 是 P 到三边的距离.证明:
$$\frac{K}{d_a d_b d_c} \geqslant \frac{s}{2Rr},$$

其中 K 为点 P 的垂足三角形的面积,s,R,r 分别是 $\triangle ABC$ 的半周长、外接圆的半径和内切圆的半径.

第一种证法 因为
$$4KR = cd_a d_b + ad_b d_c + bd_c d_a$$

和
$$2sr = ad_a + bd_b + cd_c,$$

所以原不等式变为
$$\left(\frac{a}{d_a} + \frac{b}{d_b} + \frac{c}{d_c}\right)(ad_a + bd_b + cd_c) \geqslant (a+b+c)^2,$$

由 Cauchy-Schwarz 不等式,上式成立.

第二种证法 用 P_A, P_B, P_C 分别表示 P 在 BC, CA, AB 上的射影,于是有 $\angle CP_A P = \angle CP_B P = 90°$ 或 $\angle P_A PP_B = 180° - \angle C$,$\triangle PP_A P_B$ 的面积是
$$\frac{d_a d_b \sin C}{2} = \frac{d_a d_b d_c}{4R} \cdot \frac{c}{d_c}.$$

将类似的 $\triangle PP_B P_C$ 和 $\triangle PP_C P_A$ 的面积的表达式相加,得到
$$K = \frac{d_a d_b d_c}{4R}\left(\frac{a}{d_a} + \frac{b}{d_b} + \frac{c}{d_c}\right),$$

或原不等式等价于
$$\frac{a}{d_a} + \frac{b}{d_b} + \frac{c}{d_c} \geqslant \frac{2s}{r}.$$

对 x 是正数,因为 $\frac{d^2}{dx^2}\left(\frac{1}{x}\right) = \frac{1}{x^3} > 0$,所以 $\frac{1}{x}$ 是凸函数,于是由 Jensen 不等式,得到
$$\frac{a}{d_a} + \frac{b}{d_b} + \frac{c}{d_c} \geqslant (a+b+c) \cdot \frac{a+b+c}{ad_a + bd_b + cd_c} = \frac{4s^2}{S} = \frac{2s}{r},$$

这里 $2S = ad_a + bd_b + cd_c = 2rs$ 是 $\triangle ABC$ 的面积的 2 倍,因为 ad_a 是 $\triangle PBC$ 的面积的 2 倍,进行轮换排列后得到类似的等式,当且仅当 $d_a = d_b = d_c$ 时,即当且仅当 P 是 $\triangle ABC$ 的内心时,取到等号,此时容易得到
$$K = \frac{r^2(\sin A + \sin B + \sin C)}{2} = \frac{r^2 s}{2R}.$$

J167 设 a,b,c 是大于 1 的实数,且
$$\frac{b+c}{a^2-1}+\frac{c+a}{b^2-1}+\frac{a+b}{c^2-1}\geqslant 1.$$
证明:
$$\left(\frac{bc+1}{a^2-1}\right)^2+\left(\frac{ca+1}{b^2-1}\right)^2+\left(\frac{ab+1}{c^2-1}\right)^2\geqslant\frac{10}{3}.$$

证明 观察到
$$\left(\frac{bc+1}{a^2-1}\right)^2-\left(\frac{b+c}{a^2-1}\right)^2=\frac{(b^2-1)(c^2-1)}{(a^2-1)^2},$$
$$\left(\frac{ca+1}{b^2-1}\right)^2-\left(\frac{c+a}{b^2-1}\right)^2=\frac{(c^2-1)(a^2-1)}{(b^2-1)^2},$$
$$\left(\frac{ab+1}{c^2-1}\right)^2-\left(\frac{a+b}{c^2-1}\right)^2=\frac{(a^2-1)(b^2-1)}{(c^2-1)^2},$$

于是
$$\sum\left(\frac{bc+1}{a^2-1}\right)^2=\sum\left(\frac{b+c}{a^2-1}\right)^2+\sum\frac{(b^2-1)(c^2-1)}{(a^2-1)^2} \qquad ①$$

观察到
$$\sum\left(\frac{b+c}{a^2-1}\right)^2\geqslant\frac{\left(\sum\frac{b+c}{a^2-1}\right)^2}{3}\geqslant\frac{1}{3} \qquad ②$$

由 AM−GM 不等式得到
$$\sum\frac{(b^2-1)(c^2-1)}{(a^2-1)^2}\geqslant 3\sqrt[3]{\frac{(a^2-1)(b^2-1)(c^2-1)^2}{(a^2-1)(b^2-1)(c^2-1)^2}}=3 \qquad ③$$

由 ①②③ 得到
$$\sum\left(\frac{bc+1}{a^2-1}\right)^2\geqslant 3+\frac{1}{3}=\frac{10}{3}.$$

J168 设 n 是正整数. 求使方程组
$$\begin{cases} x_1+x_2+\cdots+x_n=a \\ x_1^2+x_2^2+\cdots+x_n^2=a \end{cases}$$
没有整数解的最小正整数 a.

解 首先注意到如果对某个分量 $x_i\neq 0$ 或 1, 那么 $x_i^2>x_i$, 于是得到
$$a=x_1^2+x_2^2+\cdots+x_n^2>x_1+x_2+\cdots+x_n,$$
这是一个矛盾. 于是分量 $x_i=0$ 或 1, 对 $a=1,\cdots,n$, 方程组有整数解. 取 $x_1=x_2=\cdots=x_a=1, x_{a+1}=\cdots=x_n=0$. 因此, 使方程组没有整数解的最小正整数 a 是 $n+1$:
$$x_1+x_2+\cdots+x_n\leqslant x_1^2+x_2^2+\cdots+x_n^2\leqslant n<a=n+1.$$

J169 如果 $x,y,z>0, x+y+z=1$. 求

$$E(x,y,z) = \frac{xy}{x+y} + \frac{yz}{y+z} + \frac{zx}{z+x}$$

的最大值.

解 由 AM − GM 不等式得到

$$E(x,y,z) \leqslant \frac{(x+y)^2}{4} \cdot \frac{1}{x+y} + \frac{(y+z)^2}{4} \cdot \frac{1}{y+z} + \frac{(z+x)^2}{4} \cdot \frac{1}{z+x}$$

$$= \frac{x+y}{4} + \frac{y+z}{4} + \frac{z+x}{4} = \frac{x+y+z}{2} = \frac{1}{2}.$$

于是 $E(x,y,z)$ 的最大值是 $\frac{1}{2}$. 当且仅当 $x = y = z = \frac{1}{3}$ 时,取到最大值.

J170 在正五边形 $ABCDE$ 的内部考虑一点 M,使 △MDE 是等边三角形. 求 △AMB 的各个内角.

解 $\angle MEA = \angle AED - \angle MED = 108° - 60° = 48°.$

又 $AE = EM$,这意味着

$$\angle EAM = \angle EMA = \frac{1}{2}(180° - 48°) = 66°.$$

由对称性,$\angle AMB = \angle MBC = \frac{1}{2}\angle ABC = 54°$. 最后

$$\angle MAB = \angle EAB - \angle EAM = \angle EAB - \angle DCM = 108° - 66° = 42°,$$

$$\angle AMB = 180° - \angle MAB - \angle ABM = 84°.$$

J171 如果不同的字母表示不同的数,以下的加法是否可能正确?

```
  A X X X U
  B X X V
  C X Y
+ D E X X Z
─────────────
  X X X X X
```

解 首位数字 A, B, C, D 和 X 不能是 0. 因为 A 和 D 是不同的数字,所以 $A + D \geqslant 3$. 此外,从右到左第四列的和有一个进位,于是实际上,$X > 3$. 第一列的和也有一个进位,否则在第二列有 $4X \equiv X \pmod{10}$,这不可能.

设第一列的一个进位是 R,第二列的一个进位是 S,因为有四个数相加,所以 $R, S \leqslant 3$. 于是 $R + 4X = 10S + X$. 看第二列和第三列模 10 的加法,有 $R + 3X \equiv 0 \pmod{10}$ 和 $S + 3X \equiv 0 \pmod{10}$. 于是 $S \equiv R \pmod{10}$,因为二者都至多是 3,实际上,$S = R$. 于是方程就变为 $R + 4X = 10R + X$,或 $X = 3R$.

因为 $X > 3$,所以可能是 $X = 6, R = 2$ 或 $X = 9, R = 3$,但后者不可能,因为 $U + V + X + Y \leqslant 6 + 7 + 8 + 9 = 30$,若 $X = 9, R = 3$ 就有 $U + V + Y + Z = 39$. 如果必有 $X = 6, R = 2$,就有 $U + V + Y + Z = 26$,以及

$$\begin{cases} B+C+E=8 \\ A+D=5 \end{cases} \quad ①$$

$$\begin{cases} B+C+E=18 \\ A+D=4 \end{cases} \quad ②$$

如果取 $E=0$,那么其余的数字是 $\{B,C\}=\{1,7\}$,$\{A,D\}=\{2,3\}$,$\{U,V,Y,Z\}=\{4,5,8,9\}$,于是式 ① 成立,得到本题的一组解.

$$\begin{array}{r} 2\,6\,6\,6\,4 \\ 1\,6\,6\,5 \\ 7\,6\,6\,8 \\ +\,3\,0\,6\,6\,9 \\ \hline 6\,6\,6\,6\,6 \end{array}$$

注意到式 ② 是不可能的,因为

$$(U+V+Y+Z)+X+(B+C+E)+(A+D)=26+6+18+4=54\neq 45,$$

45 是 10 个数字的和.

J172 设 P 是等边 $\triangle ABC$ 的内部一点,A',B',C' 分别是 AP,BP,CP 与边 BC,CA,AB 的交点. 求使

$$A'B^2+B'C^2+C'A^2=AB'^2+BC'^2+CA'^2$$

的一切点 P.

解 如图 3,设 $\triangle BPC$,$\triangle APB$,$\triangle APC$ 的面积分别为 x,y,z,于是有

$$\frac{BA'}{A'C}=\frac{S_{\triangle AA'B}}{S_{\triangle AA'C}}=\frac{S_{\triangle BPA'}}{S_{\triangle CPA'}}=\frac{S_{\triangle AA'B}-S_{\triangle BPA'}}{S_{\triangle AA'C}-S_{\triangle CPA'}}=\frac{S_{\triangle APB}}{S_{\triangle APC}}=\frac{y}{z}.$$

设 $AB=BC=CA=a$,则 $BA'=\dfrac{ay}{y+z}$,$A'C=\dfrac{az}{y+z}$. 类似地可得到另外四个关系式. 将这些值代入第一个关系式中,得到

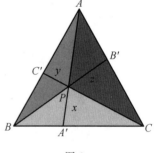

图 3

$$\frac{y^2}{(y+z)^2}+\frac{z^2}{(z+x)^2}+\frac{x^2}{(x+y)^2}=\frac{z^2}{(y+z)^2}+\frac{x^2}{(z+x)^2}+\frac{y^2}{(x+y)^2},$$

上式移项后等价于

$$\frac{y^2-z^2}{(y+z)^2}+\frac{z^2-x^2}{(z+x)^2}+\frac{x^2-y^2}{(x+y)^2}=0.$$

这一关系式可简化为 $\displaystyle\sum_{cyc}\frac{x-y}{x+y}=0$,可改写为

$$\frac{(x-y)(z-x)(z-y)}{(x+y)(y+z)(z+x)}=0.$$

于是,当且仅当 $x=y$ 或 $z=x$ 或 $y=z$ 时,第一个关系式成立. 所以,如果在 $\triangle BPC$,$\triangle APB$,$\triangle APC$ 中至少有两个面积相等,那么第一个关系式成立. 于是点 P 必位于 $\triangle ABC$ 的三条中线中的任何一条上.

J173 a 和 b 是有理数,且

$$|a| \leqslant \frac{47}{|a^2 - 3b^2|}, |b| \leqslant \frac{52}{|b^2 - 3a^2|}.$$

证明:$a^2 + b^2 \leqslant 17$.

第一种证法 设 $X = a^3 - 3ab^2, Y = 3a^2b - b^3$. 由已知条件得到 $|X| \leqslant 47, |Y| \leqslant 52$.

观察 $X + iY = (a + ib)^3$(这容易检验),于是推得

$$a^2 + b^2 = |a + ib|^2 = |(a + ib)^3|^{\frac{2}{3}} = [(X^2 + Y^2)^{\frac{1}{2}}]^{\frac{2}{3}}$$
$$= (X^2 + Y^2)^{\frac{1}{3}} \leqslant (47^2 + 52^2)^{\frac{1}{3}}.$$

因为 $47^2 + 52^2 = 17^3$,于是推得 $a^2 + b^2 \leqslant 17$.

第二种证法 注意到 $a = b = 0$ 时,显然满足 $a^2 + b^2 \leqslant 17$,于是 $a^2 - 3b^2$ 和 $3a^2 - b^2$ 都是非零有理数,否则 3 是有理数的平方,这不可能. 设 $x = a^2, y = b^2$,于是 $x(x - 3y)^2 \leqslant 47^2, y(3x - y)^2 \leqslant 52^2$. 将这两个不等式相加,得到 $(x + y)^3 \leqslant 47^2 + 52^2 = 17^3$,或 $x + y = a^2 + b^2 \leqslant 17$. 注意到只有当已知条件中的两个不等式的等号同时成立时,才能取到等号,例如,当 $a = \pm 1, b = \pm 4$ 时,能取到等号.

J174 $\triangle ABC$ 的内切圆分别与边 BC, CA, AB 切于 D, E, F. 设 K 是边 BC 上的一点,M 是线段 AK 上的点,且 $AM = AE = AF$. 设 L, N 分别表示 $\triangle ABK$ 和 $\triangle ACK$ 的内心. 证明:当且仅当 $DLMN$ 是正方形时,K 是从 A 出发的高的垂足.

证明 我们首先证明两个引理.

引理 1 D, K 在以 LN 为直径的圆上.

引理 1 的证明 设 $c < b$. 设 I 是 $\triangle ABC$ 的内心,U, V 分别是圆 L,圆 N 与 BC 的切点. 设 r, r_1, r_2 分别是圆 I,圆 L,圆 N 的半径,如图 4 所示.

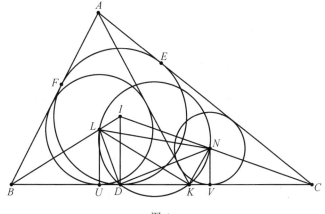

图 4

设 $a = BC, b = CA, c = AB, m = BK, n = KC, x = AK$. 因为 L, N 分别是 $\triangle ABK$ 和

△ACK 的内心,所以

$$\angle LKN = \angle LKA + \angle AKN = \frac{1}{2}(\angle BKA + \angle AKC) = 90°.$$

为了证明 $\angle LDN = 90°$,我们将证明

$$LD^2 + DN^2 = LN^2 \qquad ①$$

由毕达哥拉斯定理,得到 $LD^2 = r_1^2 + UD^2$,$DN^2 = r_2^2 + DV^2$,以及

$$LN^2 = UV^2 + (r_1 - r_2)^2 = UD^2 + DV^2 + 2UD \cdot DV + r_1^2 - 2r_1r_2 + r_2^2.$$

因此,要证明式 ①,只要证明 $UD \cdot DV = r_1 r_2$.

显然有

$$UD = BD - BU = \frac{a+c-b}{2} - \frac{m+c-x}{2} = \frac{a+x-b-m}{2} \qquad ②$$

$$DV = DC - CV = \frac{a+b-c}{2} - \frac{n+b-x}{2} = \frac{a+x-c-n}{2} \qquad ③$$

由 ② 和 ③,将 $n = a - m$ 代入上面的表达式中,相乘后得到

$$UD \cdot DV = \frac{(x+a-b-m)(x-c+m)}{4} \qquad ④$$

由 $\triangle BUL \backsim \triangle BDI$,$\triangle CVN \backsim \triangle CDI$,得到

$$LU : ID = BU : BD \Rightarrow r_1 = r \cdot \frac{c+m-x}{a+c-b} \qquad ⑤$$

$$NV : ID = CV : CD \Rightarrow r_2 = r \cdot \frac{b+n-x}{a+b-c} \qquad ⑥$$

由 ⑤⑥,以及熟知的公式

$$r^2 = \frac{(b+c-a)(a+c-b)(a+b-c)}{4(a+b+c)},$$

将 $n = a - m$ 代入表达式中,得到

$$r_1 r_2 = \frac{(b+c-a)(a+b-m-x)(c+m-x)}{4(a+b+c)}. \qquad ⑦$$

利用 ④ 和 ⑦,有

$$UD \cdot DV - r_1 r_2 = \frac{ax^2 - ac^2 + a^2m - b^2m + c^2m - am^2}{2(a+b+c)}. \qquad ⑧$$

由 Stewart 定理,得到

$$x^2 = \frac{m^2 b + nc^2 - amn}{a}.$$

最后,将 x^2 代入式 ⑧,经过一些繁复的运算,得到

$$UD \cdot DV - r_1 r_2 = \frac{(c^2 - am)(m+n-a)}{2(a+b+c)} = 0.$$

于是 $LD^2 + DN^2 = LN^2$,引理得证.

引理 2 如图 5,如果 M 是 AK 与 $DKNL$ 的外接圆 γ 的第二个交点,那么 $DM \perp LN$,并且 $AM = AE = AF$.

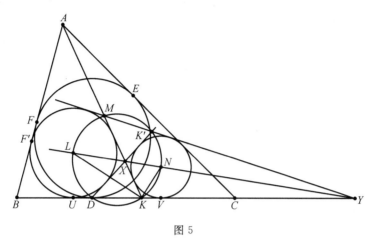

图 5

引理 2 的证明 设 $\triangle ABK$ 的内切圆与边 AB 切于 F'. 以 LN 为直径的圆,圆 L 和圆 N 一条内公切线、一条外公切线共点. 根据引理 1,γ 的圆心是 LN 的中点,所以 M 在圆 L 和圆 N 的一条外公切线上. 于是,由图形的对称性,我们有 $DM \perp LN$,以及

$$AM = AF' - UD = AF' - (BD - BU)$$
$$= \frac{c+x-m}{2} - \frac{a+c-b}{2} + \frac{c+m-x}{2}$$
$$= \frac{b+c-a}{2} = AF.$$

引理得证.

现在考虑原来

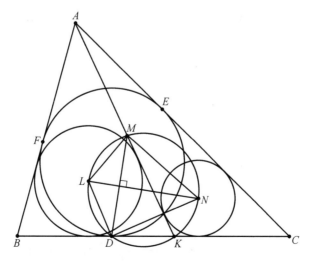

图 6

(1) $DKNL$ 有外接圆；

(2) $\angle LDN = \angle LMN = 90°$；

(3) $DM \perp LN$.

于是当且仅当 MD 是 $DLMN$ 的外接圆的直径，即 $\angle MKD = 90°$（即 $AK \perp BC$）时，$DLMN$ 是正方形.

J175 设 $a,b \in (0, \dfrac{\pi}{2})$，且

$$\sin^2 a + \cos 2b \geqslant \dfrac{1}{2}\sec a, \sin^2 b + \cos 2a \geqslant \dfrac{1}{2}\sec b.$$

证明：$\cos^6 a + \cos^6 b \geqslant \dfrac{1}{2}$.

证明 我们将利用一下熟知的三角恒等式：

(1) $\sin^2 x = 1 - \cos^2 x$；

(2) $\cos 2x = 2\cos^2 x - 1$；

(3) $\sec x = \dfrac{1}{\cos x}$.

原不等式可改写为

$$2\cos^2 b \cos a - \cos^3 a \geqslant \dfrac{1}{2} \qquad ①$$

和

$$2\cos^2 a \cos b - \cos^3 b \geqslant \dfrac{1}{2} \qquad ②$$

因为当 $x \in (0, \dfrac{\pi}{2})$ 时，$\cos x$ 是正的，所以上面两个不等式的符号保持不变. 将式 ① 和式 ② 的两边平方后，相加得到

$$\cos^6 a + \cos^6 b \geqslant \dfrac{1}{2}.$$

J176 求方程组

$$\begin{cases} x_1 + x_2 + \cdots + x_n = 1 \\ \dfrac{1}{x_1} + \dfrac{1}{x_2} + \cdots + \dfrac{1}{x_n} + \dfrac{1}{x_1 x_2 \cdots x_n} = n^3 + 1 \end{cases}$$

的正实数解.

解 我们有

$$\dfrac{1}{x_1} + \dfrac{1}{x_2} + \cdots + \dfrac{1}{x_n} \geqslant \dfrac{n^2}{x_1 x_2 \cdots x_n} = n^2$$

以及

$$\frac{1}{x_1 x_2 \cdots x_n} \geqslant \frac{1}{\left(\dfrac{x_1 + x_2 + \cdots + x_n}{n}\right)^n} = n^n.$$

于是,$n^3 + 1 \geqslant n^n + n^2$,这表明 $n \leqslant 2$,因为 $n > 1$,所以必有 $n = 2$,以及

$$\begin{cases} x_1 + x_2 = 1 \\ \dfrac{1}{x_1} + \dfrac{1}{x_2} + \dfrac{1}{x_1 x_2} = 9 \end{cases}$$

其解为 $(n, x_1, x_2) \in \{(2, \frac{1}{3}, \frac{2}{3}), (2, \frac{2}{3}, \frac{1}{3})\}$.

J177 设 x, y, z 是非负实数,且对某些正实数 a, b, c,有 $ax + by + cz \leqslant 3abc$. 证明:

$$\sqrt{\frac{x+y}{2}} + \sqrt{\frac{y+z}{2}} + \sqrt{\frac{z+x}{2}} + \sqrt[4]{xyz} \leqslant \frac{1}{4}(abc + 5a + 5b + 5c).$$

证明 由已知条件得

$$3a \geqslant \frac{ax}{bc} + \frac{y}{c} + \frac{z}{b},$$

$$3b \geqslant \frac{x}{c} + \frac{by}{ca} + \frac{z}{a},$$

$$3c \geqslant \frac{x}{b} + \frac{y}{a} + \frac{cz}{ab}.$$

于是

$$3(a+b+c) \geqslant \frac{x+y}{c} + \frac{y+z}{a} + \frac{z+x}{b} + \left(\frac{ax}{bc} + \frac{by}{ca} + \frac{cz}{ab}\right),$$

因此

$$abc + 5(a+b+c) \geqslant \left(\frac{x+y}{c} + 2c\right) + \left(\frac{y+z}{a} + 2b\right) + \left(\frac{z+x}{b} + 2c\right) +$$

$$\left(abc + \frac{ax}{bc} + \frac{by}{ca} + \frac{cz}{ab}\right) \geqslant$$

$$2\sqrt{2(x+y)} + 2\sqrt{2(y+z)} + 2\sqrt{2(z+x)} + 4\sqrt[4]{xyz}$$

推出了结论.

J178 求整数数列 $(a_n)_{n \geqslant 0}$ 和 $(b_n)_{n \geqslant 0}$,对每一个 $n \geqslant 0$,有

$$(2 + \sqrt{5})^n = a_n + b_n \frac{1 + \sqrt{5}}{2}.$$

解 设 $\varphi = \dfrac{1 + \sqrt{5}}{2}$ 是黄金比. 众所周知(容易检验),$\varphi^2 = \varphi + 1$. 因此对 m 归纳,得到 $\varphi^m = F_{m-1} + F_m \varphi$,这里 F_m 是斐波那契数 ($F_0 = 0, F_1 = 1, F_m = F_{m-1} + F_{m-2}$),为方便起见,设 $F_{-1} = 1$. 事实上,我们可以计算

$$\varphi^{m+1} = \varphi \cdot \varphi^m = \varphi(F_{m-1} + F_m \varphi) = \varphi F_{m-1} + \varphi^2 F_m = \varphi F_{m-1} + (\varphi + 1) F_m$$

$$= F_m + \varphi(F_{m-1} + F_m) = F_m + \varphi F_{m+1}.$$

为了简化所给的问题，我们注意到 $\varphi^3 = F_2 + F_3\varphi = 1 + 2\varphi = 2 + \sqrt{5}$. 于是所给等式的左边是 φ^{3n}，于是可以得到 $a_n = F_{3n-1}$, $b_n = F_{3n}$.

J179 求方程组

$$\begin{cases}(x+y)(y^3-z^3) = 3(z-x)(z^3+x^3) \\ (y+z)(z^3-x^3) = 3(x-y)(x^3+y^3) \\ (z+x)(x^3-y^3) = 3(y-z)(y^3+z^3)\end{cases}$$

的实数解.

解 不失一般性,假定 $x=0$,那么显然 $y=z=0$.由已知条件,可假定 $x,y,z \neq 0$.假定 $x=y$,那么 $x=z$ 或 $y=-z$.如果假定 $y=-z$,那么第一个方程就变为 $4x^4=6x^4$,得到矛盾,所以 $x \neq y \neq z \neq 0$.将所有三个方程相乘以后,得到

$$\frac{3(x^2-xy+y^2)3(y^2-yz+z^2)3(z^2-zx+x^2)}{(x^2+xy+y^2)(y^2+yz+z^2)(z^2+zx+x^2)} = 1,$$

可改写成

$$\left(1 + \frac{2(x-y)^2}{x^2+xy+y^2}\right)\left(1 + \frac{2(y-z)^2}{y^2+yz+z^2}\right)\left(1 + \frac{2(z-x)^2}{z^2+zx+x^2}\right) = 1.$$

显然,这表明 $x=y=z$,这与 $x \neq y \neq z \neq 0$ 矛盾.所以唯一可能的解是 $x=y=z$.

J180 设 a,b,c,d 是不同的实数,且

$$\frac{1}{\sqrt[3]{a-b}} + \frac{1}{\sqrt[3]{b-c}} + \frac{1}{\sqrt[3]{c-d}} + \frac{1}{\sqrt[3]{d-a}} \neq 0.$$

证明: $\sqrt[3]{a-b} + \sqrt[3]{b-c} + \sqrt[3]{c-d} + \sqrt[3]{d-a} \neq 0$.

证明 分别用 w,x,y,z 表示 $\sqrt[3]{a-b}, \sqrt[3]{b-c}, \sqrt[3]{c-d}, \sqrt[3]{d-a}$, 设 $S = w+x+y+z$. 于是

$$w^3 + x^3 + y^3 + z^3 = 0 \qquad\qquad ①$$

$$\frac{1}{w} + \frac{1}{x} + \frac{1}{y} + \frac{1}{z} \neq 0 \qquad\qquad ②$$

因为 a,b,c,d 各不相同,所以可推出 $w,x,y,z \neq 0$,于是

$$wxy + wxz + wyz + xyz = wxyz\left(\frac{1}{w} + \frac{1}{x} + \frac{1}{y} + \frac{1}{z}\right) \neq 0 \qquad\qquad ③$$

由①,更可得到

$$S^3 = 6(wxy + wxz + wyz + xyz) + 3(w^2 + x^2 + y^2 + z^2)S,$$

$$S(S^2 - 3(w^2 + x^2 + y^2 + z^2)) = 6(wxy + wxz + wyz + xyz),$$

这表明 $S \neq 0$,否则右边将是 0,这与③矛盾,证毕.

J181 设 a,b,c,d 是正实数.证明:

$$\left(\frac{a+b}{2}\right)^3 + \left(\frac{c+d}{2}\right)^3 \leqslant \left(\frac{a^2+d^2}{a+d}\right)^3 + \left(\frac{b^2+c^2}{b+c}\right)^3.$$

证明 利用熟知的不等式 $\left(\frac{x+y}{2}\right)^3 \leqslant \frac{x^3+y^3}{2}$,有

$$\left(\frac{a+b}{2}\right)^3 + \left(\frac{c+d}{2}\right)^3 \leqslant \frac{a^3+b^3}{2} + \frac{c^3+d^3}{2},$$

当且仅当 $a=b,c=d$ 时,等号成立.如果设 $\frac{a}{d}=x$,则

$$\frac{a^3+d^3}{2} \leqslant \left(\frac{a^2+d^2}{a+d}\right)^3 \Leftrightarrow x^3+1 \leqslant 2\left(\frac{x^2+1}{x+1}\right)^3,$$

但是

$$x^3 + 1 \leqslant 2\left(\frac{x^2+1}{x+1}\right)^3 \Leftrightarrow$$
$$x^6 - 3x^5 + 3x^4 - 2x^3 + 3x^2 - 3x + 1 \geqslant 0 \Leftrightarrow (x-1)^4(x^2+x+1) \geqslant 0,$$

所以得到

$$\frac{a^3+d^3}{2} \leqslant \left(\frac{a^2+d^2}{a+d}\right)^3.$$

当且仅当 $a=d$ 时,等号成立.类似地,有

$$\frac{b^3+c^3}{2} \leqslant \left(\frac{b^2+c^2}{b+c}\right)^3.$$

当且仅当 $b=c$ 时,等号成立.因此原不等式成立,当且仅当 $a=b=c=d$ 时,等号成立.

J182 圆 $C_1(O_1,r)$ 和 $C_2(O_2,R)$ 外切.过 O_1 的切线切 C_2 于 A 和 B,过 O_2 的切线切 C_1 于 C 和 D.设 $O_1A \cap O_2C = E, O_1B \cap O_2D = F$.证明:$EF \cap O_1O_2 = AD \cap BC$.

第一种证法 设 M 是 O_1O_2 的中点,观察以 M 为圆心,MO_1 为半径的圆上的点 A, B,C,D,如图 7 所示.(我们假定 A 和 C 在 O_1O_2 的同侧,其余情况类似).

设 $N = AD \cap BC$,注意到因为 AD 与 BC 关于直线 O_1O_2 对称,所以 N 在 O_1O_2 上. 因为 $O_1C = O_1D$,所以 $\angle CAO_1 = \angle O_1AD$,于是 O_1A 是 $\angle CAN$ 的内角平分线.同理,因为 $O_2A = O_2B$,所以 $\angle O_2CA = \angle BCO_2$,于是 O_2C 是 $\angle ACN$ 的内角平分线.因此,E 是 $\triangle ACN$ 的内心,于是 $\angle CNE = \angle ENA$.类似地,F 是 $\triangle BND$ 的内心,于是 $\angle DNF = \angle FNB$.因此,我们有

$$\angle CNE = \frac{1}{2}\angle CNA = \frac{1}{2}\angle DNB = \angle FNB.$$

这表明 E,N,F 共线.

于是 $EF \cap O_1O_2 = AD \cap BC = N$,这就是要证明的.

第二种证法 我们将证明对于任何两个互不包含的圆的一般情况,这一结果成立. 注意到因为 O_1A 是圆 O_2 的切线,所以 $\angle O_1AO_2 = \angle O_1BO_2 = \frac{\pi}{2}$.同理,$\angle O_1CO_2 =$

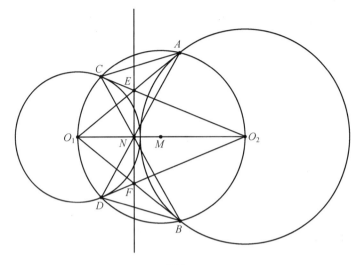

图 7

$\angle O_1DO_2 = \dfrac{\pi}{2}$,所以 A,C,O_1,D,B,O_2 都在以 O_1O_2 为直径的圆上. 对圆外接六边形 ADO_2CBO_1 用 Pascal 定理,得到:$N = AD \cap BC, AO_1 \cap CO_2 = E, BO_1 \cap DO_2 = F$ 共线. 换句话说,AD,BC 和 EF 共点. 现在余下来的是由于对称性,观察到 O_1O_2 是 AB 和 CD 的垂直平分线,于是 N 在 O_1O_2 上. 因为我们刚证明过 EF 经过点 N,于是 AD,CB,EF 和 O_1O_2 共点,这就是我们要证明的.

J183 设 x,y,z 是实数. 证明:
$$(x^2+y^2+z^2)^2 + xyz(x+y+z) \geqslant \dfrac{2}{3}(xy+yz+zx)^2 + (x^2y^2+y^2z^2+z^2x^2)^2.$$

第一种证法 原不等式可以从以下较强的不等式推出
$$(x^2+y^2+z^2)^2 + xyz(x+y+z) - (x^2y^2+y^2z^2+z^2x^2)^2 \geqslant (xy+yz+zx)^2 \quad ①$$

事实上,对于任何实数 u,v,w,有
$$u^2+v^2+w^2 \geqslant uv+vw+wu \Leftrightarrow (u+v+w)^2 \geqslant 3(uv+vw+wu)$$
$$\Leftrightarrow (u-v)^2+(v-w)^2+(w-u)^2 \geqslant 0.$$

于是
$$(x^2+y^2+z^2)^2 \geqslant 3(x^2y^2+y^2z^2+z^2x^2),$$

以及
$$x^2y^2+y^2z^2+z^2x^2 \geqslant xyz(x+y+z).$$

因此
$$(x^2+y^2+z^2)^2 + xyz(x+y+z) - (x^2y^2+y^2z^2+z^2x^2)^2$$
$$\geqslant 2(x^2y^2+y^2z^2+z^2x^2) + xyz(x+y+z)$$
$$\geqslant x^2y^2+y^2z^2+z^2x^2+2xyz(x+y+z) = (xy+yz+zx)^2$$

$$\geqslant \frac{2}{3}(xy+yz+zx)^2.$$

注 当且仅当 $x=y=z$ 时,式 ① 等号成立,于是当且仅当 $x=y=z=0$ 时,原不等式的等号成立.

第二种证法 将 $(x^2+y^2+z^2)^2$ 和 $(xy+yz+zx)^2$ 展开后,合并同类项,把原不等式归结为

$$x^4+y^4+z^4+\frac{1}{3}(x^2y^2+y^2z^2+z^2x^2)-\frac{1}{3}xyz(x+y+z)\geqslant 0.$$

利用 AM−GM 不等式,我们有

$$x^2y^2+y^2z^2+z^2x^2\geqslant xyz(x+y+z).$$

因此只要证明 $x^4+y^4+z^4\geqslant 0$ 即可,而这是显然的. 当且仅当 $x=y=z=0$ 时,等号成立.

J184 求满足方程组

$$x+y+z+w=xy+yz+zx+w^2-w=xyz-w^3=-1$$

的所有整数四元组 (w,x,y,z).

第一种解法 注意到

$$(x+y)(y+z)(z+x)=(x+y+z)(xy+yz+zx)-xyz=2.$$

这表示 $(x+y,y+z,z+x)$ 等于 $(1,1,2),(-1,-1,2)$ 或 $(1,-1,-2)$ 的某个排列. 于是 (x,y,z) 等于 $(0,1,1),(1,1,-2)$ 或 $(0,1,-2)$ 的某个排列. 在第一种情况下,$w=-1-(x+y+z)=-3$ 和 $w^3=1+xyz=1$,这就产生了矛盾. 第二种情况表明 $w=-1-(x+y+z)=-1,w^3-w=-1-(xy+yz+zx)=2$ 和 $w^3=xyz+1=-1$,由此得 $w=-1$. 第三种情况表明 $w=-1-(x+y+z)=-2$ 和 $w^3=xyz+1=1$,这是一个矛盾. 由此推出所有可能的整数的四元组 (w,x,y,z) 是 $(1,1,-2,-1)$ 以及 x,y,z 的所有可能的排列.

第二种解法 首先注意到

$$(x+w+1)(y+w+1)(z+w+1)$$
$$=w^3-1+(w+1)(-w^3+w+1)+(w+1)^2(-w+1)+(w+1)^3=-2$$

或 $x+w+1$ 整除 -2,于是 x 可以取以下的值之一:

$x=-w-3$,则 $y+z=-1-w-x=2$,以及

$$yz=-1+w-w^2+2(w+3)=-w^2+3w+5,$$

导致 $w^3-1=xyz=(w+3)(w^2-3w-5)=w^3-14w-15$,或 $w=-1$,于是 $x=-2$, $yz=1$. 注意到 $(y-z)^2=(y+z)^2-4yz=0$,因为 $y+z=2$,所以 $y=z=1$.

$x=-w-2$,则 $y+z=-1-w-x=1$,以及

$$yz=-1+w-w^2+(w+2)=1+2w-w^2,$$

导致 $w^3-1=xyz=(w+2)(w^2-2w-1)=w^3-5w-2$；在这种情况下，因为 $5w=-1$，所以不存在整数解.

$x=-w$，则 $y+z=-1-w-x=-1$，以及
$$yz=-1+w-w^2-w=-w^2-1,$$
导致 $w^3-1=xyz=w^3+w$，或 $w=-1$，所以 $x=1,yz=-2$. 注意到 $(y-z)^2=(y+z)^2-4yz=1+8=3^2$，所以 $y-z=\pm 3$，于是 $y=1,z=-2$，或 $y=-2,z=1$.

$x=1-w$，则 $y+z=-1-w-x=-2$，以及
$$yz=-1+w-w^2+2(1-w)=1-w-w^2,$$
导致 $w^3-1=xyz=(w-1)(w^2+w-1)=w^3-2w+1$，或 $w=1$，对于 $x=0$，$yz=-1$. 注意到 $(y-z)^2=(y+z)^2-4yz=8$ 不是完全平方数，因此在这种情况下，不存在整数解.

所以一切解是 $w=-1$，和 (x,y,z) 是 $(1,1,-2)$ 的一个排列.

J185 设 $H(x,y)=\dfrac{2xy}{x+y}$ 是正实数 x,y 的调和平均. 对于 $n\geqslant 2$，求最大常数 C，对任何正实数 $a_1,a_2,\cdots,a_n,b_1,b_2,\cdots,b_n$，以下不等式成立：
$$\frac{C}{H(a_1+\cdots+a_n,b_1+\cdots+b_n)}\leqslant \frac{1}{H(a_1,b_1)}+\cdots+\frac{1}{H(a_n,b_n)}.$$

解 注意到 $\dfrac{1}{H(x,y)}=\dfrac{1}{2}\left(\dfrac{1}{x}+\dfrac{1}{y}\right)$. 于是原不等式可改写为
$$C\left(\frac{1}{a_1+\cdots+a_n}+\frac{1}{b_1+\cdots+b_n}\right)\leqslant \frac{1}{a_1}+\frac{1}{a_2}+\cdots+\frac{1}{a_n}+\frac{1}{b_1}+\frac{1}{b_2}+\cdots+\frac{1}{b_n}.$$
因为 AM-GM 不等式给出
$$(a_1+a_2+\cdots+a_n)\left(\frac{1}{a_1}+\frac{1}{a_2}+\cdots+\frac{1}{a_n}\right)\geqslant n^2,$$
当且仅当 $a_1=a_2=\cdots=a_n$ 时，等号成立，b_k 的情况类似，所以有 $C=n^2$ 时，不等式成立，这就是 C 的最大值.

J186 设 $\triangle ABC$ 是直角三角形，$\angle C$ 是直角，$AC=3,BC=4$，中线 AA_1 交角平分线 BB_1 于 O. 过点 O 的直线 l 交斜边 AB 于 M，交 AC 于 N. 证明：
$$\frac{MB}{MA}\cdot\frac{NC}{NA}\leqslant \frac{4}{9}.$$

证明 我们用解析几何的方法证明. 设 $A=(3,0),B=(0,4),C=(0,0)$. 由 $A_1=(0,2)$，以及 $\cos B=\dfrac{4}{5}$，推出
$$B_1=(BC\tan B,0)=\left(4\sqrt{\frac{1-\cos B}{1+\cos B}},0\right)=\left(\frac{4}{3},0\right).$$
于是中线 AA_1 和角平分线 BB_1 的方程分别是 $2x+3y=6,3x+y=4$. 给出交点 O 的

坐标为 $\left(\frac{6}{7}, \frac{10}{7}\right)$. 设经过点 O 的直线是 $a(7x-6)+b(7y-10)=0$, 于是

$$NA = \frac{5(3a-2b)}{7a}, MA = \frac{25(3a-2b)}{7(3a-4b)}.$$

于是 $\frac{5}{MA} + \frac{3}{NA} = \frac{14}{5}$, 由 AM-GM 不等式, 得到

$$\frac{MB}{MA} \cdot \frac{NC}{NA} = \left(\frac{5}{MA}-1\right)\left(\frac{3}{NA}-1\right) \leqslant \frac{1}{4}\left(\frac{5}{MA}+\frac{3}{NA}-2\right)^2 = \frac{4}{25}.$$

所以当直线 l 是竖直方向时, 左边的最大值是: $x = \frac{6}{7}$.

J187 设 $m \geqslant 1, f:[m, \infty) \to [1, \infty), f(x) = x^2 - 2mx^2 + m^2 + 1$.

(1) 证明: f 是双射.

(2) 解方程 $f(x) = f^{-1}(x)$.

(3) 解方程 $x^2 - 2mx^2 + m^2 + 1 = m + \sqrt{x-1}$.

解 (1) 为了证明, f 在 $[m, \infty)$ 上是双射, 只要证明 f 有唯一的反映射. 假定 $f(x) = (x-m)^2 + 1 = y$, 那么我们就能解出 $x = m \pm \sqrt{y-1}$. 但是因为 f 的定义域是 $x \geqslant m$, 所以不允许取负号, 于是有 $f^{-1}(x) = m + \sqrt{y-1}$, 于是 f 是双射. 注意下面要用到 $f^{-1}(x)$ 是 y 的增函数.

(2) 注意如果 $f(x) = x$, 那么 $f(x) = x = f^{-1}(x)$, 我们已经求出给定方程的解, 反之, 如果 $f(x) < f^{-1}(x)$, 那么因为 f^{-1} 是增函数, 所以 $x < f^{-1}(x), f(x) < f^{-1}(x)$. 同样, $f(x) > x$, 那么 $f(x) > x > f^{-1}(x)$. 于是使 $x \geqslant m$ 的二次方程 $x^2 - 2mx^2 + m^2 + 1 = 0$ 的解就是唯一解, 于是得出 $x = \frac{2m+1 \pm \sqrt{4m-3}}{2}$.

因为 $m \geqslant 1, 4m-3 \geqslant 1$, 取负号的结果将会使 x 的值小于 m, 于是实际上解只能取正号.

(3) 注意到所给的方程是形如 $f(x) = f^{-1}(x)$ 的形式, 但是局限于 f 的定义域. 因为 f 到处都有定义, 所以我们总是可以使用 f, 有 $f(f^{-1}(x)) = x$. 但是 f^{-1} 并不是到处都有定义, 所以 $f(f^{-1}(x)) = x$ 可能不成立.

解该方程的一种选择是 f 将用于两边, 得到一个四次方程 $f(f(x)) = x$. 因为我们知道二次方程 $f(x) = x$ 是这个四次方程 $f(f(x)) = x$ 的根, 所以有一个二次因式, 容易求出另一个二次因式根是 $x^2 - (2m-1)x + m^2 - 2m^2 + 2 = 0$. 另外, 我们还可以用下面进行较少计算的方法. 设 $y = f(x)$, 于是方程 $f(x) = f^{-1}(x)$ 就是 $y = f^{-1}(x)$, 所以 $f(y) = x$. (注意这后一步并不是可逆的, 如果 $y = m - \sqrt{x-1}$ 也满足, 那么下面的计算可以产生一个增解.) 于是 $f(x) + x = x + y = f(y) + y$. 这里有两种可能. 在 $x = y$ 的情况下, 得到 $f(x) = x$, 这就是在(2)部分得到的解, 否则就是 $x \neq y$, 此时 x, y 是二次方程 $0 = f(t) +$

$t-x-y=t^2-(2m-1)t+m^2+1-x-y$ 的两根. 由韦达关系式,这两根的和是 $2m-1$, 于是 $y=2m-1-x$, $f(x)+x-2m+1=0$. 于是又得到二次方程 $x^2-(2m-1)x+m^2-2m^2+2=0$.

这个二次方程的根是
$$x=\frac{2m-1\pm\sqrt{4m-7}}{2}.$$

无论是对于根 x,还是另一个根 $y=f(x)$. 上面得到的增根都将有 $y<m$,真正的根将有 $y\geqslant m$. 因为对于取正号的根,另一个(取负号的)根都小于 m,所以这个根总是增根. 对于取负号的根,另一个(取正号的) 根由于 $m\geqslant 2$,所以至少是 m. 于是又得到一个根
$$x=\frac{2m-1-\sqrt{4m-7}}{2} \quad (m\geqslant 2).$$

J188 设 a,b,c 是正实数. 证明:
$$\frac{1}{10a+11b+11c}+\frac{1}{11a+10b+11c}+\frac{1}{11a+11b+10c}\leqslant\frac{1}{32a}+\frac{1}{32b}+\frac{1}{32c}.$$

证明 回忆一下 AM−GM 不等式
$$\sum_{i=1}^{n}\frac{1}{a_i}\geqslant\frac{n^2}{\sum_{i=1}^{n}a_i}.$$

我们有
$$\underbrace{\frac{1}{a}+\cdots+\frac{1}{a}}_{10}+\underbrace{\frac{1}{b}+\cdots+\frac{1}{b}}_{11}+\underbrace{\frac{1}{c}+\cdots+\frac{1}{c}}_{11}\geqslant\frac{32^2}{10a+11b+11c}.$$

上式等价于
$$\frac{10}{32a}+\frac{11}{32b}+\frac{11}{32c}\geqslant\frac{32}{10a+11b+11c}.$$

类似地,有
$$\frac{11}{32a}+\frac{10}{32b}+\frac{11}{32c}\geqslant\frac{32}{10a+11b+11c},$$

和
$$\frac{11}{32a}+\frac{11}{32b}+\frac{10}{32c}\geqslant\frac{32}{10a+11b+11c}.$$

将这三个不等式相加后就得到所求的结果.

J189 求所有质数 q_1,q_2,q_3,q_4,q_5,使 $q_1^4+q_2^4+q_3^4+q_4^4+q_5^4$ 是两个连续偶数的积.

解 注意如果 q 是偶数(因为我们考虑的 q 是质数,所以 $q=2$),那么 $q^4\equiv 0\pmod{16}$. 如果 $q=4a\pm 1$ 是奇数,那么有

$$(4a \pm 1)^4 = 4^4 a^4 \pm 4^4 a^3 + 6 \cdot 4^2 a^2 \pm 4^2 a + 1 \equiv 1 \pmod{16}.$$

于是 $q_1^4 + q_2^4 + q_3^4 + q_4^4 + q_5^4 \equiv m \pmod{16}$,其中 m 是 q_i 中奇数的个数,对于任何两个连续的偶数,其中的一个是 4(或 2 的更高次幂)的倍数,另一个是 2 的倍数,但不是 4 的倍数,因此它们之积是 8 的倍数,于是推得 $m \equiv 0 \pmod 8$. 因为 $m \leqslant 5$,所以必有 $m=0$,即所有的质数 q_i 都是偶数,于是都是 2. 此时 $q_1^4 + q_2^4 + q_3^4 + q_4^4 + q_5^4 = 5 \cdot 2^4 = 80 = 8 \cdot 10$ 是两个连续偶数 8 和 10 的积. 于是 $q_1 = q_2 = q_3 = q_4 = q_5 = 2$ 是唯一解.

J190 点 A', B', C' 分别在 $\triangle ABC$ 的边 BC, CA, AB 上,AA', BB', CC' 共点于 M,且
$$\frac{AM}{MA'} \cdot \frac{BM}{MB'} \cdot \frac{CM}{MC'} = 2\,011.$$
求 $\dfrac{AM}{MA'} + \dfrac{BM}{MB'} + \dfrac{CM}{MC'}$ 的值.

第一种解法 设 $x = \dfrac{BA'}{BC}, y = \dfrac{CB'}{CA}, z = \dfrac{AC'}{AB}$,于是
$$CA' = (1-x)a, AB' = (1-y)b, BC' = (1-z)c.$$
由 Ceva 定理,得到 $xyz = (1-x)(1-y)(1-z)$,再用 Menelaus 定理,用 BB' 截 $\triangle AA'C$,得到 $\dfrac{AM}{MA'} = \dfrac{1-y}{xy}$,同样有 $\dfrac{BM}{MB'} = \dfrac{1-z}{yz}, \dfrac{CM}{MC'} = \dfrac{1-x}{zx}$. 于是
$$xyz = (1-x)(1-y)(1-z) = \frac{1}{2\,011}.$$
由此推得
$$\frac{AM}{MA'} + \frac{BM}{MB'} + \frac{CM}{MC'} = \frac{x+y+z-(xy+yz+zx)}{xyz}$$
$$= \frac{1 - xyz - (1-x)(1-y)(1-z)}{xyz} = 2\,011 - 1 - 1 = 2\,009.$$

第二种解法 用 $[XYZ]$ 表示三角形 XYZ 的面积. 设 $\alpha = \dfrac{MA'}{AA'}, \beta = \dfrac{MB'}{BB'}, \gamma = \dfrac{MC'}{CC'}$. 因为 $\triangle MBC$ 和 $\triangle ABC$ 有同样的底,(由相似三角形) 高的比等于 MA 与 AA' 的比,于是有 $\alpha = \dfrac{MA'}{AA'} = \dfrac{[MBC]}{[ABC]}$,类似地,有 $\beta = \dfrac{[MCA]}{[ABC]}, \gamma = \dfrac{[MAB]}{[ABC]}$. 于是
$$\alpha + \beta + \lambda = \frac{[MBC] + [MCA] + [MAB]}{[ABC]} = 1.$$
注意到 $\dfrac{AM}{MA'} = \dfrac{1}{\alpha} - 1, \dfrac{BM}{MB'} = \dfrac{1}{\beta} - 1, \dfrac{CM}{MC'} = \dfrac{1}{\gamma} - 1$,于是已知的等式为
$$2\,011 = \left(\frac{1}{\alpha} - 1\right)\left(\frac{1}{\beta} - 1\right)\left(\frac{1}{\gamma} - 1\right) = \frac{1 - \alpha - \beta - \gamma}{\alpha\beta\gamma} + \frac{1}{\alpha} + \frac{1}{\beta} + \frac{1}{\gamma} - 1$$
$$= \frac{1}{\alpha} + \frac{1}{\beta} + \frac{1}{\gamma} - 1.$$
于是推得

$$\frac{AM}{MA'}+\frac{BM}{MB'}+\frac{CM}{MC'}=\frac{1}{\alpha}+\frac{1}{\beta}+\frac{1}{\gamma}-3=2\,009.$$

J191 求一切正整数 $n \geqslant 2$,使 $(n-2)! + (n+2)!$ 是完全平方数.

解 注意到恒等式

$$(n-2)!+(n+2)!=(n-2)! \cdot (n^2-n+1)^2.$$

于是,如果 $(n-2)!+(n+2)!$ 是完全平方数,那么 $(n-2)!$ 也必是完全平方数. 对于 $n=2,3$,我们有 $(n-2)!=1$,所以 $n=2$ 和 $n=3$ 是解在 $n \geqslant 4$ 的情况下,小于或等于 $n-2$ 的最大质数 p 必定只有一次出现在 $(n-2)!$ 的质因数分解式中,这表示当 $n \geqslant 4$ 时,$(n-2)!$ 不会是完全平方数. 如果 $(n-2)!$ 是完全平方数,那么 p 应该出现在 $(n-2)!$ 的质因数分解式中两次,于是必有 $n-2 \geqslant 2p$. 但是,根据 Bertrand 假设,我们知道在 p 与 $2p$ 之间必有一个质数,这与假定小于或等于 $n-2$ 的最大质数 p 矛盾. 于是,$n=2$ 和 $n=3$ 是仅有的解.

J192 考虑锐角 $\triangle ABC$. 设 $X \in AB, Y \in AC$,使四边形 $BXYC$ 是圆外接四边形,R_1, R_2, R_3 分别是 $\triangle AXY, \triangle BXY, \triangle ABC$ 的外接圆的半径. 证明:如果 $R_1^2 + R_2^2 = R_3^2$,则 BC 是圆 $(BXYC)$ 的直径.

第一种证法 对 $\triangle BXY, \triangle AXY, \triangle ABC$ 用正弦定理得到

$$\frac{BY}{\sin \angle BXY}=2R_2, \quad \frac{AY}{\sin \angle AXY}=2R_1, \quad \frac{AB}{\sin \angle ACB}=2R_3.$$

从前两个等式,显然得到 $\dfrac{AY}{BY}=\dfrac{R_1}{R_2}$. 又因为四边形 $BXYC$ 是圆外接四边形,所以 $\angle AXY=\angle ACB$,于是由第二个和第三个等式得到 $\dfrac{AY}{AB}=\dfrac{R_1}{R_3}$. 用这些关系式,计算

$$AY^2+BX^2=AY^2+\frac{R_2^2}{R_1^2}AY^2=\frac{R_1^2+R_2^2}{R_1^2}AY^2=\frac{R_3^2}{R_1^2}AY^2=AB^2$$

推得 $\triangle ABY$ 是直角三角形,$\angle AYB=\angle BYC=\dfrac{\pi}{2}$. 因为四边形 $BXYC$ 是圆外接四边形,这已经表示 BC 是圆 $(BXYC)$ 的直径,证毕.

第二种证法 如图8,设 $\angle BYC=\alpha$,于是在 $\triangle ABY$ 中,$\angle ABY=\angle BYC-\angle BAC=\alpha-A$. 因为四边形 $BXYC$ 是圆外接四边形,所以 $\angle AXY=\angle YCB, \angle AYX=\angle XBC$,于是 $\triangle AXY$ 和 $\triangle ABC$ 相似,于是,存在某个正实数 λ,使

$$\frac{AY}{AB}=\lambda \qquad ①$$

也可由正弦定理 $AY=2R_1 \sin \angle YCB$ 和 $AB=2R_3 \sin \angle YCB$,得到

$$\frac{AY}{AB}=\frac{R_1}{R_3} \qquad ②$$

由 ① 和 ②,得到 $\lambda=\dfrac{R_1}{R_3}$.

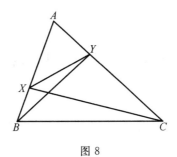

图 8

因为四边形 $BXYC$ 是圆外接四边形,所以 $\triangle BXY$ 的外接圆与 $\triangle BYC$ 的外接圆相同. 于是由正弦定理得到

$$\frac{BC}{\sin\alpha}=2R_2\Rightarrow\frac{2R_3\sin A}{\sin\alpha}=2R_2\Rightarrow\frac{R_2}{R_3}=\frac{\sin A}{\sin\alpha} \qquad ③$$

再在 $\triangle ABY$ 中用正弦定理,得到

$$\frac{AY}{\sin\angle ABY}=\frac{AB}{\sin\angle AYB}\Rightarrow\frac{AY}{AB}=\frac{\sin(\alpha-A)}{\sin(\pi-\alpha)}\Rightarrow$$

$$\lambda=\frac{R_1}{R_3}=\frac{\sin(\alpha-A)}{\sin\alpha} \qquad ④$$

由于 $R_1^2+R_2^2=R_3^2$,两边除以 R_3^2,得

$$\left(\frac{\sin(\alpha-A)}{\sin\alpha}\right)^2+\left(\frac{\sin A}{\sin\alpha}\right)^2=1 \qquad ⑤$$

化简式 ⑤,得到

$$2\cos\alpha\sin A=0 \qquad ⑥$$

于是 $\cos\alpha=0,\alpha=90°,BC$ 是圆 $(BXYC)$ 的直径.

J193 设正方形 $ABCD$ 的中心为 O. 过 O 平行于 AD 的直线交 AB,CD 于 M,N,平行于 AB 的直线交 AC 于 P. 证明:

$$OP^4+\left(\frac{MN}{2}\right)^4=MP^2\cdot NP^2.$$

第一种证法 平行于 AB 的直线交 MN 于 T. 显然 $\triangle AMO$ 与 $\triangle OTP$ 是等腰直角三角形. 所以,可设 $AM=MO=x,OT=TP=t$. 为方便起见,设 $MP=y,NP=z,OP=u$,则 $TN=x-t$,所以必须证明 $u^4+x^4=y^2z^2$. 由毕达哥拉斯定理,得

$$y^2z^2=((x+t)^2+t^2)((x-t)^2+t^2)=(x^2+2t^2+2xt)(x^2+2t^2-2xt)$$
$$=(x^2+2t^2)^2-4x^2t^2=x^4+4t^4.$$

由 $\triangle OTP$,得到 $2t^2=u^2,4t^4=u^4$,证毕.

第二种证法 不失一般性,设 P 在线段 AO 上. $\angle MOP=45°,\angle NOP=135°$. 于是在 $\triangle MOP$ 和 $\triangle NOP$ 中,由余弦定理(利用 $MO=NO=\frac{MN}{2}$),有

$$MP^2 = OP^2 + \left(\frac{MN}{2}\right)^2 - \frac{1}{\sqrt{2}} OP \cdot MN,$$

$$NP^2 = OP^2 + \left(\frac{MN}{2}\right)^2 + \frac{1}{\sqrt{2}} OP \cdot MN,$$

于是

$$MP^2 \cdot NP^2 = \left(OP^2 + \left(\frac{MN}{2}\right)^2\right)^2 - \frac{1}{2} OP^2 \cdot MN^2 = OP^4 + \left(\frac{MN}{2}\right)^4.$$

J194 设 a,b,c 是 $\triangle ABC$ 的边长,c 是最大边.证明:

$$\frac{ab(2c+a+b)}{(a+c)(b+c)} \leqslant \frac{a+b+c}{3}.$$

第一种证法 不失一般性,设 $c \geqslant a \geqslant b$.考虑函数

$$f(x) = \frac{a+b+x}{3} - ab\left(\frac{1}{a+x} + \frac{1}{b+x}\right).$$

于是

$$f(c) - f(a) = (a-c)\left(\frac{1}{3} + \frac{ab}{2a(a+c)} + \frac{ab}{(b+a)(b+c)}\right) \geqslant 0 \qquad ①$$

$$f(a) = \frac{2a+b}{3} - ab\left(\frac{1}{2a} + \frac{1}{a+b}\right)$$

$$\geqslant \frac{2a+b}{3} - \frac{b}{2} - \frac{ab}{4}\left(\frac{1}{a} + \frac{1}{b}\right) = \frac{5}{12}(a-b) \geqslant 0.$$

注意到原不等式对于任何正数 a,b,c (c 最大) 成立.

第二种证法 假定 $c = \max\{a,b,c\}$,于是

$$c^2 + a(c-b) + b(c-a) \geqslant 0.$$

原不等式可改写为

$$\frac{3abc}{a+b+c} \leqslant c^2 + a(c-b) + b(c-a).$$

于是有

$$\frac{3abc}{a+b+c} \leqslant c\left(\frac{c^2 + c(a+b)}{a+b+c}\right) = c^2. \qquad ②$$

由 ① 和 ②,原不等式得证.

J195 求一切质数 p 和 q,使 $pq - 555p$ 和 $pq + 555q$ 都是完全平方数.

解 因为 $pq - 555p = p(q - 555)$ 是完全平方数,p 整除 $q - 555 \neq 0$,实际上,$q - p \geqslant 555$. 同样 q 整除 $p + 555 \neq 0$,于是 $p + 555 \geqslant q$ 或 $555 \geqslant q - p$. 比较这两个不等式,得到 $q - p = 555$. 于是 $p = 2$(否则 $q - p$ 将是偶数),$q = 557$.

J196 设 I 是 $\triangle ABC$ 的内心,A', B', C' 是从顶点 A, B, C 出发的高的垂足. 证明:如果 $IA' = IB' = IC'$,那么 $\triangle ABC$ 是等边三角形.

解 注意到 $IA' = IB' = IC'$，表示 I 是 $\triangle A'B'C'$ 的外心，$\triangle A'B'C'$ 的外接圆当然是九点圆. 于是，I 是九点圆的圆心. Feuerbach 定理告诉我们九点圆与内切圆内切. 因为九点圆和内切圆的圆心相同，并且内切，于是推得这两个圆的半径相同. 又如果设内切圆的半径和外接圆的半径分别是 r 和 R，那么九点圆的半径是 $\dfrac{R}{2}$ 也是内切圆的半径，于是

$$\frac{R}{2} = r \Rightarrow R = 2r$$

这就是欧拉三角形不等式相等的情况. 但是欧拉三角形不等式有 $R \geqslant 2r$，当且仅当 $\triangle ABC$ 是等边三角形时，等号成立，证毕.

J197 设 x, y, z 是正实数. 证明：

$$\sqrt{2(x^2y^2 + y^2z^2 + z^2x^2)\left(\frac{1}{x^3} + \frac{1}{y^3} + \frac{1}{z^3}\right)}$$
$$\geqslant x\sqrt{\frac{1}{y} + \frac{1}{z}} + y\sqrt{\frac{1}{z} + \frac{1}{x}} + z\sqrt{\frac{1}{x} + \frac{1}{y}}.$$

证明 注意到 Cauchy-Schwarz 不等式，有

$$\sum_{\text{cyc}} x\sqrt{\frac{1}{y} + \frac{1}{z}} \leqslant \sqrt{\sum_{\text{cyc}} x^2 \sum_{\text{cyc}}\left(\frac{1}{y} + \frac{1}{z}\right)} = \sqrt{2\sum_{\text{cyc}} x^2 \sum_{\text{cyc}} \frac{1}{x}},$$

所以只要证明

$$(x^2y^2 + y^2z^2 + z^2x^2)\left(\frac{1}{x^3} + \frac{1}{y^3} + \frac{1}{z^3}\right) \geqslant (x^2 + y^2 + z^2)\left(\frac{1}{x} + \frac{1}{y} + \frac{1}{z}\right).$$

现在设 $a = \dfrac{1}{x}, b = \dfrac{1}{y}, c = \dfrac{1}{z}$，于是要证明的不等式可改写为

$$\left(\frac{1}{a^2b^2} + \frac{1}{b^2c^2} + \frac{1}{c^2a^2}\right)(a^3 + b^3 + c^3) \geqslant (a^2b^2 + b^2c^2 + c^2a^2)(a + b + c),$$

它等价于

$$(a^2 + b^2 + c^2)(a^3 + b^3 + c^3) \geqslant (a^2b^2 + b^2c^2 + c^2a^2)(a + b + c),$$

即

$$\sum_{\text{cyc}} a^5 + \sum_{\text{cyc}} a^3(b^2 + c^2) \geqslant \sum_{\text{cyc}} a^3(b^2 + c^2) + \sum_{\text{cyc}} ab^2c^2,$$

这原来直接就有

$$\sum_{\text{cyc}} a^5 \geqslant \sum_{\text{cyc}} ab^2c^2 = abc(a + b + c),$$

这就是 AM − GM 不等式推出的结果的例子.

J198 求一切正整数组 (x, y)，使 $x! + y! + 3$ 是完全立方数.

解 我们介绍 Richard Stong 对这一问题的加强的解，这其实要比预料中的难一些. 设 $x! + y! + 3 = z^3, x, y \geqslant 7$. 我们有 $z^3 \equiv 3 \pmod 7$，因为立方数模 7 余 0, 1, 6，所以得到矛盾. 于是，不失一般性，设 $x \leqslant 6$. 现在讨论下面几种情况：

(1) $x=1$.

$y!+4=z^3, y \geq 7 \Rightarrow z^3 \equiv 4 \pmod 7$；这不可能，所以要得到一个立方数，就要 $y \leq 6$.

(2) $x=2$.

$y!+5=z^3, y \geq 7 \Rightarrow z^3 \equiv 5 \pmod 7$；这不可能，所以 $y \leq 6$，得到解 $y=5$.

(3) $x=3$.

$y!+9=z^3, y \geq 7 \Rightarrow z^3 \equiv 2 \pmod 7$；这不可能，所以 $y \leq 6$，得到解 $y=6$.

(4) $x=4$. 放到后面处理.

(5) $x=5$.

$y!+123=z^3, y \geq 7 \Rightarrow z^3 \equiv 4 \pmod 7$；这不可能，所以 $y \leq 6$，得到解 $y=2$.

(6) $x=6$.

$y!+723=z^3, y \geq 7 \Rightarrow z^3 \equiv 2 \pmod 7$；这不可能，所以 $y \leq 6$，得到解 $y=3$. 最后，得到原方程的解是 $(x,y)=(2,5),(x,y)=(5,2),(x,y)=(3,6),(x,y)=(6,3)$.

现在回到情况 (4). 因为我们已经处理了 $x \leq 6, x \neq 4$ 的情况，根据对称性，假定 $y=4$（此时 $24+24+3=51$ 不是立方数），或 $y \geq 7$. 因此 $x!+y!+3=y!+27$ 是 3 的倍数，所以必是 27 的倍数. 于是必有 $y \geq 9, y!+27=27m^3$，或 $\dfrac{y!}{27}=m^3-1=(m-1)(m^2+m+1)$.

容易检验（将 m 模 9 的值代入），m^2+m+1 不能是 9 的倍数. 如果 p 是整除 m^2+m+1 的质数，那么 $(2m+1)^2=4(m^2+m+1)-3 \equiv -3 \pmod p$. 因此 $-3 \pmod p$ 是平方数，根据二次互反律，$p \equiv 1 \pmod 3$.

设 $y!=3^a \cdot M \cdot N$，这里 M 的所有质因数 mod 3 余 1，N 的所有质因数 mod 3 余 2. 刚才证明过 $3M \geq m^2+m+1$. 因为 $\dfrac{y!}{27}=3^{a-3}MN=(m-1)(m^2+m+1)$，所以 $m-1 \geq 3^{a-4}N$. 于是得到

$$3M \geq m^2+m+1 \geq (m-1)^2 \geq 3^{2a-8}N^2,$$

可改写成以下形式

$$\frac{M}{N} \geq 3^{a-6}(y!)^{\frac{1}{3}}.$$

下面我们将会看到当 $y \geq 9$ 时，有矛盾. 对于所有较小的 y（在下面的证明中，可以看出较小意味着 $y < 23\,200$），用计算进行检验是十分麻烦的. 对于大的 y，因为左边至多是以 y 的指数增长的，而右边增长得快. 为了得到 y 有多大的具体的界，必须做一些考虑. 这里要用到一些技巧，但是是初等的. 这就相当于要证明质数数论中某些较容易的部分，以及引申到等差数列中的质数. 下面给出的所有这些界限可以用更好的命题改进. 注意到这一定义给出：von Mangoldt Lambda 函数定义为

$$\Lambda(n)=\begin{cases}\log pn=p^r(p\text{ 是某质数})\\ 0\text{ (其他情况)}\end{cases}.$$

注意到这一定义给出 $\log n=\sum_{d|n}\Lambda(d)$. 再定义 Chebyshev 函数

$$\psi(x)=\log\{1,2,\cdots,x\}=\sum_{n\leqslant x}\Lambda(n).$$

其中 $\{1,2,\cdots,x\}$ 表示 $1,2,\cdots,x$ 的最小公倍数.

再定义 Dirichlet 特征值

$$\chi(n)=\begin{cases}0 & n\equiv 0(\bmod 3)\\ 1 & n\equiv 1(\bmod 3)\\ -1 & n\equiv 2(\bmod 3)\end{cases}.$$

注意到对于所有整数 a,b,有 $\chi(ab)=\chi(a)\chi(b)$.

我们用这些定义计算 $(n=dm)$

$$\log(y!)=\sum_{n\leqslant y}\log n=\sum_{n\leqslant y}\sum_{d|n}\Lambda(d)=\sum_{d\leqslant y}\Lambda(d)\sum_{m\leqslant\frac{y}{d}}1=\sum_{d\leqslant y}\lfloor\frac{y}{d}\rfloor\Lambda(d).$$

这一公式中 $\log p$ 的系数是以下熟知的结果:$y!$ 的 p 的倍数的个数是

$$\lfloor\frac{y}{p}\rfloor\lfloor\frac{y}{p^2}\rfloor+\cdots$$

(实际上在 $p=3$ 的情况下,用这一公式容易检验,对 $y\geqslant 54$,有 $a\geqslant\frac{y}{3}+6$.) 在比 $\frac{M}{N}$ 中分子包含 $\chi(p)=1$ 的质数,分母包含 $\chi(p)=-1$ 的质数. 于是得到上界为

$$\log\frac{M}{N}\leqslant\sum_{n\leqslant y}\chi(n)\Lambda(n)\lfloor\frac{y}{n}\rfloor.$$

因为右边只对模 3 余 2 的质数的偶数次幂计数,提供的是正的,但是它也对 $\frac{M}{N}$ 提供负的. 用分数 $\frac{y}{n}$ 代替地板函数 $\lfloor\frac{y}{n}\rfloor$ 误差至多是 1. 因此对和的每一项进行这样的替换后,总的误差至多是 $\sum_{n\leqslant y}\Lambda(n)=\psi(n)$. 于是进一步得到上界为

$$\log\frac{M}{N}\leqslant y\sum_{n\leqslant y}\frac{\chi(n)\Lambda(n)}{n}+\psi(y).$$

容易得到下界

$$\log(y!)=\sum_{n\leqslant y}\log n\geqslant\int_1^y\log t\,dt=y\log y-y.$$

将所有这些结果相结合,可以看出上界表明

$$\sum_{n\leqslant y}\frac{\chi(n)\Lambda(n)}{n}+\frac{\psi(y)}{y}\geqslant\frac{1}{3}\log y+\frac{(a-6)\log 3}{y}-\frac{1}{3}.$$

对于 $y\geqslant 54$,我们可以利用对 a 的计算以及 $\log 3>1$ 这一事实,把不等式简化为

$$\sum_{n\leqslant y}\frac{\chi(n)\Lambda(n)}{n}+\frac{\psi(y)}{y}\geqslant\frac{1}{3}\log y.$$

从下面的引理的(a),(b)这两部分,我们看到左边至多是 $1.963+2\log 2<3.35$,于是 $y<e^{3\cdot 3.35}<23\,200$. 于是当 $y\geqslant 23\,200$ 时,不等式不成立. 容易检验(尽管麻烦),原不等式对于 $y<23\,200$ 仍然不成立. 于是这种情况下无解.

引理 (a) $\psi(x)\leqslant 2x\log 2$.

(b) 对一切 $x\geqslant 150$,有 $\sum_{n\leqslant x}\dfrac{\chi(n)\log n}{n}\leqslant -0.2$.

(c) 对一切 x,有 $\left|\sum_{n>x}\dfrac{\chi(n)}{n}\right|<\dfrac{1}{x}$.

(d) $L_1=\sum_{n=1}^{\infty}\dfrac{\chi(n)}{n}=\dfrac{\pi}{3\sqrt{3}}$.

(e) 对一切 $x\geqslant 150$,有 $\sum_{n\leqslant x}\dfrac{\chi(n)\Lambda(n)}{n}<1.963$.

引理的证明 对于部分(a),我们对 x 进行归纳. 对 $x=1$ 结论显然成立. 对 $x\geqslant 2$,注意到由上面给出的 $\log(y!)$ 的公式得到

$$\log\begin{bmatrix}x\\ \lfloor x/2\rfloor\end{bmatrix}=\sum_{n\leqslant x}\left(\left\lfloor\frac{x}{n}\right\rfloor-\left\lfloor\frac{\lfloor x/2\rfloor}{n}\right\rfloor-\left\lfloor\frac{\lceil x/2\rceil}{n}\right\rfloor\right)\Lambda(n)\geqslant\sum_{\lceil x/2\rceil<n\leqslant x}\Lambda(n).$$
$$=\psi(x)-\psi(\lceil x/2\rceil)$$

以上不等式之所以成立是因为括号中的表达式非负,对于在给定的范围内的任何 n,其值都是 1. 因为对 $x\geqslant 1$,二项式公式给出

$$2\begin{bmatrix}x\\ \lfloor x/2\rfloor\end{bmatrix}\leqslant\sum_{k=0}^{x}\left[1+(-1)^{\lfloor x/2\rfloor-k}\right]\binom{x}{k}=2^x,$$

(利用归纳假定) 推得

$$\psi(x)\leqslant(x-1)\log 2+\psi(\lceil x/2\rceil)\leqslant(x-1)\log 2+\frac{1+x}{2}2\log 2=2x\log 2.$$

部分(a)是熟知的 Erdös 的结果,通常写成以下形式:

$$lcm\{1,2,\cdots,x\}<4^x.$$

这里 $lcm\{1,2,\cdots,x\}$ 是 $1,2,\cdots,x$ 的最小公倍数. 对于部分(b) 和(c),我们注意到(不考虑 n 是 3 的倍数的项)两个和都是不增的项的交叉数列,因此这两个和都收敛,部分和轮流地取上界和下界. 对于部分(b),取 $x=148$ 给出所说的上界. 对于部分(c),取和中的第一个非零项,给出所说的上界.

对于部分(d),我们注意到 $\chi(n)=\dfrac{2}{\sqrt{3}}\mathrm{Im}(e^{2\pi in/3})$. 因此

$$L_1 = -\frac{2}{\sqrt{3}}\mathrm{Im}(\log(1-\mathrm{e}^{2\pi\mathrm{i}/3})) = \frac{\pi}{3\sqrt{3}}.$$

对于部分(e),计算($n=dn$)

$$-0.2 \geqslant \sum_{n\leqslant x}\frac{\chi(n)\log n}{n} = \sum_{n\leqslant x}\frac{\chi(n)}{n}\sum_{d\mid n}\Lambda(d) = \sum_{d\leqslant x}\frac{\chi(d)\Lambda(d)}{d}\sum_{m\leqslant x/d}\frac{\chi(m)}{m}$$

$$= L_1 \sum_{d\leqslant x}\frac{\chi(d)\Lambda(d)}{d} - \sum_{d\leqslant x}\frac{\chi(d)\Lambda(d)}{d}\sum_{m>x/d}\frac{\chi(m)}{m}$$

$$\geqslant L_1 \sum_{d\leqslant x}\frac{\chi(d)\Lambda(d)}{d} - \sum_{d\leqslant x}\frac{\Lambda(d)}{x} = L_1 \sum_{d\leqslant x}\frac{\chi(d)\Lambda(d)}{d} - \frac{\psi(x)}{x}$$

$$= L_1 \sum_{d\leqslant x}\frac{\chi(d)\Lambda(d)}{d} - 2\log 2.$$

于是

$$\sum_{d\leqslant x}\frac{\chi(d)\Lambda(d)}{d} \leqslant \frac{2\log 2 - 0.2}{L_1} < 1.963.$$

J199 证明:存在无穷多对质数对(p,q),使p^6+q^4有差为$4pq$的两个正因子.

证明 设$p=2$,q是奇质数.于是

$$p^6+q^4 = 64+q^4 = (8+4q+q^2)(8-4q+q^2),$$

我们有

$$(8+4q+q^2)-(8-4q+q^2) = 8q = 4pq.$$

J200 设x,y,z是正实数,且$x\leqslant 2,y\leqslant 3,x+y+z=11$.证明:$xyz\leqslant 36$.

证明 由 AM-GM 不等式,得到

$$xyz = \frac{1}{6}\cdot(3x)\cdot(2y) \leqslant \frac{1}{6}\left(\frac{3x+2y+z}{3}\right)^3 = \frac{1}{6}\left(\frac{2x+y+11}{3}\right)^3$$

$$\leqslant \frac{1}{6}\left(\frac{2\cdot 2+3+11}{3}\right)^3 = 36.$$

当且仅当$x=2,y=3,z=6$时,等号成立.

J201 已知$\triangle ABC$是等腰三角形,$AB=AC$.点D在AC上,$\angle CBD=3\angle ABD$.如果

$$\frac{1}{AB}+\frac{1}{BD}=\frac{1}{BC}.$$

求$\angle A$.

解 设$\angle ABD=x$,注意到$\angle CBD=3x$,$\angle ACB=4x$.在$\triangle ABC$和$\triangle BDC$中,用正弦定理,分别得到$\dfrac{AB}{\sin 4x}=\dfrac{BC}{\sin 8x}$和$\dfrac{BD}{\sin 4x}=\dfrac{BC}{\sin 7x}$.于是关系式$\dfrac{1}{AB}+\dfrac{1}{BD}=\dfrac{1}{BC}$等价于 $\sin 8x+\sin 7x=\sin 4x$,因为$\angle A=\pi-x>0$,所以这里的$x\in(0,\dfrac{\pi}{8})$.现在利用

$\sin 4x - \sin 8x = -2\sin 2x \cos 6x$，方程可改写为 $\sin 7x = (-2\cos 6x)\sin 2x$，看出解 $x = \dfrac{\pi}{9}$. 最后证明 $x = \dfrac{\pi}{9}$ 是这个区间上的唯一解.

下面分两种情况讨论.

(1) 假定 $x > \dfrac{\pi}{9}$ 是另一个解，观察到 $6x > \dfrac{6\pi}{9}$，所以 $-2\cos 6x > 1$. 于是 $\sin 7x > \sin 2x$. 但是 $2x \in (0, \dfrac{\pi}{4})$，$7x \in (\dfrac{7\pi}{9}, \dfrac{7\pi}{8})$，所以 $\sin 7x = \sin(\pi - 7x)$，于是 $\pi - 7x > 2x$，即 $x < \dfrac{\pi}{9}$，这与 $x > \dfrac{\pi}{9}$ 矛盾.

(2) 假定 $x < \dfrac{\pi}{9}$ 是一个解，那么 $\sin 7x < \sin 2x$. 如果 $7x \leqslant \dfrac{\pi}{2}$，那么 $7x < 2x$，得到矛盾，但如果 $7x > \dfrac{\pi}{2}$，那么 $\pi - 7x < 2x$，即 $x > \dfrac{\pi}{9}$，又得到矛盾. 于是可推出 $x = \dfrac{\pi}{9}$ 是唯一解，所以 $\angle A = \pi - \dfrac{8\pi}{9} = \dfrac{\pi}{9}$.

J202 设 I 是 $\triangle ABC$ 的内心，A_1, B_1, C_1 是 I 关于边 BC, CA, AB 的中点的对称点. 如果 I_a, I_b, I_c 分别表示与边 BC, CA, AB 相切的旁切圆的旁心，证明：直线 $I_a A_1, I_b B_1, I_c C_1$ 共点.

第一种证法 考虑以 I 为极，比为 $\dfrac{1}{2}$ 的位似 $H(I, \dfrac{1}{2})$，显然线段 II_a, II_b, II_c 的中点实际上是 $\triangle ABC$ 的外接圆的（不包括三角形的顶点）的弧 BC, CA, AB 的中点. 因为 $\triangle ABC$ 的三边的垂直平分线共点，所以 $I_a A_1, I_b B_1, I_c C_1$ 共点.

第二种证法 在三线坐标中，$I \equiv (r, r, r)$，r 是内切圆半径，BC 的中点是 $M(0, \dfrac{h_b}{2}, \dfrac{h_c}{2})$，其中 h_a, h_b, h_c 分别是从 A, B, C 出发的高. 于是 $A_1 \equiv (-r, h_b - r, h_c - r)$. 用 r_a, r_b, r_c 分别表示与边 BC, CA, AB 相切的旁切圆的半径，显然 $I_a \equiv (-r_a, r_a, r_a)$，或者说直线 $I_a A_1$ 上的点的三线坐标 (α, β, γ) 满足

$$0 = \begin{vmatrix} \alpha & \beta & \gamma \\ -1 & 1 & 1 \\ -\gamma & h_b - r & h_c - r \end{vmatrix} = \begin{vmatrix} \alpha + \beta & \alpha + \gamma \\ h_b - 2r & h_c - 2r \end{vmatrix},$$

循环排列后得到，该点满足

$$(h_a - 2r)(\beta + \gamma) = (h_b - 2r)(\gamma + \alpha) = (h_c - 2r)(\alpha + \beta)$$

同时在直线 $I_a A_1, I_b B_1, I_c C_1$ 上，于是推出结论.

J203 在梯形 $ABCD$ 中，$AB \parallel CD$，顶点 A, B 处的角是锐角，设 E 是 A 关于 B 的对称点. 直线 BC 和过 A, E 的与以 D 为圆心，与 AB 相切的圆的两条切线共点于 F. 证明：当

且仅当 $AF + EF = 4AB$ 时，BC 平分线段 EF.

证明 我们从以下这个预备的结果开始.

引理 设任意 $\triangle ABC$ 的内心为 I，重心为 G，那么当且仅当 $b+c=2a$ 时，$IG \parallel BC$.

引理的证明 设 $[XYZ]$ 表示三角形 XYZ 的面积. 当且仅当 $[IBC]=[GBC]$ 时，$IG \parallel BC$. 但是由于

$$\frac{[IBC]}{[ABC]} = \frac{r}{h_a} = \frac{a}{a+b+c}, \frac{[GBC]}{[ABC]} = \frac{1}{3}.$$

设两者相等，则化简后得到 $b+c=2a$.

回到原来的问题，注意到当且仅当 C 是 $\triangle AEF$ 的重心时，有 $AF+EF=2AE$，对这个三角形使用引理，就得到所求的结论.

J204 已知 $\triangle ABC$ 的内心 I，从 A 出发的高的垂足和 BC 边的中点，用直尺和圆规作 $\triangle ABC$.

解 给定从 A 出发的高的垂足和 BC 边的中点 M，那么过这两点的直线就是 BC 所在的直线. 现在已知内心 I，过 I 作 BC 的垂线，就可得到 $\triangle ABC$ 的内切圆. 如果点 D 是内切圆与边 BC 的切点，D' 是 D 关于该圆的相对的点，于是点 A,D',X 共线，这里 X 是边 BC 的旁切圆的切点. 但是，为了利用这一点，必须求出点 X. 因为 $MD=MX$，这不成问题. 于是可以作 D 关于 M 的对称点 X. 现在就作直线 XD'，从点 A 出发的高（BC 上的高的垂足和直线 BC 都已知），它们相交于点 A. 然后，只要过点 A 作内切圆的切线与 BC 相交. 于是作图完成.

J205 求具有以下性质的最大的 n 位数 $a_1 a_2 \cdots a_n$：

(1) 各位数字都不是零，且各不相同.

(2) 对于每一个 $k=2,\cdots,n-1$，$\dfrac{1}{a_{k-1}}, \dfrac{1}{a_k}, \dfrac{1}{a_{k+1}}$ 是等差数列或等比数列.

解 这两个性质表明都有 $1 \leqslant n \leqslant 9, 1 \leqslant a_k \leqslant 9, a_i \neq a_j (i \neq j)$，以及对于每一个 $k=2,\cdots,8$，有

(i) $a_k(a_{k-1}+a_{k+1}) = 2a_{k-1}a_{k+1}$ 或

(ii) $a_{k-1}a_{k+1} = a_k^2$.

现在来分析每一种情况.

i 对于 $a_k = 2,4,6,8$，我们得到四个方程

$$a_{k+1} = a_{k-1}(a_{k+1}-1), \quad ①$$
$$2a_{k+1} = a_{k-1}(a_{k+1}-2), \quad ②$$
$$3a_{k+1} = a_{k-1}(a_{k+1}-3), \quad ③$$
$$4a_{k+1} = a_{k-1}(a_{k+1}-4). \quad ④$$

式 ① 是没有解的，因为 $a_{k+1}-1$ 不能整除 a_{k+1}.

式 ② 表明 $a_{k+1}-2$ 整除 $2a_{k+1}$，因为 $2a_{k+1}=2(a_{k+1}-2)+4$，所以 $a_{k+1}-2$ 必整除 4，即 $a_{k+1}=3,6$，由对称性分别有 $a_{k-1}=6,3$.

式 ③ 表明 $a_{k+1}-3$ 整除 $3a_{k+1}$，因为 $3a_{k+1}=3(a_{k+1}-3)+9$，所以 $a_{k+1}-3$ 必整除 9，于是 $a_{k+1}=4,6$，分别有 $a_{k-1}=12,6$，因此没有解.

式 ④ 表明 $a_{k+1}-4$ 整除 $4a_{k+1}$，因为 $4a_{k+1}=4(a_{k+1}-4)+16$，所以 $a_{k+1}-4$ 必整除 16，所以 $a_{k+1}=5,6,8$，分别有 $a_{k-1}=20,12,8$，因此没有解.

现在来看，当 $a_{k-1}+a_{k+1}=8,10,12$ 时，会发生什么情况（注意我们可立刻排除 $a_{k-1}+a_{k+1}=4,6,14,16$ 的情况，因为对于任何 a_{k-1},a_{k+1}，左边能被 3 或 4 或 7 整除，而右边不能）. 得到

$$a_{k-1}+a_{k+1}=8, \quad 4a_k=a_{k-1}a_{k+1}. \qquad ⑤$$
$$a_{k-1}+a_{k+1}=10, \quad 5a_k=a_{k-1}a_{k+1}. \qquad ⑥$$
$$a_{k-1}+a_{k+1}=10, \quad 6a_k=a_{k-1}a_{k+1}. \qquad ⑦$$

式 ⑤ 表明 $a_{k-1}=6,2$，由对称性分别有 $a_{k+1}=2,6$，所以 $a_k=3$.

式 ⑥ 没有解，因为该二次方程的左边能被 5 整除，而右边不能.

式 ⑦ 没有解，因为该二次方程的左边能被 6 整除，而右边不能.

ii 因为 $a_{k-1}\neq a_{k+1}$，容易看出仅有的解是
$$a_k=2, a_{k-1}=1,4, a_{k+1}=4,1,$$
$$a_k=3, a_{k-1}=1,9, a_{k+1}=9,1,$$
$$a_k=4, a_{k-1}=2,8, a_{k+1}=8,2,$$
$$a_k=6, a_{k-1}=4,9, a_{k+1}=9,4.$$

总之，我们有数串
$$a_{k-1}a_ka_{k+1}=\{643,346,632,236,124,421,139,931,248,842,469,964\}.$$

将这些数串连起来考虑，就看出最大的数是 9 643.

J206 平面内有点 A,B,C,X,Y,Z. 证明：当且仅当 $\triangle XBC,\triangle YCA,\triangle ZAB$ 的外心共线时，$\triangle AYZ,\triangle BZX,\triangle CXY$ 的外心共线.

证明 由于图形的结构具有对称性，所以只需证明一种情况即可，其余的情况只要改变一下 A,B,C 和 X,Y,Z 的地位. 因此，只要证明如果 $\triangle ABZ,\triangle BCX,\triangle CAY$ 的外接圆共点，那么 $\triangle XYC,\triangle YZA,\triangle ZXB$ 的外接圆也共点.

假定 $\triangle ABZ,\triangle BCX,\triangle CAY$ 的外接圆共点于 P. 考虑以 P 为极，r^2 为幂的反演 $\Psi(P,r^2)$，其中 r 是任意数. 这一映射将点 A,B,C 分别变为 $\Psi(A),\Psi(B),\Psi(C)$，将点 X,Y,Z 分别变为点 $\Psi(X),\Psi(Y),\Psi(Z)$. 这些点分别在 $\triangle\Psi(A)\Psi(B)\Psi(C)$ 的边 $\Psi(B)\Psi(C),\Psi(C)\Psi(A),\Psi(A)\Psi(B)$ 上. 由反演图形的 Miqueld 定理可以推出，$\triangle XYC,\triangle YZA,\triangle ZXB$ 的外接圆共点的结论.

J207 已知 a,b 是非负整数,求形如 $2^a 5^b + 1$,且能被一个各位数字都不相同的数整除的最大的数.

解 我们利用 $2^{29} = 536\,870\,912$ 是一个各位数字都不相同的九位数这一事实. 于是 $2^{29} \cdot 10 + 4 = 5\,368\,709\,124$,我们断言本题的答案是 $2^{28} \cdot 5 + 1 = 1\,342\,177\,281$. 因为一个整数与各位数字的和模 9 同余,所以任何一个各位数字都不相同的十位数都是 9 的倍数. 于是它的不是 3 的倍数的任何约数至多是 111 111 111,它小于上面的例子. 这就让我们排除了以下情况:$2^{32} + 1 \equiv 5 \pmod{9}$,$2^{26} \cdot 5^2 + 1 \equiv 2 \pmod 9$,$5^{14} + 1 \equiv 8 \pmod 9$ 和 $2 \cdot 5^{13} + 1 \equiv 2 \pmod 9$. 因为当 $4 \cdot 5^{13} + 1 \equiv 3 \pmod 9$ 的倍数是 9 的倍数时已超过十位数,所以也可排除. 只有 $2^{31} + 1 \equiv 3 \pmod 9$ 需要检验,检验它的倍数只需要 3 次.

J208 设 K 是 $\triangle ABC$ 的对称中线的交点. R 是外接圆的半径. 证明:
$$AK + BK + CK \leqslant 3R.$$

译者注:对称中线指的是中线关于角平分线对称的西瓦线. 可以证明三角形的三条对称中线共点.

证明 给定的对称中线的交点,有
$$\frac{|A'B|}{|A'C|} = \frac{c^2}{b^2},\quad \frac{|AK|}{|A'K|} = \frac{b^2+c^2}{a^2},$$

其中 $|BC| = a$,$|AC| = b$,$|AB| = c$,A' 是经过 A 和 K 的西瓦线与 BC 的交点. 这些关系使我们能够把 K 到 A 的距离用边长表示,即
$$|AK| = \frac{bc\sqrt{2(b^2+c^2)-a^2}}{a^2+b^2+c^2}.$$

因此由 Cauchy-Schwarz 不等式,得到
$$|AK|+|BK|+|CK| = \frac{bc\sqrt{2(b^2+c^2)-a^2}+ac\sqrt{2(a^2+c^2)-b^2}+ab\sqrt{2(a^2+b^2)-c^2}}{a^2+b^2+c^2}$$
$$\leqslant \sqrt{\frac{3(b^2c^2+a^2c^2+a^2b^2)}{a^2+b^2+c^2}}.$$

更由于 $\sqrt{a^2+b^2+c^2} \leqslant 3R$,所以只要证明
$$3(b^2c^2+c^2a^2+a^2b^2) \leqslant (a^2+b^2+c^2)^2,$$

这必定成立,因为它与
$$(a^2-b^2)^2+(a^2-c^2)^2+(b^2-c^2)^2 \geqslant 0$$

等价.

J209 设 a,b,c 是正实数,$a+b+c=1$. 证明:
$$\frac{(b+c)^5}{a}+\frac{(c+a)^5}{b}+\frac{(a+b)^5}{c} \geqslant \frac{32}{9}(bc+ca+ab).$$

证明 原不等式等价于

$$\sum_{\text{cyc}} \frac{(b+c)^6}{a(b+c)} \geqslant \frac{32}{9}(ab+bc+ca).$$

由 Cauchy-Schwarz 不等式得到

$$\sum_{\text{cyc}} \frac{(b+c)^6}{a(b+c)} \geqslant \frac{((a+b)^3+(b+c)^3+(c+a)^3)^2}{a(b+c)+b(c+a)+c(a+b)}.$$

因此只要证明以下不等式

$$(a+b)^3+(b+c)^3+(c+a)^3 \geqslant \frac{8}{3}(ab+bc+ca).$$

但是由于映射 $x \to x^3$ 的凸性,已知条件表明

$$(a+b)^3+(b+c)^3+(c+a)^3 \geqslant \frac{8}{9}.$$

另一方面,不等式 $(a+b+c)^2 \geqslant 3(ab+bc+ca)$ 表明 $ab+bc+ca \leqslant \frac{1}{3}$. 将这两个结果相结合就得到所求的结论.

J210 设 P,Q 是 $\triangle ABC$ 所在平面内的点,且

$$\{AP, BP, CP\} = \{AQ, BQ, CQ\}.$$

证明: $PG = QG$,其中 G 是 $\triangle ABC$ 的重心.

证明 利用 Lagrange 恒等式,有

$$AP^2+BP^2+CP^2 = PG^2+AG^2+BG^2+CG^2$$

以及

$$AQ^2+BQ^2+CQ^2 = QG^2+AG^2+BG^2+CG^2.$$

于是 $PG = QG$,证毕.

J211 设 a,b,c 是正实数,$a^3+b^3+c^3=1$. 证明:

$$\frac{1}{a^5(b^2+c^2)^2} + \frac{1}{b^5(c^2+a^2)^2} + \frac{1}{c^5(a^2+b^2)^2} \geqslant \frac{81}{4}.$$

证明 由 Cauchy-Schwarz 不等式,得到

$$(a^3+b^3+c^3)\left(\frac{1}{a^5(b^2+c^2)^2} + \frac{1}{b^5(c^2+a^2)^2} + \frac{1}{c^5(a^2+b^2)^2}\right)$$

$$\geqslant \left(\frac{1}{a(b^2+c^2)} + \frac{1}{b(c^2+a^2)} + \frac{1}{c(a^2+b^2)}\right)^2,$$

所以只要证明

$$\frac{1}{a(b^2+c^2)^2} + \frac{1}{b(c^2+a^2)^2} + \frac{1}{c(a^2+b^2)^2} \geqslant \frac{\frac{9}{2}}{a^3+b^3+c^3},$$

即

$$\frac{2(a^3+b^3+c^3)}{3} \geqslant \frac{3}{\frac{1}{a(b^2+c^2)^2} + \frac{1}{b(c^2+a^2)^2} + \frac{1}{c(a^2+b^2)^2}}.$$

因为右边是 $a(b^2+c^2), b(c^2+a^2), c(a^2+b^2)$ 的调和平均,所以它小于或等于同样的三数的算术平均. 于是我们必须证明
$$2(a^3+b^3+c^3) \geqslant a(b^2+c^2)+b(c^2+a^2)+c(a^2+b^2),$$
这只要重新排列不等式的各项即可.

J212 求方程组
$$\begin{cases} (x-2y)(x-4z)=6 \\ (y-2z)(y-4x)=10 \\ (z-2x)(z-4y)=-16 \end{cases}$$
的实数解.

解 将各方程的左边展开后,相加得到 $(x+y+z)^2=0$,所以 $x=-y-z$. 将 x 的值代入前两个方程得到
$$(z+3y)(y+5z)=6,$$
$$(y-2z)(5y+4z)=10,$$
或,等价的
$$3(y^2-2)+5z^2+16yz=0,$$
$$5(y^2-2)-8z^2-6yz=0.$$
消去 y^2-2,得到 $z(z+2y)=0$,我们区分两种情况:

(1) 如果 $z=-2y$,那么由 $5(y^2-2)-8z^2-6yz=0$,得到 $3y^2+2=0$,这是一个矛盾,因为我们要求的是实数解.

(2) $z=0$,于是 $y^2=2$. 由 $x=-y-z$,得到
$$(x,y,z) \in \{(\sqrt{2},-\sqrt{2},0),(-\sqrt{2},\sqrt{2},0)\}.$$
容易检验,原方程组有这两组实数解.

于是原方程组的解集是
$$\{(\sqrt{2},-\sqrt{2},0),(-\sqrt{2},\sqrt{2},0)\}.$$

注 如果要求原方程组的复数解,那么从上面的第一点也可得到
$$\left\{\left(\mathrm{i}\sqrt{\frac{2}{3}},\mathrm{i}\sqrt{\frac{2}{3}},-2\mathrm{i}\sqrt{\frac{2}{3}}\right),\left(-\mathrm{i}\sqrt{\frac{2}{3}},-\mathrm{i}\sqrt{\frac{2}{3}},2\mathrm{i}\sqrt{\frac{2}{3}}\right)\right\}.$$

J213 对于任何正整数 n,设 $S(n)$ 表示其十进制表示的各位数字的和. 证明:对于不能被 1 整除的一切正整数 n,使 $S(n) > S(n^2+2\,012)$ 的 n 的集合是无穷集.

证明 设 $A=\{n \in \mathbf{N} \mid n \neq 10k, S(n) > S(n^2+2\,012), k \in \mathbf{N}\}$. 我们证明 $A \supset \{5 \cdot 10^m-1, m \in \mathbf{N} \setminus \{0\}\} = \{49, 499, \cdots, 4\underbrace{9 \cdots 9}_{m}, \cdots\}$,所以 A 必定是无穷集合. 因为 $49 \neq 10k, k \in \mathbf{N}, S(49)=13 > 12 = S(4\,413)$,以及 $499 \neq 10k, k \in \mathbf{N}, S(499)=22 > 12 = S(251\,013)$,显然 $49, 499 \in A$.

设 $m > 2$. 于是 $5 \cdot 10^m - 1 \neq 10k, k \in \mathbf{N}$, 以及
$$(5 \cdot 10^m - 1)^2 + 2\,012 = 25 \cdot 10^{2m} - 10^{m+1} + 2\,013 = 24\underbrace{9\cdots 9}_{m-1}\underbrace{0\cdots 0}_{m+1} + 2\,013.$$

由此得到
$$S((5 \cdot 10^m - 1)^2 + 2\,012) = 2 + 4 + 9(m-1) + 2 + 1 + 3 = 9m + 3.$$

于是, $S(5 \cdot 10^m - 1) = 9m + 4 > 9m + 3 = S((5 \cdot 10^m - 1)^2 + 2\,012)$, 即 $5 \cdot 10^m - 1 \in A, \forall m \in \mathbf{N}\setminus\{0\}$, 这就是所求的结论.

J214 设 $a, b, c, d, e \in [1, 2]$. 证明:
$$ab + bc + cd + de + ea \geq a^2 + b^2 + c^2 + d^2 - e^2.$$
并求等号成立时, a, b, c, d, e 的值.

证明 设
$$f(x_1, x_2, x_3, x_4, x_5)$$
$$= \frac{1}{2}((x_1-x_2)^2 + (x_2-x_3)^2 + (x_3-x_4)^2 + (x_4-x_5)^2 + (x_5-x_1)^2)$$
$$= x_1^2 + x_2^2 + x_3^2 + x_4^2 + x_5^2 - x_1x_2 - x_2x_3 - x_3x_4 - x_4x_5 - x_1x_5.$$

对于 $1 \leq i \leq 5$, 二次函数
$$[1,2] \in x_i \to f(x_1, x_2, x_3, x_4, x_5) = x_i^2 + B_i x_i + C_i$$
在 $x_i = 1$ 和 $x_i = 2$ 处达到最大值. 于是容易检验
$$\max_{[1,2]^5} f(x_1, x_2, x_3, x_4, x_5) = 2,$$
且在集合
$$M = \{(2,1,2,1,1), (1,2,1,2,1), (1,1,2,1,2), (2,1,1,2,1), (1,2,1,1,2), (1,2,1,2,2), (2,1,2,1,2), (2,2,1,2,1), (1,2,2,1,2), (2,1,2,2,1)\}$$
的任何一点都得到最大值.

于是
$$f(a,b,c,d,e) - 2e^2 \leq \max_{[1,2]^5} f(a,b,c,d,e) - 2\min_{[1,2]^5} e^2 = 2 - 2 = 0,$$
这等价于所求的不等式. 并且当且仅当 $f(a,b,c,d,1) \in M$ 时, 即 $(2,1,2,1,1)$, $(1,2,1,2,1)$, $(2,1,1,2,1)$, $(2,2,1,2,1)$, $(2,1,2,2,1)$ 时, 等号成立.

J215 证明: 对于任何质数 $p > 3, \dfrac{p^6 - 7}{3} + 2p^2$ 都能写成两个完全立方数的和.

证明 注意到
$$\frac{p^6 - 7}{3} + 2p^2 = \left(\frac{2p^2 + 1}{3}\right)^3 + \left(\frac{p^2 - 4}{3}\right)^3,$$
因为对于任何大于 3 的质数 p, 显然有 $p^2 \equiv 1 \pmod{3}$, 所以 $\dfrac{2p^2+1}{3}$ 和 $\dfrac{p^2-4}{3}$ 都是整数, 于是结论成立.

J216 设 ω 是一个圆,M 是圆外一点. 过 M 作直线 l_1,l_2,l_3 与 ω 相交,并考虑交点 $l_1 \cap \omega = \{A_1, A_2\}, l_2 \cap \omega = \{B_1, B_2\}, l_3 \cap \omega = \{C_1, C_2\}$. 记 $P = A_1B_2 \cap A_2B_1, Q = B_1C_2 \cap B_2C_1, R$ 是 PQ 与 ω 的交点之一. 证明:MR 与 ω 相切.

证明 **断言** 设 $ABCD$ 是圆 $\omega = C(O,\rho)$ 的凸内接四边形,且边 AB,CD 相交于点 M(显然在圆 ω 外). 设 T,U 是过 M 且与 ω 的切线的切点. 设 $P = AC \cap BD$, 如果 AD,BC 相交,$M' = AD \cap BC$,那么 $P, M' \in TU$.

我们需要以下引理:

引理 假定 $ATBCUD$ 是圆 ω 的内接凸六边形,那么当且仅当
$$AT \cdot BC \cdot UD = TB \cdot CU \cdot DA$$
时,对角线 AC, TU 和 BD 共点.

当且仅当
$$AT \cdot BD \cdot UC = TB \cdot UD \cdot BC$$
时,对角线 TU 与 AD 和 BC 的延长线共点.

引理的证明 在 $\triangle ABU$ 中用 Ceva 定理的三角形式,我们看到当且仅当
$$\sin \angle AUT \sin \angle BAC \sin \angle UBD = \sin \angle TUB \sin \angle CAU \sin \angle DBA$$
时,AC, TU 和 BD 共点. 设 R 是圆 ω 的半径,容易计算
$$AT = 2R\sin \angle AUT$$
对其他两边情况类似,再进行一些计算就得到所求的结论.

边的情况也相同(上面的六边形是凸的,实际上不是必须的). 由 Ceva 定理的三角形式得到,如果
$$\sin \angle AUT \sin \angle BAD \sin \angle UBC = \sin \angle TUB \sin \angle DAU \sin \angle CBA,$$
并将其改写为边长的乘积,则得到共点的结论. 这就证明了引理.

为了利用引理证明断言,我们注意到 $\triangle MTB \backsim \triangle MAT, \triangle MCB \backsim \triangle MAD, \triangle MUD \backsim \triangle MCU$,于是
$$\frac{AT}{TB} = \frac{MT}{MB}, \frac{BC}{AD} = \frac{MB}{MD}, \frac{UD}{CU} = \frac{MD}{MU}.$$

相乘后,注意到 $MT = MU$,得到所求的等式 $AT \cdot BC \cdot UD = TB \cdot CU \cdot DA$. 于是由引理,得到对角线共点,即 P 在 TU 上. 对于 M'',命题同样成立.

现在回到原来的问题,再设 T,U 是过点 M 的圆 ω 的切线的切点. 显然在四边形 $A_1A_2B_1B_2$ 和 $A_1A_2B_2B_1$ 中有一个是凸的. 将引理用于这个四边形中,TU 经过 $A_1B_1 \cap A_2B_2$,或者经过 $A_1B_2 \cap A_2B_1 = P$. 类似地,TU 经过 Q,或者 $PQ = TU$. 但是,有 $R = T$,或者 $R = U$,于是 MR 与 ω 相切. 推得结论.

2.2 高级问题的解答

S145 设 k 是正实数. 求所有函数 $f: \mathbf{R} \to \mathbf{R}$, 使对于一切 $x, y, z \in \mathbf{R}$, 有
$$f(xy) + f(yz) + f(zx) - k(f(x)f(yz) + f(y)f(zx) + f(z)f(xy)) \geqslant \frac{3}{4k}.$$

解 取 $x = y = z = 0$, 则条件变为 $(2kf(0) - 1)^2 \leqslant 0$ 或 $f(0) = \frac{1}{2k}$. 取 $x = y = z = 1$, 则条件又变为 $(2kf(1) - 1)^2 \leqslant 0$, 或 $f(1) = \frac{1}{2k}$. 现在取 $y = z = 0$, 则条件变为 $f(x) \leqslant \frac{1}{2k}$. 最后取 $y = z = 1$, 则条件变为 $2f(x) + \frac{1}{2k} - \frac{3}{2}f(x) \geqslant \frac{3}{4k}$ 或 $f(x) \geqslant \frac{1}{2k}$. 于是对一切实数 x, 有 $f(x) = \frac{1}{2k}$.

S146 在 $\triangle ABC$ 中, 设 m_a, m_b, m_c 是 $\triangle ABC$ 的中线, k_a, k_b, k_c 是对称中线, r 是内切圆的半径, R 是外接圆的半径. 证明:
$$\frac{3R}{2r} \geqslant \frac{m_a}{k_a} + \frac{m_b}{k_b} + \frac{m_c}{k_c} \geqslant 3.$$

证明 设 K 是 $\triangle ABC$ 的对称中线的交点, $BC = a, CA = b, AB = c$. 由于 K 是 A, B, C 处质量分别为 a^2, b^2, c^2 的质心, 所以 $(b^2 + c^2)A_1 = b^2 B + c^2 C$, 这里 A_1 是直线 AK 与 BC 的交点, 于是
$$(b^2 + c^2)k_a^2 = (b^2 + c^2)^2 AA_1^2 = (b^2 AB + c^2 AC)^2$$
$$= b^4 c^2 + b^2 c^4 + b^2 c^2 (b^2 + c^2 - a^2)$$
$$= b^2 c^2 (2b^2 + 2c^2 - a^2),$$
即 $(b^2 + c^2)k_a^2 = 4m_a^2 b^2 c^2$. 于是, $\frac{m_a}{k_a} = \frac{b^2 + c^2}{2bc}$, 类似地, 有 $\frac{m_b}{k_b} = \frac{c^2 + a^2}{2ca}$ 和 $\frac{m_c}{k_c} = \frac{a^2 + b^2}{2ab}$. 结果, 所求的不等式变为
$$\frac{3R}{r} \geqslant \frac{b^2 + c^2}{bc} + \frac{c^2 + a^2}{ca} + \frac{a^2 + b^2}{ab} \geqslant 6.$$

右边的不等式可改写为 $a(b^2 + c^2) + b(c^2 + a^2) + c(a^2 + b^2) \geqslant 6abc$, 这显然成立, 这是因为 $b^2 + c^2 \geqslant 2bc, c^2 + a^2 \geqslant 2ca, a^2 + b^2 \geqslant 2ab$. 至于左边, 可改写为
$$a^2(b+c) + b^2(c+a) + c^2(a+b) \leqslant 6R^2(a+b+c) \qquad ①$$

(因为 $abc = 2Rr(a+b+c)$). 假定 $a \leqslant b \leqslant c$, 则 $a^2 \leqslant b^2 \leqslant c^2$ 以及 $b+c \geqslant c+a \geqslant a+b$, 所以由 Chebyshev 不等式得到
$$a^2(b+c) + b^2(c+a) + c^2(a+b) \leqslant \frac{(a^2 + b^2 + c^2)(2a + 2b + 2c)}{3} \qquad ②$$

现在,设 H,O 分别是 $\triangle ABC$ 的垂心和外心. 由垂心和外心的性质,经过一些代数和三角运算,可推得 $OH^2 = 9R^2 - (a^2 + b^2 + c^2)$. 于是 $a^2 + b^2 + c^2 \leqslant 9R^2$,考虑到式 ②,就容易得到式 ①.

S147 设 $x_1, \cdots, x_n, a, b > 0$. 证明以下不等式成立:

$$\frac{x_1^3}{(ax_1 + bx_2)(ax_2 + bx_1)} + \cdots + \frac{x_n^3}{(ax_n + bx_1)(ax_1 + bx_n)} \geqslant \frac{x_1 + \cdots + x_n}{(a+b)^2}.$$

证明 我们有

$$4x_1^3 - (x_1 + x_2)^2(2x_1 - x_2) = 2x_1^3 - 3x_1^2 x_2 + x_2^3$$
$$= (x_1 - x_2)^2(2x_1 + x_2) \geqslant 0 \quad ①$$

当且仅当 $x_1 = x_2$ 时,等号成立. 推得

$$x_1 + \cdots + x_n = (2x_1 - x_2) + \cdots + (2x_n - x_1) \leqslant \frac{4x_1^3}{(x_1 + x_2)^2} + \cdots + \frac{4x_n^3}{(x_n + x_1)^2}.$$

于是只要证明

$$\frac{4}{(x_1 + x_2)^2 (a+b)^2} \leqslant \frac{1}{(ax_1 + bx_2)(ax_2 + bx_1)},$$

它等价于 $(x_1 - x_2)^2(a-b)^2 \geqslant 0$,显然当且仅当 $x_1 = x_2$ 或 $a = b$ 时,等号成立. 于是推得结论.

注意,因为 $x_1 = x_2 = \cdots = x_n$ 是式 ① 成立的必要而且充分条件,于是当且仅当 $x_1 = x_2 = \cdots = x_n$ 时,原不等式的等号成立.

S148 设 n 是正整数,a, b, c 是实数,且 $a^2 b \geqslant c^2$. 求一切实数 $x_1, x_2, \cdots, x_n, y_1, y_2, \cdots, y_n$,使

$$x_1 y_1 + \cdots + x_n y_n = \frac{a}{2}, x_1^2 + \cdots + x_n^2 + b(y_1^2 + \cdots + y_n^2) = c.$$

解 设 $S_x = x_1^2 + \cdots + x_n^2$, $S_y = y_1^2 + \cdots + y_n^2$. 由 Cauchy-Schwarz 不等式,$\frac{a}{2} \leqslant \sqrt{S_x S_y}$,或 $4S_x S_y \geqslant a^2$,当且仅当对某个实常数 k 和一切 $i = 1, 2, \cdots, n$,有 $y_i = kx_i$ 时,等号成立. 又由 AM-GM 不等式,$S_x^2 + b^2 S_y^2 \geqslant 2bS_x S_y$,当且仅当 $S_x = bS_y$ 时,等号成立. 最后

$$4bS_x S_y \geqslant a^2 b \geqslant c^2 = S_x^2 + b^2 S_y^2 + 2bS_x S_y \geqslant 4bS_x S_y.$$

于是,所有的不等式必须是等式,由此推出 $c^2 = a^2 b$,以及

$$x_1^2 + \cdots + x_n^2 = b(y_1^2 + \cdots + y_n^2) = bk^2(x_1^2 + \cdots + x_n^2),$$

于是 $k = \pm \frac{1}{\sqrt{b}} = \pm \frac{a}{c}$,但是因为等号处处成立,所以必有 $b, c > 0$,k 与 a 同号,所以 $k = \pm \frac{1}{\sqrt{b}} = \frac{a}{c}$.

注意到
$$\frac{a}{2} = x_1 y_1 + \cdots + x_n y_n = \frac{a}{c}(x_1^2 + \cdots + x_n^2),$$

或 $x_1^2 + \cdots + x_n^2 = \frac{c}{2}, y_1^2 + \cdots + y_n^2 = \frac{a^2}{2c} = \frac{c}{2b}$. 于是只要 $a^2 b = c^2, x_1^2 + \cdots + x_n^2 = \frac{c}{2}$, 并且 $y_i = \frac{a x_i}{c}$, 那么 $(x_1, x_2, \cdots, x_n), (y_1, y_2, \cdots, y_n)$ 将是一组解. 如果 $a^2 b > c^2$, 那么将无解.

S149 证明: 在任意锐角 $\triangle ABC$ 中,
$$\frac{1}{2}(1 + \frac{r}{R})^2 - 1 \leqslant \cos A \cos B \cos C \leqslant \frac{r}{2R}(1 - \frac{r}{R}).$$

证明 (1) $\frac{1}{2}(1 + \frac{r}{R})^2 - 1 \leqslant \cos A \cos B \cos C$.

由 $\cos A + \cos B + \cos C = 1 + \frac{r}{R}$, 原不等式可以改写为
$$(\cos A + \cos B + \cos C)^2 \leqslant 2 + 2\cos A \cos B \cos C.$$

因为非钝角三角形的角可以写成
$$A = \frac{\pi - A'}{2}, B = \frac{\pi - B'}{2}, C = \frac{\pi - C'}{2},$$

这里 A', B', C' 是某个三角形的角, 所以只要证明
$$(\sin \frac{A}{2} + \sin \frac{B}{2} + \sin \frac{C}{2})^2 \leqslant 2 + 2 \sin \frac{A}{2} \sin \frac{B}{2} \sin \frac{C}{2} \qquad ①$$

对任何三角形成立. 利用熟知的记号, 可把式 ① 改为
$$\left(\sqrt{\frac{(s-b)(s-c)}{bc}} + \sqrt{\frac{(s-c)(s-a)}{ca}} + \sqrt{\frac{(s-a)(s-b)}{ab}}\right)^2 \leqslant 2 + \frac{r}{2R}.$$

观察到 $\frac{(s-a)(s-b)(s-c)}{abc} = \frac{r}{4R}$, 或者写成
$$\left(\sqrt{\frac{a}{s-a}} + \sqrt{\frac{b}{s-b}} + \sqrt{\frac{c}{s-c}}\right)^2 \leqslant 2 + \frac{8R}{r}. \qquad ②$$

现在, 有
$$\frac{1}{s-a} + \frac{1}{s-b} + \frac{1}{s-c} = \frac{s((s-b)(s-c) + (s-c)(s-a) + (s-a)(s-b))}{s(s-a)(s-b)(s-c)}$$
$$= \frac{abc + (s-a)(s-b)(s-c)}{(rs)^2} = \frac{4srR + sr^2}{r^2 s^2}$$
$$= \frac{4R + r}{rs},$$

所以式 ② 由 Cauchy-Schwarz 不等式得到

$$\left(\sqrt{\frac{a}{s-a}}+\sqrt{\frac{b}{s-b}}+\sqrt{\frac{c}{s-c}}\right)^2 \leqslant (a+b+c)\left(\frac{1}{s-a}+\frac{1}{s-b}+\frac{1}{s-c}\right)$$

$$=2s \cdot \frac{4R+r}{rs}=2+\frac{8R}{r}.$$

(2) $\cos A\cos B\cos C \leqslant \frac{r}{2R}\left(1-\frac{r}{R}\right)$.

我们证明这一不等式实际上对任何三角形都成立.

因为 $\cos A\cos B\cos C = \sin^2 A\sin^2 B\sin^2 C - 2$,所以

$$2\cos A\cos B\cos C = \frac{a^2+b^2+c^2-8R^2}{4R^2} = \frac{2s^2-2r^2-8rR-8R^2}{4R^2}$$

$$= \frac{s^2-r^2-4rR-4R^2}{2R^2},$$

该不等式等价于 $s^2 \leqslant 4R^2+6rR-r^2$. 如果 I 和 H 是三角形的内心和垂心,那么就有 $IH^2=4R^2+3rR+3r^2-s^2$,所以 $s^2 \leqslant 4R^2+4rR+3r^2$(这称为 Gerratsen 不等式). 于是只要证明 $4R^2+4rR+3r^2 \leqslant 4R^2+6rR-r^2$ 或 $0 \leqslant 2r(R-2r)$. 因为 $R \geqslant 2r$,所以完成了证明.

S150 设 $A_1A_2A_3A_4$ 是内接于圆 $C(O,R)$,外切于 $\omega(I,r)$ 的四边形. R_i 表示与 A_iA_{i+1} 相切,且与边 $A_{i-1}A_i$ 和 $A_{i+1}A_{i+2}$ 的延长线相切的圆的半径. 证明:和式 $R_1+R_2+R_3+R_4$ 与点 A_1,A_2,A_3,A_4 的位置无关.

证明 先来证明一个引理.

引理 设 $ABCD$ 是双心四边形,a,b,c,d 分别是边 AB,BC,CD,DA 的长,p,q 分别是对角线 AC,BD 的长. 乘积 pq 只与四边形 $ABCD$ 的外接圆的半径 R、内切圆的半径 r 有关.

引理的证明 因为 $ABCD$ 是双心四边形,所以面积是

$$S=\sqrt{abcd}=rs=r(a+c)=r(b+d),$$

这里 s 是半周长. $\triangle ABC$ 的面积是 $\frac{abp}{4R}$,$\triangle CDA$ 的面积是 $\frac{cdp}{4R}$,或 $4R\sqrt{abcd}=p(ab+cd)$. 类似地,$4R\sqrt{abcd}=q(bc+da)$,于是

$$\frac{16R^2}{pq}+4=\frac{(ab+cd)(bc+da)}{abcd}+4=\frac{da^2b+ab^2c+bc^2d+cd^2a+4abcd}{r^2s^2}$$

$$=\frac{dab+abc+bcd+cda}{r^2s}=\frac{ac+bd}{r^2}=\frac{pq}{r^2},$$

这里用了关于圆内接四边形的托勒密定理. 于是,乘积 pq 满足关系式 $(pq)^2-4r^2(pq)-16R^2r^2=0$,显然只有一个正根可以写成只与 R 和 r 有关的函数.

设 $a=A_1A_2,b=A_2A_3,c=A_3A_4,d=A_4A_1,p=A_1A_3,q=A_2A_4$,问题中定义的半径为 R_i 的圆称为 C_i. 首先假定 $A_2A_3 \parallel A_4A_1$. 于是圆 ω,C_1,C_3 与两平行线相切,因此它们的

半径都等于两平行线之间的距离的一半. 又 $A_1A_2A_3A_4$ 是有两条平行的边 A_2A_3 和 A_4A_1 的圆内接四边形,所以是一个 $a=A_1A_2=A_3A_4=c$,或 $R_1=\dfrac{ar}{c}$,$R_3=\dfrac{cr}{a}$ 的梯形. 现在假定 A_2A_3 和 A_4A_1 相交于点 P,不失一般性,设 $PA_3<PA_2$,$PA_4<PA_1$. 因为 $A_1A_2A_3A_4$ 是圆内接四边形,所以 $\triangle PA_1A_2$ 和 $\triangle PA_3A_4$ 相似,于是它们的内切圆的半径 r 和 R_3 分别与边 A_1A_2 和 A_3A_4 成比例,或者 $R_3=\dfrac{cr}{a}$. 圆 C_1 和 ω 分别是 $\triangle PA_1A_2$ 和 $\triangle PA_3A_4$ 的与边 A_1A_2 和 A_3A_4,以及与 PA_1,PA_2 和 PA_3,PA_4 的延长线相切的旁切圆,于是它们的半径也与边 A_1A_2 和 A_3A_4 成比例,或者 $R_1=\dfrac{ar}{c}$. 类似地,$R_2=\dfrac{br}{d}$ 和 $R_4=\dfrac{dr}{b}$. 最后

$$\frac{R_1+R_2+R_3+R_4}{r}=\frac{a}{c}+\frac{b}{d}+\frac{c}{a}+\frac{d}{b}=\frac{(bc+da)(ab+cd)}{abcd}=\frac{16R^2}{pq}.$$

于是 $R_1+R_2+R_3+R_4$ 只与 R 和 r 有关. 推出了结论.

S151 求实数三数组 (x,y,z),使
$$x^2+y^2+z^2+1=xy+yz+zx+|x-2y+z|.$$

解 我们可以写成
$$x^2+y^2+z^2+1=xy+yz+zx+|x-y+z-y|,$$
于是
$$(x-y)^2+(y-z)^2+(z-x)^2+2=2|x-y+z-y|.$$
这可推出
$$(x-y)^2+(y-z)^2+(z-x)^2+2\leqslant 2|x-y|+2|y-z|.$$
最后一个关系式等价于
$$(|x-y|-1)^2+(|y-z|-1)^2+(z-x)^2\leqslant 0.$$
于是得到
$$|x-y|=1,\ |y-z|=1\ 和\ x=z.$$
所求的三数组 (x,y,z) 是 $(a,a-1,a)$,$(a,a+1,a)$,其中 $a\in\mathbf{R}$,容易检验它们满足原方程.

S152 设 $k\geqslant 2$ 是整数,$m,n\geqslant 2$,m,n 互质. 证明:方程
$$x_1^m+x_2^m+\cdots+x_k^m=x_{k+1}^n$$
有无穷多组不同的正整数解.

证明 因为 m,n 互质,所以可以求出整数 α 和 β,使 $\alpha n-\beta m=1$. 考虑不同的正整数 $a_1,a_2,\cdots,a_k$,当 $i=1,2,\cdots,k$ 时,取 $x_i=a_iS^\beta T^n$,再取 $x_{k+1}=S^\alpha T^m$,这里 $S=a_1^m+a_2^m+\cdots+a_k^m$,$T$ 是正整数. 显然正整数 $x_1,x_2,\cdots,x_k$ 两两不同,有
$$x_1^m+x_2^m+\cdots+x_k^m=x_{k+1}^n.$$
因为 T 至多有 k 个值,使 $x_{k+1}\in\{x_1,x_2,\cdots,x_k\}$,推得结果.

S153 设 X 是凸四边形 $ABCD$ 的内点. P, Q, R, S 分别是 X 在边 AB, BC, CD, DA 上的正射影. 证明:当且仅当

$$QB \cdot BC + SD \cdot DA = \frac{1}{2}(AB^2 + CD^2)$$

时,

$$PA \cdot AB + RC \cdot CD = \frac{1}{2}(AD^2 + BC^2)$$

证明 只要证明两个等式的和,即

$$2(PA \cdot AB + QB \cdot BC + RC \cdot CD + SD \cdot DA) = AD^2 + AB^2 + BC^2 + CD^2$$

永远成立即可. 为了证明这一点,注意到

$$2PA \cdot AB - AB^2 = 2PA \cdot (PA + PB) - (PA + PB)^2 = PA^2 - PB^2.$$

又因为 $\angle XPA$ 是直角,所以

$$XA^2 - XP^2 = PA^2, XB^2 - XP^2 = PB^2.$$

于是

$$2PA \cdot AB - AB^2 = XA^2 - XB^2.$$

还有三个对称恒等式

$$2QB \cdot BC - BC^2 = XB^2 - XC^2,$$
$$2RC \cdot CD - CD^2 = XC^2 - XD^2,$$

和

$$2SD \cdot AD - AD^2 = XD^2 - XA^2,$$

相加后,就得到所求的等式.

S154 设 $k \geqslant 2$ 是整数, $n_1, \cdots, n_k$ 是正整数. 证明:不存在有理数 $x_1, x_2, \cdots, x_k, y_1, y_2, \cdots, y_k$,使

$$(x_1 + y_1\sqrt{2})^{2n_1} + \cdots + (x_k + y_k\sqrt{2})^{2n_k} = 5 + 4\sqrt{2}.$$

第一种证明法 因为 $\sqrt{2}$ 是无理数,如果 $x, y \in \mathbf{Q}$ 满足

$$x + y\sqrt{2} = 5 + 4\sqrt{2},$$

那么 $x = 5, y = 4$.

所给的关系式可改写为

$$\sum_{i=1}^{k}\left\{\binom{2n_i}{0}x_i^{2n_i} + \binom{2n_i}{2}x_i^{2n_i-2}2y_i^2 + \cdots\right\} +$$

$$\sum_{i=1}^{k}\left\{\binom{2n_i}{1}x_i^{2n_1-1}y_i + \binom{2n_i}{3}x_i^{2n_i-3}2y_i^3 + \cdots\right\}\sqrt{2} = 5 + 4\sqrt{2},$$

$$X + Y\sqrt{2} = 5 + 4\sqrt{2}.$$

观察上面的结果,得到 $X=5, Y=4$ 以及 $X-Y\sqrt{2}=5-4\sqrt{2}$,也可写为
$$\sum_{i=1}^{k}(x_i-y_i\sqrt{2})^{n_i}=5-4\sqrt{2}.$$
左边是正数,右边是负数,得到矛盾.

第二种证法 按二项公式展开,可以得到
$$(x_i+y_i\sqrt{2})^{2n_i}=u_i+v_i\sqrt{2},$$
这里 u_i 和 v_i 是整数. 所求的等式可写为
$$(u_1^2+u_2^2+\cdots+u_k^2+(v_1^2+v_2^2+\cdots+v_k^2)-5)+$$
$$(2u_1v_1+2u_2v_2+\cdots+2u_kv_k-4)\sqrt{2}=0.$$
像前面的解一样,这需要常数项和 $\sqrt{2}$ 的系数都为零. 于是
$$u_1v_1+u_2v_2+\cdots+u_kv_k=\frac{4}{2}$$
和
$$u_1^2+u_2^2+\cdots+u_k^2+2(v_1^2+v_2^2+\cdots+v_k^2)=5.$$
在例 S148 中取 $a=4, b=2, c=5$,有 $a^2b=32>c^2=25$,于是无解.

S155 设 a,b,c,d 是复数,对应于凸四边形 $ABCD$ 的顶点. 已知 $\overline{ac}=ac, \overline{bd}=bd, a+b+c+d=0$. 证明: $ABCD$ 是平行四边形.

证明 设 $a=\rho_a e^{i\alpha}=\rho_a(\cos\alpha+i\sin\alpha), \rho_a=|a|$ 是非负实数,b,c,d 的类似的表达式中的极半径分别用 ρ_b, ρ_c, ρ_d 表示,幅角分别用 β, γ, δ 表示. 因为 $\overline{ac}=ac$,所以 ac 是实数,于是 $\gamma=\alpha$,或 $\gamma=\alpha+\pi$. 类似地,$\delta=\beta$,或 $\delta=\beta+\pi$. 注意到,如果 $\gamma=\alpha$,那么
$$a+c=(\rho_a+\rho_c)\cos\alpha+i(\rho_a+\rho_c)\sin\alpha,$$
如果 $\gamma=\alpha+\pi$,那么
$$a+c=(\rho_a-\rho_c)\cos\alpha+i(\rho_a-\rho_c)\sin\alpha,$$
对于 $b+d$,也有类似的关系式.

无论是哪一种情况,$a+c$ 在经过原点和 a,c 的直线上. 同样 $-(b+d)$ 在经过原点和 b,d 的直线上. 但是 $a+c=-(b+d)$. 于是或者这两条直线是同一条直线(在这种情况下 a,b,c,d 共线,这不可能),或者 $a+c=-(b+d)$ 是这两条直线的交点,即原点. 于是 $a+c=b+d=0$. 但是这就得到 $\frac{a+c}{2}=\frac{b+d}{2}=0$,这是对角线 AC 和 BD 的公共的中点,这就推出 $ABCD$ 是平行四边形.

S156 设 $f:\mathbf{N}\to[0,\infty)$ 是满足以下条件的函数:

(1) $f(100)=10$.

(2) 对一切非负整数 n,有

$$\frac{1}{f(0)+f(1)}+\frac{1}{f(1)+f(2)}+\cdots+\frac{1}{f(n)+f(n+1)}=f(n+1).$$

求 $f(n)$ 的通项.

解 由条件(2),得到

$$f(n+1)-f(n)=\frac{1}{f(n)+f(n+1)}, \forall n \in \mathbf{N}$$

即

$$f(n+1)^2=1+f(n)^2=2+f(n-1)^2=\cdots=n+1+f(0)^2.$$

设 $n=99$,由(1),得到

$$100=f(100)^2=100+f(0)^2,$$

即 $f(0)=0$,最后(根据已知条件 $f(n)\geqslant 0$),有

$$f(n)=\sqrt{n}.$$

S157 设 ABC 是三角形. 求在直线 BC 上的点 X 的轨迹,使

$$AB^2+AC^2=2(AX^2+BX^2).$$

解 根据中线定理

$$AM^2+BM^2=AM^2+\frac{BC^2}{4}=\frac{AB^2+AC^2}{2},$$

这里 M 是边 BC 的中点. 显然 $X=M$ 是一解. 因为 $AX^2+BX^2=k(k>\frac{AB^2}{2})$ 是以 AB 的中点为圆心,经过 M 的圆的方程,所以任何其他解是边 BC 与以 AB 的中点为圆心经过 M 的圆的交点. 因此,该方程至多还有一个解,这个解是点 M 关于经过这个圆的圆心,并且与 BC 垂直的直线的对称点,也就是说,点 M 关于 AB 的中点向 BC 所作的垂线的垂足的对称点. 存在恰有一解的情况,即恰有一个点 X 满足已知条件,此时当 BC 的中点也是过 AB 的中点向 BC 所作的垂线的垂足时,即根据当 Thales 定理 $\angle C=90°$ 时,恰有一解.

S158 是否存在这样的整数 n,使 $n+8, 8n-27$ 和 $27n-1$ 中恰好有两个是完全立方数.

解 前若干个立方数是 $1,8,27,64,125,216,343,512,729,1\ 000,1\ 331,1\ 728,2\ 197,2\ 744,3\ 375,4\ 096$,任何两个完全立方数的差(其中一个的绝对值大于 $4\ 096$)显然大于 $4\ 096-3\ 375=721$. 假定对于某两个整数 $u,v,8n-27=u^3$ 和 $27n-1=v^3$ 都是完全立方数. 此时 $(2v)^3-(3u)^3=27^2-8=721$,于是 721 必是两个完全立方数的差. 经检验,这些立方数的数对是 $(4\ 096,3\ 375),(729,8),(-8,-729)$ 和 $(-3\ 375,-4\ 096)$,于是分别有 $2v=16,9,-2,-15$ 以及 $3u=15,2,-9,-16$,解为 $(u,v)=(5,8)$ 和 $(u,v)=(-3,-1)$(其余两种情况 u,v 不是整数). 对于 $n+8=3^3, n+8=2^3$ 都是完全立方数,分别得到 $n=19$ 和 $n=0$. 当 $8n-27$ 和 $27n-1$ 同时是完全立方数时, $n+8$ 也是完全立方数.

在 $n+8=w^3$ 和 $8n-27=u^3$(于是 $(2w)^3-u^3=91$ 是两个完全立方数的差)和 $n+$

$8 = w^3$ 和 $27n - 1 = v^3$（于是 $(2w)^3 - v^3 = 217$ 是两个完全立方数的差）都是完全立方数的情况下，这一过程可类似进行. 在这两种情况下，经检验发现 w, u 和 w, v 只有几个整数值才有可能，也就分别推得 $27n - 1 = v^3$ 是完全立方数，和 $8n - 27 = u^3$ 是完全立方数. 事实上，这两种情况下得到的 w, u, w, n 的值恰好是在假定 $8n - 27 = u^3$ 和 $27n - 1 = v^3$ 都是完全立方数时找到的那些值. 于是推得：或者给出的数至多一个是完全立方数，或者三个都是完全立方数，因此不存在 n，使给出的数中恰好有两个是完全立方数.

S159 在 $\triangle ABC$ 中，直线 AA', BB', CC' 共点于 P，其中 A', B', C' 分别在边 BC, CA, AB 上. 考虑分别在线段 $B'C', C'A', A'B'$ 上的点 A'', B'', C''. 证明：当且仅当 $A'A''$, $B'B'', C'C''$ 共点时，AA'', BB'', CC'' 共点.

证明 设 D, E, F 分别是 AA'', BB'', CC'' 与 BC, CA, AB 相交的另一个交点. 用正弦定理，得到

$$BD = \frac{AB \sin \angle BAD}{\sin \angle ADB}, CD = \frac{AC \sin \angle CAD}{\sin \angle ADC},$$

$$C'A'' = \frac{AC' \sin \angle C'AA''}{\sin \angle AA''C'}, B'A'' = \frac{AB' \sin \angle B'AA''}{\sin \angle AA''B'}.$$

由于 $180° = \angle ADB + \angle ADC = \angle AA''C' + \angle AA''B'$, $\angle BAD = \angle C'AA''$ 和 $\angle CAD = \angle B'AA''$，得到

$$\frac{BD}{CD} = \frac{AB}{AC} \cdot \frac{AB'}{AC'} \cdot \frac{C'A''}{B'A''},$$

进行循环排列，可得到类似的关系式，于是推得

$$\frac{BD}{CD} \cdot \frac{CE}{EA} \cdot \frac{AF}{FB} = \left(\frac{AB'}{B'C} \cdot \frac{CA'}{A'B} \cdot \frac{BC'}{C'A}\right)\left(\frac{A'B''}{B''C'} \cdot \frac{C'A''}{A''B'} \cdot \frac{B'C''}{C''A'}\right).$$

由 Ceva 定理，右边的第一个因式等于 1，再用 Ceva 定理，当且仅当左边等于 1 时，当且仅当右边的第二个因式等于 1 时，$A'A'', B'B'', C'C''$ 共点.

S160 在 $\triangle ABC$ 中，$\angle B \geqslant 2\angle C$. 设 D 是从 A 出发的高的垂足，M 是 BC 的中点. 证明：

$$DM \geqslant \frac{AB}{2}.$$

证明 显然 $CD = b\cos C, 2CM = a$，或由正弦定理 $a = 2R\sin A = b\cos C + c\cos B$，我们有

$$2DM = 2b\cos C - a = b\cos C - c\cos B = 2R\sin(B - C) \geqslant 2R\sin C = AB,$$

这里用到了 $\pi - \angle C > \angle B - \angle C \geqslant \angle C$. 于是结论成立，当且仅当 $\angle B = 2\angle C$ 时，等号成立.

S161 设锐角 $\triangle ABC$ 内接于圆心为 O，半径为 R 的圆. 如果 d_a, d_b, d_c 是 O 到三角形的各边的距离. 证明：

$$R^3 - (d_a^2 + d_b^2 + d_c^2)R - 2d_a d_b d_c = 0.$$

证明 因为 $\triangle COD$ 是等腰三角形，$\angle COD = 2\angle A$，所以 $\dfrac{d_a}{R} = \cos A$，轮换后得到 $\dfrac{d_b}{R} = \cos B$，$\dfrac{d_c}{R} = \cos C$. 代入著名的恒等式 $\cos^2 A + \cos^2 B + \cos^2 C + 2\cos A \cos B \cos C = 1$ 中，得到

$$\frac{d_a^2}{R^2} + \frac{d_b^2}{R^2} + \frac{d_c^2}{R^2} + \frac{2d_a d_b d_c}{R^3} = 1 \Leftrightarrow R^3 - (d_a^2 + d_b^2 + d_c^2)R - 2d_a d_b d_c = 0.$$

注 (1) 因为函数 $\varphi(x) = 1 - \dfrac{2d_a d_b d_c}{x^3} - \dfrac{d_a^2 + d_b^2 + d_c^2}{x^2}$ 在 $(0, \infty)$ 上递增，所以 R 是三次方程 $x^3 - (k^2 + l^2 + m^2)x - 2klm = 0$ 的唯一正根.

(2) 这一问题是刊登在 *The American Mathematical Monthly*, Vol. 116, N. 6, June−July 2009 上的问题 #11443.

问题 11443 考虑外心为 O，外接圆的半径为 R 的 $\triangle ABC$. 点 O 到边 BC，CA，AB 的距离分别为 x, y, z. 证明：如果 $\triangle ABC$ 是锐角三角形，那么 $R^3 - (x^2 + y^2 + z^2)R = 2xyz$，否则是 $(x^2 + y^2 + z^2)R - R^3 = 2xyz$.

一个较强的命题：

设 x, y, z 是任意正实数，那么存在唯一的边长为 $a = 2\sqrt{R^2 - x^2}$，$b = 2\sqrt{R^2 - y^2}$，$c = 2\sqrt{R^2 - z^2}$ 的锐角三角形，这里 R（外接圆的半径）是三次方程 $t^3 - t(x^2 + y^2 + z^2) - 2xyz = 0$ 的唯一正根，其中数 x, y, z 是外心到该三角形的各边的距离.

这一命题是[1]的定理 1 的第一部分.

[1] Arkady Alt, An independing parametrization of an acute triangle and its applications, Mathematical Reflections 2009, Issue 4.

S162 Alice 有一架最小量程为克的天平. 第 n 步她从一块大的薄片中切出一块边长为 n 的正方形的薄片，然后放到天平的两个秤盘中的一个. 边长为 1 的正方形薄片的质量是 1 克.

(1) 证明：对于每一个整数 g，Alice 把正方形的薄片放在秤盘上，经过若干步以后，可以使两个秤盘上的薄片的总质量之差是 g 克.

(2) 求使得两个秤盘中的薄片的总质量之差是 2 010 克的最少的步数.

解 (1) 显然第 n 步加到一个秤盘中的质量是 n^2 克. 首先注意到对于任何整数 n，我们有 $n^2 - (n+1)^2 - (n+2)^2 + (n+3)^2 = 4$，即如果在第 $n-1$ 步我们已经设法得到差是 g 克，那么在第 $n+3$ 步我们就得到差是 $g+4$ 和 $g-4$，只要把边长为 n 和 $n+3$ 的正方形放入一个秤盘上，把边长为 $n+1$ 和 $n+2$ 的正方形放入另一个秤盘上. 选择哪一个正方形要放在哪一个秤盘上，要根据我们要使差是增加还是减少. 因此只要证明能够得到

差是1,2,3即可(差是0出现在最初的状态,显然也可以经过8步得到,4步加4和4步减4).差是1显然第一步就得到,差是3可以两步后得到,最后差是2可以在一个秤盘上放边长为1,2,3的正方形(总质量是14克),另一个秤盘中放边长为4的正方形(质量是16克)得到.这样就推出部分(1)的结论.

(2)众所周知(用归纳法容易检验)

$$1^2+2^2+\cdots+n^2=\frac{1}{6}n(n+1)(2n+1).$$

因为$1^2+2^2+\cdots+17^2=1\,785<2\,010<2\,019=1^2+2^2+\cdots+18^2$,所以至少需要18步.在18步中该任务不可能完成:因为质量的和是奇数,差也是奇数.但是一个2 010的差可以在19步后得到,这是因为

$$1^2+2^2+\cdots+19^2-2(15^2+2^2+1^2)=\frac{19\cdot20\cdot39}{6}-2(225+4+1)$$
$$=2\,470-460=2\,010,$$

即2 010克的差可以把除了边长为15的正方形以外,把边长从3到19的正方形都放在一个秤盘上,把边长为15的正方形和边长为1和2的正方形放在另一个秤盘上.于是最少的步数是19.

S163 (1)证明:对于每一个正整数n,存在唯一的正整数a_n,使

$$(1+\sqrt{5})^n=\sqrt{a_n}+\sqrt{a_n+4^n}.$$

(2)当n是偶数时,证明:a_n能被$5\cdot4^{n-1}$整除,并求出商.

证明 (1)设$(1+\sqrt{5})^n=x_n+y_n\sqrt{5}$,其中$x_n,y_n$是正整数,$n=1,2,\cdots$,那么

$$(1-\sqrt{5})^n=x_n-y_n\sqrt{5},n=1,2,\cdots$$

于是

$$x_n^2-5y_n^2=(-4)^n,n=1,2,\cdots \qquad ①$$

如果n是偶数,那么考虑$a_n=x_n^2-4^n$,有

$$\sqrt{a_n}+\sqrt{a_n+4^n}=\sqrt{x_n^2-4^n}+\sqrt{x_n^2}=\sqrt{5y_n^2}+\sqrt{x_n^2}$$
$$=y_n\sqrt{5}+x_n=(1+\sqrt{5})^n.$$

如果n是奇数,那么考虑$a_n=5y_n^2-4^n$,有

$$\sqrt{a_n}+\sqrt{a_n+4^n}=\sqrt{5y_n^2-4^n}+\sqrt{5y_n^2}=\sqrt{x_n^2}+\sqrt{5y_n^2}$$
$$=x_n+y_n\sqrt{5}=(1+\sqrt{5})^n.$$

(2)如果n是偶数,那么有$a_n=x_n^2-4^n=5y_n^2$,其中

$$y_n=\frac{1}{2\sqrt{5}}((1+\sqrt{5})^n-(1-\sqrt{5})^n)$$
$$=\frac{2^n}{2\sqrt{5}}\left(\left(\frac{1+\sqrt{5}}{2}\right)^n-\left(\frac{1-\sqrt{5}}{2}\right)^n\right)=2^{n-1}F_n,$$

其中 F_n 是斐波那契数. 在这种情况下, 得到 $a_n=5\cdot 4^{n-1}F_n^2$, 于是 $5\cdot 4^{n-1}\mid a_n$, 商是 F_n^2.

S164 设 $ABCD$ 是对角线互相垂直的圆内接四边形. 对于外接圆上的点 P, 设 l_P 是过点 P 的圆的切线. 设 $U=l_A\cap l_B, V=l_B\cap l_C, W=l_C\cap l_D, K=l_D\cap l_A$. 证明: 四边形 $UVWK$ 是圆内接四边形.

第一种证法 如图 9, 由弦切角和圆周角定理, 得到
$$\angle WVU = 2(90°-\angle VBC) = 2(90°-\angle BAC) = 2\angle ABD = 2\angle KAD$$
$$= 180°-\angle UKW.$$
于是四边形 $UVWK$ 是圆内接四边形.

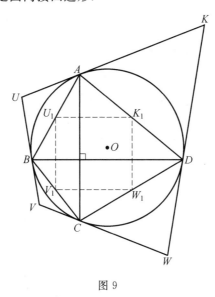

图 9

第二种证法 设 U_1, V_1, W_1, K_1 分别是 AB, BC, CD, AD 的中点.

由四边形 $ABCD$ 的 Varignon 平行四边形 (译者注: 依次连接四边形的四边中点得到的四边形称为 Varignon 平行四边形) $U_1V_1W_1K_1$ 是矩形 (因为 $AC\perp BD$), 于是 U_1, V_1, W_1, K_1 位于以该矩形的中心为圆心的圆 γ 上, 注意到 O, U_1, U 共线 (在 AB 的垂直平分线上), AB 是 U 关于圆 Γ (四边形 $ABCD$ 的外接圆) 的极线. 对于 V_1, W_1, K_1 有类似的结果, 于是 U_1, V_1, W_1, K_1 关于圆 Γ 的反演点分别是 U, V, W, K, 所以 U, V, W, K 都在圆 γ 的反演圆上. 因为 U, V, W, K 显然不共线, 而且 γ 的反演是圆, 所以四边形 $UVWK$ 是圆内接四边形.

S165 设 I 是 $\triangle ABC$ 的内心. 证明:
$$AI\cdot BI\cdot CI\geqslant 8r^3,$$
其中 r 是 $\triangle ABC$ 的内切圆的半径.

解 因为

$$AI = \frac{r}{\sin\frac{A}{2}}, BI = \frac{r}{\sin\frac{B}{2}}, CI = \frac{r}{\sin\frac{C}{2}},$$

所以原不等式等价于 $\sin\frac{A}{2}\sin\frac{B}{2}\sin\frac{C}{2} \leqslant \frac{1}{8}$,因为这可由两个熟知的事实

$$\frac{r}{R} = 4\sin\frac{A}{2}\sin\frac{B}{2}\sin\frac{C}{2}, R \geqslant 2r,$$

直接推出,其中 R 是 $\triangle ABC$ 的外接圆的半径.

S166 如果 $a_1, a_2, \cdots, a_k \in (1,0), k, n$ 是整数,$k > n \geqslant 1$,证明以下不等式成立:

$$\min\{a_1(1-a_2)^n, a_2(1-a_3)^n, \cdots, a_k(1-a_1)^n\} \leqslant \frac{n^n}{(n+1)^{n+1}}.$$

解 注意到由 AM—GM 不等式得

$$nx(1-x)^n = nx \cdot (1-x) \cdot (1-x) \cdots (1-x)$$
$$\leqslant \left(\frac{nx + n(1-x)}{n+1}\right)^{n+1} = \frac{n^n}{(n+1)^{n+1}},$$

或 $x(1-x)^n \leqslant \frac{n^n}{(n+1)^{n+1}}$. k 次利用该不等式,得到

$$a_1 a_2 \cdots a_k (1-a_1)^n \cdots (1-a_1)^n \leqslant \left(\frac{n^n}{(n+1)^{n+1}}\right)^k.$$

上面的不等式的左边是 k 个因式 $a_i(1-a_i)^n$ 的积,因此其中必有一个因式不大于 $\frac{n^n}{(n+1)^{n+1}}$.

S167 设 I_a 是 $\triangle ABC$ 的与边 BC 相切的旁切圆的圆心. A', B', C' 分别是旁切圆与边 BC, CA, AB 的切点. 证明:$\triangle AI_a A', \triangle BI_a B', \triangle CI_a C'$ 的外接圆有一个不同于点 I_a 的公共点,且该公共点位于直线 $G_a I_a$ 上,这里 G_a 是 $\triangle A'B'C'$ 的重心.

第一种解法 设 γ 是旁切圆. 如图10,因为 $I_a A' = I_a C', BA' = BC'$,直线 $I_a B$ 是 $A'C'$ 的垂直平分线,交 $A'C'$ 于中点 B_1. 因为 $A'C'$ 是 B 关于 γ 的极线,关于 γ 的反演将 B_1 和 B 交换. 因为 B' 是在这一反演下的不变量,所以 $\triangle I_a BB'$ 的外接圆变为 $\triangle A'B'C'$ 的中线 $B'B_1$. 类似地,$\triangle I_a AA', \triangle I_a CC'$ 的外接圆变为中线 $A'A_1, C'C_1$. 结果这三个圆都经过 I_a,经过 G_a 的反演点(因为 G_a 是三条中线 $A'A_1, B'B_1, C'C_1$ 的交点). 第二个结果从 G_a 的反演点在过 I_a 和 G_a 的直线上这一事实得到.

第二种解法 设 D' 是 $B'C'$ 的中点. $AB' \perp I_a B', AI_a \perp B'C'$,由 $\angle A$ 的内角平分线的对称性,$B'D' = D'C'$. 于是 $\triangle AB'D'$ 与 $\triangle B'I_a D'$ 相似,因此

$$B'D' \cdot C'D' = B'D'^2 = I_a D' \cdot AD',$$

D' 关于 $\triangle A'B'C'$ 和 $\triangle AI_a A'$ 的外接圆的幂相同,或者说 D' 位于这两个圆的根轴上. 设 E' 是 $C'A'$ 的中点. $BA' \perp I_a A', BI_a \perp A'C'$,由 $\angle B$ 的外角平分线的对称性,

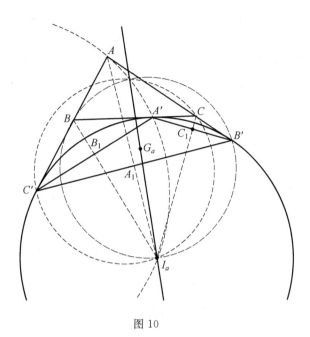

图 10

$A'E' = E'C'$. 于是 $\triangle B'E'A'$ 与 $\triangle A'E'I_a$ 相似,因此
$$A'E' \cdot C'E' = A'E'^2 = BE' \cdot I_aE',$$

直线 $B'E'$ 是 $\triangle A'B'C'$ 和 $\triangle BI_aB'$ 的外接圆的根轴. 类似地,中线 $C'F'$(F' 是 $A'B'$ 的中点)是 $\triangle A'B'C'$ 和 CI_aC' 的外接圆的根轴. 显然,中线 $A'D'$,$B'E'$,$C'F'$ 的交点 G_a 关于这四个圆的幂相同. 现在考虑 I_aG_a 与 $\triangle AI_aA'$ 的外接圆的第二个交点 P. 因为 I_a,G_a 关于 $\triangle AI_aA$ 和 $\triangle BI_aB'$ 的外接圆的幂相同,所以 I_aG_a 是这两个圆的根轴,于是 P 关于这两个圆的也相同,但是 P 也在 $\triangle AI_aA'$ 的外接圆上,所以也在 $\triangle BI_aB'$ 的外接圆上. 类似地,P 也在 $\triangle CI_aC'$ 的外接圆上. 于是推出结论.

S168 设 $a_0 \geqslant 2, a_{n+1} = a_n^2 - a_n + 1, n \geqslant 0$. 证明:
$$\log_{a_0}(a_n - 1)\log_{a_1}(a_n - 1)\cdots\log_{a_{n-1}}(a_n - 1) \geqslant n^n.$$

证明 对 $k = 0, 1, \cdots, n-1$,改写递推关系,有 $a_{k+1} - 1 = a_k(a_k - 1)$. 取乘积,得到
$$\prod_{k=0}^{n-1}(a_{k+1} - 1) = \prod_{k=0}^{n-1} a_k \prod_{k=0}^{n-1}(a_k - 1).$$

利用归纳法容易证明对于一切 $k \geqslant 0$,有 $a_k > 1$,于是
$$a_n - 1 = a_0 \cdots a_{n-1}(a_0 - 1) \geqslant a_0 \cdots a_{n-1}.$$

因此
$$\log(a_n - 1) \geqslant \log a_0 + \log a_1 + \cdots + \log a_{n-1}.$$

于是注意 $\log_a x = \dfrac{\log x}{\log a}$,可以看出所求的不等式的左边大于或等于

$$\frac{(\log a_0 + \log a_1 + \cdots + \log a_{n-1})^n}{(\log a_0)(\log a_1)\cdots(\log a_{n-1})}$$

所求的下界正是对 $k = 0, 1, \cdots, n-1$ 的 n 个数 $\log a_k$ 用 AM-GM 不等式.

S169 设 $k > 1$ 是奇数,且对某些正整数 $a, b, c, d, \{a, b\} \neq \{c, d\}$,有 $a^k + b^k = c^k + d^k$. 证明:$\dfrac{a^k + b^k}{a + b}$ 不是质数.

证明 首先考虑数对 $\{r, s\} \neq \{t, u\}$,有 $r^k + s^k = t^k + u^k$. 由对称性,可以假定 $r \geqslant s$, $t \geqslant u$ 和 $r \geqslant t$. 不能有 $r = t$,因为这样就有 $s = u$. 于是有 $r > t \geqslant u$. 因为 $r^k + s^k = t^k + u^k < r^k + u^k$,所以事实上推得 $r > t \geqslant u > s$. 因为 $r^k - t^k = u^k - s^k$,以及

$$r^{k-1} + tr^{k-2} + \cdots + t^{k-2}r + t^{k-1} > u^{k-1} + su^{k-2} + \cdots + s^{k-2}u + s^{k-1}$$

(因为不等式逐项成立),我们推得 $r - t < u - s$ 或 $r + s < t + u$. 进而有 $r + s < t + u < 2r < 2(r+s)$. 实际上,这表明 $r + s$ 和 $t + u$ 中的任何一个不能整除另一个. 下面计算

$$\frac{t^k + u^k}{t + u} \geqslant \frac{t^3 + u^3}{t + u} = t^2 - tu + u^2 \geqslant t + u - 1 \geqslant r + s,$$

上面第二个不等式成立是因为可重新转化排为

$$\frac{1}{2}(t - u)^2 + \frac{1}{2}(t - 1)^2 + \frac{1}{2}(u - 1)^2 \geqslant 0.$$

最后一个不等式 $\dfrac{t^k + u^k}{t + u} \geqslant r + s$ 是严格的,因为第二步的等号是在 $t = u = 1$ 时成立,这与 $u > s > 0$ 矛盾. 于是有 $r^k + s^k = t^k + u^k > (r+s)(t+u)$.

现在回到原题,因为 $c + d$ 整除 $c^k + d^k = a^k + b^k$,我们看到 $\dfrac{c+d}{(a+b, c+d)}$ 整除 $\dfrac{a^k + b^k}{a + b}$. 又因为 $c + d$ 不能整除 $a + b$,这个除数不是 1. 于是由 $\dfrac{a^k + b^k}{a + b}$ 是质数,推出 $\dfrac{a^k + b^k}{a + b} = \dfrac{c+d}{(a+b, c+d)}$. 实际上,$\dfrac{a^k + b^k}{a + b} \leqslant c + d$. 但是这又推出 $a^k + b^k \leqslant (a+b)(c+d)$,与前一节矛盾.

S170 考虑 $n(n \geqslant 6)$ 个圆,这 n 个圆的半径都是 $r < 1$,都与一个半径为 1 的圆相切. 假定每个圆半径为 r 的圆都与另两个半径为 r 的圆相切. 求 r.

解 所有半径为 r 的圆的圆心与半径为 1 的圆的圆心之间的距离是 $r + 1$,与最邻近的半径为 r 的圆的圆心之间的距离是 $2r$,由于轮换对称,这 n 个圆心是一个边长为 $2r$,外接圆的半径为 $r + 1$ 的正 n 边形的顶点,因此考虑腰长为 $1 + r$,底边长为 $2r$ 的等腰三角形,此时顶角为 $\dfrac{360°}{n}$,于是有 $r = (1 + r)\sin\dfrac{180°}{n}$,或等价的

$$r = \frac{\sin\dfrac{180°}{n}}{1 - \sin\dfrac{180°}{n}}.$$

S171 证明:如果多项式 $P \in R[X]$ 有 n 个不同的实数零点,那么对任何 $\alpha \in \mathbf{R}$,多项式 $Q(X) = \alpha X P(X) + P'(X)$ 有 $n-1$ 个不同的实数零点.

证明 设 $f(X) = e^{\alpha X^2/2} P(X)$,那么 f 有 n 个不同的实数零点($P(X)$ 的零点),于是由罗尔定理,其导数有 $n-1$ 个零点. 但是 $f''(X) = e^{\alpha X^2/2}(\alpha X P(X) + P'(X)) = e^{\alpha X^2/2} Q(X)$ 第一个因式没有零点. 于是 $Q(X)$ 有 $n-1$ 个不同的实数零点.

S172 设 a,b,c 是正实数. 证明:
$$\sum_{\text{cyc}} \frac{a^2 b^2 (b-c)}{a+b} \geqslant 0.$$

证明 去分母后,原不等式等价于
$$\sum_{\text{cyc}} (a^4 c^2 b + c^4 b^3) \geqslant \sum_{\text{cyc}} 2a^3 b^2 c^2,$$
但这可由 AM − GM 不等式 $a^4 b^2 c^4 + c^4 b^3 \geqslant 2a^3 b^3 c^2$ 推出.

S173 设
$$f_n(x,y,z) = \frac{(x-y)z^{n+2} + (y-z)x^{n+2} + (z-x)y^{n+2}}{(x-y)(y-z)(x-z)}.$$
证明: $f_n(x,y,z)$ 可写成 n 次多项式的和,并对一切正整数 n,求 $f_n(1,1,1)$.

证明 容易验证
$$\frac{1}{(x-y)(x-z)} + \frac{1}{(y-x)(y-z)} + \frac{1}{(z-y)(z-x)} = 0.$$
这就将 $f_n(x,y,z)$ 转化为
$$\begin{aligned}
f_n(x,y,z) &= \frac{x^{n+2}}{(x-y)(x-z)} + \frac{y^{n+2}}{(y-x)(y-z)} + \frac{z^{n+2}}{(z-y)(z-x)} \\
&= \frac{-x^{n+2}}{(y-x)(y-z)} + \frac{-x^{n+2}}{(z-y)(x-z)} + \frac{y^{n+2}}{(y-x)(y-z)} + \\
&\quad \frac{z^{n+2}}{(z-y)(z-x)} \\
&= \frac{y^{n+2} - x^{n+2}}{(y-x)(y-z)} + \frac{z^{n+2} - x^{n+2}}{(z-y)(x-z)} \\
&= \frac{y^{n+1} + y^n x + \cdots + x^n y + x^{n+1}}{y-z} + \frac{z^{n+1} + z^n x + \cdots + x^n z + x^{n+1}}{z-y} \\
&= \frac{(y^{n+1} - z^{n+1}) + x(y^n - z^n) + \cdots + x^n(y-z)}{y-z}
\end{aligned}$$

最后
$$\begin{aligned}
f_n(x,y,z) &= (y^n + y^{n-1}z + \cdots + yz^{n-1} + z^n) + \\
&\quad x(y^{n-1} + y^{n-2}z + \cdots + yz^{n-2} + z^{n-1}) + \cdots + \\
&\quad x^{n-1}(y+z) + x^n.
\end{aligned}$$

于是 $f_n(x,y,z)$ 是一切形如 $x^a y^b z^c$ 的多项式的和,这里所有的非负整数三数组

(a,b,c) 都满足条件 $a+b+c=n$. 这是问题的第一部分的答案.

至于第二部分, $f_n(1,1,1)$ 正是上面和式中的多项式的总数, 即
$$(n+1)+n+\cdots+2+1=\frac{(n+1)(n+2)}{2}.$$

S174 证明: 对于每一个正整数 k, 方程
$$x_1^3+x_2^3+\cdots+x_k^3+x_{k+1}^2=x_{k+2}^4$$
有无穷多组正整数解, 且 $x_1<x_2<\cdots<x_{k+1}$.

第一种证法 由于
$$1^3+2^3+\cdots+k^3=\frac{k^2(k+1)^2}{4}=(1+2+\cdots+k)^2,$$
于是取 $x_1=x, x_2=2x,\cdots,x_k=kx$,
$$x_{k+1}=(1+2+\cdots+k)y^2, x_{k+2}=(1+2+\cdots+k)y$$

代入原方程, 得到
$$(1^3+2^3+\cdots+k^3)x^3+(1+2+\cdots+k)^2y^4=(1+2+\cdots+k)^4y^4 \Leftrightarrow x^3=ay^4,$$
这里
$$a=(1+2+\cdots+k)^2-1=\frac{(k-1)(k+2)(k^2+k+2)}{4}.$$

对一切正整数 n, 设 $x=a^7n^4, y=a^5n^3$, 则 $x^3=ay^4$.

于是对一切正整数 n,
$$x_1=a^7n^4, x_2=2a^7n^4,\cdots,x_k=ka^7n^4.$$
$$x_{k+1}=(1+2+\cdots+k)a^{10}n^4, x_{k+2}=(1+2+\cdots+k)a^5n^3$$
是原方程的一组解, 显然 $x_1<x_2<\cdots<x_{k+1}$.

第二种证法 对于任何正整数 n, 我们有熟知的公式
$$1^3+2^3+\cdots+n^3+(n+1)^3+\cdots+(n+k)^3=\left(\frac{(n+k)(n+k+1)}{2}\right)^2$$
即
$$\left(\frac{n(n+1)}{2}\right)^2+(n+1)^3+\cdots+(n+k)^3=\left(\frac{(n+k)(n+k+1)}{2}\right)^2$$

考虑三角形数
$$t_{n+k}=\frac{(n+k)(n+k+1)}{2}$$
是完全平方数的正整数 n. 存在无穷多个这样的正整数 n, 因为关系式 $t_{n+k}=u^2$ 等价于佩尔方程
$$(2n+2k+1)^2-2u^2=1.$$

这一佩尔方程的基本解是 $(3,2)$, 因此所有正整数解都可以用数列 (u_n) 表示, 这里

$$2n_s + 2k + 1 + u_s\sqrt{2} = (3 + 2\sqrt{2})^s,$$

对于足够大的 s,使 $n_s > 1$.可以取

$$x_1 = n_s + 1, \cdots, x_k = n_s + k, x_{k+1} = \frac{n_s(n_s+1)}{2}, x_{k+2} = u_s.$$

显然对于足够大的 s,有 $n_s > 1$.且 $\frac{n_s(n_s+1)}{2} > n_s + k$,于是得到无穷多组解.

S175 设 p 是质数.求一切整数 $a_1, \cdots, a_n$,使

$$a_1 + \cdots + a_n = p^2 - p,$$

且方程 $px^n + a_1x^{n-1} + \cdots + a_n = 0$ 的一切解都是非零整数.

解 设 $-r_1, -r_2, \cdots, -r_n$ 是本题中方程的 n 个非零整数根,那么对一切 x,有

$$p(x + r_1)(x + r_2)\cdots(x + r_n) = px^n + a_1x^{n-1} + \cdots + a_n.$$

取 $x = 1$,根据已知条件得到

$$(1 + r_1)(1 + r_2)\cdots(1 + r_n) = p.$$

因为 $1 + r_i$ 是不等于 1 的整数,推出其中 $n-1$ 个数必须都等于 -1,当 n 是奇数时,最后一数是 p,当 n 是偶数时,最后一数是 $-p$;换句话说,$n-1$ 个 r_i 等于 -2,当 n 是奇数时,最后一数是 $p-1$,当 n 是偶数时,最后一数是 $-p-1$.存在 $\binom{n-1}{k-1}$ 个这 k 个 r_i 的乘积,其中恰有一个数不是 -2,以及存在 $\binom{n-1}{k}$ 个这 k 个 r_i 的乘积,其中所有的数都是 -2,即当 n 是奇数时

$$\frac{a_k}{p} = \binom{n-1}{k-1}(-2)^{k-1}(p-1) + \binom{n-1}{k}(-2)^k$$
$$= \frac{(n-1)!}{(n-k)!\,k!}(-2)^{k-1}(pk + k - 2n),$$

当 n 是偶数时

$$\frac{a_k}{p} = \binom{n-1}{k-1}(-2)^{k-1}(-p-1) + \binom{n-1}{k}(-2)^k$$
$$= -\frac{(n-1)!}{(n-k)!\,k!}(-2)^{k-1}(2n + pk - k).$$

S176 设 ABC 是三角形.AA_1, BB_1, CC_1 是相交于点 P 的 Ceva 线.$K_a = K_{AB_1C_1}$,$K_b = K_{BC_1A_1}$,$K_c = K_{CA_1B_1}$ 表示 $\triangle AB_1C_1, \triangle BC_1A_1, \triangle CA_1B_1$ 的面积.证明:$K_{A_1B_1C_1}$ 是方程

$$x^3 + (K_a + K_b + K_c)x^2 - 4K_aK_bK_c = 0$$

的根.

证明 设 x, y, z 分别是 $\triangle BPC, \triangle CPA, \triangle APB$ 的面积.容易证明:

$$\frac{AB_1}{B_1C} = \frac{z}{x} \text{ 和} \frac{AC_1}{C_1B} = \frac{y}{x}.$$

于是有
$$K_a = \frac{1}{2} AB_1 \cdot AC_1 \sin A = \frac{1}{2} \cdot \frac{zAC}{x+z} \cdot \frac{yAB}{x+y} = \frac{yz(x+y+z)}{(x+y)(x+z)}.$$

类似地可得到 K_b 和 K_c 的表达式. 于是推出 $K_{A_1B_1C_1}$ 等于
$$(x+y+z)\left(1 - \frac{yz}{(x+y)(x+z)} - \frac{zx}{(y+z)(y+x)} - \frac{xy}{(z+x)(z+y)}\right)$$
$$= \frac{2xyz(x+y+z)}{(x+y)(y+z)(z+x)}.$$

最后,注意到
$$K_{A_1B_1C_1}^3 + K_{A_1B_1C_1}^2(K_a + K_b + K_c) = K_{A_1B_1C_1}^2(K_{A_1B_1C_1} + K_a + K_b + K_c)$$
$$= \left(\frac{2xyz(x+y+z)}{(x+y)(y+z)(z+x)}\right)^2 (x+y+z)$$
$$= \frac{4(xyz)^2(x+y+z)^3}{((x+y)(y+z)(z+x))^2} = 4K_a K_b K_c,$$

这就证明了 $K_{A_1B_1C_1}$ 是所给的多项式的根.

S177 证明:在任意锐角 $\triangle ABC$ 中,
$$\sin\frac{A}{2} + \sin\frac{B}{2} + \sin\frac{C}{2} \geqslant \frac{5R+2r}{4R}.$$

第一种证法 我们有
$$\sin\frac{A}{2} + \sin\frac{B}{2} + \sin\frac{C}{2} \geqslant \frac{5R+2r}{4R} \Leftrightarrow 2\sum \sin\frac{A}{2} \geqslant 1 + \frac{r}{R} + \frac{3}{2}$$
$$\Leftrightarrow 2\cos\frac{A+B}{2} + 2\cos\frac{B+C}{2} + 2\cos\frac{C+A}{2}$$
$$\geqslant \cos A + \cos B + \cos C + 3\cos\frac{A+B+C}{3}.$$

这是对区间 $(0, \frac{\pi}{2})$ 上的凹函数 $\cos x$ 使用 Popoviciu 不等式得到的.

第二种证法 因为 $r = 4R\sin\frac{A}{2}\sin\frac{B}{2}\sin\frac{C}{2}$,所以原不等式可改写为
$$\sin\frac{A}{2} + \sin\frac{B}{2} + \sin\frac{C}{2} - 2\sin\frac{A}{2}\sin\frac{B}{2}\sin\frac{C}{2} \geqslant \frac{5}{4}. \tag{A}$$

不等式(A)是由以下定理所表示的更一般的不等式的直接推论.

定理 设 k 是任何实数,且 $k \geqslant k_*$,这里
$$k_* = \frac{4}{2\sqrt{2-\sqrt{2}} - \sqrt{2} + 3} \approx 1.2835.$$

于是对于任何 $\alpha,\beta,\gamma \in (0,\frac{\pi}{4}]$, $\alpha+\beta+\gamma=\frac{\pi}{2}$, 以下不等式成立

$$\sin\alpha + \sin\beta + \sin\gamma - k\sin\alpha\sin\beta\sin\gamma \geqslant \frac{12-k}{8}. \quad (M)$$

定理的证明 由对称性, 可假定 $\alpha \leqslant \beta \leqslant \gamma$, 设 $\varphi = \alpha + \beta$, 则 $\gamma = \frac{\pi}{2} - \varphi$, $\beta = \varphi - \alpha$, 这里新变量 α,φ 满足不等式 $0 < \alpha \leqslant \varphi - \alpha \leqslant \frac{\pi}{2} - \varphi \leqslant \frac{\pi}{4}$, 或等价于

$$\begin{cases} \frac{\pi}{4} \leqslant \varphi \leqslant \frac{\pi}{3} \\ 2\varphi - \frac{\pi}{2} \leqslant \alpha \leqslant \frac{\varphi}{2} \end{cases}. \quad ①$$

因为

$$\sin\alpha + \sin\beta + \sin\gamma - k\sin\alpha\sin\beta\sin\gamma$$
$$= 2\sin\frac{\alpha+\beta}{2}\cos\frac{\alpha-\beta}{2} + \sin\gamma(1 - k\sin\alpha\sin\beta)$$
$$= 2\sin\frac{\varphi}{2}\cos(\frac{\varphi}{2} - \alpha) + \cos\varphi(1 - k\sin\alpha\sin(\varphi-\alpha)),$$

所以不等式 (M) 可等价地写成

$$2\sin\frac{\varphi}{2}\cos(\frac{\varphi}{2}-\alpha) + \cos\varphi(1-k\sin\alpha\sin(\varphi-\alpha)) \geqslant \frac{12-k}{8} \quad ②$$

其中 α,φ 满足不等式 ①. 对任何确定的 $\varphi \in [\frac{\pi}{4}, \frac{\pi}{3}]$, $k_* > \frac{2}{\sqrt{3}} \approx 1.1547$, 设

$$h(\alpha) = 2\sin\frac{\varphi}{2}\cos(\frac{\varphi}{2}-\alpha) + \cos\varphi(1-k\sin\alpha\sin(\varphi-\alpha)).$$

我们将证明 $h(\alpha)$ 在 $[2\varphi-\frac{\pi}{2}, \frac{\varphi}{2}]$ 上递减. 事实上, 在 $[2\varphi-\frac{\pi}{2}, \frac{\varphi}{2}]$ 上, 有

$$h'(\alpha) = 2\sin(\frac{\varphi}{2}-\alpha)(\sin\frac{\varphi}{2} - k\cos\varphi\cos(\frac{\varphi}{2}-\alpha)) \leqslant 0.$$

这是因为 $\sin(\frac{\varphi}{2}-\alpha) \geqslant 0$, $k_* > \frac{2}{\sqrt{3}}$, 以及

$$\sin\frac{\varphi}{2} - k\cos\varphi\cos(\frac{\varphi}{2}-\alpha) \leqslant \sin\frac{\varphi}{2} - k\cos\varphi\cos\frac{\varphi}{2}$$
$$\leqslant \sin\frac{\pi}{6} - k\cos\frac{\pi}{3}\cos\frac{\pi}{6} = \frac{1}{2} - \frac{\sqrt{3}}{2} \cdot \frac{1}{\sqrt{3}} = 0,$$

于是

$$h(\alpha) \geqslant h(\frac{\varphi}{2}) = 2\sin\frac{\varphi}{2} + \cos\varphi(1 - k\sin^2\frac{\varphi}{2})$$

余下来要证明不等式

$$2\sin\frac{\varphi}{2}+\cos\varphi\left(1-k\sin^2\frac{\varphi}{2}\right)\geqslant\frac{12-k}{8}. \qquad ③$$

设 $t=\sin\dfrac{\varphi}{2}$,则 $\sin\dfrac{\pi}{8}\leqslant t\leqslant\dfrac{1}{2}$,式 ③ 等价于

$$2t+(1-2t^2)(1-kt^2)\geqslant\frac{12-k}{8}\Leftrightarrow 16kt^4-(8k+16)t^2+16t-(4-k)\geqslant 0\Leftrightarrow$$

$$(1-2t^2)^2(k(2t+1)^2-4)\geqslant 0,$$

这是因为 $k(2t+1)^2\geqslant k\cdot(2\sin\dfrac{\pi}{8}+1)^2=4$.因为当且仅当 $\alpha=\dfrac{\varphi}{2}$,$\varphi=\dfrac{\pi}{3}\Leftrightarrow\alpha=\dfrac{\pi}{6}$, $\varphi=\dfrac{\pi}{3}$ 时,不等式 ② 中的等号成立.因此当且仅当 $\alpha=\beta=\gamma=\dfrac{\pi}{6}$,式(M)中的等号成立.

实际上,当 $k=2$ 和 $k=\dfrac{4}{3}$ 时,用 $\dfrac{A}{2}$,$\dfrac{B}{2}$,$\dfrac{C}{2}$ 代替式(M)中的 (α,β,γ),得到对于任何锐角 $\triangle ABC$,有不等式(A)和不等式

$$\sin\frac{A}{2}+\sin\frac{B}{2}+\sin\frac{C}{2}-\frac{4}{3}\sin\frac{A}{2}\sin\frac{B}{2}\sin\frac{C}{2}\geqslant\frac{4}{3}. \qquad (G)$$

(最后一个不等式属于 J. Garfuncel)

注 原不等式可直接从式(G)推得.事实上

$$\sin\frac{A}{2}+\sin\frac{B}{2}+\sin\frac{C}{2}-2\sin\frac{A}{2}\sin\frac{B}{2}\sin\frac{C}{2}$$

$$=\sin\frac{A}{2}+\sin\frac{B}{2}+\sin\frac{C}{2}-\frac{4}{3}\sin\frac{A}{2}\sin\frac{B}{2}\sin\frac{C}{2}-\frac{2}{3}\sin\frac{A}{2}\sin\frac{B}{2}\sin\frac{C}{2}$$

$$\geqslant\frac{4}{3}-\frac{2}{3}\sin\frac{A}{2}\sin\frac{B}{2}\sin\frac{C}{2}\geqslant\frac{4}{3}-\frac{2}{3}\cdot\frac{1}{8}=\frac{5}{4}.$$

S178 证明:存在正有理数数列 $(x_k)_{k\geqslant 1}$ 和 $(y_k)_{k\geqslant 1}$,使对于一切正整数 n 和 k,有

$$(x_k+y_k\sqrt{5})^n=F_{kn-1}+F_{kn}\frac{1+\sqrt{5}}{2},$$

这里 $(F_m)_{m\geqslant 1}$ 是斐波那契数列.

证明 设

$$\left(\frac{1+\sqrt{5}}{2}\right)^k=x_k+y_k\sqrt{5}.$$

因为

$$F_k=\frac{1}{\sqrt{5}}\left(\left(\frac{1+\sqrt{5}}{2}\right)^k-\left(\frac{1-\sqrt{5}}{2}\right)^k\right),$$

所以

$$(x_k+y_k\sqrt{5})^n=\left(\frac{1+\sqrt{5}}{2}\right)^{kn}=F_{kn-1}+F_{kn}\left(\frac{1+\sqrt{5}}{2}\right).$$

S179 求一切正整数 a,b，使 $\dfrac{(a^2+1)^2}{ab-1}$ 是正整数.

解 注意到 $ab-1$ 整除 $(ab-1)(2a^2+ab+1)=(a^2+ab)^2-(a^2+1)^2$. 这表明 $ab-1$ 整除 $a^2(a+b)^2$，但是 $ab-1$ 与 a 互质，由此可推出 $ab-1$ 整除 $(a+b)^2$. 设

$$k=\frac{(a^2+1)^2}{ab-1}.$$

注意到 a,b 不可能相等，否则 $\dfrac{4a^2}{a^2-1}=4+\dfrac{4}{a^2-1}$ 是整数，但是 4 没有形如 a^2-1 的约数. 该方程可写为

$$a^2-(k-2)ab+b^2+k=0. \quad ①$$

注意到对于每一对满足方程 $k=\dfrac{(a+b)^2}{ab-1}$ 的整数对 (a,b)，数对 $(a,\dfrac{a^2+k}{b})$ 及其排列也是正整数解（容易证明 $\dfrac{a^2+k}{b}$ 是整数）. 将这一过程迭代就找到发现每一组解都是一系列解的一部分. 设 (a_0,b_0) 是这一系列解中的任意一组，并且和最小. 不失一般性，设 $b_0 > a_0$. 这表明 $\dfrac{a_0^2+k}{b_0} > b_0$，因为 $(a_0,\dfrac{a_0^2+k}{b_0})$ 和 $(\dfrac{a_0^2+k}{b_0},a_0)$ 都是方程的解，由此得 $k \geqslant b_0^2-a_0^2=(b_0-a_0)(b_0+a_0) \geqslant a_0+b_0$. 这表明 $\dfrac{(a_0+b_0)^2}{a_0b_0-1}=k \geqslant a_0+b_0$，或等价地，$2 \geqslant (a_0-1)(b_0-1)$. 注意到因为 $a_0 < b_0$，所以 $a_0 < 3$. 如果 $a_0=1$，那么 $\dfrac{(b_0+1)^2}{b_0-1}$ 是整数. 这表明 $\dfrac{4}{b_0-1}$ 是整数，于是 b_0 可以等于 $2,3,5$. 如果 $a_0=2$，那么 $\dfrac{(b_0+2)^2}{2b_0-1}$ 是整数. 这表明 $\dfrac{25}{2b_0-1}$ 是整数，或等价地，b_0 可以等于 3 或 13，这是因为 $b_0 > a_0=2$.

对于 $(a_0,b_0)=(1,2)$，得到 $k=9$. 这一初始解可由满足 $c_0=1,c_1=2,c_{n+2}=7c_{n+1}-c_n$ 的数对 $(c_n,c_{n+1}),n \geqslant 0$，生成一系列解，这里的递推关系由 ① 得到. c_n 的通项公式是

$$c_n=\frac{\sqrt{5}-1}{2\sqrt{5}}\left(\frac{7+3\sqrt{5}}{2}\right)^n+\frac{\sqrt{5}+1}{2\sqrt{5}}\left(\frac{7-3\sqrt{5}}{2}\right)^n$$

$$=\frac{1}{\sqrt{5}}\left(\frac{1+\sqrt{5}}{2}\right)^{4n-1}-\frac{1}{\sqrt{5}}\left(\frac{1-\sqrt{5}}{2}\right)^{4n-1}=F_{4n-1},$$

这里 F_n 是斐波那契数列的第 n 项，斐波那契数列由 $F_0=0,F_1=1,F_{n+2}=F_{n+1}+F_n$ 定义（甚至定义 $F_{-1}=1$）.

对于 $(a_0,b_0)=(1,3)$，得到 $k=8$. 这一初始解可由满足 $d_0=1,d_1=2,d_{n+2}=6d_{n+1}-d_n$ 的数对 $(d_n,d_{n+1}),n \geqslant 0$，生成一系列解，这里的递推关系由 ① 得到. d_n 的通项公式是

$$d_n=\frac{1}{2}(3+2\sqrt{2})^n+\frac{1}{2}(3-2\sqrt{2})^n$$

$$= \frac{1}{2}((1+\sqrt{2})^{2n} + (1-\sqrt{2})^{2n}).$$

对于 $(a_0, b_0) = (1, 5)$,得到 $k=9$. 这一初始解可由满足 $e_0=1, e_1=2, e_{n+2}=7e_{n+1}-e_n$ 的数对 $(e_n, e_{n+1}), n \geqslant 0$,生成一系列解,这里的递推关系由 ① 得到. e_n 的通项公式是

$$e_n = \frac{\sqrt{5}+1}{2\sqrt{5}}\left(\frac{7+3\sqrt{5}}{2}\right)^n + \frac{\sqrt{5}-1}{2\sqrt{5}}\left(\frac{7-3\sqrt{5}}{2}\right)^n$$

$$= \frac{1}{\sqrt{5}}\left(\frac{1+\sqrt{5}}{2}\right)^{4n+1} - \frac{1}{\sqrt{5}}\left(\frac{1-\sqrt{5}}{2}\right)^{4n+1} = F_{4n+1}.$$

因为 $F_{4n+1} = F_{-4n-1}$,所以我们可以将这个解看作是负下标的第一个推广.

对于 $(a_0, b_0) = (2, 3)$,得到 $k=5$. 这一初始解可由满足 $f_0=1, f_1=2, f_{n+2}=3f_{n+1}-f_n$ 的数对 $(f_n, f_{n+1}), n \geqslant 0$,生成一系列解,这里的递推关系由 ① 得到. f_n 的通项公式是

$$f_n = \left(\frac{3+\sqrt{5}}{2}\right)^n + \left(\frac{3-\sqrt{5}}{2}\right)^n = \left(\frac{1+\sqrt{5}}{2}\right)^{2n} + \left(\frac{1-\sqrt{5}}{2}\right)^{2n} = L_{2n}.$$

这里 L_n 是 Locas 数列的第 n 项,Locas 数列由 $L_0=2, L_1=1, L_{n+2}=L_{n+1}+L_n$ 定义.

于是推得,一切可能的正整数是形如 (F_{4n-1}, F_{4n+3}),(L_{2n}, L_{2n+2})(对一切整数 n)的数对和上面定义的 (d_n, d_{n+1}),解毕.

S180 求方程组

$$\begin{cases} x^4 + y^4 = \dfrac{121x - 122y}{4xy} \\ x^4 + 14x^2y^2 + y^4 = \dfrac{122x + 121y}{x^2 + y^2} \end{cases}$$

的非零实数解.

第一种解法 首先设 $x+y=s, x-y=d$,则

$$x^4 + 14x^2y^2 + y^4 = 4(x^2+y^2)^2 - 3(x^2-y^2)^2 = s^4 - s^2d^2 + d^4,$$

$$x^4 - y^4 = sd(x^2+y^2) = \frac{sd(s^2+d^2)}{2}, \quad 4xy = s^2 - d^2, \quad x^2+y^2 = \frac{s^2+d^2}{2}.$$

于是原方程组可写为

$$\begin{cases} sd(s^2+d^2)(s^2-d^2) = 243d - s \\ (s^4-s^2d^2+d^4)(s^2+d^2) = 243s + d \end{cases}.$$

于是我们可以得到

$$(243d-s)(243s+d) = sd(s^2+d^2)(s^2-d^2)(243s+d)$$
$$= (s^4-s^2d^2+d^4)(s^2+d^2)(243d-s).$$

由于 $s^2 + d^2 \geqslant 0$(否则 $x=y=0$,与已知条件矛盾),推得

$$243s^2 d(s^2-d^2) + sd^2(s^2-d^2) = 243d(s^4-s^2d^2+d^4) - s(s^4-s^2d^2+d^4),$$

化简后得到 $s^5 = 243d^5$,或 $s = 3d$. 代入方程组的两个方程,得到 $d^6 = d$,因为 $x \neq y$(如

果 $x=y\neq 0$,那么第一个方程的左边为零,右边不为零),于是得到 $d^5=1$,即 $s=3$ 和 $d=1$,$x=2$,$y=1$.将这两个值代入后可知显然满足方程组,且没有其他的解.

第二种解法 因为
$$(x^4+14x^2y^2+y^4)(x^2+y^2)=122x+121y, 4xy(x^4-y^4)=121x-122y,$$
且 $x,y\neq 0$,那么
$$(x^4+14x^2y^2+y^4)(x^2+y^2)(x-y)-4xy(x^4-y^4)(x+y)$$
$$=(122x+121y)(x-y)-(121x-122y)(x+y)\Leftrightarrow$$
$$(x^2+y^2)((x^4+14x^2y^2+y^4)(x-y)-4xy(x^2-y^2)(x+y))$$
$$=(x^2+y^2)\Leftrightarrow$$
$$(x^4+14x^2y^2+y^4)(x-y)-4xy(x^2-y^2)(x+y)=1\Leftrightarrow$$
$$(x-y)^5=1\Leftrightarrow x-y=1.$$

设 $t=x+y$,则
$$x^2-y^2=t, x^2+y^2=\frac{t^2+1}{2}, 4xy=t^2-1,$$
$$y=\frac{t-1}{2}, 121x-122y=121-\frac{t-1}{2},$$

方程 $x^4-y^4=\dfrac{121x-122y}{4xy}$ 变为
$$\frac{t(t^4-1)}{2}=121-\frac{t-1}{2}\Leftrightarrow t(t^4-1)+t-1=242\Leftrightarrow t^5=243\Leftrightarrow t=3.$$

于是
$$\begin{cases} x-y=1 \\ x+y=3 \end{cases}\Leftrightarrow x=2, y=1.$$

S181 设 a 和 b 是正实数,且
$$|a-2b|\leqslant \frac{1}{\sqrt{a}} \text{ 和 } |2a-b|\leqslant \frac{1}{\sqrt{b}}.$$

证明:$a+b\leqslant 2$.

证明 首先将这两个不等式的两边平方,即
$$a^2-4ab+4b^2\leqslant \frac{1}{a} \text{ 和 } 4a^2-4ab+b^2\leqslant \frac{1}{b}.$$

然后去分母,得到
$$a^3-4a^2b+4ab^2\leqslant 1 \text{ 和 } 4a^2b-4ab^2+b^3\leqslant 1.$$

将这两个不等式相加,得到 $a^3+b^3\leqslant 2$.乘以 4 后利用 Hölder 不等式,有
$$8\geqslant (1+1)(1+1)(a^3+b^3)\geqslant (a+b)^3.$$

最后,$2\geqslant a+b$,这就是我们要证明的,证毕.

S182 设 a,b,c 是实数,$a>b>c$. 证明:对每一个实数 x,以下不等式成立.

$$\sum_{cyc}(x-a)^4(b-c) \geqslant \frac{1}{6}(a-b)(b-c)(a-c)((a-b)^2+(b-c)^2+(c-a)^2).$$

证明 注意到 x^4 和 x^3 的系数是零. 于是左边等于

$$\sum_{cyc}(6x^2a^2(b-c)-4xa^3(b-c)+a^4(b-c)).$$

注意到当 $a=b$,$b=c$ 或 $c=a$ 时,多项式的左边各项系数都为零,于是 $(a-b)(b-c)(a-c)$ 整除该多项式的每一项. 容易证明

$$\sum_{cyc}a^2(b-c)=(a-b)(b-c)(a-c),$$

$$\sum_{cyc}a^3(b-c)=(a-b)(b-c)(a-c)(a+b+c),$$

$$\sum_{cyc}a^4(b-c)=(a-b)(b-c)(a-c)(a^2+b^2+c^2+ab+bc+ca).$$

这样,不等式就等价于

$$6x^2-4x(a+b+c)+(a^2+b^2+c^2+ab+bc+ca) \geqslant \frac{1}{3}(a^2+b^2+c^2-ab-bc-ca).$$

或等价于

$$6\left(x-\frac{a+b+c}{3}\right)^2 = 6x^2-4x(a+b+c)+\frac{2}{3}(a+b+c)^2 \geqslant 0,$$

证毕.

S183 设 $a_0 \in (0,1)$,$a_n = a_{n-1} - \frac{a_{n-1}^2}{2}$,$n \geqslant 1$. 证明:对一切 n,有

$$\frac{n}{2} \leqslant \frac{1}{a_n} - \frac{1}{a_0} < \frac{n+1+\sqrt{n}}{2}.$$

证明 容易看出对 n 用归纳法可看出 $0 < a_n < a_{n-1} < 1$. 于是该数列递减,但总是正的. 将递推关系写成

$$\frac{1}{a_n} - \frac{1}{a_{n-1}} = \frac{a_{n-1}}{2a_n}.$$

因为 $a_{n-1} > a_n$,所以 $\frac{1}{a_n} - \frac{1}{a_{n-1}} > \frac{1}{2}$. 对这个不等式求和,得到 $\frac{1}{a_n} - \frac{1}{a_0} > \frac{n}{2}$. 对于上界,注意到

$$1+x-\frac{1}{1-\frac{x}{2}} = \frac{x(1-x)}{2-x},$$

于是对于 $0 < x < 1$,有 $1+x \geqslant \frac{1}{1-\frac{x}{2}}$. 代入 a_n 的递推关系中,于是上面的恒等式得到

$$\frac{1}{a_n} - \frac{1}{a_{n-1}} = \frac{a_{n-1}}{2a_n} = \frac{1}{2(1-\frac{a_{n-1}}{2})} \leqslant \frac{1}{2} + \frac{a_{n-1}}{2}.$$

再求和得到 $\frac{1}{a_n} - \frac{1}{a_0} \leqslant \frac{n}{2} + \frac{a_0}{2} + \frac{1}{2}\sum_{k=1}^{n-1}a_k$. 注意到对原递推关系求和,有 $0 < a_n = a_1 - \frac{1}{2}\sum_{k=1}^{n-1}a_k^2$. 从上面看到 $a_n > 0$, 容易看出 $a_1 < \frac{1}{2}$, 因此这就证明 $\sum_{k=1}^{n-1}a_k^2 < 1$. 由 Cauchy-Schwarz 不等式,推出 $\sum_{k=1}^{n}a_k < \sqrt{n-1}$. 把所有这些结论合起来,得到

$$\frac{1}{a_n} - \frac{1}{a_0} < \frac{n+1+\sqrt{n-1}}{2},$$

这一结果要比所要证明的不等式稍强一些.

S184 设 $H_n = \frac{1}{2} + \frac{1}{3} + \cdots + \frac{1}{n}, n \geqslant 2$. 证明:

$$\mathrm{e}^{H_n} > \sqrt[n]{n!} \geqslant 2^{H_n}.$$

证明 先看左边. 根据 AM-GM 不等式,有

$$\sqrt[n]{n!} < \frac{1+2+\cdots+n}{n} = \frac{n+1}{2}.$$

因为对一切正整数 n,有

$$(1+\frac{1}{n})^n < \mathrm{e} \Leftrightarrow 1+\frac{1}{n} < \mathrm{e}^{\frac{1}{n}} \Leftrightarrow \frac{n+1}{n} < \mathrm{e}^{\frac{1}{n}},$$

所以

$$\prod_{k=2}^{n}\mathrm{e}^{\frac{1}{k}} > \prod_{k=2}^{n}\frac{k+1}{k} \Leftrightarrow \mathrm{e}^{H_n} > \frac{n+1}{n} \Rightarrow \mathrm{e}^{H_n} > \frac{n+1}{2} > \sqrt[n]{n!}.$$

再看右边. 注意到 $n+1 > 2^{1+H_{n+1}-nH_n}, n \geqslant 2$.

事实上,因为

$$(n+1)H_{n+1} - H_n = (n+1)H_n + 1 - nH_n = 1 + H_n,$$

于是

$$n+1 > 2^{(n+1)H_{n+1}-nH_n} \Leftrightarrow n+1 > 2^{1+H_n} \Leftrightarrow 2^{H_n} < \frac{n+1}{2}, n \geqslant 2. \quad ①$$

我们将用数学归纳法证明不等式 ①.

(1) 基本情况. 如果 $n=2$, 那么 $2^{H_2} = \sqrt{2} < \frac{3}{2} \Leftrightarrow 8 < 9$.

(2) 归纳步骤. 注意到 $\frac{n+2}{n+1} > 2^{\frac{1}{n+1}}$. 事实上,由 AM-GM 不等式

$$\sqrt[n+1]{2} = \sqrt[n+1]{2 \cdot 1 \cdots 1 \cdot 1} < \frac{2+n \cdot 1}{n+1} = \frac{n+2}{n+1}.$$

因为 $2^{\frac{1}{n+1}} < \frac{n+2}{n+1}$,根据归纳假定 $2^{H_n} < \frac{n+1}{2}, n \geq 2$. 于是

$$2^{H_n} \cdot 2^{\frac{1}{n+1}} < \frac{n+1}{2} \cdot \frac{n+2}{n+1} \Leftrightarrow 2^{H_{n+1}} \frac{n+2}{2}.$$

再用数学归纳法,因为对于 $n=2$,有 $2! = 2^{2H_2}$,由归纳假定 $n! \geq 2^{nH_n}$,推得

$$(n+1)! = (n+1)n! \geq (n+1)2^{nH_n} > 2^{(n+1)H_{n+1}-nH_n} \cdot 2^{nH_n} = 2^{(n+1)H_{n+1}}.$$

于是对任何 $n \geq 2$,有 $n! \geq 2^{nH_n} \Leftrightarrow \sqrt[n]{n!} \geq 2^{H_n}$.

S185 设 A_1, A_2, A_3 是抛物线 $x^2 = 4py (p>0)$ 上不共线的三点,直线 l_1, l_2, l_3 分别切抛物线于点 A_1, A_2, A_3. 设 $B_1 = l_2 \cap l_3, B_2 = l_3 \cap l_1, B_3 = l_1 \cap l_2$,证明: $\frac{|A_1A_2A_3|}{|B_1B_2B_3|}$ 是常数,并求这个常数的值.

证明 设 $(x_1, y_1), (x_2, y_2), (x_3, y_3)$ 分别是点 A_1, A_2, A_3 的坐标. l_1, l_2, l_3 的方程是

$$l_1: x x_1 = 2p(y+y_1),$$
$$l_2: x x_2 = 2p(y+y_2),$$
$$l_3: x x_3 = 2p(y+y_3).$$

对 l_2 和 l_3 解方程组,得到点 B_1 的坐标是

$$\left(\frac{2p(y_3-y_2)}{x_3-x_2}, \frac{x_2y_3-x_3y_2}{x_3-x_2}\right).$$

因为

$$y_3 - y_2 = \frac{x_3^2 - x_2^2}{4p} = \frac{(x_3-x_2)(x_3+x_2)}{4p},$$

和

$$x_2y_3 - x_3y_2 = \frac{x_2x_3^2 - x_3x_2^2}{4p},$$

所以得到

$$B_1\left(\frac{x_2+x_3}{2}, \frac{x_2x_3}{4p}\right),$$

类似地,有

$$B_2\left(\frac{x_3+x_1}{2}, \frac{x_3x_1}{4p}\right), B_3\left(\frac{x_1+x_2}{2}, \frac{x_1x_2}{4p}\right).$$

计算三角形 $A_1A_2A_3$ 的面积($[A_1A_2A_3]$ 代表 $\triangle A_1A_2A_3$ 的面积):

$$[A_1A_2A_3] = \frac{1}{2}\begin{vmatrix} x_1 & y_1 & 1 \\ x_2 & y_2 & 1 \\ x_3 & y_3 & 1 \end{vmatrix} = \frac{1}{2}\begin{vmatrix} x_2-x_1 & y_2-y_1 \\ x_3-x_1 & y_3-y_1 \end{vmatrix}$$

$$= \frac{1}{2} \begin{vmatrix} x_2 - x_1 & \dfrac{(x_2-x_1)(x_2+x_1)}{4p} \\ x_3 - x_1 & \dfrac{(x_3-x_1)(x_3+x_1)}{4p} \end{vmatrix}$$

$$= \frac{1}{8p}(x_2-x_1)(x_3-x_1)\begin{vmatrix} 1 & x_2+x_1 \\ 1 & x_3+x_1 \end{vmatrix}$$

$$= \frac{1}{8p}(x_2-x_1)(x_3-x_1)(x_3-x_2),$$

进行类似的计算,得到

$$[B_1 B_2 B_3] = \frac{1}{2} \begin{vmatrix} \dfrac{x_2+x_3}{2} & \dfrac{x_2 x_3}{4p} & 1 \\ \dfrac{x_3+x_1}{2} & \dfrac{x_3 x_1}{4p} & 1 \\ \dfrac{x_1+x_2}{2} & \dfrac{x_1 x_2}{4p} & 1 \end{vmatrix} = \frac{1}{16p} \begin{vmatrix} x_2+x_3 & x_2 x_3 & 1 \\ x_3+x_1 & x_3 x_1 & 1 \\ x_1+x_2 & x_1 x_2 & 1 \end{vmatrix}$$

$$= \frac{1}{16p} \begin{vmatrix} x_2+x_3 & x_2 x_3 & 1 \\ x_2-x_1 & x_3(x_2-x_1) & 0 \\ x_1-x_2 & x_2(x_2-x_1) & 0 \end{vmatrix}$$

$$= \frac{1}{16p}(x_2-x_1)(x_1-x_3)\begin{vmatrix} x_2+x_3 & x_2 x_3 & 1 \\ 1 & x_3 & 0 \\ 1 & x_2 & 0 \end{vmatrix}$$

$$= \frac{1}{16p}(x_2-x_1)(x_3-x_1)(x_3-x_2).$$

于是得到 $\dfrac{[A_1 A_2 A_3]}{[B_1 B_2 B_3]} = 2$.

S186 我们希望把概率 $p_k(k=0,1,2,3)$ 分配给取值为集合 $\{0,1,2,3\}$ 的三个随机变量 X_1, X_2, X_3(其中某个概率可能是 0),使 $X_i(i=1,2,3)$ 是以 $P(X_i=p_k)(k=0,1,2,3)$ 的同等分布,且 $X_1+X_2+X_3=3$. 证明:当且仅当 $p_2+p_3 \leqslant \dfrac{1}{3}$,$p_1=1-2p_2-3p_3$ 和 $p_0=p_2+2p_3$ 时,这才有可能.

证明 显然这三个随机变量是不独立的,否则它们的和将不一定等于 3. 因此我们首先要建立一个相关的概率分布,由此计算单个的和边缘的概率分布,然后应用 p_k 对三个随机变量是同等的这一条件. 对于相关的随机分布,可能的结果的总体是 $(0,0,3)$,$(0,3,0)$,$(3,0,0)$,$(0,1,2)$,$(1,2,0)$,$(2,0,1)$,$(0,2,1)$,$(2,1,0)$,$(1,0,2)$,$(1,1,1)$,共有 10 个事件(显然没有别的相关事件有三个随机变量相加等于 3). 我们将把概率从 a_1 到 a_{10} 分配给这些事件. 对每一个变量计算边缘概率分布取 $\{0,1,2,3\}$ 这四个值中的每一个

值,然后加上问题中的条件,我们得到
$$p_0 = a_1 + a_2 + a_4 + a_7 = a_1 + a_3 + a_6 + a_9 = a_2 + a_3 + a_5 + a_8,$$
$$p_1 = a_5 + a_9 + a_{10} = a_4 + a_8 + a_{10} = a_6 + a_7 + a_{10},$$
$$p_2 = a_6 + a_8 = a_5 + a_7 = a_4 + a_9, \quad p_3 = a_1 = a_2 = a_3.$$

现在有
$$p_0 - 2p_3 - p_2 = a_7 - a_9 = a_9 - a_8 = a_8 - a_7.$$

最后三项相等,并且相加为 0,于是 $a_7 = a_8 = a_9$, $p_0 = p_2 + 2p_3$;因为有 $p_0 + p_1 + p_2 + p_3 = 1$,所以消去 p_0 后,得到 $p_1 = 1 - 2p_2 - 3p_3$. 类似地,求出 $a_4 = a_5 = a_6$. 因此设 $u = a_1 = a_2 = a_3$, $v = a_4 = a_5 = a_6$, $w = a_7 = a_8 = a_9$, $t = a_{10}$,就得到 $p_0 = 2u + v + w$, $p_1 = v + w + t$, $p_2 = v + w$, $p_3 = u$,于是
$$p_2 + p_3 = u + v + w \leqslant \frac{3u + 3v + 3w + t}{3} = \frac{p_0 + p_1 + p_2 + p_3}{3} = \frac{1}{3},$$

当且仅当 $t = 0$ 时,即当且仅当 $(1,1,1)$ 不发生时等号成立.

注意到我们提出的问题中的条件是 $X_1 + X_2 + X_3$ 的期望值是 3,而不是这个值本身,而要保持这些概率和彼此独立的每个变量的结果,三个结果中的两个还是成立的;在这种情况下,注意到每一个 X_i 的期望值是 $p_1 + 2p_2 + 3p_3 = 1$,而 $p_0 + p_1 + p_2 + p_3 = 1$,或 $p_0 = 1 - p_2 - p_3 - (1 - 2p_2 - 3p_3) = p_2 + 2p_3$. 但是我们可以取 $p_0 = \frac{7}{12}$, $p_1 = 0$, $p_2 = \frac{1}{4}$, $p_3 = \frac{1}{6}$,另两个结果成立,但是 $p_2 + p_3 = \frac{5}{12} > \frac{4}{12} = \frac{1}{3}$.

S187 求一切正整数 n,使区间
$$\left(\frac{1 + \sqrt{5 + 4\sqrt{24n - 23}}}{2}, \frac{1 + \sqrt{5 + 4\sqrt{24n + 25}}}{2} \right)$$
中至少有一个整数.

解 设 x 是实数,对某个 a,有
$$x \gtrless \frac{1 + \sqrt{5 + 4\sqrt{24n + a}}}{2},$$
于是
$$n \gtrless \frac{\left(\frac{(2x-1)^2 - 5}{4}\right)^2 - a}{24} = \frac{(x(x-1) - 1)^2 - a}{24}$$
$$= \frac{(x+1)x(x-1)(x-2) - a + 1}{24}.$$

因此取 $a = -23$ 和 $a = 25$,得到当且仅当
$$n \in \left(\frac{(x+1)x(x-1)(x-2)}{24} - 1, \frac{(x+1)x(x-1)(x-2)}{24} + 1 \right)$$

时
$$x \in \left(\frac{1+\sqrt{5+4\sqrt{24n-23}}}{2}, \frac{1+\sqrt{5+4\sqrt{24n+25}}}{2}\right).$$

如果 $x=m \geqslant 4$ 是整数,那么上面的开区间只包含一个整数
$$n = \frac{(m+1)m(m-1)(m-2)}{24} = \binom{m+1}{4} = 1,5,15,35,70,126,210,330,\cdots.$$

S188 设 $a \geqslant b \geqslant c$ 是 $\triangle ABC$ 的边长,其中 $b+c \geqslant \frac{7}{4}a$. O,I 分别是该三角形的外心和内心. 证明:圆心为 O,半径为 OI 的圆完全在 $\triangle ABC$ 的内部.

证明 由已知条件得
$$b^2+c^2 \geqslant \frac{(b+c)^2}{2} > a^2,$$

于是 $\triangle ABC$ 是锐角三角形. O 到 $\triangle ABC$ 的最小距离等于 $R\cos A$. 当且仅当 $R\cos A \geqslant OI$ 时,圆心为 O,半径为 OI 的圆完全在 $\triangle ABC$ 内. 因为 $OI^2 = R^2 - 2Rr$,所以最后一个不等式等价于 $R^2 - R^2\sin^2 A \geqslant R^2 - 2Rr$ 或 $4bc \geqslant a(a+b+c)$. 于是我们要证明的不等式是
$$a \geqslant b \geqslant c, b+c \geqslant \frac{7}{4}a \Rightarrow 4bc \geqslant a(a+b+c).$$

设 $x = \frac{b}{a}, y = \frac{c}{a}$,于是上面的式子可改写为
$$0 < y \leqslant x \leqslant 1, x+y \geqslant \frac{7}{4} \Rightarrow 4xy \geqslant x+y+1.$$

但是
$$4xy + \frac{4}{3} \geqslant \frac{4}{3}x^2 + 4xy \geqslant \frac{4}{3}(x+y)^2 \geqslant (x+y) + \frac{7}{3}.$$

由 $x \leqslant 1$ 推出第一个不等式,由 $x \geqslant y$ 推出第二个不等式,由 $x+y \geqslant \frac{7}{4}$ 推出第三个不等式. 所以 $xy \geqslant x+y+1$,这就是所要求的.

S189 设 a,b,c 是实数,$a < 3$,多项式
$$P(x) = x^3 + ax^2 + bx + c$$

的所有零点都是负实数. 证明:$b+c \neq 4$.

证明 因为 $P(x)$ 的所有零点都是负实数,所以对某正实数 α, β, γ,有
$$P(x) = x^3 + ax^2 + bx + c = (x+\alpha)(x+\beta)(x+\gamma)$$

且
$$a = \alpha+\beta+\gamma, b = \alpha\beta+\beta\gamma+\alpha\gamma, c = \alpha\beta\gamma.$$

由 AM-GM 不等式

$$\frac{a}{3} \geqslant (\frac{b}{3})^{\frac{1}{2}} \geqslant c^{\frac{1}{3}},$$

于是,$a<3$ 表明 $b<3$,$c<3$,即 $b+c<4$.

S190 设 a,b,c 是正实数.证明:

$$\frac{1}{2a^2+bc}+\frac{1}{2b^2+ca}+\frac{1}{2c^2+ab} \leqslant \frac{1}{9}(\frac{1}{a}+\frac{1}{b}+\frac{1}{c})^2.$$

第一种证法 对 c^2,ab 和 ab 用 AM-GM 不等式,得到

$$\frac{1}{c^2}+\frac{2}{ab} \geqslant \frac{9}{c^2+2ab}.$$

将上式与其他两个对称式相加,就得到所求的结果.

第二种证法 由 AM-GM 不等式,得到

$$\frac{1}{2a^2+bc}=\frac{1}{a^2+a^2+bc} \leqslant \frac{1}{3a\sqrt[3]{abc}},$$

这表明

$$\frac{1}{2a^2+bc}+\frac{1}{2b^2+ca}+\frac{1}{2c^2+ab} \leqslant \frac{1}{3a\sqrt[3]{abc}}(\frac{1}{a}+\frac{1}{b}+\frac{1}{c}).$$

于是,只要证明

$$\frac{1}{3a\sqrt[3]{abc}}(\frac{1}{a}+\frac{1}{b}+\frac{1}{c}) \leqslant \frac{1}{9}(\frac{1}{a}+\frac{1}{b}+\frac{1}{c})^2.$$

但是最后一个不等式等价于

$$\frac{3}{\sqrt[3]{abc}} \leqslant \frac{1}{a}+\frac{1}{b}+\frac{1}{c},$$

这直接由 AM-GM 不等式得到,于是证毕.

S191 证明:对于任何正整数 k,数列 $(\tau(k+n^2))_{n \geqslant 1}$ 无界,其中 $\tau(m)$ 是 m 的正约数的个数.

证明 我们将证明更多的内容:$k+n^2$ 的不同的质约数的个数无界.首先证明:

断言 已知非常数的多项式 $P(x) \in Z[x]$,存在无穷多个质数能整除 $P(n)$ 的某些项,$n \in \mathbf{N}$.

为了证明这一断言,注意到如果 $P(0)=0$,因为这表明对于任何正整数 n 整除 $P(n)$,命题显然成立.现在假定 $P(0) \neq 0$,设 $P(0)$ 的质因数分解式中指数最大的 m,利用这一定义,我们将证明有无穷多个质数是该数列的某些项的约数.否则假定有有限多个,例如是 $q_1,\cdots,q_s$,再考虑无界的数列 $\{P(\prod_{i=1}^{s} q_i^{m+n})\}_{n \in \mathbf{N}}$.根据假定,该数列的每一项在质因数分解式中,质数 q_i 的次数至多是 m,但是这样的值只有有限多个,这与该数列是无界的矛盾.所以有无限多个质数整除原数列中的某些项,于是断言得证.

现在回到原来的问题,由断言,对于每一个 $g \in \mathbf{N}$,我们有不同的质数 $p_1, \cdots, p_g$,存在 $x_1, \cdots, x_g \in \mathbf{N}$,对一切 $i \in \{1, \cdots, g\}$,p_i 整除 $P(x_i)$.根据中国剩余定理,存在 $x \in \mathbf{N}$,对一切 $i \in \{1, \cdots, g\}$,有 $x \equiv x_i \pmod{p_i}$.最后,对一切 $i \in \{1, \cdots, g\}$ 有 p_i 整除 $P(x)$,这表明 $\tau[P(x)] \geqslant 2^g$.因为 g 可以任意大,于是得证.

S192 设 s, r, R, r_a, r_b, r_c 分别表示 $\triangle ABC$ 的半周长、内切圆半径、外接圆半径和旁切圆半径.证明

$$s\sqrt{\frac{2}{R}} \leqslant \sqrt{r_a} + \sqrt{r_b} + \sqrt{r_c} \leqslant \frac{s}{\sqrt{r}}.$$

证明 设 K 表示 $\triangle ABC$(边长分别是 a, b, c)的面积.我们有

$$K = r_a(s-a) = rs = \sqrt{s(s-a)(s-b)(s-c)} = \frac{abc}{4R}.$$

我们先证明不等式的右边,注意到

$$K^2 = (r_a(s-a))(rs) = s(s-a)(s-b)(s-c),$$

或

$$r_a r = (s-b)(s-c) \Rightarrow \sqrt{r_a r} = \sqrt{(s-b)(s-c)}.$$

接着,由 AM−GM 不等式,得到

$$\sqrt{r_a r} = \sqrt{(s-b)(s-c)} \leqslant \frac{(s-b)+(s-c)}{2} = \frac{a}{2}.$$

循环应用不等式,得到

$$\sqrt{r_a r} + \sqrt{r_a r} + \sqrt{r_a r} \leqslant \frac{a+b+c}{2} = s.$$

下面,两边除以 $\sqrt{r}$,结束了不等式的右边的证明.现在需要证明的是左边:

$$s\sqrt{\frac{2}{R}} \leqslant \sqrt{r_a} + \sqrt{r_b} + \sqrt{r_c}.$$

两边乘以 $\sqrt{2R}$,所以该不等式等价于

$$a+b+c \leqslant \sqrt{2r_a R} + \sqrt{2r_b R} + \sqrt{2r_c R}.$$

下面,回忆一下等式

$$r_a(s-a) = \frac{abc}{4R},$$

这一等式等价于

$$2r_a R = \frac{abc}{2(s-a)} = \frac{abc}{b+c-a}.$$

于是,循环应用最后一个不等式,只要证明

$$a+b+c \leqslant \sqrt{\frac{abc}{b+c-a}} + \sqrt{\frac{abc}{a+c-b}} + \sqrt{\frac{abc}{a+b-c}},$$

这与 2011 年第 1 期的问题 O181 相同.

S193 求一切正整数对 (x,y), 对于某质数 p,q, 有
$$x^2 + y^2 = p^6 + q^6 + 1.$$

解 假定 $3 \neq q, 3 \neq p$, 于是 3 与 p,q 都互质 (因为 p,q 都是质数). 于是, 由于 $\varphi(9) = 6$, 所以由欧拉定理, 有 $p^6 + q^6 + 1 \equiv 3 \pmod{9}$. 但是此时将有 $x^2 + y^2 \equiv 0 \pmod{3}$, 这表明 $x \equiv 0 \pmod{3}$, 和 $y \equiv 0 \pmod{3}$. 于是 $x^2 + y^2 \equiv 0 \pmod{9}, 3 \not\equiv 9 \pmod{9}$, 得到矛盾. 不失一般性, 设 $p = 3$, 则 $3^6 + q^6 + 1 \equiv 2 + q^6 \pmod{4}$. 所以如果 q 是奇数, 那么 $x^2 + y^2 \equiv 3 \pmod{4}$, 得到矛盾, 于是 $q = 2$. 所以有 $x^2 + y^2 = 794 = 2 \cdot 397$. 但是质数 $397 \equiv 1 \pmod{4}$, 所以得到在 $Z(i)$ 中的这个质因数分解式是
$$794 = (1+i)(1-i)(6+19i)(6-19i).$$
于是只有解 $(25,13)$ 和 $(13,25)$.

S194 设 p 是 $4k+3$ 型质数, n 是正整数. 证明: 对于每一个整数 m, 存在整数 a 和 b, 使
$$a^{2^n} + b^{2^n} \equiv m \pmod{p}.$$

证明 设 $F_p = Z/_pZ$, 设 $Q_p = \{x^2 \mid x \in F_p\}$ 是模 p 的二次剩余集合. $|Q_p| = 2k + 2 = \dfrac{p+1}{2}$. 又注意到函数 σ: 由 $\sigma(x) = x^2$ 所定义的 $Q_p \to Q_p$ 是双射. 事实上, 假定有 $\sigma(x) = \sigma(x')$.

如果 $x' \equiv 0 \pmod{p}$, 那么 $p \mid x^2$, 于是 $p \mid x, x' \equiv x \pmod{p}$.

如果 $x' \not\equiv 0 \pmod{p}$, 那么 $(x-x')(x+x') \equiv 0 \pmod{p}$.

但是 $x + x' \not\equiv 0 \pmod{p}$, 否则二次剩余 x 等于非剩余 $-x'$ (这里用到 -1 不是 $p \equiv 3 \pmod{4}$ 的 p 的二次剩余这一事实), 因为 F_p 是整数范围, 所以得到 $x - x' \equiv 0 \pmod{p}$. 于是 $x \equiv x' \pmod{p}$, 推出 σ 是单射. 因为 Q_p 是有限集, 所以进一步得到 $\sigma: Q_p \to Q_p$ 也是满射. 接着要确定 $\rho = \sigma^{-1}$ 是定义在 Q_p 上的平方根函数是怎么回事. 进一步考虑整数 m, 集合 $A = Q_p$ 和 $B = \{(m-x) \pmod{p} \mid x \in Q_p\}$, 这是基为 $|A| = |B| = 2k + 2 > \dfrac{p}{2}$ 的 F_p 的两个子集. 于是 A 和 B 不能不交, 所以实际上存在一个公共的元素 $\alpha \in A \cap B$. 因此, 存在 $(\alpha, \beta) \in Q_p \times Q_p$, 使 $m \equiv \alpha + \beta \pmod{p}$. 但是现在设 $a = \rho^n \alpha, b = \rho^n \beta$, 恰好得到 $m \equiv a^{2^n} + b^{2^n} \pmod{p}$, 这就是要证明的结论.

S195 设 I 和 O 分别是 $\triangle ABC$ 的内心和外心, M 是 BC 边的中点. $\angle A$ 的平分线分别交直线 BC 和 OM 于点 L 和 Q. 证明:
$$AI \cdot LQ = IL \cdot IQ.$$

第一种证法 众所周知, $\angle CAB$ 的平分线和 BC 的垂直平分线 OM 相交于 $\triangle ABC$ 的外接圆上. 换句话说, Q 是不包含点 A 的 BC 弧的中点. 观察到因为 $\angle QBI = \angle QIB = \dfrac{\pi}{2} -$

$\dfrac{\angle BCA}{2}$(实际上是 $\triangle BIC$ 的外心),所以 $BQ = IQ$. 另一方面,因为 $\triangle BLQ$ 和 $\triangle ALC$ 相似,所以有

$$\frac{BQ}{LQ} = \frac{AC}{LC}.$$

现在重复在 $\triangle ABC$, $\triangle ABL$, $\triangle ACL$ 中的角平分线定理,得到

$$\frac{IQ}{LQ} = \frac{BQ}{LQ} = \frac{AC}{LC} = \frac{AI}{IL}.$$

于是 $AI \cdot LQ = IL \cdot IQ$,这就是要证明的.

第二种证法 我们可以假定 $\angle C > \angle B$. 设 D 是从 I 出发垂直于 BC 的垂足. 需要证明的是

$$\frac{AI}{IL} = \frac{IQ}{LQ} = \frac{IL}{LQ} + 1.$$

因为 I 是内心,所以由正弦定理,我们有

$$\frac{AI}{IL} = \frac{AB}{BL} = \frac{\sin(\frac{A}{2} + C)}{\sin \frac{A}{2}}.$$

此外,因为 $\triangle IDL$ 和 $\triangle LQM$ 相似,所以有

$$\frac{IL}{LQ} = \frac{DL}{LM} = \frac{BL - BD}{BM - BL} = \frac{BL - (s-b)}{\frac{a}{2} - BL},$$

其中,$a = BC$, $b = CA$, $c = AB$, s 是半周长. 我们有

$$BL = \frac{c \sin \frac{A}{2}}{\sin(\frac{A}{2} + C)} = \frac{2R \sin C \sin \frac{A}{2}}{\sin(\frac{A}{2} + C)}$$

以及

$$s - b = \frac{a + c - b}{2} = R(\sin A + \sin C - \sin B),$$

这里 R 是外接圆的半径. 所以我们需要证明

$$\frac{\sin(\frac{A}{2} + C)}{\sin \frac{A}{2}} = \frac{\frac{2\sin C \sin \frac{A}{2}}{\sin(\frac{A}{2} + C)} + \sin B - \sin A - \sin C}{\sin A - \frac{2 \sin C \sin \frac{A}{2}}{\sin(\frac{A}{2} + C)}} + 1.$$

经过一些变形后,等价于证明

$$\sin B + \sin C = 2\cos\frac{A}{2}\sin(\frac{A}{2}+C),$$

但是

$$\sin B + \sin C = 2\sin\frac{B+C}{2}\cos\frac{B-C}{2}$$
$$= 2\cos\frac{A}{2}\cos(90°-\frac{A}{2}-C)$$
$$= 2\cos\frac{A}{2}\sin(\frac{A}{2}+C).$$

S196 求对于某两个正整数 a 和 b，能写成 $\frac{a^3+b^3}{2\,011}$ 的最小的质数.

解 因为 2 011 是质数(它不能被小于 43 的任何质数整除，且小于 $43^2=2\,209$)，于是 $a^3+b^3=(a+b)(a^2-ab+b^2)$ 是两个质数的积. 因为 $a,b \geqslant 1$，显然 $a+b>1$. 如果 $a^2-ab+b^2=1$，那么 $ab \leqslant (a-b)^2+ab=1$，推得 $a=b=1$，得到矛盾. 于是要么 $a+b$ 是最小的质数，$a^2-ab+b^2=2\,011$，要么 $a+b=2\,011$，a^2-ab+b^2 是最小的质数. 但是注意到

$$a^2-ab+b^2 = \frac{3(a-b)^2+(a+b)^2}{4} \geqslant \frac{(a+b)^2}{4},$$

所以如果 $a+b=2\,011$，那么 $a^2-ab+b^2 > 2\,011 \cdot 500$，但是如果 $a^2-ab+b^2 = 2\,011$，那么 $a+b \leqslant \sqrt{4 \cdot 2\,011}$，因为 $2\,011 < 45^2 = 2\,025$，所以 $a+b < 90$. 于是我们来求使 $a+b=p$ 是质数，且 $a^2-ab+b^2=2\,011$ 的 a,b 的值. 显然，$3ab=(a+b)^2-(a^2-ab+b^2)=p^2-2\,011$，或 $p \geqslant 47$. 注意到因为对于质数 $p \neq 3$，有 $p^2 \equiv 2\,011 \equiv 1 \pmod 3$，所以 $\frac{p^2-2\,011}{3}$ 总是整数. 如果 $p \equiv \pm 3 \pmod{50}$，那么 $p^2 \equiv 9 \pmod{100}$，$p^2-2\,011 \equiv -2 \pmod{100}$，或 $ab = \frac{p^2-2\,011}{3} \equiv 66 \pmod{100}$. 于是 $(a-b)^2 = p^2-4ab \equiv 9-64 \equiv 45 \pmod{100}$ 不是完全平方数，所以 $p \neq 47, 53$，于是 $p \geqslant 59$. 但是注意到对于 (a,b) 有 $(10,49)$ 的一个排列，有

$$\frac{49^3+10^3}{2\,011} = \frac{118\,649}{2\,011} = 59,$$

因此，这就是可以找到的这种形式的最小质数.

S197 设数列 $(F_n)_{n \geqslant 0}$ 是斐波那契数列. 证明：对于任何质数 $p \geqslant 3$，p 整除 $F_{2p}-F_p$.

第一种证法 回忆一下斐波那契数列 F_n 是在一串 $n-1$ 个盒子中选择两个不相邻的盒子的子集的总数. 这样就导致公式

$$F_n = \sum_{k=0}^{\lfloor \frac{n-1}{2} \rfloor} \binom{n-k-1}{k},$$

其中第 k 项是在一串 k 个盒子中选择两个不相邻的盒子的子集的总数. 因为所加的项都是零,所以如果我们把这个和加到所有的 $k \leqslant p-1$ 是没有差别的. 这样就得到

$$F_{2p} - F_p = \sum_{k=0}^{p-1}\left[\binom{2p-k-1}{k} - \binom{p-k-1}{k}\right].$$

因为对于一切 k,有 $(2p-k-1)(2p-k-2)\cdots(2p-2k) \equiv (p-k-1)(p-k-2)\cdots(p-2k) \pmod{p}$,且 p 不能整除任何分母(当 $k \leqslant p-1$ 时的 $k!$),所以容易看出这个和是 p 的倍数.

第二种证法 对于 $n \geqslant 0$,斐波那契数列是 $0,1,1,2,3,5,\cdots$. 注意到对于 $p=2$,$F_{2p} - F_p = F_4 - F_2 = 3 - 1 = 2$ 是 2 的倍数,在这种情况下结论成立. 现在设 p 是奇质数. 斐波那契数列各项的一般形式是

$$F_n = \frac{\varphi_+^n - \varphi_-^n}{\sqrt{5}},$$

其中 $\varphi_+ = \frac{1+\sqrt{5}}{2}, \varphi_- = \frac{1-\sqrt{5}}{2}$ 是特征方程 $x^2 - x - 1 = 0$ 的根. 现在定义 Locas 数列 $(L_n)_{n \geqslant 0}: L_0 = 2, L_1 = 1$,对一切 $n \geqslant 0, L_{n+2} = L_{n+1} + L_n$. 容易证明(与斐波那契数列的方法相同)Locas 数列的通项公式是 $L_n = \varphi_+^n + \varphi_-^n$,或 $L_{2n} = F_n L_n$. 因此只要证明 $L_p \equiv 1 \pmod{p}$. 因为 p 是奇质数,所以由费马小定理,$2^p \equiv 2 \cdot 2^{p-1} \pmod{p}$. 于是

$$L_p = \varphi_+^p + \varphi_-^p \equiv \sum_{k=0}^{\frac{p-1}{2}} \binom{p}{2k} 5^k \equiv \binom{p}{0} r^0 \equiv 1 \pmod{p}.$$

因为对于任何 $k=1,2,\cdots,\frac{p-1}{2}$,$2k$ 和 $p-2k$ 都是小于 p 的正整数,所以 p 不出现在 $(2k)!$ 或 $(p-2k)!$ 中,但是都作为一个因子出现在 $p!$ 中. 推得结论.

注 存在合数 n,使 $n \mid L_n - 1$,这类数称为 Locas 伪质数,前几项是 $705, 2\,465, 2\,737, 3\,745, 4\,187, 5\,777, 6\,721$.

S198 设 x, y, z 是正实数,且

$$(x-2)(y-2)(z-2) \geqslant xyz - 2.$$

证明:

$$\frac{x}{\sqrt{x^5 + y^3 + z}} + \frac{y}{\sqrt{y^5 + z^3 + x}} + \frac{z}{\sqrt{z^5 + x^3 + y}} \leqslant \frac{3}{\sqrt{x+y+z}}.$$

证明 由 Hölde 不等式,得到

$$(x^5 + y^3 + z)\left(\frac{1}{x} + 1 + z\right)\left(\frac{1}{x} + 1 + z\right) \geqslant (x+y+z)^3 \qquad ①$$

于是

$$\sum_{\text{cyc}} \frac{x}{\sqrt{x^5 + y^3 + z}} \leqslant \sum_{\text{cyc}} \frac{1 + x + xz}{(x+y+z)\sqrt{x+y+z}}$$

$$\leqslant \frac{1}{\sqrt{x+y+z}}\Big(\frac{3+xy+yz+zx+x+y+z}{x+y+z}\Big).$$

由已知条件推得 $2(x+y+z) \geqslant xy+yz+zx+3$. 推得结果.

S199 在 $\triangle ABC$ 中,BB',CC' 分别是 $\angle B$ 和 $\angle C$ 的平分线. 证明:
$$B'C' \geqslant \frac{2bc}{(a+b)(a+c)}((a+b+c)\sin\frac{A}{2}-\frac{a}{2}).$$

证明 首先,对圆内接四边形 $BCB'C'$ 用托勒密不等式,得到
$$B'C' \geqslant \frac{BB' \cdot CC' - BC' \cdot CB'}{BC}.$$

由于 $BB' = \frac{2ac}{a+c}\cos\frac{B}{2}$,$\cos\frac{B}{2}\cos\frac{C}{2} = \frac{s}{a}\sin\frac{A}{2}$,这意味着
$$BB' \cdot CC' = \frac{4a^2bc}{(a+b)(a+c)}\cos\frac{B}{2}\cos\frac{C}{2} = \frac{2bc(a+b+c)}{(a+b)(a+c)}\sin\frac{A}{2}.$$

此外,$BC' = \frac{ac}{a+c}$,由此得到 $BC \cdot C'B' = \frac{a^2bc}{(a+b)(a+c)}$;于是只要把这些恒等式代入上面的不等式就推出结论.

S200 在正六边形 $A_1A_2A_3A_4A_5A_6$ 的每一个顶点上放一根杆子. 在相应于顶点 A_i 的杆子上有 a_i 个环. 从任何三个相邻的杆中的每一个杆子中取出一个环,连接后可以组成有三个环组成的链. 这样的链的最大个数是什么?

解 这个最大个数是
$$M = \min(a_1+a_4, a_2+a_5, a_3+a_6, a_1+a_3+a_5, a_2+a_4+a_6).$$

容易看出,M 是链的个数的上界,因为任何一个链必须从集合 $\{A_1,A_4\}$,$\{A_2,A_5\}$,$\{A_3,A_6\}$,$\{A_1,A_3,A_5\}$,$\{A_2,A_4,A_6\}$ 中的每一个中取出至少一个. 要证明我们能够取到 M 个链,只要(用归纳法)证明:如果 $M > 0$,那么可以构造一个链,使 M 恰好减少 1.

这个方向的第一步是我们将证明:如果 $M > 0$,那么我们至少能够选取一个链. 如果不能,那么必定有某个杆子是空的. 不失一般性,设 $a_1 = 0$. 因为 $M > 0$,所以必有 $a_4 > 0$,$a_3+a_5 > 0$. 于是再由对称性,可以假定 $a_3, a_4 > 0$. 因为 $a_2+a_5 \geqslant M > 0$,a_2 和 a_5 中之一为非零,于是,我们就用 A_2, A_3, A_4 或 A_3, A_4, A_5 构成链.

我们需要证明这个更为精确的条件,即我们能够选择一个链,使 M 至多减少 1. 对于最小值中的前三项,因为任何链都从相应的集合中恰好用一个环,所以这是显然的. 对于最后两项,我们注意到其中之一减少 1,另一个减少 2. 如果二者均严格大于 M,那么只要选择一个链就结束了. 于是我们可以假定 $a_1+a_3+a_5 = M$. 因为 $(a_1+a_3+a_5) + (a_2+a_4+a_6) = (a_1+a_4) + (a_2+a_5) + (a_3+a_6) \geqslant 3M > 2M$,于是推出 $a_2+a_4+a_6 > M$. 于是只需要选择一个链,即使用 A_2, A_4, A_6 中的两个和 A_1, A_3, A_5 中的一个. 如果 a_2, a_4 和 a_6 都是正的,这就容易了. 我们选择任何一个有奇数下标 i 的 $a_i > 0$(因为 $a_1+a_3+a_5 =$

$M>0$,所以存在这样的下标),以及与之相邻的两个下标.如果不是这样,那么不失一般性,设 $a_2=0$,于是 $a_5 \geqslant M>0$.因为 $a_1+a_3+a_5=M>0$,所以必有 $a_1=a_3=0$,于是 a_4, $a_6 \geqslant M>0$.于是可以选择使用 A_4,A_5,A_6 的链.

S201 证明:在任何 $\triangle ABC$ 中,如果 R 是外接圆的半径,r_a 是与 a 边相切的旁切圆的半径,那么

$$r_a \leqslant 4R\sin^3\left(\frac{A}{3}+\frac{\pi}{6}\right).$$

证明 我们知道 $r_a = R(1-\cos A+\cos B+\cos C)$,还有

$$4R\sin^3\left(\frac{A}{3}+\frac{\pi}{6}\right)=R\left(3\sin\left(\frac{A}{3}+\frac{\pi}{6}\right)-\cos A\right).$$

因此要证明原不等式,就需要证明

$$1+\cos B+\cos C \leqslant 3\sin\left(\frac{A}{3}+\frac{\pi}{6}\right) \qquad ①$$

注意到

$$\cos B+\cos C=2\cos\frac{B+C}{2}\cos\frac{B-C}{2} \leqslant 2\cos\frac{B+C}{2}.$$

因为 $\frac{B+C}{2}$ 属于 $(0,\frac{\pi}{2})$,$\cos x$ 在区间 $(0,\frac{\pi}{2})$ 上是凹函数,于是由 Jensen 不等式得到

$$\frac{1+2\cos\frac{B+C}{2}}{3} \leqslant \cos\frac{0+B+C}{3}=\sin\left(\frac{A}{3}+\frac{\pi}{6}\right).$$

S202 设 a,b 是整数,且对于某两个连续整数 m,n,有 $a^2m-b^2n=a-b$.证明:

$$(a,b)=\sqrt{|a-b|}.$$

这里 (a,b) 是 a 和 b 的最大公约数.

证明 因为 m,n 是连续整数,所以可设 $m=n\pm 1$.于是 $(a^2-b^2)n\pm a^2=a-b$,于是推得 $a-b \mid a^2$.类似地有 $a-b \mid b^2$.于是 $a-b \mid (a^2,b^2)=(a,b)^2$.反之,确定一个质数 p,r 是整除 (a,b) 的 p 的指数.

于是 p^r 既整除 a,又整除 b,所以 p^{2r} 显然整除 a^2m-b^2n.但是 $a^2m-b^2n=a-b$,所以 $p^{2r} \mid a-b$.因为 p 是任意选取的,所以 $(a,b)^2 \mid a-b$.

将二者相结合,得到 $|a-b|=(a,b)^2$,这等价于所求的等式.

S203 设 P 是不在 $\triangle ABC$ 的边上的点.XYZ 是点 P 关于 $\triangle ABC$ 的 Ceva 三角形,考虑 Y_a,Z_a 分别是 BC 与分别过 Y,Z 平行于 AX 的直线的交点.证明:AX,YZ_a,Y_aZ 共点,且这个共点 Q 满足条件

$$AX \cdot QX = AQ \cdot PX.$$

解 显然 $\triangle ACX$ 和 $\triangle YCY_a$ 相似,于是 $\frac{XY_a}{AY}=\frac{CX}{AC}$,$\frac{YY_a}{CY}=\frac{AX}{AC}$.$\triangle ABX$ 和 $\triangle ZBZ_a$

也相似,于是 $\frac{XZ_a}{AZ}=\frac{BX}{AB}, \frac{ZZ_a}{BZ}=\frac{AX}{AB}$. 定义 $Q=AX \cap YZ_a, Q'=AX \cap ZY_a$. 于是由 $\triangle QXZ_a$ 和 $\triangle YY_aZ_a$ 相似,推得 $\frac{QX}{YY_a}=\frac{XZ_a}{Y_aZ_a}$, $\triangle Q'XY_a$ 和 $\triangle ZZ_aY_a$ 也相似,推得 $\frac{Q'X}{ZZ_a}=\frac{XY_a}{Y_aZ_a}$. 于是当且仅当 $XZ_a \cdot YY_a = XY_a \cdot ZZ_a$ 时,或等价于当且仅当 $AY \cdot BZ \cdot CX = AZ \cdot BX \cdot CY$ 时,即由 Ceva 定理当且仅当 AX, YZ_a, Y_aZ 共点时, $Q=Q'$. 因为在点 P 的情况也是如此,所以点 Q 实际上就是 AX, YZ_a, Y_aZ 共点的那个点. 直线 APY 对 $\triangle BXC$,直线 Z_aQY 对 $\triangle ACX$,用梅涅劳斯定理,得到

$$\frac{AX}{PA}=\frac{AC \cdot BY}{PB \cdot CY}, \frac{AQ}{QX}=\frac{AY \cdot CZ_a}{CY \cdot XZ_a}.$$

将 $\frac{BY}{PB}=\frac{BY_a}{BX}, BY_a=BX+XY_a, CZ_a=CX+XZ_a, XY_a=\frac{AY \cdot CX}{AC}$ 和 $XZ_a=\frac{AZ \cdot BX}{AB}$ 代入上式,经过一些代数运算后,得到所求的结果等价于

$$AY \cdot BZ \cdot CX = AY \cdot CX(AB-AZ)=BX \cdot AZ(AC-AY)=AZ \cdot BX \cdot CY,$$

再由 Ceva 定理,因为 AX, BY, CZ 共点,所以上式显然成立.

S204 求一切正整数 k 和 n,使 k^n-1 和 n 恰好被同样一些质数整除.

解 在整个证明过程中,设 $k-1=a$,以及

$$T=\frac{k^n-1}{k-1}=\frac{(a+1)^n-1}{a}=k^{n-1}+k^{n-2}+\cdots+k+1$$
$$=a^{n-1}+na^{n-2}+\cdots+\binom{n}{2}a+n.$$

对于正整数 x, y,设最大公约数 (x^∞, y) 是使 $(x, \frac{y}{g})=1$ 的 y 最大的约数 g. 也就是说, (x^∞, y) 是整除 x 和 y 的所有质数的积,这些质数整除 y 多少次就取多少次(对所有足够大的 m,这就是 (x^m, y)).

首先注意到当 $k=1$ 时,这不可能,因为 $k^n-1=0$ 能被所有质数整除,但正整数 n 只能被有限多个质数整除. 在这种情况下,大量的工作是在以下的引理(实际上等价于指数升高引理)中进行的.

引理 1 采用上述记号,设 $g=(a^\infty, T)$. 如果 n 是奇数,或 $a \not\equiv 2 \pmod 4$,那么 $g \mid n$. 如果 n 是偶数,且 u 是使 $a \equiv -2 \pmod{2^u}$ 的最大指数,那么 $g \mid 2^{u-1}n$.

引理 1 的证明 首先假定 n 是奇数,或 $a \not\equiv 2 \pmod 4$. 设

$$T=a^{n-1}+na^{n-2}+\cdots+\binom{n}{2}a+n,$$

我们看出 $(a, T)=(a, n)$. 于是只整除 g 的质数是既整除 a 也整除 n 的质数. 设 p 是这样的一个质数,假定 p^r 和 p^s 分别是整除 a 和 n 的 p 的最高次幂. 注意到根据已知条件

$p^r \neq 2$,所以 $p^r \geqslant 3$.定义 T 的和式中含有 a^{m-1} 的项是

$$\begin{bmatrix} n \\ m \end{bmatrix} a^{m-1} = \frac{n}{m} \begin{bmatrix} n-1 \\ m-1 \end{bmatrix} a^{m-1}.$$

如果 p^t 是 p 整除 m 的最高次幂,那么我们看到 p 整除这一项至少 $s+(m-1)r-t$ 次.对于 $m>1$,有 $p^{r(m-1)} \geqslant 3^{m-1} > m \geqslant p^t$,我们看到这是严格大于 s 的.因为 p 整除常数项 a^0 恰好 s 次,于是推得 p 整除 p^t 恰好 s 次,且 $g \mid n$.

如果 n 是偶数,且 $a \equiv -2 \pmod{2^u}$,那么设 $n=2n', k'=k^2, a'=k'-1=a(a+2)$. 于是

$$T = \frac{k^n - 1}{k-1} = (k+1)\frac{(k^2)^{n'}-1}{k^2-1}.$$

因为 $(k-1,k+1)=(k-1,2)=2$,第一个因子只提供 2 的一个幂给 (a^∞, T),因为 u 是最大值,所以 2^u 是除以 $k+1$ 的 2 的最高次幂.于是这个幂是 2^u.根据第一种情况,第二个因子最多提供 n'.于是 $g \mid 2^u n' = 2^{u-1}n$.

现在回到原来的命题,每一个整除 n 的质数都整除 $a=k-1$,所以推得 $g=k^{n-1}+k^{n-2}+\cdots+k+1$ 整除 $2^{u-1}n$(这里如果 n 是奇数,则设 $u=1$ 包括这种情况).事实上,$g \leqslant 2^{u-1}n$.但是我们有 $k \geqslant 2^u-1 \geqslant 2^{u-1}$,由 AM-GM 不等式得到 $g \geqslant nk^{\frac{n-1}{2}} \geqslant n2^{\frac{(u-1)(n-1)}{2}}$. 于是就得到矛盾,除非 $n \leqslant 3$.如果 $n=1$,那么有 $k-1=1$,得到解 $(k,n)=(2,1)$.如果 $n=2$,那么有 $k^2-1=(k-1)(k+1)=2^m$.于是 $k-1$ 和 $k+1$ 都是 2 的幂,并且相差 2.于是 $k=3$,得到解 $(k,n)=(3,2)$.如果 $n=3$,那么我们不能对上述不等式加以改进.因为 n 是奇数,$u=1, k \geqslant 2$,所以得到矛盾:$n \geqslant g \geqslant nk^{\frac{n-1}{2}} > n$. 余下的情况是存在整除 n,但不整除 $a=k-1$ 的质数.注意到这必定有 $n>1$,因此 $k>2$.设 $n=bc$,这里 $b=(a^\infty, n), (c,k-1)=1$.根据假定 $c>1$.因为 k^c-1 整除 k^n-1,我们看到

$$U = \frac{k^c-1}{k-1} = k^{c-1}+k^{c-2}+\cdots+k+1 = a^{c-1}+ca^{c-2}+\cdots+\begin{bmatrix} c \\ 2 \end{bmatrix} a + c$$

只能被 n 整除的质数整除.又有

$$\left(a, \frac{k^c-1}{k-1}\right) = (a,c) = 1,$$

所以 U 不能被任何整除 a 的质数整除.于是 U 只能被整除 c 的质数整除.这是一个矛盾,引理得证.

引理 2 不存在整数 $m \geqslant 2$ 和 $k \geqslant 3$,且 $(m,k-1)=1$,使 $U=\frac{k^m-1}{k-1}$ 只能被整除 m 的质数整除.

引理 2 的证明 用归纳法证明.假定有 m 最小的一对这样的整数.设 $m=de$,这里 $d=(U^\infty, m)$ 是整除的所有质数的积,且 $(e,U)=1$.根据假定 $U>1$,所以 U 能被某个质数整除,这个质数又必须整除 m. 于是 $d>1$. 设 p 是整除 m 的最小质数,r 是使 $k^r \equiv$

$1 \pmod{p}$ 最小的指数. 因为 $(k-1,m)=1$, 所以 $r>1$. 由费马小定理, $r \mid p-1$. 因为 p 是 m 的最小质因数, r 不能整除 m. 于是 p 不整除 U. 因此 p 必整除 $e, e>1$.

现在像上面那样看 $V = \dfrac{k^d - 1}{k-1}$. 因为 V 整除 U, 所以 V 是只整除 d 的质数的积. 但是, 我们上面已经证明了 $d>1, m > \dfrac{m}{e} = d$. 因此这是一个比原来的更小的例子. 于是我们用归纳法得到了矛盾.

因此仅有的解是 $(k,n)=(2,1)$ 或 $(3,2)$.

S205 设 $C_0(O,R)$ 是一个圆, I 是 C_0 内一点. 考虑圆 $C_1(I,r_1)$ 和 $C_2(I,r_2)$, 存在一个三角形内接于 C_0, 外切于 C_1; 也存在一个四边形内接于 C_0, 外切于 C_2. 证明:
$$1 < \frac{r_2}{r_1} \leqslant \sqrt{2}.$$

证明 设 d 是距离 OI.

众所周知, $d^2 = OI^2 = R^2 - 2Rr_1$, 或
$$r_1 = \frac{R^2 - d^2}{2R} = \frac{(R+d)(R-d)}{2R}.$$

而鲜为人知(但也有相当一部分人知道)的是
$$\frac{1}{(R-d)^2} + \frac{1}{(R+d)^2} = \frac{1}{r_2^2},$$

这一公式称为 Fuss 定理; 见 R. A. Johnsen 的一个例子, Advanced Geometry for a proof. 于是
$$\frac{r_1^2}{r_2^2} = \frac{(R+d)^2}{4R^2} + \frac{(R-d)^2}{4R^2} = \frac{R^2 + d^2}{2R^2}.$$

显然 $2R^2 > R^2 + d^2 R^2$, 当且仅当 $d=0$ 时, 等号成立. 当且仅当 $I=O$ 时, 推出等式成立.

S206 求一切正整数 $n \geqslant 2$, 具有质约数 p, 使 $n-1$ 能被 $n!$ 中的 p 的幂整除.

解 设 $n = kp$, k 是某个正整数, α 是 $n!$ 中的 p 的幂. 由拉格朗日公式, 有
$$\alpha = \sum_{j \geqslant 1} \left\lfloor \frac{n}{p^j} \right\rfloor = \frac{n - s_p(n)}{p-1}.$$

这里 $s_p(n)$ 是 n 表示为 p 进制时各位数字的和. 注意到上面的 α 的表达式表明 $\alpha \geqslant k$. 那么
$$p = \frac{n}{k} > \frac{n-1}{k} \geqslant \frac{n-1}{\alpha} \geqslant \frac{n - s_p(n)}{\alpha} = p-1.$$

于是, 如果 $\dfrac{n-1}{\alpha}$ 是整数, 那么它必须是 $p-1$, 当且仅当 $s_p(n)=1$ 时, 有 $\dfrac{n-1}{\alpha} = p-1$.

因此这个质数的幂就是本题的答案.

S207 设 a,b,c 是不同的非零实数, 且

$$ab + bc + ca = 3, a + b + c \neq abc + \frac{2}{abc}.$$

证明：$\left(\sum_{\text{cyc}} \frac{a(b-c)}{bc-1}\right)\left(\sum_{\text{cyc}} \frac{bc-1}{a(b-c)}\right)$ 是整数的平方.

证明 我们有

$$a + b + c \neq abc + \frac{2}{abc} \Leftrightarrow a^2 b^2 c^2 - abc(a+b+c) + 2 \neq 0 \Leftrightarrow$$

$$(ab-1)(bc-1)(ca-1) \neq 0.$$

设 $x = bc - 1, y = ca - 1, z = ab - 1$，则只要证明对于满足 $x + y + z = 0$ 的非零实数 x, y, z，

$$\left(\sum_{\text{cyc}} \frac{z-y}{x}\right)\left(\sum_{\text{cyc}} \frac{x}{z-y}\right)$$

是整数的平方. 我们将证明这个量等于 9. 注意到

$$\sum_{\text{cyc}} \frac{z-y}{x} = -\frac{(y-x)(z-y)(x-z)}{xyz}$$

以及

$$\sum_{\text{cyc}} \frac{x}{z-y} = \frac{1}{(y-x)(z-y)(x-z)} \sum_{\text{cyc}} x(y-x)(x-z),$$

所以

$$\left(\sum_{\text{cyc}} \frac{z-y}{x}\right)\left(\sum_{\text{cyc}} \frac{x}{z-y}\right) = \frac{\sum_{\text{cyc}} x(x-y)(x-z)}{xyz}.$$

下面有

$$\sum_{\text{cyc}} x(x-y)(x-z) = \sum_{\text{cyc}} x(x^2 - xy - xz + yz) = \sum_{\text{cyc}} x^3 - \sum_{\text{cyc}} x^2(y+z) + 3xyz.$$

由已知 $x + y + z = 0$ 得

$$\sum_{\text{cyc}} x^3 = 3xyz, \sum_{\text{cyc}} x^2(y+z) = -\sum_{\text{cyc}} x^3 = -3xyz.$$

合起来，有

$$\left(\sum_{\text{cyc}} \frac{z-y}{x}\right)\left(\sum_{\text{cyc}} \frac{x}{z-y}\right) = 9.$$

S208 设 $f \in \mathbf{Z}[X]$，对一切正整数 $n, f(1) + f(2) + \cdots + f(n)$ 是完全平方数. 证明：存在正整数 k，多项式 $g \in \mathbf{Z}[X]$，有 $g(0) = 0$，以及 $k^2 f(X) = g^2(X) - g^2(X-1)$.

证明 我们从以下的引理开始.

引理 给定 $f \in \mathbf{Z}[X]$，则存在多项式 $p \in \mathbf{Q}[X]$，使 $p(0) = 0$，且 $p(X) - p(X-1) = f(X)$.

引理的证明 设 $f(X) = a_u X^u + a_{u-1} X^{u-1} + \cdots + a_0$，这里 $a_u \neq 0$，现在寻求 $p(X) = b_{u+1} X^{u+1} + b_u X^u + \cdots + b_1 X$. 条件 $p(X) - p(X-1) = f(X)$（利用二项公式将 $(X-1)^j$ 展

开) 等价于方程组

$$\sum_{v=t+1}^{u+1} \binom{v}{t} b_v (-1)^{v-t} = -a_t,$$

其中 $t=0,1,\cdots,u$. 这一关于未知数 b_i 的线性方程组的系数是有理数, 从最后一个方程 ($t=u$) 开始, 可以顺利解出, 于是再解倒数第二个方程, 等等. 在上面的引理中选取 p, 对一切正整数 n, 观察 $f(1)+f(2)+\cdots+f(n)=p(n)$. 因此对一切 $n>1$, $p(n)$ 是完全平方数. 熟知(并不简单) 必定存在多项式 $h \in \mathbf{Q}[X]$, 使 $p=h^2$. (见第十章的例 11, T. Anderrescu and G. Dospinescu, Problems from the Book, XYZ Press 2008.) 存在正整数 k, 使 $g:=k \cdot h \in \mathbf{Z}[X]$. 由构造得 $k^2 f(X)=g^2(X)-g^2(X-1)$, 以及 $g(0)=0$, 问题得到解决.

S209 设 a,b,c 是 $\triangle ABC$ 的边长, s 是半周长, r 是内切圆的半径, R 是外接圆的半径. 证明:

$$\frac{sr}{R}\left(1+\frac{R-2r}{4R+r}\right) \leqslant \frac{(s-b)(s-c)}{a}+\frac{(s-c)(s-a)}{b}+\frac{(s-a)(s-b)}{c}.$$

证明 设 x,y,z 是正实数, 使 $a=y+z, b=z+x, c=x+y$. 设 $P=xy+yz+zx$. 注意到

$$(x+y)(y+z)(z+x)=sP-xyz,$$

和

$$\frac{R}{r}=\frac{abc}{4(s-a)(s-b)(s-c)}=\frac{(x+y)(y+z)(z+x)}{4xyz}.$$

$$s\left(1+\frac{sP-9xyz}{4sP}\right) \leqslant \sum \frac{xy}{x+y} \cdot \frac{(x+y)(y+z)(z+x)}{4xyz} \Leftrightarrow$$

$$4s+\frac{sP-9xyz}{P} \leqslant \sum \frac{(x+z)(y+z)}{z} \Leftrightarrow$$

$$5s-\frac{9xyz}{P} \leqslant 3s+\sum \frac{xy}{z} \Leftrightarrow 2\sum \frac{1}{xy}-\sum \frac{1}{x^2} \leqslant \frac{9}{xy+yz+zx}.$$

但这就是 Schur 不等式, 写成以下形式:

$$2(uv+vw+uw)-(u^2+v^2+w^2) \leqslant \frac{9uvw}{u+v+w}.$$

用 $u=\frac{1}{x}, v=\frac{1}{y}, w=\frac{1}{z}$ 代入上式即可.

S210 设 p 是奇质数, $F(X)=\sum_{k=0}^{p-1}\binom{2k}{k}^2 \cdot X^k$. 证明: 对一切 $x \in \mathbf{Z}$, 有

$$(-1)^{\frac{p-1}{2}} F(X) \equiv F\left(\frac{1}{16}-x\right) \pmod{p^2}.$$

证明 下面对于一切实数 s,t 和一切正整数 n, 从证明以下等式开始:

$$f(s,t) := \sum_{k=0}^{n} \binom{2k}{k}\binom{n+k}{2k}(s-t)^{n-k}t^k = \sum_{k=0}^{n}\binom{n}{k}^2 s^{n-k}t^k.$$

事实上,利用二项公式

$$\frac{1}{(1-X)^{n+1}} = \sum_{k \geqslant 0}\binom{n+k}{k}X^k.$$

得到对于 $n \geqslant k$,有

$$\binom{n}{k}(s-t)^{n-k} = [X^n]\frac{X^k}{(1-(s-t)X)^{k+1}}.$$

注意到 $\binom{2k}{k}\binom{n+k}{2k} = \binom{n}{k}\binom{n+k}{k}$,于是得到

$$\sum_{k=0}^{n}\binom{2k}{k}\binom{n+k}{2k}(s-t)^{n-k}t^k = \sum_{k=0}^{n}t^k\binom{n+k}{k}[X^n]\frac{X^k}{(1-(s-t)X)^{k+1}}.$$

$$[X^n]\sum_{k \geqslant 0}\frac{(tX)^k}{(1-(s-t)X)^{k+1}}\binom{n+k}{k}$$

$$= [X^n]\frac{1}{1-(s-t)X}\frac{1}{\left(1-\frac{tX}{1-(s-t)X}\right)^{n+1}}$$

$$= [X^n]\frac{(1-(s-t)X)^n}{(1-sX)^{n+1}}.$$

把最后一个母函数改写为 $\frac{1}{1-sX}\left(1+\frac{tX}{1-sX}\right)^n$,像前面一样,得到母函数中的 X^n 的系数等于我们要证明的恒等式的右边. 下面看,函数 f 是对称的,即

$$f(t,s) = \sum_{k=0}^{n}\binom{n}{k}^2 t^{n-k}s^k = \sum_{j=0}^{n}\binom{n}{n-j}^2 t^j s^{n-j} = f(s,t).$$

现在设 $n = \frac{p-1}{2}$,注意到

$$\binom{n+k}{2k} = \frac{\prod_{j=1}^{k}(p^2-(2j-1)^2)}{4^k(2k)!} = \frac{\prod_{j=1}^{k}(2j-1)^2}{(-4)^k(2k)!} \equiv \frac{\binom{2k}{k}}{(-16)^k} \pmod{p^2}.$$

因为 $f(1-16x, -16x) = f(-16x, 1-16x)$,所以推得

$$\sum_{k=0}^{\frac{p-1}{2}}\binom{2k}{k}^2 \equiv (-1)^{\frac{p-1}{2}}\sum_{k=0}^{\frac{p-1}{2}}\binom{2k}{k}^2\left(\frac{1}{16}-x\right)^k \pmod{p^2}.$$

为了得到所求的结果,我们必须关注的一切就是出现在和式中的另一些项是 p 的倍数.

S211 设六元组 (a,b,c,d,e,f) 同时满足以下方程:

$$2a^2 - 6b^2 - 7c^2 + 9d^2 = -1$$
$$9a^2 + 7b^2 + 6c^2 + 2d^2 = e$$
$$9a^2 - 7b^2 - 6c^2 + 2d^2 = f$$
$$2a^2 + 6b^2 + 7c^2 + 9d^2 = ef$$

的正实数组. 证明: 当且仅当 $\dfrac{7a}{b} = \dfrac{c}{d}$ 时, $a^2 - b^2 - c^2 + d^2 = 0$.

证明 注意到

$$0 = ef + (-1)ef = (9a^2 + 2d)^2 - (7b^2 + 6c^2)^2 + (2a^2 + 9d^2)^2 - (6b^2 + 7c^2)^2$$
$$= 85(a^2 + b^2 + c^2 + d^2)(a^2 - b^2 - c^2 + d^2) - 98a^2d^2 + 2b^2c^2.$$

于是当且仅当 $98a^2d^2 = 2b^2c^2$, 即 $\dfrac{7a}{b} = \dfrac{c}{d}$ 时, $a^2 - b^2 - c^2 + d^2 = 0$.

S212 考虑圆 $\omega(I, r)$ 以及圆内的一点 Γ. 只用直尺和圆规作一个三角形, 使圆 ω 是其内切圆, Γ 是其 Gergonne 点.

注 一个三角形的 Gergonne 点指的是由顶点和内切圆与对边的切点确定的直线的交点.

解 我们寻找一个等腰 $\triangle ABC(\angle B = \angle C = \vartheta \leqslant \dfrac{\pi}{3})$ 以及直线 $I\Gamma = l$. 设 D, E, F 分别是内切圆与边 BC, AC, AB 的切点. 建立坐标系: 以 $D(0,0)$ 为原点, $I(0, r)$ 在 y 轴的正半轴上. 于是 B, C 在 x 轴上, 且关于 D 对称. 由于 $\angle IBD = \dfrac{\vartheta}{2}$, 所以 $B = (r\cot\dfrac{\vartheta}{2}, 0), C = (-r\cot\dfrac{\vartheta}{2}, 0)$. 由 $BF = BD = 2r\cot\dfrac{\vartheta}{2}$, 可计算出

$$F = (r\cot\dfrac{\vartheta}{2} - r\cot\dfrac{\vartheta}{2}\cos\vartheta, r\cot\dfrac{\vartheta}{2}\sin\vartheta) = (r\sin\vartheta, r(1 + \cos\vartheta)),$$

这里用了 $\tan\dfrac{\vartheta}{2} = \dfrac{\sin\vartheta}{1 + \cos\vartheta} = \dfrac{1 - \cos\vartheta}{\sin\vartheta}$. 于是 Gergonne 点 Γ 是 CF 与 y 轴 (直线 AD) 的交点, 所以

$$\Gamma = \dfrac{1 - \cos\vartheta}{2 - \cos\vartheta}C + \dfrac{1}{2 - \cos\vartheta}F = (0, \dfrac{r(1 + \cos\vartheta)}{2 - \cos\vartheta}).$$

最后计算

$$l = I\Gamma = \dfrac{r(1 + \cos\vartheta)}{2 - \cos\vartheta} - r = \dfrac{r(2\cos\vartheta - 1)}{2 - \cos\vartheta}.$$

注意到当 $\vartheta = \dfrac{\pi}{3}$ 时, 得到 $l = 0$ (因为该三角形变为等边三角形, I 与 Γ 重合), 当 ϑ 趋近于零时, l 趋近于 r. 解 $\cos\vartheta$, 得到 $\cos\vartheta = \dfrac{r + 2l}{2r + l}$. 现在作图容易了. 画一条过 Γ 的直径. 取直径的一个端点 D, 使 I 在 D 与 Γ 之间. 在射线 DI 上取一点 X, 使 $XI = r + 2l$, 过 X 作直

线垂直于 DI. 以 I 为圆心,$r+2l$ 为半径画圆. 设这个圆与过 X 的垂线交于 Y,Z 两点. 于是由作图可知 $\angle XIY = \angle XIZ = \vartheta$. 再设射线 XY, XZ 与内切圆相交于点 E, F. 过 D, E, F 作内切圆的切线. 这三条切线相交成等腰 $\triangle ABC$,其内切圆为 ω,其 Gergonne 点为 Γ.

S213 设 a,b,c 是正实数,且 $a^2 \geqslant b^2 + bc + c^2$. 证明:
$$a > \min(b,c) + \frac{|b^2 - c^2|}{a}.$$

第一种证法 因为 $a - \frac{|b^2 - c^2|}{a}$ 是 a 的增函数,所以只要证明当 $a^2 = b^2 + bc + c^2$ 时,不等式成立即可. 此时,注意到 $a < b + c$,由于 b 与 c 对称,所以不失一般性,可设 $b \geqslant c$. 于是 $a^2 + c^2 - b^2 = c(b + 2c) > ac$. 变形后得到
$$a > c + \frac{b^2 - c^2}{a} = \min(b,c) + \frac{|b^2 - c^2|}{a}.$$

第二种证法 因为将 b,c 交换并不改变原来的问题,所以不失一般性,可设 $b \geqslant c$,于是需要证明 $a^2 > ac + b^2 - c^2$.

显然 $a^2 > b^2 - 2bc + c^2$,或 $a > b - c$. 如果 $a < 2c + b$,那么
$$ac + b^2 - c^2 < 2c^2 + bc + b^2 - c^2 \leqslant a^2,$$

此时,原不等式成立. 否则 $a \geqslant 2c + b$,或 $a^2 \geqslant a(b+c) + ac > b^2 - c^2 + ac$. 此时,原不等式也成立. 推出结论.

S214 设 $x > y$ 是正有理数,R_0 是大小为 $x \times y$ 的矩形. 把 R_0 切割成两块:一块是大小为 $y \times y$ 的正方形,另一块是大小为 $(x-y) \times y$ 的矩形 R_1. 类似地,R_2 是由 R_1 切割成的,依此类推. 证明:在经过有限次切割以后,矩形序列 $R_1, R_2, \cdots, R_k$ 最后变为正方形 R_k. 并求 k(用 x,y 表示),以及 R_k 的大小.

证明 把 x,y 表示为既约形式:$x = \frac{a}{b}, y = \frac{c}{d}$,即 a,b 互质,c,d 互质. 设 $M = (b,d)$,$D = (a,c)$,于是 R_k 的大小是 $\frac{D}{M} \times \frac{D}{M}$. 事实上,除了 M 的一个比例因子以外,问题等价于切割一个大小是
$$u \times v = \frac{Ma}{b} \times \frac{Mc}{d} = \frac{ad}{(b,d)} \times \frac{bc}{(b,d)}$$

的矩形,这个大小显然是整数. 注意到这一过程也与用辗转相除法求 u,v 的最大公约数 (u,v) 相同,因为 $u > v$,所以将 u 减去 v,当 u 是 v 的倍数时,一直到 $u = v$ 为止,或者到 u 变为 $u - cv = r$(当 u 除以变为除以 v 时得到的 r 是非零余数)为止,于是取 $u' = v, v' = r$,继续这一过程,等等. 因为 a 与 b 互质,所以 $\frac{b}{(b,d)}$ 与 a 互质,由 (b,d) 的定义,得 $\frac{b}{(b,d)}$ 与 d 互质. 于是正方形 R_k 的大小是

$$\left(\frac{ad}{(b,c)}, \frac{bc}{(b,d)}\right) = \left(a, \frac{bc}{(b,d)}\right) = (a,c) = D.$$

现在为了把 x, y 按比例变为 u, v，需要除以 M，实际上 R_k 就是边长 $\frac{D}{M}$ 的正方形. 对于任意的 m, n，要把求出 (m, n) 所需的步骤数表示出来，就这个解答的作者所知，这是一个明摆着的问题. 但是我们可以从整数大小 $u \times v$ 的矩形开始，求 R_k 所需的步骤数递推定义 $k(u, v)$：

$$k(u,v) = \begin{cases} \dfrac{u}{v} - 1 & (\text{如果 } v \text{ 整除 } u) \\ c + k(u,v) & (\text{如果 } c, r < v \text{ 是正整数}, u = cv + r) \end{cases}$$

我们只需要像刚才那样定义 u, v，即 $u = \dfrac{ad}{(b,d)}, v = \dfrac{bc}{(b,d)}$，这里 $x = \dfrac{a}{b}, y = \dfrac{c}{d}$ 是既约形式.

S215 设 ABC 是给定的三角形，ρ_A, ρ_B, ρ_C 分别是过 A, B, C，且与欧拉线 OH 平行的直线，这里 O, H 分别是 $\triangle ABC$ 的外心和垂心. 设 X 是 ρ_A 与直线 BC 的交点. 类似地定义点 Y, Z. 如果 I_a, I_b, I_c 分别是 $\triangle ABC$ 相应的旁心，那么直线 XI_a, YI_b, ZI_c 共点于 $\triangle I_a I_b I_c$ 的外接圆上.

证明 设 O, H 的三线坐标 α, β, γ 分别是

$$O \equiv (\cos A, \cos B, \cos C), H \equiv (\cos B \cos C, \cos C \cos A, \cos A \cos B).$$

任何平行于 OH 的直线都有三线方程 $u\alpha + v\beta + w\gamma = 0$，这里

$$0 = \begin{vmatrix} a & b & c \\ u & v & w \\ u_0 & v_0 & w_0 \end{vmatrix},$$

其中 $u_0 \alpha + v_0 \beta + w_0 \gamma = 0$ 是 OH 用三线坐标表示的方程. 因为过 A 的直线是 $u = 0$，所以经过一些代数运算后，得到 ρ_A 的三线方程是

$$\frac{\beta}{\gamma} = \frac{b\cos^2 B - \cos C \cos A(c\cos C + a\cos A)}{c\cos^2 C - \cos A \cos B(a\cos A + b\cos B)} = \frac{\cos B - 2\cos C \cos A}{\cos C - 2\cos A \cos B},$$

这里我们经常使用

$$a\cos A + b\cos B + c\cos C = \frac{8S^2}{abc} = \frac{2S}{R},$$

$$b\cos B + b\cos C \cos A = b\sin C \sin A = \frac{S}{R},$$

这里 S 和 R 分别是 $\triangle ABC$ 的面积和外接圆的半径.

于是定义

$$\alpha_0 = \cos A - 2\cos B \cos C,$$
$$\beta_0 = \cos B - 2\cos C \cos A,$$

$$\gamma_0 = \cos C - 2\cos A \cos B,$$

所以 ρ_A 由 $\dfrac{\beta}{\gamma} = \dfrac{\beta_0}{\gamma_0}$ 确定. BC 上任何一点满足 $\alpha = 0$, 或 $X \equiv (0, \beta_0, \gamma_0)$, 然而 $I_a \equiv (-1, 1, 1)$, 直线 XI_a 满足三线方程

$$\alpha = \frac{\gamma_0 \beta - \beta_0 \gamma}{\beta_0 - \gamma_0}.$$

$\triangle I_a I_b I_c$ 的外接圆的三线方程是

$$(\alpha + \beta + \gamma)(a\alpha + b\beta + c\gamma) + (a\beta\gamma + b\gamma\alpha + c\alpha\beta) = 0,$$

因此经过一些代数运算后, XI_a 与外接圆的交点的坐标 β, γ 满足

$$a\beta_0 \gamma_0 (\beta - \gamma)^2 + (\beta_0 - \gamma_0)(b\beta_0 + c\gamma_0)(\beta^2 - \gamma^2) = 0.$$

如果 $\beta = \gamma$, 那么 $\alpha = -1$, 它相应于 I_a. 于是我们可以除以 $\beta - \gamma$, XI_a 与 $\triangle I_a I_b I_c$ 的外接圆的第二个交点满足

$$\frac{a\beta_0 \gamma_0}{\beta_0 - \gamma_0}(\beta - \gamma) + (b\beta_0 + c\gamma_0)(\beta + \gamma) = 0.$$

但是 $a\alpha_0 + bc\gamma_0 = 0$, 把这个结果代入后, 最后得到

$$\frac{\beta}{\gamma} = \frac{\alpha_0 \beta_0 + \beta_0 \gamma_0 - \gamma_0 \alpha_0}{\beta_0 \gamma_0 + \gamma_0 \alpha_0 - \alpha_0 \beta_0}.$$

注意到如果确有 $\beta = \alpha_0 \beta_0 + \beta_0 \gamma_0 - \gamma_0 \alpha_0$ 和 $\gamma = \beta_0 \gamma_0 + \gamma_0 \alpha_0 - \alpha_0 \beta_0$, 那么

$$\alpha = \frac{\gamma_0 \beta - \beta_0 \gamma}{\beta_0 - \gamma_0} = \gamma_0 \alpha_0 + \alpha_0 \beta_0 - \beta_0 \gamma_0,$$

XI_a 与 $\triangle I_a I_b I_c$ 的外接圆的交点的三线坐标是

$$(\gamma_0 \alpha_0 + \alpha_0 \beta_0 - \beta_0 \gamma_0, \alpha_0 \beta_0 + \beta_0 \gamma_0 - \gamma_0 \alpha_0, \beta_0 \gamma_0 + \gamma_0 \alpha_0 - \alpha_0 \beta_0).$$

这些坐标在 A, B, C 同时循环排列下是不变的, 相应的三线坐标为 α, β, γ 或 YI_b, ZI_c 与 $\triangle I_a I_b I_c$ 的外接圆的交点. 证毕.

S216 设 p 是质数. 证明: 对于每一个正整数 n, 多项式

$$P(X) = (X^p + 1^2)(X^p + 2^2) \cdots (X^p + n^2) + 1$$

在 $\mathbf{Z}[X]$ 中不可约.

证明 考虑多项式

$$g(X) = (X + 1^2)(X + 2^2) \cdots (X + n^2) + 1.$$

首先, 我们断言该多项式在 $\mathbf{Z}[X]$ 中不可约. 事实上, 假定不是这样, 那么对于在 $\mathbf{Z}$ 上某非零多项式 A, B, 有 $g(X) = A(X)B(X)$, 我们看到对一切 $1 \leqslant k \leqslant n$, 有 $1 = g(-1) = A(-k^2)B(-k^2)$, 所以 $A(-k^2) = \pm 1, B(-k^2) = \pm 1$, 并且对于所有这些值, 有 $A(-k^2) = B(-k^2)$. 因此, $A - B$ 能被 $g - 1$ 整除, 所以 $A - B$ 应该是零多项式(因为已知 A 和 B 至多是 $n-1$ 次). 由此推得 $g = A^2$, 所以 $(n!)^2 + 1 = g(0)$ 必是完全平方数, 这不可能. 于是, 我们推得 g 不可约. 现在, 我们利用下面更一般的准则, 它作为一个问题出现在 2003 年罗

马尼亚国际数学奥林匹克队的选拔赛中.

引理 设 g 是首项系数为 1 的整系数多项式,p 是质数. 如果 g 在 $\mathbf{Z}[X]$ 中不可约,$\sqrt[p]{(-1)^{\deg g}g(0)}$ 是无理数,那么 $g(X^p)$ 在 $\mathbf{Z}[X]$ 中也不可约.

一个有用的不可约的准则的证明可以在 T. Andreescu,G. Dospinescu 的 *Problem from the Book*,XYZVA Press,2008,pp. 494 中见到.

最后,余下的要证明的是 $(-1)^n(n!^2+1)$ 不是一个 p 次幂,归结为要证明方程 $n!^2+1=x^p$ 无解,但是 V. A. 勒贝格的一个经典的定理确保 $x^p-y^2=1$ 只有平凡解($y=0$ 和 $x=1$). 于是推得结果.

2.3 大学本科问题的解答

U145 考虑行列式

$$D_n = \begin{vmatrix} 1 & 2 & \cdots & n \\ 1 & 2^2 & \cdots & n^2 \\ \vdots & \vdots & & \vdots \\ 1 & 2^n & \cdots & n^n \end{vmatrix}.$$

求 $\lim\limits_{n\to\infty}(D_n)^{\frac{1}{n^2\ln n}}$.

解 考虑范德蒙公式,我们有

$$D_n = \begin{vmatrix} 1 & 2 & \cdots & n \\ 1 & 2^2 & \cdots & n^2 \\ \vdots & \vdots & & \vdots \\ 1 & 2^n & \cdots & n^n \end{vmatrix} = 2\cdot 3\cdots n \cdot \begin{vmatrix} 1 & 2 & \cdots & n \\ 1 & 2^1 & \cdots & n^1 \\ \vdots & \vdots & & \vdots \\ 1 & 2^{n-1} & \cdots & n^{n-1} \end{vmatrix}$$

$$= n! \sum_{i>j}(i-j) = n!\ (n-1)!\ \cdots 2!.$$

因为

$$D_n = n!\ (n-1)!\ \cdots 2!\ 1! = \prod_{k=1}^n k^{n+1-k}.$$

得到

$$\frac{\log D_n}{n^2 \log n} = \frac{1}{n^2 \log n}\sum_{k=1}^n (n+1-k)\log k$$

$$= \frac{1}{n^2 \log n}\sum_{k=1}^n (1-\frac{k-1}{n})\log\frac{k}{n} + \frac{1}{n}\sum_{k=1}^n(1-\frac{k-1}{n}).$$

回忆一下黎曼和,我们看到,当 $n\to\infty$ 时,有

$$\frac{1}{n}\sum_{k=1}^n (1-\frac{k-1}{n})\log(\frac{k}{n}) \to \int_0^1 (1-x)\log x\,\mathrm{d}x = -\frac{3}{4},$$

$$\frac{1}{n}\sum_{k=1}^{n}(1-\frac{k-1}{n}) \to \int_0^1 (1-x)\mathrm{d}x = \frac{1}{2}.$$

于是
$$\lim_{n\to\infty}\frac{\log D_n}{n^2\log n}=\frac{1}{2},$$

取指数后得到
$$\lim_{n\to\infty}(D_n)^{\frac{1}{n^2\log n}}=\mathrm{e}^{\frac{1}{2}}.$$

U146 设 n 是正整数. 对于一切 i,j, 定义
$$S_n(i,j)=\sum_{k=1}^{n}k^{i+j}.$$

求行列式 $\Delta=|S_n(i,j)|$ 的值.

解 注意到行列式 $\Delta=|M*M^t|$, 其中

$$M=\begin{vmatrix} 1 & 2 & \cdots & n \\ 1 & 2^2 & \cdots & n^2 \\ \vdots & \vdots & & \vdots \\ 1 & 2^n & \cdots & n^n \end{vmatrix}$$

于是 $\Delta=(D_n)^2=(1!\ 2!\ \cdots\ n!)^2$.

U147 设 $f:\mathbf{R}\to\mathbf{R}$ 是可微函数, 设 $c\in\mathbf{R}$, 且对一切 $a,b\in\mathbf{R}$, 有
$$\int_a^b f(x)\mathrm{d}x\neq(b-a)f(c).$$

证明: $f'(c)=0$.

证明 定义
$$F(x)=\int_c^x f(y)\mathrm{d}y-(x-c)f(c).$$

则 F 二次可微, 计算
$$F'(x)=f(x)-f(c),\ F''(x)=f''(x).$$

如果对任何 $a\neq b$, 有 $F(a)=F(b)$, 那么
$$0=F(a)-F(b)=\int_a^b f(y)\mathrm{d}y-(b-a)f(c),$$

这与已知矛盾. 因为 F 连续, 所以推出 F 单调. 因为在用 $-f$ 代替 f 时, 本题对称, 所以可以不失一般性, 假定 F 递增. 于是对一切 x, $F'(x)\geqslant 0$. 因为 $F'(c)=0$, 所以我们证明了 $x=c$ 是 F' 的总体最小值. 于是 $F''(c)=f''(c)=0$.

U148 设 $f:[0,1]\to\mathbf{R}$ 是连续不减函数. 证明:
$$\frac{1}{2}\int_0^1 f(x)\mathrm{d}x\leqslant\int_0^1 xf(x)\mathrm{d}x\leqslant\int_{\frac{1}{2}}^1 f(x)\mathrm{d}x.$$

第一种证法 为了证明不等式的左边, 我们利用称为 Chebyshev 积分形式的不等式

的以下引理(这可以很容易利用取黎曼和的极限从离散型 Chebyshev 不等式推出).

引理 设 $f, h: [a, b] \to \mathbf{R}$ 是两个连续不减函数. 那么
$$\int_a^b f(x)h(x)\mathrm{d}x \geqslant \frac{1}{b-a}\left(\int_a^b f(x)\mathrm{d}x \cdot \int_a^b h(x)\mathrm{d}x\right).$$

引理的证明 因为 $\int_0^1 x \mathrm{d}x = \frac{1}{2}$, 所以对 $h(x) = x, a = 0, b = 1$ 利用引理, 得到
$$\frac{1}{2}\int_0^1 f(x)\mathrm{d}x \leqslant \int_0^1 xf(x)\mathrm{d}x.$$

现在证明不等式的右边.

因为 $\frac{1}{2} \leqslant x \leqslant 1 \Rightarrow (1-x)f(x) + xf(x) = f(x)$, 所以
$$(1-x)f(1-x) + xf(x) \leqslant (1-x)f(x) + xf(x) = f(x),$$
于是
$$\int_{\frac{1}{2}}^1 [(1-x)f(1-x) + xf(x)]\mathrm{d}x \leqslant \int_{\frac{1}{2}}^1 f(x)\mathrm{d}x.$$

另一方面, 因为 $\int_{\frac{1}{2}}^1 (1-x)f(1-x)\mathrm{d}x = \int_0^{\frac{1}{2}} xf(x)\mathrm{d}x$, 所以
$$\int_{\frac{1}{2}}^1 [(1-x)f(1-x) + xf(x)]\mathrm{d}x = \int_0^1 xf(x)\mathrm{d}x,$$
于是
$$\int_0^1 xf(x)\mathrm{d}x \leqslant \int_{\frac{1}{2}}^1 f(x)\mathrm{d}x.$$

第二种证法 设 $F(x) = \int_0^x f(t)\mathrm{d}t$. 对一切 $x \in [0, 1]$, 函数 F 满足 $F(0) = 0$, $F'(x) = f(x)$. 由对 f 的已知条件, F 是 C^1 的凸函数. 进行分部积分, 得到
$$\int_0^1 xf(x)\mathrm{d}x = (xF(x))_0^1 - \int_0^1 F(x)\mathrm{d}x = F(1) - \int_0^1 F(x)\mathrm{d}x$$
$$= \int_0^1 f(x)\mathrm{d}x - \int_0^1 F(x)\mathrm{d}x \qquad ①$$

不等式的左边等价于
$$\int_0^1 F(x)\mathrm{d}x \leqslant \frac{1}{2}F(1). \qquad ②$$

由 F 是凸函数可知, 曲线 $y = f(x)$ 在过点 $(0, F(0))$ 和 $(1, F(1))$ 的直线的下方, 于是对一切 $x \in [0, 1]$, 有 $F(x) \leqslant xF(1)$. 于是
$$\int_0^1 F(x)\mathrm{d}x \leqslant F(1)\int_0^1 x\mathrm{d}x = \frac{1}{2}F(1),$$

式 ② 成立. 类似地, 由式 ①, 右边的不等式可写为
$$\int_0^1 F(x)\mathrm{d}x \geqslant F(\frac{1}{2}). \qquad ③$$

$(\frac{1}{2}, F(\frac{1}{2}))$ 的切线的上方,因此对一切 $x \in [0,1]$,有 $F(x) \leqslant x F(1)$. 于是

$$\int_0^1 F(x) \mathrm{d}x \leqslant F(1) \int_0^1 x \mathrm{d}x = \frac{1}{2} F(1),$$

式 ② 成立. 类似地, 由 ①, 不等式的右边可改写为

$$\int_0^1 F(x) \mathrm{d}x \geqslant F(\frac{1}{2}). \qquad ③$$

再由 F 是凸函数可知, 曲线 $y = f(x)$ 在过点 $(\frac{1}{2}, F(\frac{1}{2}))$ 的切线的上方, 对一切 $x \in [0,1]$, 有

$$F(x) \geqslant f(\frac{1}{2})(x - \frac{1}{2}) + F(\frac{1}{2}),$$

于是

$$\int_0^1 F(x) \mathrm{d}x \geqslant f(\frac{1}{2}) \int_0^1 (x - \frac{1}{2}) \mathrm{d}x + F(\frac{1}{2}) = F(\frac{1}{2}),$$

推出 ③.

U149 求一切实数 a, 存在函数 $f, g : [0,1] \to \mathbf{R}$, 对一切 $x, y \in [0,1]$, 有
$$(f(x) - f(y))(g(x) - g(y)) \geqslant |x - y|^a.$$

解 一个方向是很容易的. 如果 $f(x) = g(x) = x$, 那么对一切 $a \geqslant 2$, 有
$$(f(x) - f(y))(g(x) - g(y)) = (x - y)^2 \geqslant |x - y|^a.$$

另一个方向, 我们需要以下这个容易的结果. 一个非正式的说法是: 假定我们在一条直线上的点 $x_0 < x_1 < \cdots < x_n$ 之间作单脚跳. 如果长度是 d 的一次单脚跳的价值是 $f(d)$, 这里 f 是 d 的增函数, 那么踏到所有这些点恰好一次的最便宜的方法是顺着次序踏到这些点.

引理 假定 $f:(0, \infty) \to R$ 是增函数, 且 $x_0 < x_1 < \cdots < x_n$ 是递增的实数数串. 设 σ 是 $\{0,1,\cdots,n\}$ 的任何排列, 那么

$$\sum_{k=1}^n f(|x_{\sigma(k)} - x_{\sigma(k-1)}|) \geqslant \sum_{k=1}^n f(x_k - x_{k-1}).$$

证明 对 n 用归纳法, 当 $n = 1$ 时, 结论是显然的.

如果 $\sigma(n) = n$, 那么根据归纳假定

$$\sum_{k=1}^{n-1} f(|x_{\sigma(k)} - x_{\sigma(k-1)}|) \geqslant \sum_{k=1}^{n-1} f(x_k - x_{k-1}).$$

因为 f 是增函数, 所以 $x_{\sigma(k)} - x_{\sigma(k-1)} \geqslant x_k - x_{k-1}$ 意味着 $f(|x_{\sigma(k)} - x_{\sigma(k-1)}|) \geqslant f(x_k - x_{k-1})$. 将这些式子相加, 就得到所求的范围.

$\sigma(n) = 0$ 的情况类似, 或根据对称性取 x_k 的相反数推出. 如果 $\sigma(n) = m \neq 0, n$, 那么设 $y_0 < y_1 < \cdots < y_{n-1}$ 是由除去 x_m 后的 x_j, τ 是把这些数与 σ 的相同顺序插入. 注意到

$y_{m-1} = x_{m-1} < x_m < x_{m+1} = y_m$. 那么根据归纳假定和直接定义,得到

$$\sum_{k=1}^{n-1} f(|x_{\sigma(k)} - x_{\sigma(k-1)}|) = \sum_{k=1}^{n-1} f(|y_{\tau(k)} - y_{\tau(k-1)}|) \geqslant \sum_{k=1}^{n-1} f(y_k - y_{k-1})$$
$$= \sum_{k=1}^{m-1} f(x_k - x_{k-1}) + f(x_{m+1} - x_{m-1}) + \sum_{k=m+1}^{n} f(x_k - x_{k-1}).$$

因为

$$|x_{\sigma(n)} - x_{\sigma(n-1)}| = |x_m - x_{\sigma(k-1)}| \geqslant \min(x_{m+1} - x_{m-1}, x_{m+1} - x_m),$$

所以有

$$f(|x_{\sigma(n)} - x_{\sigma(n-1)}|) \geqslant \min(f(x_{m+1} - x_{m-1}), f(x_{m+1} - x_m)).$$

也有

$$x_{m+1} - x_{m-1} \geqslant \max(x_m - x_{m-1}, x_{m+1} - x_m),$$

所以

$$f(x_{m+1} - x_{m-1}) \geqslant \max(f(x_{m+1} - x_{m-1}), f(x_{m+1} - x_m)).$$

将前两个不等式相加,再利用最后一个不等式,就得到所求的下界. 现在假定存在函数 f 和 g,对某个 $a < 2$,有 $(f(x) - f(y))(g(x) - g(y)) \geqslant |x - y|^a$. 那么对一切 $x \neq y, f(x) - f(y)$ 与 $g(x) - g(y)$ 同号. 于是由 AM−GM 不等式,得到

$$\left| \frac{f(x) + g(x)}{2} - \frac{f(y) + g(y)}{2} \right| \geqslant |x - y|^{\frac{a}{2}}.$$

因此可以定义 $h(x) = \frac{f(x) + g(x)}{2}$,于是对一切 x, y,有 $|h(x) - h(y)| \geqslant |x - y|^{\frac{a}{2}}$. 对于一切整数 k,定义集合

$$X_k = \{x \in [0,1] \mid k \leqslant h(x) < k+1\}.$$

显然 $\bigcup_{k \in Z} X_k = [0,1]$. 假定 $a < b$ 是 X_k 内的两点,对于一切 $\varepsilon > 0$,我们能够以小于 ε 的步子从 a 移动到 b 仍保留在 X_k 内. 因此这些步子给出一个序列 $a = x_0 < x_1 < \cdots < x_n = b, x_m \in X_k$,且 $\max_{1 \leqslant m \leqslant n} |x_m - x_{m-1}| < \varepsilon$. 设 σ 是 $\{0,1,\cdots,n\}$ 的一个排列,有 $h(x_{\sigma(0)}) < h(x_{\sigma(1)}) < \cdots < h(x_{\sigma(n)})$,那么

$$h(x_{\sigma(n)}) - h(x_{\sigma(0)}) = \sum_{m=1}^{n} |h(x_{\sigma(m)}) - h(x_{\sigma(m-1)})|$$
$$\geqslant \sum_{m=1}^{n} |x_{\sigma(m)} - x_{\sigma(m-1)}|^{\frac{a}{2}}.$$

现在借助于上面的引理,取 $f(d) = d^{\frac{a}{2}}$,得到

$$h(x_{\sigma(n)}) - h(x_{\sigma(0)}) \geqslant \sum_{m=1}^{n} |x_m - x_{m-1}|^{\frac{a}{2}}$$
$$\geqslant \sum_{m=1}^{n} |x_m - x_{m-1}| \varepsilon^{\frac{a-2}{2}} = |b - a| \varepsilon^{\frac{a-2}{2}}.$$

但是因为这些点都在 X_k 内,所以 $h(x_{\sigma(n)})-h(x_{\sigma(0)})<1$. 这是一个矛盾. 因此对于任何 $a,b\in X$,存在一个小的数 $\varepsilon>0$,使这样的链不存在. 这就推出在 a,b 之间存在一个宽度是 ε 的开区间 I,使 $I\cap X_k=\varnothing$,于是 X_k 不稠密. 因为我们把 $[0,1]$ 写成一个可数个不稠密的集合的并,但是这与贝尔纲定理矛盾. 于是这样的函数不存在.

译者注:贝尔纲定理(Baire Category Thorem)—一个贝尔空间是一个拓扑空间,具有以下性质:对于任意可数个开稠密集 U_n,它们的交 $\bigcap U_n$ 都是稠密的.

U150 设 $\{a_n\}$ 和 $\{b_n\}$ 是正超越数组成的数列,且对一切正整数 p,级数 $\sum\limits_{n}(a_n^p+b_n^p)$ 收敛. 假定对一切正整数 p,存在正整数 q,有
$$\sum_n a_n^p = \sum_n b_n^q.$$
证明:存在正整数 r 和正整数的一个排列 σ,有 $a_n=b_{\sigma(n)}^r$.

证明 不失一般性,我们通过选择一个适当的排列 $\sigma(n)$,可以假定 $(a_n)_{n\geqslant 1}$ 和 $(b_n)_{n\geqslant 1}$ 是不增的数列. 此时需要证明对某个正整数 r 和一切 $n\geqslant 1$,有 $a_n=b_{\sigma(n)}^r$. 在这些条件下,我们以两个引理开始解题.

引理 1 设 $(a_n)_{n\geqslant 1}$ 是无穷不增的正实数数列,u 是正整数,且对一切 $n>u$,有 $a_n<a_1$. 如果数列中所有元素的和是无限的,那么对于每一个 $\varepsilon>0$ 和每一个正的实常数 K,存在正整数 P,对于一切 $p>P$,有
$$\frac{1}{a_1^p}\sum_{n>u}a_n^p < K\varepsilon.$$

引理 1 的证明 根据假定,$\frac{1}{a_1}\sum\limits_{n>u}a_n=S$ 显然是有限的,以及
$$\frac{1}{a_1^p}\sum_{n>u}a_n^p \leqslant \left(\frac{a_{u+1}}{a_1}\right)^{p-1} S,$$
当且仅当对一切 $n>u,a_n=a_{n+1}$ 时,等号成立. 如果 $K\varepsilon>S$,这一结果对于一切 $p\geqslant 1$ 显然成立,否则设 $L=\log\left(\frac{S}{K\varepsilon}\right)$,于是只要求出 P,使 $(P-1)\log\left(\frac{a_1}{a_{u+1}}\right)>L$,因为 $\frac{a_1}{a_{u+1}}>1$,所以这显然是可能的. 引理 1 得证.

引理 2 设 $y=mx+h$ 是直线方程. 对一切 $\varepsilon>0$,存在一个正整数 x_0,对于每一个整数 $x>x_0$,区间 $[mx+h-\varepsilon, mx+h+\varepsilon]$ 上包含一个正整数,那么 m,h 是整数.

引理 2 的证明 对于任何整数 $x,z(x)$ 表示最接近于 $mx+h$ 的整数,设 $\delta(x)=mx+h-z(x)$,不失一般性,假定 $\varepsilon<\frac{1}{8}$. $\{x\}$ 表示 x 的小数部分. 对于一切正整数 a 和一切 $x>x_0$,我们发现 $\frac{1}{4}>2\varepsilon>|\delta(x+a)-\delta(x)|=|am-z(x+1)-z(x)|$,对于每一个正整数 $a,\{am\}<\frac{1}{4}$ 或 $\{am\}>\frac{3}{4}$,实际上,$\{m\}<\frac{1}{4}$ 或 $\{-m\}>\frac{1}{4}$. 将 $-m$ 与 m 交

换,不改变本题,所以不失一般性,设 $\{m\} < \frac{1}{4}$. 现在,如果 $\{m\} \neq 0$,那么因为 $\frac{3}{4\{m\}} - \frac{1}{4\{m\}} = \frac{1}{2\{m\}} > 2$,或 $\frac{3}{4} > \{Am\} = \{\{Am\}\} > \frac{1}{4}$,所以在区间 $(\frac{1}{4\{m\}}, \frac{3}{4\{m\}})$ 上至少存在一个整数,这是一个矛盾,于是 $\{m\} = 0$,即 m 是整数. 又如果 $\{h\} \neq 0$,取 $\varepsilon < \min\{\{h\}, \{-h\}\}$,对一切 x,有 $[\delta(x)] = \min\{\{h\}, \{-h\}\} > \varepsilon$,这是一个矛盾,于是 $\{h\} = 0$,h 也是整数. 推得引理 2.

用 $q(x)$ 表示这样的 q 的值,对于 p 的某个特定的值,有 $\sum_n a_n^p = \sum_n b_n^{q(p)}$. 用 u, v 分别表示数列 (a_n) 和 (b_n) 中等于 a_1, b_1 的元素的个数. 于是可以写成

$$ua_1^p \left(1 + \frac{1}{a_1^p} \sum_{n>u} a_n^p\right) = vb_1^{q(p)} \left(1 + \frac{1}{a_1^{q(p)}} \sum_{n>v} a_n^{q(p)}\right).$$

现在,任给 $\varepsilon > 0$,取 $K = |\log(b_1)|$,因为 $b_1 \neq 0, b_1 > 0$,所以 K 是有限的,引理 1 保证存在一个这样的 P,对于任何 $p > P$,有

$$\log(u) + p\log(a_1) < \log\left(ua_1^p(1 + \frac{1}{a_1^p}\sum_{n>u} a_n^p)\right)$$
$$< \log(u) + p\log(a_1) + \log(1 + |\log(b_1)|\varepsilon)$$
$$< \log(u) + p\log(a_1) + |\log(b_1)|\varepsilon,$$

这里用了对一切正数 x,有 $0 < \log(1+x) < x$. 类似地,再对 (b_n) 用引理 1,存在 Q,对一切 $q > Q$,有

$$\log(v) + p\log(b_1) < \log\left(vb_1^p(1 + \frac{1}{b_1^q}\sum_{n>u} a_n^p)\right)$$
$$< \log(v) + q\log(b_1) + |\log(b_1)|\varepsilon,$$

显然,只要有 $p > P$,以及同时有 $q(p) > Q$,有

$$-|\log(b_1)|\varepsilon < \log(v) + q(p)\log(b_1) - \log(u) - p\log(a_1) < |\log(b_1)|\varepsilon,$$

或等价于

$$p\frac{|\log(a_1)|}{\log(b_1)} + \frac{|\log(u) - \log(v)|}{\log(b_1)} - \varepsilon < q(p)$$
$$< p\frac{|\log(a_1)|}{|\log(b_1)|} + \frac{|\log(u) - \log(v)|}{\log(b_1)} + \varepsilon.$$

现在取 $m = \frac{|\log(a_1)|}{|\log(b_1)|}, h = \frac{|\log(u) - \log(v)|}{\log(b_1)}$,就可以利用引理 2. 如果 $u \neq v$,那么或者 $\frac{u}{v} = b_1^h$,或者 $\frac{u}{v} = \sqrt[h]{b_1}$,这里 h 是整数. 所以 b_1 不是超越数,得到矛盾. 或者 $u = v$,得到 $h = 0, q(p) = mp$. 我们假定了对于足够大的 p, $q(p)$ 也足够大. 如果 $a_1 < 1$,注意到 $\sum_n a_n^p$ 随着 p 递减,没有正的下界,于是 $b_1 < 1$, $\sum_n b_n^q$ 也随着 q 递减,或 $q(p)$ 随着 p 递增.

反之,如果 $a_1>1$,那么对于足够大的 p,和式 $\sum_n a_n^p$ 由 $a_n>1$ 的项决定,递增而没有正的带有 p 的上界,于是 $b_1>1$,使 $\sum_n b_n^q$ 至少等于 $\sum_n b_n^Q$ 的 $q<Q$ 的值的个数是无穷多的,或者对于足够大的 $p,q(p)$ 也必须足够大,不能再取那些"小"的任何值,必须也随 p 递增. 这就首先证明了我们的假定对于足够大 $p,q(p)$ 随 p 递增成立,而且 $\log(a_1)$ 和 $\log(b_1)$ 同号,于是 $a_1=b_1^m$. 现在找到了对于足够大的 $p,q(p)=mp$. 对于 p 的所有这些值,在 $\sum_n a_n^p$ 和 $\sum_n b_n^q$ 中的第一项 $u=v$ 抵消了,可以用下面的 a_n 和 b_n 最大的值再重复上面的过程. 但是,如果对某个 N,有 $a_N \neq b_N$,则重复前面的过程 N 次,将找到 $a_N=b_N$,得到矛盾. 于是对一切 $n, a_n=b_n$. 推出结论.

U151 设 n 是正整数,设
$$f(x) = x^{n+8} - 10x^{n+6} + 2x^{n+4} - 10x^{n+2} + x^n + x^3 - 10x + 1$$
求 $f(\sqrt{2}+\sqrt{3})$ 的值.

第一种解法 设 $x=\sqrt{2}+\sqrt{3}$,则 $x^2=5+2\sqrt{6}$,再进行一些运算,得到 $x^4-10x^2+1=0$. 该多项式可以写成等价的
$$(x^n + x^{n+4})(x^4 - 10x^2 + 1) + x^3 - 10x + 1$$
因为第一项为零,所以只要求出最后三项的值. 用二项式定理
$$(\sqrt{2}+\sqrt{3})^3 = 11\sqrt{2} + 9\sqrt{3}.$$
最后
$$(\sqrt{2}+\sqrt{3})^3 - 10(\sqrt{2}+\sqrt{3}) + 1 = (11\sqrt{2}+9\sqrt{3}) - 10(\sqrt{2}+\sqrt{3}) + 1$$
$$= \sqrt{2} - \sqrt{3} + 1.$$

第二种解法 注意到 $\sqrt{2}+\sqrt{3}$ 是多项式
$$x^4 - 10x^2 + 1 = (x-\sqrt{2}-\sqrt{3})(x+\sqrt{2}-\sqrt{3})(x+\sqrt{2}+\sqrt{3})(x-\sqrt{2}+\sqrt{3})$$
的根. 因为
$$x^{n+8} - 10x^{n+6} + 2x^{n+4} - 10x^{n+2} + x^n + x^3 - 10x + 1$$
$$= (x^4 - 10x^2 + 1)(x^{n+4} + x^n) + x^3 - 10x + 1$$
$$= (x^4 - 10x^2 + 1)(x^{n+4} + x^n + \frac{1}{x}) + 1 - \frac{1}{x},$$
于是
$$f(\sqrt{2}+\sqrt{3}) = 1 - \frac{1}{\sqrt{3}+\sqrt{2}} = 1 + \sqrt{2} - \sqrt{3}.$$

U152 证明:对于 $n \geq 3$,有
$$\varphi(2) + \varphi(3) + \cdots + \varphi(n) \geq \frac{n(n-1)}{4} + 1,$$

这里 φ 是欧拉函数.

证明 $n=3$ 的情况用笔算就可以检验,所以假定 $n \geqslant 4$. 我们看到
$$\#\{(i,j): 1 \leqslant i < j \leqslant n, \gcd(i,j)=1\} = \varphi(2) + \cdots + \varphi(n).$$
所以
$$\#\{(i,j) \mid 1 \leqslant i,j \leqslant n, \gcd(i,j)=1\} = 1 + (\varphi(2) + \varphi(3) + \cdots + \varphi(n)).$$
它等价于证明
$$\#\{(i,j) \mid 1 \leqslant i,j \leqslant n, \gcd(i,j)=1\} \geqslant \frac{n(n-1)}{4} + 3.$$

设 $f(n)$ 表示等式的左边. 观察到 $f(n)$ 表示这样的数对 $(x,y) \in \{1,2,\cdots,n\}^2$ 的个数:不存在同时整除 x,y 的任何质数 p. 利用容斥原理,得到
$$f(n) = n^2 - \sum_p \lfloor \frac{n}{p} \rfloor^2 + \sum_{p<q} \lfloor \frac{n}{pq} \rfloor^2 - \sum_{p<q<r} \lfloor \frac{n}{pqr} \rfloor^2 + \cdots,$$
这里 $p,q,r,\cdots$ 是质数.

利用伯努利不等式,得到
$$f(n) \geqslant n^2 - \sum_p \lfloor \frac{n}{p} \rfloor^2 \geqslant n^2 (1 - \sum_p \frac{1}{p^2}),$$
这里的和式跑遍所有质数 p. 为了界定和式的范围,回忆一下奇数平方的倒数的和是
$$\sum_{k=1}^{\infty} \frac{1}{(2k-1)^2} = \frac{\pi^2}{8}.$$
质数平方的倒数的和不包括 $\frac{1}{1^2}$,但包括 $\frac{1}{2^2}$. 于是得到
$$\sum_p \frac{1}{p^2} < \frac{\pi^2}{8} - \frac{3}{4} < \frac{1}{2}.$$
于是对于一切 $n \geqslant 4$,有 $f(n) > \frac{n^2}{2} \geqslant \frac{n(n-1)}{2} + 2$. 因为 $f(n)$ 是整数,所以必有 $f(n) \geqslant \frac{n(n-1)}{4} + 3$. 证明完毕.

我们注意到,对于相当大的 n,有 $\sum_{k=2}^{n} \varphi(k) \backsim \frac{3n^2}{\pi^2}$.

U153 设 a,b,c,d 是非零复数,$ad-bc \neq 0$,n 是正整数. 考虑方程
$$(ax+b)^n + (cx+d)^n = 0.$$
(1) 证明:当 $|a|=|c|$ 时,方程的根在同一直线上.
(2) 证明:当 $|a| \neq |c|$ 时,方程的根在同一个圆上.
(3) 当 $|a| \neq |c|$ 时,求该圆的半径.

第一种解法 如果存在根 x,使 $cx+d=0$,那么有 $ax+b=0$. 于是推出 $ad-bc=0$,这一关系式与已知矛盾. 于是可以假定 $cx+d \neq 0$,可以将原方程写成等价的形式

$$\left(\frac{ax+b}{cx+d}\right)^n = -1 \qquad \text{①}$$

实际上这就是二项方程 $z^n = -1$，这里 $z = \frac{ax+b}{cx+d}$.

该方程的根是 $z_k = \cos\frac{(2k+1)\pi}{n} + i\sin\frac{(2k+1)\pi}{n}$，这里 $k = 0, 1, \cdots, n-1$. 显然原方程的根与二项方程 $z^n = -1$ 的根之间的关系是 $z_k = \frac{ax_k+b}{cx_k+d}$，$k = 0, 1, \cdots, n-1$. 因为对 $k = 0, 1, \cdots, n-1$，有 $|z_k| = 1$，所以 $\left|\frac{ax_k+b}{cx_k+d}\right| = 1$. 最后一个关系式等价于

$$\left|\frac{x_k + \frac{b}{a}}{x_k + \frac{d}{c}}\right| = \frac{|c|}{|a|} \qquad \text{②}$$

如果 $|a| = |c|$，那么 $|x_k + \frac{b}{a}| = |x_k + \frac{d}{c}|$，即根 x_k 位于以复数坐标为 $-\frac{b}{a}$ 和 $-\frac{d}{c}$ 为端点的线段的垂直平分线上. 如果 $|a| \neq |c|$，那么由式 ② 推得根 x_k 属于相应于常数为 $\frac{|c|}{|a|}$ 的阿波罗尼斯圆上. 为了求这个圆的半径，我们采用由 Steward 定理推出的以下的熟知的结果：

设 $\alpha, \beta, K \geq 0$ 是固定的实数，A, B 是平面内固定的点. 如果 $K > \frac{\alpha\beta}{\alpha+\beta} \cdot AB^2$，那么平面内具有以下性质

$$\alpha \cdot MA^2 + \beta \cdot MB^2 = K, \qquad \text{③}$$

的点 M 的轨迹是半径为

$$R = \sqrt{\frac{K}{\alpha+\beta} - \frac{\alpha\beta}{(\alpha+\beta)^2} \cdot AB^2}$$

的圆. 在我们的情况下，就取 $K = 0, \alpha = |a|^2, \beta = -|c|^2$，固定点 $A(-\frac{b}{a})$，和 $B(-\frac{d}{c})$，得到

$$R = \frac{|ad - bc|}{||a|^2 - |c|^2|} \qquad \text{④}$$

第二种解法 原方程等价于 $T(x)^n = -1$，这里 $T(x) = \frac{ax+b}{cx+d}$ 是莫比乌斯变换，在这种变换下，黎曼球面上的圆保持不变. 因为 -1 的 n 次根在单位圆 $\{|z|=1\}$ 上，于是必须考虑集合 $T^{-1}(\{|z|=1\})$.

注意莫比乌斯变换 $F(z) = \frac{\bar{a}z - \bar{c}}{-cz + a}$，将单位圆变为本身（因为对于单位圆上的 z，

$$\frac{F(Z)}{z} = \frac{\overline{-cz+a}}{-cz+a} \text{ 模是 } 1).$$

容易检验

$$T^{-1}(z) = \frac{\overline{cd} - \overline{ab}}{|a|^2 - |c|^2} + \frac{ad - bc}{|a|^2 - |c|^2} F(z).$$

因此，所求的圆的半径是 $\dfrac{|ad-bc|}{||a|^2-|c|^2|}$.

U154 设 $\{x\}$ 是 x 的小数部分. 求对 $a,b \in \mathbf{R}$，使集合

$$S_{a,b} = \{(\{na\}, \{nb\}) \mid n \in \mathbf{N}\}$$

在单位正方形 $[0,1]^2$ 内是稠密的充分条件和必要条件.

第一种解法 我们将证明所求的条件是 $a,b,1$ 在 $\mathbf{Q}$ 上线性无关. 假定 $a,b,1$ 在 $\mathbf{Q}$ 上线性无关. 只要证明对于任何一点 $P=(x_0,y_0) \in (0,1)^2$ 和任意 $\varepsilon_1 > 0$，存在 $X \in S_{a,b}$，使 $PX < \varepsilon_1$. 我们可以假定 ε_1 小于 P 与正方形的边界的距离. 使用以下的:

Dirichlet 定理 设 $x_1, \cdots, x_k$ 是实数，$\varepsilon > 0$. 存在 $n \in \mathbf{N}$，和整数 $p_1, \cdots, p_k$，对一切 i，有 $|nx_i - p_i| < \varepsilon$.

当 $n=2$ 时，对于任何 $\varepsilon > 0$. 存在 $n \in \mathbf{N}$，使 $\{na\}, \{nb\} \in [0,\varepsilon) \cup (1-\varepsilon, 1)$. 因为 a,b 是无理数，所以 $\{na\}, \{nb\} \neq 0$. 取 $\varepsilon = \dfrac{\varepsilon_1}{\sqrt{2}}$，像上面那样选择 n. 设 $A=\{na\}, B=\{nb\}$. 利用对称性 $(a,b) \mapsto (\pm a, \pm b)$，容易把问题归结为 $A,B \in (0,\varepsilon)$ 的情况. 注意到对于任何 $m,n \in \mathbf{N}$，有 $\{m\{na\}\} = \{mnb\}$，这表明 $S_{A,B} \subseteq S_{a,b}$. 因为 $a,b,1$ 在 $\mathbf{Q}$ 上线性无关，所以

$$K := \frac{A}{A+B} = \frac{na - \lfloor na \rfloor}{na + nb - \lfloor na \rfloor - \lfloor nb \rfloor}$$

是无理数. 设过点 P，斜率为 K 的直线交直线 $x+y=1$ 于点 $Q=(x_1,y_1)$. 集合 $\{\{Km\} \mid m \in \mathbf{N}\}$ 在 $[0,1]$ 上稠密 (实际上，$\{Km\}$ 是均匀分布的). 于是对于任何 $\varepsilon_2 > 0$，存在 $m \in \mathbf{N}$，使 $|\{Km\} - x_1| < \varepsilon_2$. 设 $x_- = \lfloor Km \rfloor, x_+ = \lceil Km \rceil, y_- = \lfloor \dfrac{B}{A} Km \rfloor, y_+ = \lceil \dfrac{B}{A} Km \rceil$. 现在，点 $\{(NA, NB) \mid N \in \mathbf{N}\}$ 在射线 $y = \dfrac{B}{A} x (x>0)$ 上是等距离分布的 $d := \sqrt{A^2+B^2} < \varepsilon\sqrt{2} = \varepsilon_1$，实际上，位于射线的线段 $x_- < x < x_+, y_- < y < y_+$ 上. 设

$$l = \left\{(x,y) \mid y + y_- = \frac{B}{A}(x + x_-)\right\}$$

$$l' = l \cap (0,1)^2.$$

设 $Z = \{(NA, \{NB\}) \mid N \in \mathbf{N}, x_- < NA < x_+, y_- < NB < y_+\}$. 于是 $Z \subseteq S_{A,B} \cap l' \subseteq S_{a,b}$，$Z$ 中的点将 l' 分割成长度为 d 的线段，两条线段的端点除外. (从根本上说，我们容易把正方形 $(x_-, x_+) \times (y_-, y_+)$ 转化为 $(0,1)^2$). 设 l 交 $x+y=1$ 于点 R，设 S 是 l 与

过点 P 平行于 $x+y=1$ 的直线的交点. R 是 $(x,y) \in l, x+y=1$ 的唯一的点. 容易检验 $\left(\{Km\}, \left\{\frac{B}{A}Km\right\}\right)$ 满足两个条件. 因为 $PQRS$ 是平行四边形, 所以
$$PS = QR = \sqrt{2} \mid \{Km\} - x_1 \mid < \sqrt{\varepsilon_2}.$$

取 $\varepsilon_2 = \frac{\varepsilon_1}{2\sqrt{2}}$, 得到 $PS < \frac{\varepsilon_1}{2} < \varepsilon_1, S$ 必属于 $(0,1)^2$, 因此在 l' 上. 现在设 T, U 在 l 上, 且 $T \neq U, ST = SU = \frac{d}{2}$. 因为
$$PT \leqslant PS + ST < \frac{\varepsilon_1}{2} + \frac{d}{2} < \varepsilon_1,$$
$$PU \leqslant PS + SU < \frac{\varepsilon_1}{2} + \frac{d}{2} < \varepsilon_1,$$

所以 $T, U \in (0,1)^2, \overline{TU}$ 包含于 l' 中. 因为 l' 被 Z 的点分割成长度为 d 的线段, $TU = d$, 存在 $X \in Z \cap \overline{TU} \subseteq S_{a,b}$. 于是
$$PX \leqslant PS + SX < \frac{\varepsilon_1}{2} + \frac{d}{2} < \varepsilon_1,$$

这就是所求的.

现在假定对 $p, q, r \in \mathbf{Q}$, 不全为零, 有 $pa + qb + r = 0$. p, q 之一必为零. 于是
$$p(na - \lfloor na \rfloor) + q(nb - \lfloor nb \rfloor) + nr = -p\lfloor na \rfloor - q\lfloor nb \rfloor$$
$$p\{na\} + q\{nb\} = -nr - p\lfloor na \rfloor - q\lfloor nb \rfloor \qquad ①$$

式 ① 的左边有界, 所以右边只包含有限多个值: 如果 D 是 p, q, r 的公分母, 那么右边必是 $\frac{s}{D}$ 的形式, 其中 $s \in \mathbf{Z}$. 这就是说 $S_{a,b}$ 的点只能位于有限多条直线上. $[0,1]^2$ 中不在这些直线上的任何点都不是有限点, 所以 $S_{a,b}$ 在 $[0,1]^2$ 内不稠密.

U155 求 $\int_{\frac{1}{3}}^{\frac{1}{2}} \frac{\arctan 2x - \operatorname{arccot} 3x}{x} \mathrm{d}x$ 的值.

解 设 $I = \int_{\frac{1}{3}}^{\frac{1}{2}} \frac{\arctan 2x - \operatorname{arccot} 3x}{x} \mathrm{d}x, x = \frac{1}{y}$, 那么

$$I = \int_3^2 \frac{\arctan \frac{2}{y} - \operatorname{arccot} \frac{3}{y}}{\frac{1}{y}} \cdot -\frac{1}{y^2} \mathrm{d}y = \int_2^3 \frac{\arctan \frac{2}{y} - \operatorname{arccot} \frac{3}{y}}{y} \mathrm{d}y$$

$$= \int_2^3 \frac{\operatorname{arccot} \frac{y}{2} - \arctan \frac{y}{3}}{y} \mathrm{d}y.$$

设 $y = 6x$, 得到

$$\int_2^3 \frac{\operatorname{arccot} \frac{y}{2} - \arctan \frac{y}{3}}{y} \mathrm{d}y = -6 \int_{\frac{1}{3}}^{\frac{1}{2}} \frac{\arctan 2x - \operatorname{arccot} 3x}{x} \mathrm{d}x,$$

这表明 $I = -6I$,于是 $I = 0$.

U156 设 $f : [a, b] \to \mathbf{R}$ 是连续函数,且
$$\int_0^1 xf(x)\,\mathrm{d}x = 0.$$
证明:$\left|\int_0^1 x^2 f(x)\,\mathrm{d}x\right| \leqslant \dfrac{1}{6}\max\limits_{x\in[0,1]}|f(x)|.$

证明 因为 $\int_0^1 xf(x)\,\mathrm{d}x = 0$,所以对于任何 $a \in \mathbf{R}$,有
$$\left|\int_0^1 x^2 f(x)\,\mathrm{d}x\right| = \left|\int_0^1 (x^2 - ax)f(x)\,\mathrm{d}x\right| \leqslant \int_0^1 |(x^2 - ax)|\,\mathrm{d}x \max_{x\in[0,1]}|f(x)|$$

现在用最小的积分选择最佳常数
$$C_a = \int_0^1 |(x^2 - ax)|\,\mathrm{d}x.$$

容易检验 $C_1 = \dfrac{1}{6}$.注意到当 $a = \dfrac{1}{\sqrt{2}}$ 时,我们得到最佳常数
$$C_{\frac{1}{\sqrt{2}}} = \dfrac{2 - \sqrt{2}}{6} < \dfrac{1}{6}.$$

U157 设 $(A, +, \cdot)$ 是使 $1+1 = 0$ 的有限环.证明:方程 $x^2 = 0$ 的解的个数等于方程 $x^2 = 1$ 的解的个数.

证明 对于每一个 $x \in A, 2x = x + x = (1+1)x = 0$.设
$$U = \{x \in A \mid x^2 = 0\} \text{ 和 } V = \{x \in A \mid x^2 = 1\}.$$
定义映射 $\tau : A \to A : \tau(x) = x + 1$.如果 $x \in U$,那么 $x^2 = 0$,所以 $\tau(x)^2 = (x+1)^2 = x^2 + 2x + 1 = x^2 + 1 = 1$.于是 $\tau(x) \in V$.另一方面,如果 $y \in V$,那么 $x = y - 1$,有 $x^2 = y^2 - 2y + 1 = 1$,即 $x \in U, \tau(x) = y$.于是推得 $\tau(U) = V$.因为 $a + 1 = b + 1$,所以 $a = b$,映射 τ 是一对一的.于是 $\tau(U) = V$ 意味着 $|U| = |V|$.

U158 设数列 $\{a_n\}_{n \geqslant 0}$,有 $a_0 > 0$,对 $n = 0, 1, \cdots$,有 $a_{n+1} = a_n + \dfrac{1}{a_n}$.

(1) 证明:$\lim\limits_{n\to\infty} a_n = +\infty$.

(2) 求:$\lim\limits_{n\to\infty} \dfrac{a_n}{\sqrt{n}}$.

解 数列 $\{a_n\}$ 不减,且收敛于 $\sup\limits_n a_n = S$.如果 S 有限,那么将有 $S = S + \dfrac{1}{S}$,得到矛盾,除非 $S = +\infty$.

至于(2),我们采用 Cesaro – Stolz 定理,得到
$$\dfrac{a_{n+1}^2 - a_n^2}{(n+1) - n} = \dfrac{a_{n+1} + a_n}{a_n} = \dfrac{a_{n+1}}{a_n} + 1 = 1 + \dfrac{1}{a_n^2} + 1 \to 2,$$

于是 $\lim_{n\to\infty}\dfrac{a_n^2}{n}=2$. 因为 a_n 是正的，于是所求的极限是 $\sqrt{2}$.

U159 设 x,y 是正实数. 证明：
$$x^y y^x \leqslant \left(\frac{x+y}{2}\right)^{x+y}.$$

第一种证法 由加权 AM-GM 不等式推得
$$x^y y^x \leqslant \left(\frac{xy+yx}{x+y}\right)^{x+y} = \left(\frac{2xy}{x+y}\right)^{x+y} \leqslant \left(\frac{x+y}{2}\right)^{x+y},$$

这里最后一个不等式又用了一次 AM-GM 不等式
$$\frac{2xy}{x+y} \leqslant \frac{x+y}{2} \Leftrightarrow \sqrt{xy} \leqslant \frac{x+y}{2}$$

得到的.

第二种证法 首先，我们将证明一个较强的不等式
$$x^y y^x \leqslant (xy)^{\frac{x+y}{2}}.$$

事实上
$$x^y y^x \leqslant (xy)^{\frac{x+y}{2}} \Leftrightarrow x^{2y} y^{2x} \leqslant x^{x+y} y^{x+y} \Leftrightarrow x^y y^x \leqslant x^x y^y \Leftrightarrow 1 \leqslant \left(\frac{x}{y}\right)^{x-y}.$$

最后一个不等式由讨论 $x \geqslant y$ 和 $x \leqslant y$ 两种情况直接得到. 因为 $(xy)^{\frac{1}{2}} \leqslant \dfrac{x+y}{2} \Leftrightarrow (xy)^{\frac{x+y}{2}} \leqslant \left(\dfrac{x+y}{2}\right)^{x+y}$，所以得到
$$x^y y^x \leqslant \left(\frac{x+y}{2}\right)^{x+y}.$$

U160 设 p 是质数，s 和 n 是正整数. 证明：
$$\sum_{k\equiv 0(\bmod p)} (-1)^k \binom{n}{k} \cdot k^s$$

是 p^d 的倍数，这里 $d = \left\lfloor \dfrac{n-s-1}{p-1} \right\rfloor$，$\lfloor x \rfloor$ 是 x 的整数部分.

证明 设 z 是 1 的 p 次本原根. 本题的解答需要在环 $\mathbf{Z}[z]$ 中的数论的一些基本事实. 首先，回忆一下 z 的最低多项式是
$$P(X) = 1 + X + X^2 + \cdots + X^{p-1} = \frac{X^p - 1}{X - 1}.$$

这一多项式的根是 $z^k (k=1,\cdots,p-1)$. 实际上我们有熟知的恒等式：当 k 不是 p 的倍数时，$\sum_{j=0}^{p-1} z^{kj} = 0$（当 k 是 p 的倍数时，和是 p）. $1-z$ 的最低多项式是
$$Q(X) = \frac{(X-1)^p - (-1)^p}{X}.$$

这一多项式的根是 $1-z^k (k=1,\cdots,p-1)$，于是

$$\prod_{k=1}^{p-1}(1-z^k)=p.$$

注意到对于与 k 互质的 p,有 $1+z+z^2+\cdots+z^{k-1}=\dfrac{z^k-1}{z-1}$ 在环 $Z[z]$ 中是 1. 事实上,设 m 是任意整数,有 $km\equiv(\bmod\ p)$. 于是

$$1=\frac{z^{km}-1}{z-1}=\frac{z^{km}-1}{z^k-1}\cdot\frac{z^k-1}{z-1}$$
$$=(1+z^k+z^{2k}+\cdots+z^{(m-1)k})\cdot(1+z+\cdots+z^{k-1}).$$

于是对某个整系数多项式 $q(X)$ 可以写成 $(1-z)^{p-1}=pq(z)$. 结合这些事实,给出以下结果.

引理 1 假定 M 是整数,属于环 $Z[z]$,且可写成 $M=(1-z)^m h(z)$,那么 p^a 整除 M,这里 $a=\lceil\dfrac{m}{p-1}\rceil$.

引理 1 的证明 首先考虑 $m=1$ 的情况. 因为 $M-(1-z)h(z)=0$,我们看到对某个整系数多项式 g,$M-(1-X)h(X)$ 必定是 z 的最低多项式的倍数,即对某个多项式 $g(X)$,有

$$M-(1-X)h(X)=(1+X+X^2+\cdots+X^{p-1})g(X).$$

将 $X=1$ 代入后,得到 $M=pg(1)$,于是 M 是 p 的倍数. 注意到这种情况也涵盖了 $1\leqslant m\leqslant p-2$ 的情况.

对于一般情况,对 m 进行归纳. 如果 $m\geqslant p-1$,那么用 $(1-z)^{p-1}=pg(z)$,可写成 $\dfrac{M}{p}=(1-z)^{m-p+1}\widetilde{h}(z)$. 于是由归纳假定,$\dfrac{M}{p}$ 能被 p^b 整除,其中 $b=\lceil\dfrac{m-p+1}{p-1}\rceil=a-1$. 于是推得结果.

现在开始求问题的解答. 用上面的恒等式推得

$$\sum_{0\leqslant k\leqslant n,p\mid k}(-1)^k\binom{n}{k}\cdot k^s=\frac{1}{p}\sum_{j=0}^{p-1}\sum_{k=0}^{n}(-z^j)^k k^s\binom{n}{k}.$$

我们将证明当 $s<n$ 时,$j=0$ 这一项为零,$j\neq 0$ 的项都是 $(1-z)^{n-s}$ 的倍数. 于是右边将是 $(1-z)^{n-s-p+1}$ 的倍数. 因为左边显然是整数,由引理 1 推得当

$$a=\lceil\frac{n-s-p+1}{p-1}\rceil=\lceil\frac{n-s-1}{p-1}\rceil$$

时,左边就是 p^a 的倍数. 这就是所求的.

要证明这些艰难的问题,我们就用到以下引理.

引理 2 对于一切 $s<n$,多项式 $\sum_{k=0}^{n}k^s X^k\binom{n}{k}$ 是 $(1+X)^{n-s}$ 的倍数.

引理 2 的证明 当 $s=0$ 时,这就是二项公式

$$\sum_{k=0}^{n} X^k \binom{n}{k} = (1+X)^n.$$

对于一般情况,用归纳法. 如果

$$\sum_{k=0}^{n} k^s X^k \binom{n}{k} = (1+X)^{n-s} f_s(X),$$

那么对 X 微分后,再乘以 X,得到

$$\sum_{k=0}^{n} k^{s+1} X^k \binom{n}{k} = (1+X)^{n-s-1}((n-s) X f_s(X) + X(1+X) f_s'(X)).$$

U161 设 $f:(0,\infty) \to (0,\infty)$ 是对一切 $x \in (0,\infty)$ 满足 $f(f(x)) = x^2$ 的函数.

(1) 求 $f(1)$.

(2) 确定 f 在 $x = 1$ 处是否可微.

解 定义 $g: \mathbf{R} \to \mathbf{R}, g(y) = \ln(f(e^y))$. 注意到对于一切正实数 x,存在 $y = \ln(x)$ 是实数,反之,对于一切正实数 $y, x = e^y$ 是实数. 现在有

$$g(g(\ln(x))) = g(\ln f(x)) = \ln(f(f(x))) = \ln(x^2) = 2\ln(x),$$

或对一切实数 y,有 $g(g(y)) = 2y$. 首先注意到 $g(g(g(y))) = g(2y) = 2g(y)$,或使 $y = 0$(即 $x = 1$),求出 $g(0) = 0$,于是 $f(1) = e^0 = 1$.

接下来,如果 f 在 x_0 处可微,那么 g 在 $y_0 = \ln(x_0)$ 处可微,因为

$$\frac{\mathrm{d}g(y)}{\mathrm{d}y} = \frac{\mathrm{d}(\ln(f(x)))}{\mathrm{d}x} \cdot \frac{\mathrm{d}x}{\mathrm{d}y} = \frac{x}{f(x)} \cdot \frac{\mathrm{d}f(x)}{\mathrm{d}x}.$$

如果 $\frac{\mathrm{d}f(x)}{\mathrm{d}x}$ 存在,并且对于某个 $x_0, \frac{\mathrm{d}f(x)}{\mathrm{d}x}$ 是实数,那么 $\frac{\mathrm{d}g(y)}{\mathrm{d}y}$ 存在,对于某个 $y_0 = \ln(x_0), \frac{\mathrm{d}g(y)}{\mathrm{d}y}$ 是实数. 因为 f 在 $x = 1$ 处可微,所以 g 在 $y = 0$ 处可微.

现在对非零实数 y_0 定义数列:对于一切 $n \geqslant 1$,数列 $y_n = \frac{y_{n-1}}{2} = \frac{y_0}{2^n}$. 显然

$$g\left(\frac{y_0}{2^n}\right) = \frac{1}{2} g\left(\frac{y_0}{2^{n-1}}\right), g(y_n) = g\left(\frac{y_0}{2^n}\right) = \frac{g(y_0)}{2^n},$$

这里第二个等式是由一般的归纳从第一个等式得到的. 等价地,对于一切 $n \geqslant 1$,有 $\frac{g(y_n)}{y_n} = \frac{g(y_0)}{y_0}$. 但是 $\lim_{n \to \infty} y_n = 0$,由导数的定义,得

$$g'(0) = \lim_{n \to \infty} \frac{g(y) - g(0)}{y - 0} = \lim_{n \to \infty} \frac{g(y_n)}{y_n} = \lim_{n \to \infty} \frac{g(y_0)}{y_0} = \frac{g(y_0)}{y_0},$$

或对一切实数 y,有 $g(y) = g'(0) y$. 将 $g(g(y)) = 2y$ 代入后,得到 $(g'(0))^2 = 2$. 结果对一切实数 y,有 $g(y) = \sqrt{2} y$,或对一切实数 y,有 $g(y) = -\sqrt{2} y$,等价于对一切实数 x,有 $f(x) = x^{\sqrt{2}}$. 推出结论.

U162 设 $f: \mathbf{R} \to \mathbf{R}$ 是单调函数,设 $F: \mathbf{R} \to \mathbf{R}$,且
$$F(x) = \int_0^x f(t)\,dt.$$

证明:如果 F 可微,那么 f 连续.

证明 不失一般性,可以假定 f 单调递增. 对于增函数 f,单边极限 $\lim\limits_{x \to x_0^{\pm}} f(x)$ 永远存在,且 $\lim\limits_{x \to x_0^-} f(x) \leqslant \lim\limits_{x \to x_0^+} f(x)$,当且仅当这两个极限相等时,$f$ 在 x_0 处连续.

现在确定一个点 x_0,设 $\lim\limits_{x \to x_0^{\pm}} f(x) = y_{\pm}$ 是 x_0 处的单边极限,对于任何 $\varepsilon > 0$,存在 $\delta > 0$,当且仅当 $x_0 < x < x_0 + \delta$ 时, $y_+ < f(x) < y_+ + \varepsilon$. 于是对于 $0 < h < \delta$,有
$$|F(x_0+h) - F(x_0) - y_+ h| = \left|\int_{x_0}^{x_0+h}(f(x) - y_+)\,dx\right| \leqslant \int_{x_0}^{x_0+h} \varepsilon\,dx = \varepsilon h.$$

于是
$$\lim_{h \to 0^+} \frac{F(x_0+h) - F(x_0)}{h} = y_+.$$

类似地,有
$$\lim_{h \to 0^-} \frac{F(x_0+h) - F(x_0)}{h} = y_-.$$

如果 F 在 x_0 处可微,两个单边极限必须相等,于是 $h_+ = h_-$. 但是这表明 f 在 x_0 处连续.

U163 设 (x, y, z) 是不同的正整数三数组,求能被 2 010 整除的 $f(x, y, z) = x^2 + y^2 + z^2 - xy - yz - zx$ 的最小值.

解 不失一般性,如果 z 是奇数,x, y 是偶数,那么 z^2 是仅有的有奇数项,$f(x, y, z)$ 是奇数,于是不能被 2 010 整除. 如果 x, y 是奇数,z 是偶数,那么 x^2, y^2, xy 是仅有的有奇数项,$f(x, y, z)$ 仍是奇数. 于是 x, y, z 的奇偶性相同,所以可设
$$u = \frac{x-y}{2}, v = \frac{y-z}{2},$$

所以
$$3s^2 + d^2 = (u^2 + v^2 + uv) = (x-y)^2 + (y-z)^2 + (x-y)(y-z) = f(x, y, z),$$

这里 $s = u + v, d = u - v$,如果 2 010 整除 $f(x, y, z)$,那么 $4\,020 = 2^2 \cdot 3 \cdot 5 \cdot 67$ 整除 $f(x, y, z)$. 任何完全平方数模 5 余 $-1, 0, 1$,于是如果 s, d 不能同时能被 5 整除,那么 $3s^2 + d^2$ 不可能是 5 的倍数,于是 $3s^2 + d^2 = f(x, y, z)$,20 100 整除 $f(x, y, z)$. 定义 $s' = \dfrac{s}{5}, d' = \dfrac{d}{5}$,得到
$$3s'^2 + d'^2 = \frac{f(x, y, z)}{25} = \frac{20\,100k}{25} = 804k.$$

但是取 $s' = 16, d' = 6$ 时,得到 $3s'^2 + d'^2 = 768 + 36 = 804$,或 $f(x, y, z) \geqslant 25 \cdot 804 =$

20 100,例如,当 $s=80$ 和 $d=30$ 时,即 $u=55, v=25$,或对一切正整数 z,有 $f(z+160, z+50, z)=20\ 100$,这可直接计算容易验证.

U164 证明:$\varphi(2^{2\ 010!}-1)$ 的末尾至少有 499 个 0.

证明 要证明 $\varphi(2^{2\ 010!}-1)$ 的末尾有 501 个 0,只要证明 $\varphi(2^{2\ 010!}-1)$ 能被 5^{501} 和 2^{501} 整除. 因为

$$\sum_{k=1}^{\infty}\lfloor\frac{2\ 010}{5^k}\rfloor=501 \text{ 和 } \sum_{k=1}^{\infty}\lfloor\frac{2\ 010}{2^k}\rfloor=2\ 012,$$

推出对某正整数 a,b,有 $2\ 012!=4\cdot 5^{501}\cdot a=2^{2\ 012}\cdot b$,根据欧拉定理

$$2^{2\ 010!}-1=2^{4\cdot 5^{501}\cdot a}-1=(2^a)^{\varphi(5^{502})}-1\equiv 0(\bmod\ 5^{502}),$$

这表明 5^{501} 整除 $\varphi(2^{2\ 010!}-1)$. 现在证明:对一切 $k\geqslant 1, 2^k$ 整除 $\varphi(2^{2^k\cdot b}-1)$. 当 $k=1$ 时,$2^{2b}-1$ 是奇数,2 整除 $\varphi(2^{2^k\cdot b}-1)$. 又因为

$$(2^{2^k\cdot b}-1, 2^{2^k\cdot b}+1)=1,$$
$$\varphi(2^{2^k\cdot b}-1)=\varphi(2^{2^{k-1}\cdot b}-1)\cdot\varphi(2^{2^{k-1}\cdot b}+1).$$

由归纳假定,2^{k-1} 整除 $\varphi(2^{2^{k-1}\cdot b}-1)$,因为 $2^{2^{k-1}\cdot b}+1$ 是奇数,所以 2 整除

$$\varphi(2^{2^{k-1}\cdot b}+1)$$

于是 $2^{2\ 002}$ 整除 $\varphi(2^{2\ 010!}-1)$.

U165 设 $G=\{A_1, A_2, \cdots, A_m\}\subset M_n(\mathbf{R})$,使 $(G,\cdot)$ 是一个群. 证明:$\operatorname{tr}(A_1+A_2+\cdots+A_m)$ 是能被 m 整除的整数.

证明 设 $B=A_1+A_2+\cdots+A_m$. 因为 G 是一个群,所以对任何确定的 $j\in(1,2,\cdots,m)$,映射 $A\mapsto AA_j$ 是 G 到 G 上的双射. 于是推出 $BA_j=B$,因为这对 $j=1,2,\cdots,m$ 成立,所以有 $B^2=B(A_1+A_2+\cdots+A_m)=BA_1+BA_2+\cdots+BA_m=mB$. 因为

$$\boldsymbol{C}^2=\frac{1}{m^2}\boldsymbol{B}^2=\frac{1}{m^2}(m\boldsymbol{B})=\boldsymbol{C},$$

所以矩阵 $\boldsymbol{C}=\frac{1}{m}\boldsymbol{B}$ 是等幂的,于是 $\operatorname{tr}(\boldsymbol{C})=\operatorname{rank}(\boldsymbol{C})$. 因此,$\operatorname{tr}(\boldsymbol{B})=m(\operatorname{rank}(\boldsymbol{C}))$,是 m 的倍数.

U166 求一切函数 $f:[0,\infty)\to[0,\infty)$,使

(1) f 是积性函数.

(2) $\lim_{x\to\infty}f(x)$ 存在,而且非零.

解 设 $\lim_{t\to\infty}f(t)=c\neq 0$,设 $a>0$,那么

$$c=\lim_{t\to\infty}f(at)=\lim_{t\to\infty}f(a)f(t)=f(a)\lim_{t\to\infty}f(t)=f(a)c,$$

这就是说 $f(a)=1$,于是 f 在 $(0,\infty)$ 上恒等于 1,然而可假定 $f(0)$ 是任何非零实数. 容易检验这样的函数符合问题的要求.

U167 设 $f:[0,1]\to\mathbf{R}$ 是连续的可微函数,且 $f(1)=0$,证明:

$$\left|\int_0^1 xf(x)\mathrm{d}x\right| \leqslant \frac{1}{6}\max_{x\in[0,1]}|f'(x)|.$$

证明 利用分部积分,得到

$$\int_0^1 xf(x)\mathrm{d}x = \left(\frac{x^2}{2}f(x)\right)\Big|_0^1 - \int_0^1 \frac{x^2 f'(x)}{2}\mathrm{d}x = -\frac{1}{2}\int_0^1 x^2 f'(x)\mathrm{d}x.$$

根据条件 $f(x)$ 是连续的可微函数,所以

$$M := \max_{x\in[0,1]}|f'(x)|,$$

于是

$$\left|\int_0^1 xf(x)\mathrm{d}x\right| = \left|-\frac{1}{2}\int_0^1 x^2 f'(x)\mathrm{d}x\right| = \frac{1}{2}\left|\int_0^1 x^2 f'(x)\mathrm{d}x\right|$$

$$\leqslant \frac{1}{2}\int_0^1 x^2 |f'(x)|\mathrm{d}x \leqslant \frac{M}{2}\int_0^1 x^2 \mathrm{d}x = \frac{1}{6}\max_{x\in[0,1]}|f'(x)|.$$

U168 设 $f:[a,b]\to \mathbf{R}$ 是在 (a,b) 上的二阶可微函数,设

$$\max_{x\in[a,b]}|f''(x)| = M.$$

证明:

$$\left|\int_a^b f(x)\mathrm{d}x - f(\frac{a+b}{2})(b-a)\right| \leqslant \frac{(b-a)^3}{24}M.$$

证明 设 $\Delta = \int_a^b f(x)\mathrm{d}x - f(\frac{a+b}{2})(b-a)$. 容易验证

$$\int_a^b (x - \frac{a+b}{2})\mathrm{d}x = 0,$$

推得

$$\Delta = \int_a^b \left(f(x) - f(\frac{a+b}{2}) - (x - \frac{a+b}{2})f'(\frac{a+b}{2})\right)\mathrm{d}x.$$

对于任何 $x \in [a,b]$ 和在 x 与 $\frac{a+b}{2}$ 之间的某个 ϑ,有

$$f(x) = f(\frac{a+b}{2}) + (x - \frac{a+b}{2})f'(\frac{a+b}{2}) + \frac{1}{2}(x - \frac{a+b}{2})^2 f''(\vartheta),$$

于是

$$\left|f(x) - f(\frac{a+b}{2}) - (x - \frac{a+b}{2})f'(\frac{a+b}{2})\right| \leqslant \frac{M}{2}(x - \frac{a+b}{2})^2.$$

由此推出

$$|\Delta| \leqslant \frac{M}{2}\int_a^b (x - \frac{a+b}{2})^2 \mathrm{d}x$$

$$= \frac{M}{6}\left((\frac{b-a}{2})^3 - (\frac{a-b}{2})^3\right) = \frac{(b-a)^3}{24}M.$$

U169 数列 $(x_n)_{n\geqslant 1}$ 和 $(y_n)_{n\geqslant 1}$ 定义为 $x_1 = 2, y_1 = 1$,对一切 n,有 $x_{n+1} = x_n^2 + 1$,

$y_{n+1}=x_n y_n$. 证明:对一切 n,有
$$\frac{x_n}{y_n}<\frac{651}{250}.$$

证明 因为 $\frac{x_1}{y_1}=2,\frac{x_2}{y_2}=\frac{5}{2},\frac{x_3}{y_3}=\frac{13}{5},\frac{x_4}{y_4}=\frac{677}{260}$,所以当 $1\leqslant n\leqslant 4$ 时,不等式成立. 又对于 $n\geqslant 5$,有
$$\frac{x_n}{y_n}=\frac{x_{n-1}^2+1}{x_{n-1}y_{n-1}}=\frac{x_{n-1}}{y_{n-1}}+\frac{1}{y_n}=\frac{x_4}{y_4}+\sum_{k=5}^{n}\frac{1}{y_k}<\frac{677}{260}+\sum_{k=5}^{\infty}\frac{1}{y_k}.$$

于是只要证明
$$\sum_{k=4}^{\infty}\frac{1}{y_k}\leqslant\frac{651}{250}-\frac{677}{260}=\frac{1}{6\,500}.$$

对于 $n\geqslant 1$,有 $x_n\geqslant x_{n-1}^2\geqslant x_{n-2}^4\geqslant x_{n-3}^8\geqslant\cdots\geqslant 2^{2^{n-1}}$,以及
$$y_n=x_{n-1}\,y_{n-1}\geqslant 2^{2^{n-2}}y_{n-1}\geqslant 2^{2^{n-2}+2^{n-3}}y_{n-2}$$
$$\geqslant\cdots\geqslant 2^{2^{n-2}+2^{n-3}+\cdots+1}=2^{2^{n-1}-1}.$$

这就是说对于 $n\geqslant 5$,有
$$y_n\geqslant 2^{2^{n-1}-1}\geqslant 2^{3n}=8^n,$$
$$\sum_{k=5}^{\infty}\frac{1}{y_k}\leqslant\sum_{k=5}^{\infty}\frac{1}{8^k}=\frac{1}{7\cdot 8^4}=\frac{1}{28\,672}<\frac{1}{6\,500}.$$

U170 实数数列 $(x_n)_{n\geqslant 1}$ 和 $(y_n)_{n\geqslant 1}$ 定义为:$x_1=\alpha,y_1=\beta,|\alpha|\neq|\beta|,\alpha\beta\neq 0$,对一切 $n\geqslant 1$,有
$$x_{n+1}=\max(x_n-y_n,x_n+y_n),$$
$$y_{n+1}=\min(x_n-y_n,x_n+y_n),$$

证明:
$$\lim_{n\to\infty}x_n=\lim_{n\to\infty}y_n=\infty.$$

证明 对一切实数 a,b. 有 $\max(a,b)=\frac{1}{2}(a+b+|a-b|)$ 和 $\min(a,b)=\frac{1}{2}(a+b-|a-b|)$. 于是对一切 $n\geqslant 1$,有
$$x_{n+1}=x_n+|y_n|,y_{n+1}=x_n-|y_n|. \qquad ①$$

首先假定 $|\alpha|<|\beta|$,即 $-|\beta|<\alpha<|\beta|$. 于是利用式 ①,得 $x_2=\alpha+|\beta|,y_2=\alpha-|\beta|,x_3=2|\beta|,y_3=2\alpha$,所以 $x_4=2(|\beta|+|\alpha|),y_3=2(|\beta|-|\alpha|),x_5=4|\beta|,y_5=2|\alpha|$. 容易归纳出,对一切 $n\geqslant 2$ 的整数,有
$$x_{2n}=2^{n-1}(|\beta|+|\alpha|),y_{2n}=2^{n-1}(|\beta|-|\alpha|),x_{2n+1}=2^n|\beta|,y_{2n+1}=2^n|\alpha|.$$
于是推得结果.

如果 $|\alpha|>|\beta|$,再利用式 ①,得到对一切 $n\geqslant 2$,有
$$x_{2n-1}=2^{n-1}|\beta|,y_{2n-1}=2^{n-1}|\beta|,x_{2n}=2^{n-1}(|\beta|+\alpha),y_{2n}=2^{n-1}(\alpha-|\beta|),$$

于是推得 $\lim_{n\to\infty} x_n = \lim_{n\to\infty} y_n = \infty$.

U171 设 A 是 n 阶矩阵，且 $A^{10} = O_n$. 证明：

$$\frac{1}{4}A^4 + 12A^3 + \frac{1}{2}A^2 + A + I_n$$

可逆.

证明 设 $f(A) = -\frac{1}{4}A^3 - \frac{1}{2}A^2 - \frac{1}{2}A - I_n, B = Af(A)$. 因为对于任何两个多项式 $P(x), Q(x)$ 和任何矩阵 A，有 $P(A)Q(A) = Q(A)P(A)$，于是 $B^{10} = (Af(A))^{10} = A^{10}f(A)^{10} = O_n$. 于是

$$(\frac{1}{4}A^4 + 12A^3 + \frac{1}{2}A^2 + A + I_n)(I_n + B + B^{29} + \cdots + B^9)$$

$$= (I_n - B)(I_n + B + B^{29} + \cdots + B^9) = I_n - B^{10} = I_n.$$

于是，矩阵 $I_n + B + B^{29} + \cdots + B^9$ 是 $\frac{1}{4}A^4 + 12A^3 + \frac{1}{2}A^2 + A + I_n$ 的逆矩阵.

U172 设 $f: \mathbf{R} \to \mathbf{R}$ 对一切 $x \in \mathbf{R}$ 是严格递增的可逆函数，且对一切 $x \in \mathbf{R}$，有 $f(x) + f^{-1}(x) = e^x - 1$. 证明：$f$ 至多有一个固定的点.

证明 这样的函数不存在. 假定这样 f 的存在，因为 f 是可逆函数，所以它映射到实数. 又因为 f 也是增函数，所以必定有 $\lim_{x\to-\infty} f(x) = -\infty$. 但是这意味着 $\lim_{x\to-\infty} f^{-1}(x) = -\infty$，以及

$$\lim_{x\to-\infty} f(x) + f^{-1}(x) = -\infty \neq \lim_{x\to-\infty} e^x - 1 = -1.$$

U173 设 ϑ 是实数. 证明：

$$\sum_{k=0}^{n-1} \frac{\sin(\frac{2k\pi}{n} - \vartheta)}{3 + 2\cos(\frac{2k\pi}{n} - \vartheta)} = \frac{(-1)^n \sin(n\vartheta)}{5F_n^2 + 4(-1)^n \sin^2(\frac{n\vartheta}{2})}.$$

这里 F_n 是第 n 个斐波那契数.

证明 设

$$P_n = \frac{\sin(\frac{2k\pi}{n} - \vartheta)}{3 + 2\cos(\frac{2k\pi}{n} - \vartheta)}, \qquad \text{①}$$

容易看出

$$P_n = \frac{1}{2} \cdot \frac{d}{d\vartheta}\left(\ln(3 + 2\cos(\frac{2k\pi}{n} - \vartheta))\right). \qquad \text{②}$$

由此得

$$\sum_{k=0}^{n-1} P_k = \frac{1}{2} \cdot \frac{d}{d\vartheta} \sum_{k=1}^{n-1} (\ln(3 + 2\cos(\frac{2k\pi}{n} - \vartheta))) = \frac{1}{2} \cdot \frac{d}{d\vartheta} \ln\{S_n\}. \qquad \text{③}$$

其中
$$S_n = \prod_{k=0}^{n-1}(3+2\cos(\frac{2k\pi}{n}-\vartheta)). \qquad ④$$

我们将证明
$$S_n = 5F_n^2 + 4(-1)^n \sin^2(\frac{n\vartheta}{2}). \qquad ⑤$$

这里 F_n 是第 n 个斐波那契数. 由连续性只要证明对一切 ϑ 的这一恒等式, 这里数 $\alpha_k = 3 + 2\cos(\frac{2k\pi}{n}-\vartheta)$ 各不相同($k=0, 1, \cdots, n-1$). 回忆一下 Chebyshev 多项式 $T_0(x)=1$, $T_1(x)=x$, $T_n(x)=2xT_{n-1}(x)-T_{n-2}(x)$(这是恒等式 $\cos(n\varphi)+\cos((n-2)\varphi)=2\cos(\varphi)\cos((n-1)\varphi)$ 的转换形式). 实际上这表明 $T_n(x)$ 是首项系数为 2^{n-1} 的 n 次多项式. 下面计算
$$T_n(\frac{\alpha_k-3}{2}) = T_n(\cos(\frac{2k\pi}{n}-\vartheta))$$
$$= \cos(2k\pi-n\vartheta) = \cos(n\vartheta) = 1 - 2\sin^2(\frac{n\vartheta}{2}).$$

于是 α_k 是首项系数是 1 的多项式
$$P(x) = 2T_n(\frac{\alpha_k-3}{2}) + 4\sin^2(\frac{n\vartheta}{2}) - 2$$
的 n 个各不相同的根.

于是由韦达定理, 得到
$$S_n = \prod_{k=0}^{n-1}\alpha_k = (-1)^n P(0)$$
$$= 2(-1)^n T_n(-\frac{3}{2}) + 4(-1)^n \sin^2(\frac{n\vartheta}{2}) - 2.$$

T_n 的递推关系给出以下 $b_n = 2(-1)^n T_n(-\frac{3}{2})$ 的递推关系:

$b_0=2, b_1=3$, 当 $n \geqslant 2$ 时, $b_n = 3b_{n-1} - b_{n-2}$. 这一递推关系与熟知的斐波那契数的一项隔一个项, 或 Lucas 数的一项隔一个项的递推关系相同, 因为 $b_0=L_0=2, b_1=L_2=3$, 得到 $b_n = L_{2n} = 5F_n^2 + 2(-1)^n$. (最后一个等式容易由斐波那契数和 Lucas 数的比内公式得到.) 把这些结果合起来就给出
$$S_n = 5F_n^2 + 4(-1)^n \sin^2(\frac{n\vartheta}{2}).$$

这就是所求的. 将 ④, ⑤ 两式相结合, 得到
$$\sum_{k=0}^{n-1} P_k = \frac{1}{2} \cdot \frac{d}{d\vartheta}\ln(5F_n^2 + 4(-1)^n \sin^2(\frac{n\vartheta}{2}))$$
$$= \frac{1}{2S_n} \cdot \frac{d}{d\vartheta}(5F_n^2 + 4(-1)^n \sin^2(\frac{n\vartheta}{2}))$$

$$= \frac{1}{2S_n}(2(-1)^n n\sin(n\vartheta)) = \frac{(-1)^n n\sin(n\vartheta)}{S_n} \quad ⑥$$

将这一结果的各个部分相结合导致表达式

$$\sum_{k=0}^{n-1} \frac{\sin(\frac{2k\pi}{n} - \vartheta)}{3 + 2\cos(\frac{2k\pi}{n} - \vartheta)} = \frac{(-1)^n n\sin(n\vartheta)}{5F_n^2 + 4(-1)^n \sin^2(\frac{n\vartheta}{2})}. \quad ⑦$$

U174 设 p 是质数. 在 F_p 中的 n 阶线性递推关系是对于一切 $i \geqslant 0$ 在 F_p 中满足形如以下关系式

$$a_{i+n} = c_{n-1}a_{i+n-1} + \cdots + c_1 a_{i+1} + a_i$$

的数列 $\{a_k\}_{k \geqslant 0}$,其中 $c_0, c_1, \cdots, c_{n-1} \in F_p, c_0 \neq 0$.

(1) F_p 中的 n 阶线性递推最大的可能周期是什么?

(2) 有多少个不同的 n 阶线性递推关系具有这个最大的周期?

解 (1) $p^n - 1$. 该数列的连续 n 项只存在 p^n 种可能. 如果出现 $(0, \cdots, 0)$,那么其他项就不可能出现了(最好见下面的存在性).

(2) 假定一个递推关系的周期是 $p^n - 1$. 注意到由范德蒙行列式,函数 $f_\alpha(t) = t^\alpha$(这里 $\alpha \in F_{p^n}^\times$)是函数 $Z/(p^n-1) \to F_{p^n}$ 的空间的基础. 于是对某个 m,不同的 $\alpha_i \in F_{p^n}^\times$, $b_1, \cdots, b_m \in F_{p^n}^\times$,一般项可写成 $a_k = b_1 \alpha_1^k + \cdots + b_k \alpha_m^k$. 代入递推关系,得到多有的 α_i 必须是该特征多项式的根. 如果 α_i 是 d_i 次,那么 $\alpha_i^{p^{d_i}-1} = 1$. 于是为了使周期是 $p^n - 1$,特征多项式必须是不可约的(所以根都有 n 次). 根的阶相同. 这个公共的阶至少是 N,所以这个特征多项式整除 $x^N - 1$. 再利用 f_α 是线性无关的这一事实,我们就能证明周期必定是这个公共的阶,或更小. 于是特征多项式必须整除分圆多项式 $\varphi_{p^n-1}(x)$. 它在 F_p 中的每一个因式都是 n 次,所以存在 $\frac{\varphi(p^n-1)}{n}$ 个有效的多项式. 对于每一个这种多项式,我们可以有 $p^n - 1$ 种方法选择 $a_0, \cdots, a_{n-1}$. (注意一个非零的数列不能满足相应于两个不同的不可约的特征多项式的两个递推关系.)

答案是: $\frac{(p^n - 1)\varphi(p^n - 1)}{n}$.

U175 在一个平面内画 l 条直线、c 个圆、e 个椭圆最多能出现多少个交点?

解 注意到:

(1) 两个圆相交产生两个交点,共有 $2\binom{c}{2}$ 个交点;

(2) 一个椭圆和一个圆或另一个椭圆相交产生四个交点,共有 $4\binom{e}{2} + 4ce$ 个交点;

(3) 两条直线相交产生一个交点,共有 $\binom{l}{2}$ 个交点.

于是最后的公式是 $2\binom{c}{2}+4\binom{e}{2}+4ce+\binom{l}{2}$.

建议读者画 l 条直线、c 个圆、e 个椭圆的图检验存在这些交点.

U176 在空间考虑点 (a,b,c) 的集合,这里 $a,b,c\in\{0,1,2\}$. 求没有三点共线的点的最大个数.

解 考虑类似的二维的问题:求形如 (a,b)(这里 $a,b\in\{0,1,2\}$)的没有三点共线的点的最大个数. 我们将证明这个答案是 6,即这个集合只有 $\{(0,1),(0,2),(1,0),(1,2),(2,0),(2,1)\}$ 或 $\{(0,0),(0,1),(1,0),(1,2),(2,1),(2,2)\}$.

看对应于正方形的 9 个点,$(1,1)$ 为中心,$(0,1),(1,0),(1,2)$ 和 $(2,1)$ 为边的中点,$(0,0),(0,2),(2,0)$ 和 $(2,2)$ 为顶点. 假定 S 是没有三点共线的集合. 如果 S 包含中心 $(1,1)$,那么至多能包含四对相对的点中的每一对点 $\{(a,b),(2-a,2-b)\}$ 中的一个点,于是 $|S|\leqslant 5$. 于是可以假定 $(1,1)\notin S$. 可能属于 S 的其余八个点中,不经过中心 $(1,1)$ 的三点共线的集合有四个. 这四个集合中的每一个都由两个顶点和一个这两个顶点之间的边上的点组成. 于是,要"阻止"这些集合中的所有四个(确保 S 不包含三个共线点),我们必须至少排除 S 中的两点. 于是 $|S|\leqslant 6$. 当且仅当排除相对的角上的点时,等式成立. 这样就产生了上面两种情况.

现在回到原来的问题,可能有 16 种无三点共线的情况,以下面的情况为例:

$$(0,0,0),(0,1,0),(1,0,0),(1,2,0),$$
$$(2,1,0),(2,2,0),(0,0,1),(0,2,1),$$
$$(2,0,1),(2,2,1),(0,1,2),(0,2,2),$$
$$(1,0,2),(1,2,2),(2,0,2),(2,1,2).$$

考虑形如 (a,b,c) 的没有三点共线的一个集合(这里 $a,b,c\in\{0,1,2\}$). 首先注意到对于每一对有确定的 (b,c) 的值,a 至多可以有两个值,使得 (a,b,c) 属于这个集合,否则 $a=0,1,2$ 都属于这个集合,那么这三点将共线. 同理,用于有确定的值的 (c,a) 和 (a,b) 所有的点对. 于是,对于每一个确定的 c 的值,至多存在 6 对 (a,b) 的值,使得 (a,b,c) 属于这个集合,其中没有三个集合有同样的 a 或 b 的值. 现在假定对于给定的 c 的值和两个不同的 b 的值 b_1,b_2,a 的同样的两个值 a_1,a_2,存在 (a,b,c) 属于这个集合. 设 b 的第三个可能的值为 b_3,注意到 (a_1,b_3,c) 和 (a_2,b_3,c) 都不可能属于这个集合,也就是说,至多只有 5 个有前面提到的 c 的值的点属于这个集合. 于是推得,如果存在 6 个有同样的 c 的值的点,那么使得 (a,b,c) 属于这个集合的 a 的值与 b_3 取其三个可能的值所组成的点对必定是不相同的,因此必定是 $(0,1),(1,2),(0,2)$,每一对与 b 的每一个可能的值对应. 最后,如果 $(0,1,c)$ 和 $(1,1,c)$ 属于这个集合,注意到因为 $(0,2,c)$ 和 $(2,2,c)$ 都不能属于这个集合,所以 $(0,0,c)$ 不可能属于这个集合,由对称性,对于 $(2,1,c)$ 情况类似,即有 6 个点具有同样的 c 的值,它们必是 $(0,0,c),(0,1,c),(1,0,c),(1,2,c),(2,1,c),(2,2,c)$ 或 $(0,1,c),$

$(0,2,c),(1,0,c),(1,2,c),(2,0,c),(2,1,c)$.

现在假定可能有 17 种三点共线的情况. 根据前面的论断, 恰有两个具有同样 c 的值的平面必定恰包含 6 个点, 其余一个平面必定恰好包含 5 个点. 再说, 恰包含 6 个点的两个平面必有上面提到的两个不同的组合, 因为如果 (a,b,c) 是因两个不同的 c 的值和六对不同的 (a,b) 的值放到这个集合里, 那么 (a,b,c) 是因这六对值的每一对和 c 的第三个值而不能放到这个集合里. 于是推得恰好包含 5 个点的平面不能有点 $(0,1,c)$, $(1,0,c)$, $(1,2,c)$ 或 $(2,1,c)$, 因为它们与另外两个平面的相应的点共线. 于是恰好包含 5 个点的平面至少包含点 $(0,0,c)$, $(1,1,c)$ 和 $(2,2,c)$, 而这三个点共线, 产生矛盾. 于是不能多于 16 个点, 但是已经列举了 16 个点不共线的例子, 因此不共线的最大个数是 16.

U177 设 $a_1, a_2, \cdots, a_n$ 和 $b_1, b_2, \cdots, b_n$ 是大于 1 的整数. 证明: 存在无穷多个质数 p, 对于一切 $i=1,2,\cdots,n$, 使 p 整除 $b_i^{\frac{p-1}{a_i}}-1$.

证明 这是以下漂亮的结果的一个简单的(但是意想不到的)应用.

定理 (Nagel) 设 $f_1, f_2, \cdots, f_n$ 是非常数的整系数多项式, 那么对于无穷多个质数 p, 可以找到整数 $x_1, x_2, \cdots, x_n$, 对于一切 i, 使 p 整除 $f_i(x_i)$.

为了证明, 我们参考 T. Andreescu, G. Dospinescu, Problems from the Book. 现在考虑多项式 $f_i(X) = X^{a_i} - b_i$, 并加到多项式 φ_{a_i} 的集合中, 这里 φ_n 是 n 次分圆多项式. 取定理中的质数 $p > b_1 b_2 \cdots b_n + a_1 a_2 \cdots a_n$, 取 x_i, y_i, 使 p 整除 $f_i(x_i)$ 和 φ_{a_i}. 因为 p 不能整除任何 a_i, 所以这是分圆多项式的经典性质, 即必有 $p \equiv 1 \pmod{a_i}$. 又因为 p 不整除 b_i, 所以显然不整除 x_i. 因为 $x_i^{a_i} \equiv b_i \pmod{p}$, $a_i \equiv 1 \pmod{p}$, 由费马小定理, 得到 p 整除 $b_i^{\frac{p-1}{a_i}}-1$, 证毕.

U178 设 k 是确定的正整数, 设
$$S_n^{(j)} = \binom{n}{j} + \binom{n}{j+k} + \binom{n}{j+2k} + \cdots \quad (j=0,1,\cdots,k-1)$$

证明:
$$\left(S_n^{(0)} + S_n^{(1)} \cos \frac{2\pi}{k} + \cdots + S_n^{(k-1)} \cos \frac{2(k-1)\pi}{k}\right)^2 +$$
$$\left(S_n^{(1)} \sin \frac{2\pi}{k} + S_n^{(2)} \sin \frac{4\pi}{k} + \cdots + S_n^{(k-1)} \sin \frac{2(k-1)\pi}{k}\right)^2 = \left(2\cos \frac{\pi}{k}\right)^{2n}.$$

证明 设 $\mathbf{Z}^+ = \mathbf{N} \cup \{0\}$, 以及
$$D_j = \{j + mk \mid m \in \mathbf{Z}^+, 且 j + mk \leqslant n\}.$$
则
$$S_n^{(j)} = \sum_{p \in D_j} \binom{n}{p}, \quad \bigcup_{j=0}^{k-1} D_j = \{0,1,\cdots,n\}$$

设

$$a = \sum_{j=0}^{k-1} S_n^{(j)} \cos \frac{2j\pi}{k}, b = \sum_{j=0}^{k-1} S_n^{(j)} \sin \frac{2j\pi}{k}, \varepsilon = \cos \frac{2\pi}{k} + \mathrm{i}\sin \frac{2\pi}{k}.$$

于是 $\varepsilon^k = 1$, 以及

$$\begin{aligned}
a + \mathrm{i}b &= \sum_{j=0}^{k-1} S_n^{(j)} \left(\cos \frac{2j\pi}{k} + \mathrm{i}\sin \frac{2j\pi}{k} \right) = \sum_{j=0}^{k-1} S_n^{(j)} \varepsilon^j \\
&= \sum_{j=0}^{k-1} \sum_{p \in D_j} \binom{n}{p} \varepsilon^p = \sum_{p \in D_j} \binom{n}{p} \varepsilon^p = \sum_{p=1}^{n} \binom{n}{p} \varepsilon^p = (1+\varepsilon)^n \\
&= (1 + \cos \frac{2\pi}{k} + \mathrm{i}\sin \frac{2\pi}{k})^n = \left(2\cos \frac{\pi}{k} (\cos \frac{\pi}{k} + \mathrm{i}\sin \frac{\pi}{k}) \right)^n \\
&= (2\cos \frac{\pi}{k})^n (\cos \frac{\pi}{k} + \mathrm{i}\sin \frac{\pi}{k})^n.
\end{aligned}$$

于是

$$\mid a+\mathrm{i}b \mid = \mid (2\cos \frac{\pi}{k})^n \mid \mid (\cos \frac{\pi}{k} + \mathrm{i}\sin \frac{\pi}{k})^n \mid = \mid (2\cos \frac{\pi}{k}) \mid^n.$$

U179 设 $f: [0,\infty) \to \mathbf{R}$ 是连续函数, 且 $f(0) = 0$, 对一切 $x \geqslant 0, f(2x) \leqslant f(x) + x$. 证明: 对一切 $x \in [0,\infty)$, 有 $f(x) \leqslant x$.

证明 注意到

$$f(x) \leqslant f(\frac{x}{2}) + \frac{x}{2} \leqslant f(\frac{x}{4}) + \frac{x}{4} + \frac{x}{2} \leqslant f(\frac{x}{8}) + \frac{x}{8} + \frac{x}{4} + \frac{x}{2} \cdots$$

经过 n 步以后得到

$$f(x) \leqslant f(\frac{x}{2^n}) + \sum_{k=1}^{n} \frac{x}{2^k}.$$

让 $n \to \infty$, 得到

$$f(x) \leqslant \lim_{n \to \infty} \left(f(\frac{x}{2^n}) + \sum_{k=1}^{n} \frac{x}{2^k} \right) = \lim_{n \to \infty} f(\frac{x}{2^n}) + \lim_{n \to \infty} \sum_{k=1}^{n} \frac{x}{2^k} = 0 + 1 = 1,$$

这里我们对

$$\lim_{n \to \infty} f(\frac{x}{2^n}) = 0$$

用了 $f(x)$ 的连续性和 $f(0) = 0$, 证毕.

U180 设 $a_1, \cdots, a_k, b_1, \cdots, b_k, n_1, \cdots, n_k$ 是正整数, 以及

$$a = a_1 + \cdots + a_k, b = b_1 + \cdots + b_k, n = n_1 + \cdots + n_k, k \geqslant 2.$$

证明:

$$\int_0^1 (a_1 + b_1 x)^{n_1} \cdots (a_k + b_k x)^{n_k} \mathrm{d}x \leqslant \frac{(a+b)^{n+1} - a^{n+1}}{(n+1)b}.$$

第一种证法 因为对一切 $i, a_i \leqslant a, b_i \leqslant b$, 所以有

$$\int_0^1 (a_1 + b_1 x)^{n_1} \cdots (a_k + b_k x)^{n_k} \mathrm{d}x \leqslant \int_0^1 (a + bx)^{n_1 + \cdots + n_k} \mathrm{d}x$$

$$= \int_0^1 (a+bx)^n \mathrm{d}x = \frac{(a+b)^{n+1}-a^{n+1}}{(n+1)b}.$$

第二种证法 我们将证明更强的不等式. 设

$$\alpha = \frac{1}{n}\sum_{j=1}^k n_j a_j \leqslant a, \beta = \frac{1}{n}\sum_{j=1}^k n_j b_j \leqslant b.$$

然后将证明

$$\int_0^1 (a_1+b_1 x)^{n_1}\cdots(a_k+b_k x)^{n_k}\mathrm{d}x \leqslant \frac{(\alpha+\beta)^{n+1}-\alpha^{n+1}}{(n+1)\beta}.$$

右边可以展开为 α 和 β 的正系数多项式, 因此它是 α 和 β 的增函数. 于是这一不等式强于所求证的不等式.

由于对数函数是凸函数, 所以有

$$\ln\prod_{j=1}^k(a_j+b_j x)^{n_j} = n\sum_{j=1}^k\frac{n_j}{n}\ln(a_j+b_j x) \leqslant n\ln\Big(\sum_{j=1}^k\frac{n_j}{n}(a_j+b_j x)\Big)$$
$$= n\ln(\alpha+\beta x).$$

现在取指数后积分, 得到

$$\int_0^1 (a_1+b_1)^{n_1}\cdots(a_k+b_k)^{n_k}\mathrm{d}x \leqslant \int_0^1 (\alpha+\beta x)^n\mathrm{d}x = \frac{(\alpha+\beta)^{n+1}-\alpha^{n+1}}{(n+1)\beta}$$

证毕.

U181 考虑数列 $(a_n)_{n\geqslant 0}$ 和 $(b_n)_{n\geqslant 0}$, 其中 $a_0=b_0=1$, 当 $n\geqslant 1$ 时

$$a_{n+1}=a_n+b_n, b_{n+1}=(n^2+n+1)a_n+b_n.$$

求 $\lim_{n\to\infty} B_n$ 的值, 其中 $B_n = \frac{(n+1)^2}{\sqrt[n+1]{a_{n+1}}} - \frac{n^2}{\sqrt[n]{a_n}}$.

第一种解法 计算

$$a_1=2, b_1=2, a_2=4, b_2=8, a_3=12, b_3=36,$$

于是猜想对于 $n\geqslant 1$, 有 $a_n=2\cdot n!, b_n=2n\cdot n!$. 这可利用递推关系用归纳法直接证明. 回忆一下斯特林公式给出

$$n! = \sqrt{2\pi n}\, n^n \mathrm{e}^{-n}\Big(1+O\Big(\frac{1}{n}\Big)\Big).$$

于是

$$(2\cdot n!)^{\frac{1}{n}} = \frac{n}{\mathrm{e}}\exp\Big(\frac{\log(8\pi n)}{2n} + O(n^{-2})\Big),$$

以及

$$\frac{n^2}{\sqrt[n]{2\cdot n!}} = \mathrm{e}n\exp\Big(-\frac{\log(8\pi n)}{2n} + O(n^{-2})\Big)$$
$$= \mathrm{e}n\Big(1-\frac{\log(8\pi n)}{2n} + O\Big(\frac{\log^2 n}{n^2}\Big)\Big)$$

$$= en - \frac{e\log(8\pi n)}{2} + O(\frac{\log^2 n}{n}).$$

于是

$$B_n = \frac{(n+1)^2}{\sqrt[n+1]{a_{n+1}}} - \frac{n^2}{\sqrt[n]{a_n}} = e + O(\frac{\log^2 n}{n}),$$

$$\lim_{n \to \infty} B_n = e.$$

第二种解法　与前面的解法一样,得到对 $n \geqslant 1$,有 $a_n = 2 \cdot n!$,定义

$$b_n = \log(\frac{n^2}{\sqrt[n]{2 \cdot n!}}) = 2\log n - \frac{1}{n}\sum_{k=2}^{n} \log k + \frac{1}{n}\log 2.$$

于是计算

$$B_n = e^{b_{n+1}} - e^{b_n} = e^{b_n}(e^{b_{n+1}-b_n} - 1) = e^{b_{n+1}-\log n}(n(b_{n+1}-b_n))\frac{e^{b_{n+1}-b_n}-1}{b_{n+1}-b_n}.$$

这三个极限都可以用以下引理完成.

引理　(1) $\lim_{n \to \infty}(b_n - \log n) = 1$.

(2) $\lim_{n \to \infty} n(b_{n+1} - b_n) = 1$.

引理(2)表明当 n 趋近于无穷大时,$b_{n+1} - b_n$ 趋近于零,于是

$$\lim_{n \to \infty} \frac{e^{b_{n+1}-b_n}-1}{b_{n+1}-b_n} = \lim_{n \to \infty} \frac{e^x - 1}{x} = 1,$$

所以得到

$$\lim_{n \to \infty} B_n = (\lim_{n \to \infty} e^{b_{n+1}-\log n})(\lim_{n \to \infty} n(b_{n+1}-b_n))(\lim_{n \to \infty} \frac{e^{b_{n+1}-b_n}-1}{b_{n+1}-b_n}) = e^1 \cdot 1 \cdot 1 = e.$$

引理是容易证明的. 对于(1),注意到

$$b_n - \log n = \log n - \frac{1}{n}\sum_{k=1}^{n}\log k - \frac{1}{n}\log 2 = -\frac{1}{n}\sum_{k=1}^{n}\log \frac{k}{n} - \frac{1}{n}\log 2.$$

把这个和看作是黎曼和

$$\int_0^1 \log x \, dx = (x\log x - x)\Big|_0^1 = -1.$$

看到最后一项趋近于零,得到

$$\lim_{n \to \infty}(b_n - \log n) = 1$$

对于(2),注意到

$$(n+1)b_{n+1} - nb_n = (2n+1)\log(n+1) - 2n\log n,$$

所以

$$n(b_{n+1} - b_n) = 2n\log\frac{n+1}{n} + (\log(n+1) - b_{n+1}).$$

第一项趋近于 2,由(1),第二项趋近于 -1,所以

$$\lim_{n\to\infty} n(b_{n+1}-b_n)=2-1=1.$$

U182 求在 $[0,1]$ 上满足以下条件的一切连续函数 $f(x)$.

如果 $x \in [0,\frac{1}{2}]$,则 $f(x)=c$,这里 c 是常数;

如果 $x \in (\frac{1}{2},1]$,则 $f(x)=f(2x-1)$.

解 我们将证明对于每一个正整数 n,

$$f(x)=c, x \in [0,1-\frac{1}{2^n}].$$

对 n 进行归纳. 当 $n=1$ 时,就是问题的条件,于是结论成立. 现在假定结论对 n 成立,证明结论对 $n+1$ 成立. 如果 $x \in [\frac{1}{2},1-\frac{1}{2^{n+1}}]$,那么 $2x-1 \in [0,1-\frac{1}{2^n}] \Rightarrow$(根据归纳假定) $f(2x-1)=c \Rightarrow f(x)=c$. 于是,如果 $x \in [0,1)$,那么 $f(x)=c$.

因为 f 连续,所以有

$$f(1)=f(\lim_{n\to\infty}(1-\frac{1}{2^n}))=\lim_{n\to\infty}f(1-\frac{1}{2^n})=\lim_{n\to\infty}c=c.$$

于是对于 $x \in [0,1], f(x)=c$.

U183 设 m 和 n 是正整数. 证明:

$$\sum_{k=0}^{n} \frac{1}{k+m+1}\binom{n}{k} \leqslant \frac{(m+2n)^{m+n+1}-n^{m+n+1}}{(m+n+1)(m+n)^{m+n+1}}.$$

证明 应用加权 AM-GM 不等式,得到对 $x \geqslant 0$,有

$$(x+\frac{n}{m+n})^{m+n}=\left(\frac{mx+n(1+x)}{m+n}\right)^{m+n} \geqslant x^m(1+x)^n.$$

注意到

$$\int_0^1 x^m(1+x)^n dx = \int_0^1 \left[\sum_{k=0}^{n}\binom{n}{k}x^{m+k}\right]dx = \sum_{k=0}^{n}\frac{1}{k+m+1}\binom{n}{k},$$

以及

$$\int_0^1 (x+\frac{n}{m+n})^{m+n}dx = \frac{(m+2n)^{m+n+1}-n^{m+n+1}}{(m+n+1)(m+n)^{m+n+1}}.$$

于是对不等式的两边积分,就得到结果,证毕.

U184 设 $f,g:[a,b] \to \mathbf{R}$ 是连续函数,且 $\int_a^b f(x)dx=0$.

证明:存在某个 c,满足

$$f'(c)\int_c^b g(x)dx + g'(c)\int_a^c f(x)dx = 2f(c)g(c).$$

证明 考虑当 $x \in [a,b]$ 时,由

定义的函数 $F,G,H:[a,b]\to \mathbf{R}$. 我们有 $F(a)=F(b)=0$, 于是也有 $H(a)=H(b)=0$.
对 H 用罗尔定理, 存在一个数 $x_0\in(a,b)$, 使 $H'(x_0)=0$. 因为
$$H'(x)=F'(x)G(x)+F(x)G'(x)=-f(x)G(x)-F(x)g(c).$$
推得 $H'(b)=0$.

在区间 $[x_0,b]$ 上对 H' 用罗尔定理, 得到存在数 $c\in(a,b)$, 使 $H''(c)=0$. 因为
$$H''(x)=-f'(x)G(x)+f(x)g(x)-g'(x)F(x)+f(x)g(x)$$
$$=-f'(x)\int_x^b g(t)\mathrm{d}t-g'(x)\int_x^b f(t)\mathrm{d}t+2f(x)g(x),$$
用 $x=c$ 代入, 得到
$$f'(c)\int_c^b g(x)\mathrm{d}x+g'(c)\int_a^b f(x)\mathrm{d}x=2f(c)g(c).$$
这就是所求的.

U185 确定是否存在一个满足条件:

(1) 对一切复数 z, 有 $f(f(z))=f(z)$;

(2) 存在一个复数 z_0, 有 $f(z_0)\neq z_0$.

的非常数的复解析函数.

证明 因为 f 是非常数的解析函数, 所以在 f 的像中必存在一个开集 U. 于是条件 (1) 给出对于一切 $u\in U$, 有 $f(u)=u$. 因为在开集 U 中, $f(z)=z$ 成立, 由于 f 是解析函数, 所以对一切 z 成立. 于是 (2) 不能成立, 这样的函数不存在.

U186 设 $(A,+,\cdot)$ 是特征值大于等于 3 的有限环, 且对每一个 $x\in U(A)$,
$$1+x\in U(A)\bigcup\{0\},$$
这里 $U(A)$ 是 A 的单位集. 证明: A 是域.

解 我们需要以下两个辅助结果.

引理 1 如果 $(A,+,\cdot)$ 是一个使 $U(A)\bigcup\{0\}$ 是域的有限环, 那么它没有幂零元.

引理 1 的证明 设 $a\neq 0$ 是一个幂零元. 那么 $a+1$ 可逆, 于是 $a=(a+1)-1\in U(A)$, 即 a 是可逆的, 这不可能.

引理 2 设 $(A,+,\cdot)$ 是限环, 那么当且仅当 A 没有幂零元, 且方程 $x^2=x$ 只有解 0, 1 时, $(A,+,\cdot)$ 是域.

引理 2 的证明 若 $(A,+,\cdot)$ 是域, 则 A 显然没有幂零元, 且方程 $x^2=x$ 只有解 0, 1. 反之, 因为 A 是有限的, 所以对于任何 $a\neq 0$, 存在正整数 $p>q$, 使 $a^p=a^q$. 于是, 可写成 $a^q=a^{2p-q}=a^{3p-2q}=\cdots=a^{kp-(k-1)q}=\cdots$. 设 $s=kp-(k-1)q$, 使 $s>2q$. 我们有 $a^q=a^s$, 乘以 a^{s-2q}, 得到 $a^{2(s-q)}=a^{s-q}$, 得到 $a^{2n}=a^n$, 这里 $n=s-q$. 现在假定 $a\in A$, $a\neq 0$, 那么对某个正整数 n, 即 $(a^n)^2=a^n$, 因为方程 $x^2=x$ 只有解 0 和 1, 所以 $a^n=0$, 或 $a^n=1$. 因

为 A 没有幂零元,所以第一种情况不可能,于是有 $a^n=1$,即 a 是可逆的.因此 $(A,+,\cdot)$ 是域(前面的论证证明了 A 是一个除法环,但是因为 A 是有限的,根据 Wedderburn 定理,它必是可交换的).如果 $x,y\in U(A)\cup\{0\}$,那么显然 $xy\in U(A)\cup\{0\}$.设 $x,y\in U(A)$,$x\neq y$.从 $xy^{-1}\in U(A)$ 可推出 $1-xy^{-1}\in U(A)$,于是 $(1-xy^{-1})y\in U(A)$,即 $y-x\in U(A)$.这意味着 $U(A)\cup\{0\}$ 对加法是稳定的,于是 $U(A)\cup\{0\}$ 是域.根据引理 1,推出 A 没有幂零元.设 $a\in A$ 是方程 $x^2=x$ 的一个解,那么 $a^2=a$ 以及 $(2a-1)^2=4a^2-4a+1=1$,于是 $2a-1$ 可逆,即 $2a-1\in U(A)$,得到 $2a=(2a-1)+1\in U(A)$.因为 $1\in U(A)$,所以 $2=1+1\in U(A)\cup\{0\}$.根据已知条件,A 的特征数至少是 3,于是 $2\neq 0$,于是 2 是单位元.于是如果 $2a=0$,那么 $a=0$.如果 $2a=c$,这里 $c\in U(A)$,那么 $a=2^{-1}c$,即 a 可逆.从关系式 $a^2=a$ 可推出 $a=1$,根据引理 2 的结果,证毕.

注 如果 A 的特征数是 2,那么本题的结果就不成立.事实上,对于环 $A=(Z_2)^n$,我们有 $U(A)\cup\{0\}=\{0,1\}\cong Z_2$,但 A 不是域.

U187 设 p 是质数,且 $p\equiv 3\pmod 8$ 或 $p\equiv 5\pmod 8$,$p=2q+1$,q 是质数.求

$$\omega^2+\omega^4+\cdots+\omega^{2p-1}$$

的值,这里 $\omega\neq 1$ 是 1 的 p 次根.

解 因为 $p\equiv\pm 3\pmod 8$,所以 2 是模 p 的二次非剩余,即 $\left(\dfrac{2}{p}\right)=-1$.由欧拉公式得 $2^{\frac{p-1}{2}}\equiv -1\pmod p$,所以 $2^q\equiv -1\pmod p$.用 γ 表示 2 模 p 的阶.有 $\gamma\mid p-1=2q$(q 是质数),于是 $\gamma=1$ 或 $\gamma=2$ 或 $\gamma=q$ 或 $\gamma=2q$.第一种情况不可能,在第二种情况下,$p\mid 2^\gamma-1=3\Rightarrow p=3$,但是在这种情况下,$q=\dfrac{p-1}{2}=1$ 不是质数(矛盾).因为 $2^q\equiv -1\pmod p$,所以第三种情况不可能.于是 $\gamma=2q=p-1$,即 2 是模 p 的原根.现在可以推得 $2,2^2,\cdots,2^{p-1}$ 对模 p 两两不同余,所以它们以某个顺序模 p 余 $1,2,\cdots,p-1$,所以

$$\omega^2+\omega^4+\cdots+\omega^{2p-1}=\omega+\omega^2+\cdots+\omega^{p-1}=-1+\dfrac{\omega^p-1}{\omega-1}=-1,$$

这是因为 $\omega\neq 1$ 是 1 的 p 次根.

U188 设 G 是有限群,对于每一个正整数 m,方程 $x^m=e$ 在 G 中的解的个数至多是 m.证明:G 是循环群.

证明 设 n 是 G 的阶.对于每一个 $d\in\mathbf{N}$,设 A_d 是阶为 d 的所有元素组成的 G 的子集.现在,如果 $f(d):=|A_d|$,我们断言每一个 $d\in\mathbf{N}$,有 $f(d)\leqslant\varphi(d)$,这里 φ 是欧拉函数.事实上,如果 $f(d)=0$,那么从欧拉函数的值都是正的就推出所说的不等式.否则,确定一个阶为 d 的 $g\in G$.g 的幂给出方程 $x^d=e$ 的 d 个解.于是 G 中阶为 d 的所有元素都属于集合 $\{1,g,g^2,\cdots,g^{d-1}\}$.因为当且仅当 $(d,i)=1$ 时,g^i 的阶为 d,所以在这种情况下直接推出 $f(d)=\varphi(d)$(即 $f(d)\neq 0$).此外,恒等式

$$n=|G|=\left|\coprod_{d\mid n}A_d\right|=\sum_{d\mid n}|A_d|=\sum_{d\mid n}f(n) \text{ 和 } n=\sum_{d\mid n}\varphi(d)$$

立刻表明当 d 是 n 的约数时,不等式 $f(d)\leqslant\varphi(d)$ 都不能是严格的.实际上,这表明

$$|A_n|=f(n)=\varphi(n)>0,$$

证毕.

U189 设 $a_1,\cdots,a_n,b_1,\cdots,b_n$ 是不同的复数,且对一切 $k,l=1,2,\cdots,n$,有 $a_k+b_l\neq 0$.解方程组

$$\frac{x_1}{a_k+b_1}+\frac{x_2}{a_k+b_2}+\cdots+\frac{x_n}{a_k+b_n}=\frac{1}{a_k}, k=1,2,\cdots,n.$$

第一种解法 将 $k=1,2,\cdots,n-1$ 时的每一个方程减去第 n 个方程乘以 $\frac{a_n+b_n}{a_k+b_n}$ 后的方程,再将所得的结果乘以 $\frac{a_k+b_n}{a_n-b_k}$(因为 $a_n\neq a_k, a_k+b_n\neq 0$,所以这显然是一个确定的非零复数),于是得到

$$\frac{a_k+b_n}{a_n-b_k}=\sum_{i=1}^{n-1}\left(\frac{x_i}{a_k+b_i}-\frac{(a_n+b_n)x_i}{(a_n+b_i)(a_k+b_n)}\right)=\sum_{i=1}^{n-1}\frac{(b_n-b_i)x_i}{(a_n+b_i)(a_k+b_i)}$$

$$=\frac{a_k+b_n}{a_n-b_k}\left(\frac{1}{a_k}-\frac{a_n+b_n}{a_n(a_k+b_n)}\right)=\frac{b_n}{a_ka_n}.$$

现在对 $i=1,2,\cdots,n-1$ 定义 $z_i=\frac{a_n(b_n-b_i)}{b_n(a_n+b_i)}x_i$,然后将前 $n-1$ 个方程中的每一个都写成 $\sum_{i=1}^{n-1}\frac{z_i}{a_k+b_i}=\frac{1}{a_k}$,即仍回到与原来同样的方程组,但是少了一个变量,也少了一个方程.对于缩减后的方程组(即 $n-1$ 个变量和 $n-1$ 个方程组)的每一组解 $(z_1,z_2,\cdots,z_{n-1})$,用变量 $x_1,x_2,\cdots,x_{n-1}$ 的相应的值代替原方程组中的 n 个方程中的任意一个解,得到 x_n 的唯一的值,显然缩减后的方程组的两个不同的解必定至少有一个 z_i 有不同的值,因此一个相应的 x_i 在原方程组的解中有不同的值,或者说缩减后的方程组的每一组解恰好产生原方程组的一组不同的解.反之,原方程组的任何解在消去变量 x_n 后,产生缩减后的方程组的一组解,根据前面的论证,这组解是唯一的.于是 n 个方程与 $n-1$ 个方程的解的个数相同,原方程组的解,即 $x_i(i=1,2,\cdots,n-1)$ 的值可以由缩减后的方程组的相应的 z_i 的值乘以 $\frac{a_n(b_n-b_i)}{b_n(a_n+b_i)}$ 得到.简单地向后归纳,我们就能找到 n 个方程组成的方程组与一个方程 $\frac{x_1}{a_1+b_1}=\frac{1}{a_k}$ 同样多的解,它显然有唯一解 $x_1=\frac{a_1+b_1}{a_1}$.

显然,对于两个方程组成的方程组,x_1 在两个方程组成的方程组中的值将是

$$\frac{b_2(a_2+b_1)}{a_2(b_2-b_1)}\cdot\frac{a_1+b_1}{a_1}=\frac{b_2(a_1+b_1)(a_2+b_1)}{a_1a_2(b_2-b_1)},$$

再简单地归纳,x_1 在 n 个方程组成的方程组的唯一解的值将是

$$x_1 = \frac{b_1 b_2 \cdots b_n (a_1 + b_1)(a_2 + b_1) \cdots (a_n + b_1)}{a_1 a_2 \cdots a_n (b_2 - b_1)(b_3 - b_1) \cdots (b_n - b_1)}.$$

由各变量之间的轮换对称,推得

$$x_i = \frac{b_{i+1} b_{i+2} \cdots b_{i+n-1}}{a_1 a_2 \cdots a_n} \cdot \frac{(a_1 + b_i)(a_2 + b_i) \cdots (a_n + b_i)}{(b_{i+1} - b_i)(b_{i+2} - b_i) \cdots (b_{i+n-1} - b_i)},$$

这里使用了轮换记号,即对一切正整数 k,有 $b_k = b_{n+k}$. 这就推得每一个 $x_i (i = 1, 2, \cdots, n-1)$ 的值形成所求方程的唯一解.

第二种解法 我们从确定某个记号开始,次数小于 n 的复多项式的向量空间用 $C_n[X]$ 表示,多项式 $(X + b_1)(X + b_2) \cdots (X + b_n)$ 用 $B(X)$ 表示,最后把集合 $\{1, 2, \cdots, n\} \setminus \{k\}$ 写成 $\Delta_n^{(k)}$. 考虑线性同构 $\Phi: C^n \to C_n[X]$ 定义如下:对于给定的向量 $v = (x_1, \cdots, x_n) \in C^n$,我们考虑有理函数 $F_v(X)$ 定义为

$$F_v(X) = \frac{x_1}{X + b_1} + \frac{x_2}{X + b_2} + \cdots + \frac{x_n}{X + b_n},$$

再由 $Q_v(X) = B(X) F_v(X)$ 定义 $Q_v = \Phi(v)$. 反之,给出多项式 $Q \in C_n[X]$,那么我们可直接看出 $v_Q = \Phi^{-1}(Q)$ 是由

$$x^j = Res\left(\frac{Q(X)}{B(X)}, -b_j\right) = \frac{Q(-b_j)}{B'(-b_j)} = \frac{Q(-b_j)}{\prod_{i \in \Delta_n^{(j)}} (b_i - b_j)} \quad (1 \leqslant j \leqslant n)$$

定义的向量 $v_Q = (x_1, \cdots, x_n)$. 当且仅当对于 $1 \leqslant k \leqslant n, a_k F_v(a_k) = 1$ 时,$v = (x_1, \cdots, x_n)$ 是所考虑的方程组的解. 这等价于 $(a_i)_{1 \leqslant i \leqslant n}$ 是次数小于或等于 n 的多项式 $X Q_v(X) - B(X)$ 的零点这一事实. 所以当且仅当存在常数 λ,使

$$X Q_v(X) - B(X) = \lambda \prod_{k=1}^n (a_k - X)$$

时,$(x_1, \cdots, x_n)$ 是所考虑的方程组的解.

取 $X = 0$,我们来看 λ 是唯一确定的

$$\lambda = -\prod_{k=1}^n \frac{b_k}{a_k}.$$

现在来推导这一结论:当且仅当

$$\Phi(v) = Q_v(X) = \frac{1}{X}\left(B(X) - (b_1 \cdots b_n) \prod_{k=1}^n (1 - \frac{X}{a_k})\right)$$

或

$$v = \Phi^{-1}\left(\frac{1}{X}\left(B(X) - (b_1 \cdots b_n) \prod_{k=1}^n (1 - \frac{X}{a_k})\right)\right)$$

时,$v = (x_1, \cdots, x_n)$ 是所考虑的方程组的解.

也就是说,对于 $1 \leqslant j \leqslant n$,我们有

$$x^j = \Big(\prod_{k=1}^{n}(1+\frac{b_j}{a_k})\Big)\prod_{i\in\Delta_n^{(j)}}\frac{b_i}{(b_i-b_j)}=(1+\frac{b_j}{a_k})\prod_{i\in\Delta_n^{(j)}}\frac{b_i(a_i+b_j)}{a_i(b_i-b_j)},$$

这就是所求的解.

最后,我们给出另一个稍微高级一点的解法. 回忆一下柯西矩阵 $\boldsymbol{M}=(m_{i,j})_{1\leqslant i,j\leqslant n}$ 是 $n\times n$ 的矩阵,其元素是 $m_{i,j}=\dfrac{1}{x_i-y_i}$,这里 $(x_i)_{1\leqslant i\leqslant n}$ 和 $(y_j)_{1\leqslant j\leqslant n}$ 是不同的数列. 于是柯西行列式由

$$\det \boldsymbol{M}=\frac{\prod_{1\leqslant i\leqslant j\leqslant n}(x_i-x_j)(y_j-y_i)}{\prod_{i=1}^{n}\prod_{j=1}^{n}(x_i-y_j)}$$

给出. 实际上,如果 (x_i) 和 (y_j) 都不相同,则 $\boldsymbol{M}$ 是可逆的. 于是所给的方程是 $\boldsymbol{Mx}=\boldsymbol{\alpha}$,这里 $\boldsymbol{M}$ 是关于数列 (a_i) 和 $(-b_j)$ 的柯西矩阵,$\boldsymbol{x}$ 是第 k 个元素为 x_k 的列向量,$\boldsymbol{\alpha}$ 是第 k 个元素为 $\dfrac{1}{a_k}$ 的列向量. 由线性代数,这个方程组的解是 $x_k=\dfrac{\det \boldsymbol{N}_k}{\det \boldsymbol{M}}$,这里 $\boldsymbol{N}_k$ 是由用 $\boldsymbol{\alpha}$ 替换 $\boldsymbol{M}$ 的第 k 列得到 $n\times n$ 的矩阵. 但是可以直接看出 $\boldsymbol{N}_k$ 也是再用 $x_i=a_i, y_i=-b_i(j\neq k)$,$y_k=0$ 得到的一个柯西矩阵. 于是 $\det \boldsymbol{N}_k$ 只要设 b_k 为零由 $\det \boldsymbol{M}$ 得到. 全部代入后得到

$$x_k=\frac{\det \boldsymbol{N}_k}{\det \boldsymbol{M}}=\frac{\prod_{i\neq k}\dfrac{b_i}{b_i-b_k}}{\prod_{i=1}^{n}\dfrac{a_i}{a_i+b_k}}=\frac{a_k+b_k}{a_k}\prod_{i\neq k}\frac{b_i(a_i+b_k)}{a_i(b_i-b_k)}.$$

U190 求 $\lim\limits_{n\to\infty}\Big(n\dfrac{\sqrt[n+1]{(n+1)!}}{\sqrt[n]{n!}}-(n-1)\dfrac{\sqrt[n]{n!}}{\sqrt[n-1]{(n-1)!}}\Big)$ 的值.

第一种解法 由斯特林公式给出

$$n!=\sqrt{2\pi n}\,n^n\mathrm{e}^{-n}(1+O(\frac{1}{n})).$$

于是

$$\sqrt[n]{n!}=\frac{n}{\mathrm{e}}\exp\Big(\frac{\log(2\pi n)}{2n}+O(\frac{1}{n^2})\Big),$$

因此

$$n\frac{\sqrt[n+1]{(n+1)!}}{\sqrt[n]{n!}}=(n+1)\exp\Big(\frac{\log(2\pi(n+1))}{2(n+1)}-\frac{\log(2\pi n)}{2n}+O(\frac{1}{n^2})\Big)$$

$$=(n+1)\exp\Big(O(\frac{\log n}{n^2})\Big)=n+1+O(\frac{\log n}{n}).$$

于是

$$n\frac{\sqrt[n+1]{(n+1)!}}{\sqrt[n]{n!}}-(n-1)\frac{\sqrt[n]{n!}}{\sqrt[n-1]{(n-1)!}}=1+O(\frac{\log n}{n}),$$

以及
$$\lim_{n\to\infty}\left[n\frac{\sqrt[n+1]{(n+1)!}}{\sqrt[n]{n!}}-(n-1)\frac{\sqrt[n]{n!}}{\sqrt[n-1]{(n-1)!}}\right]=1.$$

第二种解法 我们将证明更强的结果
$$\lim_{n\to\infty}\left[n\frac{\sqrt[n+1]{(n+1)!}}{\sqrt[n]{n!}}-n\right]=1.$$

把 n 换成 $n-1$ 后两个极限相减,得到
$$\lim_{n\to\infty}\left[n\frac{\sqrt[n+1]{(n+1)!}}{\sqrt[n]{n!}}-(n-1)\frac{\sqrt[n]{n!}}{\sqrt[n-1]{(n-1)!}}\right]=1.$$

为了证明这个更强的极限,定义
$$c_n=\log(\sqrt[n]{n!})=\frac{1}{n}\sum_{k=1}^{n}\log k.$$

注意到所求的极限是
$$n\frac{\sqrt[n+1]{(n+1)!}}{\sqrt[n]{n!}}-n=ne^{c_{n+1}-c_n}-n=n(c_{n+1}-c_n)=\frac{e^{c_{n+1}-c_n}-1}{c_{n+1}-c_n}.$$

因为 $(n+1)c_{n+1}-nc_n=\log(n+1)$,所以计算
$$n(c_{n+1}-c_n)=\log(n+1)-c_{n+1}=-\frac{1}{n+1}\sum_{k=1}^{n+1}\log\frac{k}{n+1}.$$

把这个和看作黎曼和,得到
$$\lim_{n\to\infty}n(c_{n+1}-c_n)=-\int_0^1\log x\,\mathrm{d}x=(x-x\log x)\Big|_0^1=1.$$

实际上,当 n 趋向于无穷大时,$c_{n+1}-c_n$ 趋向于零.
$$\lim_{n\to\infty}\frac{e^{c_{n+1}-c_n}-1}{c_{n+1}-c_n}=\lim_{x\to\infty}\frac{e^x-1}{x}=1.$$

于是
$$\lim_{n\to\infty}\left[n\frac{\sqrt[n+1]{(n+1)!}}{\sqrt[n]{n!}}-n\right]=(\lim_{n\to\infty}n(c_{n+1}-c_n))(\lim_{n\to\infty}\frac{e^{c_{n+1}-c_n}-1}{c_{n+1}-c_n})=1.$$

读者可以将这里的第二种解法与问题 U181 的第二种解法进行比较.

U191 对于正整数 n,定义 $a_n=\prod_{k=1}^{n}(1+\frac{1}{2^k})$. 证明:
$$2-\frac{1}{2^n}\leqslant a_n<3-\frac{1}{2^{n-1}}.$$

解 我们将对 n 归纳进行证明
$$2-\frac{1}{2^n}\leqslant a_n\leqslant 3(1-\frac{1}{2^{n-1}}).$$

下界相同但是上界稍强. 在 $n=1$ 的情况下该不等式变为 $\frac{3}{2} \leqslant \frac{3}{2} \leqslant \frac{3}{2}$, 显然成立.
对于归纳步骤, 只要注意

$$2 - \frac{1}{2^{n+1}} < 2 - \frac{1}{2^{2n+1}} = (2 - \frac{1}{2^n})(1 + \frac{1}{2^{n+1}})$$

$$\leqslant a_n(1 + \frac{1}{2^{n+1}}) = a_{n+1} \leqslant 3(1 - \frac{1}{2^n})(1 + \frac{1}{2^{n+1}})$$

$$< 3(1 - \frac{1}{2^{n+1}} - \frac{1}{2^{2n+1}}) < 3(1 - \frac{1}{2^{n+1}}).$$

U192 设 $f: \mathbf{R} \to \mathbf{R}$ 是在 $\mathbf{R}$ 中任何一点都有有限的单边极限的函数. 证明:
(1) f 的间断点的集合至多是可数个, 实际上 f 在任何区间 $[a,b]$ 上可积.
(2) 如果 $F(x) = \int_0^x f(x) \mathrm{d}x$ 在 $\mathbf{R}$ 中任何一点可微, 那么 f 在 $\mathbf{R}$ 中任何一点有有限的极限.

证明 (1) 设 $l_+(x_0) = \lim\limits_{x \to x_0^\pm} f(x)$ 是单边极限, 那么当且仅当 $l_+(x_0) \neq l_-(x_0)$ 时, f 在 x_0 处间断, 于是我们可以把 f 的间断点的集合 D 写成 $D = \bigcap\limits_{n=1}^\infty D_n$, 这里

$$D_n = \{x \mid |l_+(x) - l_-(x)| > \frac{1}{n}\}.$$

但是容易看出 D_n 是离散的. (如果 $x_0 \in D_n$, 那么存在 $\delta > 0$, 对于 $x_0 < x < x_0 + \delta$, 有 $|f(x) - l_+(x_0)| < \frac{1}{2n}$. 于是 $l_+(x) - l_-(x)$ 都位于区间 $[l_+(x_0) - \frac{1}{2n}, l_+(x_0) + \frac{1}{2n}]$ 内, 于是 $x \notin D_n$. 对于 x_0 的左侧, 有类似的结论. 因此 D_n 至多是可数个, 于是 D 至多是可数个.)

(2) 固定点 x_0, 设在 x_0 处的单边极限是 $\lim\limits_{x \to x_0^\pm} f(x) = y_\pm$. 对于任何 $\varepsilon > 0$, 存在 $\delta > 0$, 使得如果 $x_0 < x < x_0 + \delta$, 那么 $|f(x) - y_+| < \varepsilon$. 于是对 $0 < h < \delta$, 有

$$|F(x_0 + h) - F(x_0) - y_+ \cdot h| = \left| \int_{x_0}^{x_0+h} (f(x) - y_+) \mathrm{d}x \right| \leqslant \int_{x_0}^{x_0+h} \varepsilon \mathrm{d}x = \varepsilon h.$$

于是

$$\lim_{h \to x_0^+} \frac{F(x_0 + h) - F(x_0)}{h} = y_+.$$

类似地, 有

$$\lim_{h \to x_0^-} \frac{F(x_0 + h) - F(x_0)}{h} = y_-.$$

如果 F 在 x_0 处可微, 那么这两个单边极限必定相等, 于是 $y_+ = y_-$. 但这意味着对一切 x_0, 存在 $\lim\limits_{x \to x_0} f(x) = y_+ = y_-$.

注意到在 **R** 中任意一点都有有限的单边极限的函数 f 可能是相当杂乱无章的. 例如因为有理数是可数的, 所以我们可以确定一个一对一的函数 $g:Q \to N$, 其反函数 $h: N \to Q$. 如果 $x > a$, 设 $H_a(x) = 1$, 否则设 $H_a(x) = 0$. 于是我们可以定义

$$f(x) = \sum_{q<x} 2^{-g(q)} = \sum_{n=1}^{\infty} 2^{-n} H_{h(n)}(x).$$

这里第一个和走遍小于 x 的一切有理数. 此时 f 递增, 因此它的单边极限处处存在, 从而是可积的. 但是 f 在每个有理点上是间断的.

U193 设 n 是正整数. 求最大的常数 $c_n > 0$, 使得对于一切正实数 $x_1, \cdots, x_n$, 有

$$\frac{1}{x_1^2} + \cdots + \frac{1}{x_n^2} + \frac{1}{(x_1 + \cdots + x_n)^2} \geq c_n \left(\frac{1}{x_1} + \cdots + \frac{1}{x_n} + \frac{1}{x_1 + \cdots + x_n}\right)^2.$$

解 如果对一切 k, 设 $x_k = \frac{1}{n}$, 则有 $c_n \leq \frac{n^3+1}{(n^2+1)^2}$. 反之, 我们将证明取 $c_n = \frac{n^3+1}{(n^2+1)^2}$ 时, 原不等式成立, 于是这是最大的常数. 由于是齐次的, 所以可以设 $\sum_{i=1}^{n} x_i = 1$ 进行法化. 设 $a_k = \frac{1}{x_k}$, 有不等式

$$n \sum_{k=1}^{n} a_k^2 \geq \left(\sum_{k=1}^{n} a_k\right)^2$$

$$\sum_{k=1}^{n} a_k^2 \geq n^3$$

$$\sum_{k=1}^{n} a_k^2 + n^3 \geq 2n \sum_{k=1}^{n} a_k$$

上面第一个不等式是 Cauchy-Schwarz 不等式, 第二个是加权平均不等式, 第三个只要将 $\sum_{k=1}^{n}(a_k - n)^2 \geq 0$ 展开即可得到. 将第一个不等式乘以 n^3+1, 第二个不等式乘以 $\frac{(n^2+1)(n-1)}{n}$, 第三个不等式乘以 $\frac{n^3+1}{n}$, 相加后, 经过一些代数运算, 得到

$$(n^2+1)^2 \left(\sum_{k=1}^{n} a_k^2 + 1\right) \geq (n^3+1)\left(\sum_{k=1}^{n} a_k + 1\right)^2.$$

直接由定义, 这就是

$$c_n = \frac{n^3+1}{(n^2+1)^2}$$

的上界.

U194 证明: 使 n 整除 $2^{n^2+1} + 3^n$ 的正整数 n 的密度为零.

证明 设 A_x 是 $n < x$, 且整除 $2^{n^2+1} + 3^n$ 的那些正整数 n 的集合. 设 $n \in A_x$, 观察到当 n 为奇数时, 2^{n^2+1} 为完全平方数. 因此, 如果 p 是 n 的质因数, 那么 -3^n 模 p 是平方数, 于是 -3 模 p 是平方数. 利用二次互反律, 推得 $p \equiv 1 \pmod{3}$. 于是 A_x 包含于那些 $n <$

x,且其所有质因数 $1\pmod 3$ 的集合中,将容斥原理与 $\sum_{p\equiv 2\pmod 3}\frac{1}{p}=\infty$(这是从 Dirichlet 定理的证明中的基本估计得到的)这一事实结合,容易证明最后一个集合的密度是零. 推得结果.

U195 给出正整数 n,设 $f(n)$ 是其数字的个数的平方. 例如,$f(2)=1, f(123)=9$. 证明:$\sum_{n=1}^{\infty}\frac{1}{nf(n)}$ 收敛.

第一种证法 如果 n 是 m 位数,那么 $n<10^m$,于是
$$f(n)=m^2>\frac{(\log n)^2}{(\log 10)^2}.$$
于是(忽略不影响收敛性的次数较低的项)
$$\sum_{n=3}^{\infty}\frac{1}{nf(n)}<\sum_{n=3}^{\infty}\frac{(\log 10)^2}{n(\log n)^2}<\int_2^{\infty}\frac{(\log 10)^2}{x(\log x)^2}\mathrm{d}x=\frac{(\log 10)^2}{\log 2}<\infty.$$

第二种证法 设 k 是一个固定的,但是是任意选取的自然数. 我们知道,如果 m_k 是 k 的十进制表示中的数字的个数,那么 $10^{m_k-1}\leqslant k<10^{m_k}$,于是推得
$$\sum_{n=1}^k\frac{1}{nf(n)}=\sum_{n=1}^{10-1}\frac{1}{nf(n)}+\sum_{n=10}^{10^2-1}\frac{1}{nf(n)}+\cdots+\sum_{n=10^{m_k-1}}^k\frac{1}{nf(n)}$$
$$=\sum_{n=1}^{10-1}\frac{1}{n\cdot 1^2}+\sum_{n=10}^{10^2-1}\frac{1}{n\cdot 2^2}+\cdots+\sum_{n=10^{m_k-1}}^k\frac{1}{n\cdot m_k^2}$$
$$\leqslant\sum_{n=1}^{10-1}\frac{1}{1\cdot 1^2}+\sum_{n=10}^{10^2-1}\frac{1}{10\cdot 2^2}+\cdots+\sum_{n=10^{m_k-1}}^k\frac{1}{10^{m_k-1}\cdot m_k^2}$$
$$<\frac{10}{1\cdot 1^2}+\frac{10^2}{10\cdot 2^2}+\cdots+\frac{10m_k}{10^{m_k-1}\cdot m_k^2}$$
$$=10\cdot\left(\frac{1}{1^2}+\frac{1}{2^2}+\cdots+\frac{1}{m_k^2}\right)\leqslant 10\cdot\zeta(2),$$
证毕.

U196 设 $A,B\in M_2(Z)$ 是满足交换律的矩阵,对于任何正整数 n,存在 $C\in M_2(Z)$,使 $A^n+B^n=C^n$. 证明:$A^2=0$ 或 $B^2=0$ 或 $AB=0$.

证明 我们从以下的预先的结果开始.

引理 设 $z_1,z_2,\cdots,z_k$ 是复数,且对任何 $n,z_1^n+z_2^n+\cdots+z_k^n$ 是整数的 n 次幂. 那么 $z_1,z_2,\cdots,z_k$ 中至多有一个数非零.

引理的证明 我们可以假定所有的 z_i 都非零,然后将证明 $k=1$. 如果所有的 z_i 都是实数,那么这可以用解析工具容易证明,但是在复数的情况下似乎变得微妙了. 首先,因为对任何 $n,z_1^n+z_2^n+\cdots+z_k^n$ 都是整数,所以牛顿公式证明了 z_i 的对称和都是有理数,所以 z_i 都是代数数. 取一个包含所有的 z_i 的数域 K,再取 K 的在一个足够大的质数 p 上的

一个的质数理想 I. 我们可以确保 I 与所有的 z_i 互质. 设 n 是 I 的范数, 于是对于任何与 I 互质的 $x \in O_k$, 有 $x^n \equiv 1 \pmod{I}$. 推得 $z_1^n + z_2^n + \cdots + z_k^n \equiv k \pmod{I}$.

另一方面, 我们知道对某个整数 a, $z_1^n + z_2^n + \cdots + z_k^n = a^n \equiv 1 \pmod{I}$. 这个 a 必定与 I 互质 (否则 p 将整除 k, 但是我们一开始就可以选 $p > k$). 我们推得 $k \equiv 1 \pmod{I}$, 然后 $k \equiv 1 \pmod{p}$, 证毕.

现在回到问题的解, 我们回忆起一个标准的命题是如果是非数量的, 如果 $\mathbf{B}$ 与 $\mathbf{A}$ 是可交换的, 那么对于某个数 a, b, 有 $\mathbf{B} = a\mathbf{A} + b\mathbf{I}_2$. 如果 $\mathbf{A}, \mathbf{B}$ 都是数量的, 那么这个结果可直接从引理推出 (我们甚至有那个引理十分容易的情况).

所以, 假定 $\mathbf{A}$ 不是数量的, 则设 z_1, z_2 是其特征值. 取 a, b, 使 $\mathbf{B} = a\mathbf{A} + b\mathbf{I}_2$. 于是 $\mathbf{B}$ 的特征值是 $az_1 + b$ 和 $az_2 + b$. 根据已知条件, 对一切 n, $\det(\mathbf{A}^n + \mathbf{B}^n)$ 是一个整数的 n 次幂. 但是

$$\det(\mathbf{A}^n + \mathbf{B}^n) = (\det \mathbf{A})^n + (\det \mathbf{B})^n + (a\det \mathbf{A} + bz_1)^n + (a\det \mathbf{A} + bz_2)^n.$$

利用引理, 我们推得在数 $\det \mathbf{A}, \det \mathbf{B}, a\det \mathbf{A} + bz_1, a\det \mathbf{A} + bz_2$ 中至多有一个非零. 对一个较小的情况分析容易得到结果.

U197 设 $n \geqslant 2$ 是整数. 求一切连续函数 $f: \mathbf{R} \to \mathbf{R}$, 对于一切 $x_1, x_2, \cdots, x_n \in \mathbf{R}$, 有

$$\sum_{i=1}^{n} f(x_i) - \sum_{1 \leqslant i < j \leqslant n} f(x_i + x_j) + \cdots + (-1)^{n-1} f(x_1 + \cdots + x_n) = 0.$$

解 对于任何函数 $g: \mathbf{R} \to \mathbf{R}$ 和任何实数 x, 定义用于 g 的有限差算子 D_x 是 $D_x g(t) = g(t+x) - g(t)$. 注意到对于任何 x_1, x_2, 有 $D_{x_1} D_{x_2} g = D_{x_2} D_{x_1} g$. 于是可以重新安排有限差. 如果 $P(t)$ 是首项系数是 c 的 d 次多项式, 那么容易计算 $D_x P(t)$ 是首项系数是 dxc 的 $t-1$ 次多项式. 实际上, $D_{x_d} \cdots D_{x_2} D_{x_1} P(t) = d!(x_1 + \cdots + x_d)c$ 是常数函数, $D_{x_{d+1}} D_{x_d} \cdots D_{x_2} D_{x_1} P(t) = 0$ 是零函数.

对一切 i, 取 $x_i = 0$, 立刻看出 $f(0) = 0$. 于是所给的方程可改写成 $D_{x_n} \cdots D_{x_2} D_{x_1} f(0) = 0$. 因此至多是 $n-1$ 次, 且 $f(0) = 0$ 的任何多项式 f 满足所给方程.

反之, 我们将证明对一切 $x_1, x_2, \cdots, x_n$, 满足 $D_{x_n} \cdots D_{x_2} D_{x_1} f(0) = 0$, 仅有的连续函数 f 至多是 $n-1$ 次多项式. 我们将对 n 用归纳法证明. 对于一切 x, 方程 $D_x g(0) = 0$ 就是说对一切 x, 有 $g(x) - g(0) = 0$, 于是 g 是常数. 这证明了 $n=1$ 的基本情况. 对于归纳步骤, 这要证明 $D_{x_{n-1}} \cdots D_{x_2} D_{x_1} f(t) = C$ 与 t 无关. 注意 C 依赖于 $x_1, x_2, \cdots, x_{n-1}$. 为了表明这一点, 我们将写成 $C(x_1, x_2, \cdots, x_{n-1})$. 现在注意

$$D_{kx} g(t) = g(t+kx) - g(t)$$
$$= g(t+kx) - g(t+(k-1)x) + g(t+(k-1)x) - \cdots + g(t+kx) - g(t)$$
$$= D_x g(t+(k-1)x) + D_x g(t+(k-2)x) + \cdots + D_x g(t).$$

将这一式子用于 $g = D_{x_{n-2}} \cdots D_{x_2} D_{x_1} f(t)$, 我们看到对于 $k \in \mathbf{N}$, 有

$$C(x_1, x_2, \cdots, x_{n-2}, kx) = kC(x_1, x_2, \cdots, x_{n-2}, x).$$

类似地,从 $D_x g(t) = g(t+x) - g(t) = -D_{-x} g(t)$ 看到这一恒等式对于 $k = -1$ 成立. 于是对于一切有理数 k 成立. 因为 f 连续,所以 C 也连续,推出这一恒等式对于一切实数 k 成立. 也就是说,$C(x_1, x_2, \cdots, x_{n-1}) = x_{n-1} C(x_1, x_2, \cdots, x_{n-2}, 1)$. 但是我们在上面曾经看到我们并不拘泥于重排有限差. 于是 C 关于 $x_1, x_2, \cdots, x_{n-1}$ 对称. 将这一公式迭代,得到 $C = c x_1 x_2 \cdots x_{n-1}$,这里 $c = C(1, 1, \cdots, 1)$ 是一个常数(与 t 和 $x_1, x_2, \cdots, x_{n-1}$ 无关).

现在设 $h(t) = f(t) - c \dfrac{t^{n-1}}{(n-1)!}$,那么我们看到 $D_{x_{n-1}} \cdots D_{x_2} D_{x_1} h(t) = 0$. 于是根据归纳假定,$h$ 至多是 $n-2$ 次多项式,因此 f 至多是 $n-1$ 次多项式.

U198 数列 $(x_n)_n$ 定义为 $x_0 = 1$,对于 $n \geqslant 0$,$x_{n+1} = 1 + x_n + \dfrac{1}{x_n}$. 证明:存在实数 a,使

$$\lim_{n \to \infty} \frac{n}{\log n}(x_n - n - \log n - a) = 1.$$

证明 将递推关系改写为以下形式:

$$x_n = n + 1 + \sum_{k=1}^{n-1} \frac{1}{x_k}.$$

从这个形式我们可直接看出 $x_n \geqslant n + 1$. 将这一下界代回到和式,得到上界

$$x_n \leqslant n + 1 + \sum_{k=1}^{n} \frac{1}{k} = n + 1 + H_n,$$

这里 H_n 是第 n 个调和数. 回忆一下下面要用到的 $H_n = \log n + \gamma + O(n^{-1})$,这里 $\gamma = 0.577\,21$ 是欧拉常数. 设 $x_n = n + 1 + H_n - \delta_n$,这里 $0 \leqslant \delta_n \leqslant H_n$. 于是递推关系变为

$$x_n = n + 1 + \sum_{k=1}^{n} \frac{1}{k + H_{k-1} - \delta_{k-1}} = n + 1 + H_k - \sum_{k=1}^{n} \frac{H_{k-1} - \delta_{k-1}}{k(k + H_{k-1} - \delta_{k-1})}.$$

最后一个和式中的项都非负,并且大小与 $O\left(\dfrac{\log k}{k^2}\right)$ 同级. 于是这个和式的无限类似将收敛,可以定义

$$\alpha = \sum_{k=1}^{\infty} \frac{H_{k-1} - \delta_{k-1}}{k(k + H_{k-1} - \delta_{k-1})}.$$

于是 $0 \leqslant \delta_n \leqslant \alpha$,可写成

$$x_n = n + 1 + H_k - \alpha + \sum_{k=n+1}^{\infty} \frac{H_{k-1} - \delta_{k-1}}{k(k + H_{k-1} - \delta_{k-1})}$$

$$= n + 1 + H_k - \alpha + \sum_{k=n+1}^{\infty} \frac{H_{k-1}}{k^2} - \sum_{k=n+1}^{\infty} \frac{k \delta_{k-1} + H_{k-1}(H_{k-1} - \delta_{k-1})}{k^2(k + H_{k-1} - \delta_{k-1})}.$$

最后和式中的项的大小与 $O(k^{-2})$ 同级,因此这个和是 $O(k^{-1})$. 第一个和式可以由积分近似地给出

$$\sum_{k=n+1}^{\infty} \frac{H_{k-1}}{k^2} = \sum_{k=n+1}^{\infty} \frac{\log k}{k^2} + O(\frac{1}{n})$$
$$= \int_0^{\infty} \frac{\log x}{x^2} \mathrm{d}x + O(\frac{1}{n})$$
$$= \frac{\log n}{n} + O(\frac{1}{n}),$$

全部代入后,得到

$$x_n = n + \log n + (1 + \gamma - a) + \frac{\log n}{n} + O(\frac{1}{n}),$$

所以,根据定义 $a = 1 + \gamma - a$,有

$$\lim_{n \to \infty} \frac{n}{\log n}(x_n - n - \log n - a) = 1.$$

U199 在 $\triangle ABC$ 中,证明:

$$3\sqrt{3} \leqslant \cot \frac{A+B}{4} + \cot \frac{B+C}{4} + \cot \frac{C+A}{4} \leqslant \frac{3\sqrt{3}}{2} + \frac{s}{2r}.$$

这里 s 和 r 分别表示 $\triangle ABC$ 的半周长和内切圆的半径.

证明 因为函数 $f(t) = \cot t$ 在 $(0, \frac{\pi}{2})$ 上是凸函数,由 Jensen 不等式得到

$$\cot \frac{A+B}{4} + \cot \frac{B+C}{4} + \cot \frac{C+A}{4} \geqslant 3\cot \frac{(A+B)+(B+C)+(C+A)}{12}$$
$$= 3\cot \frac{\pi}{6} = 3\sqrt{3}.$$

所以不等式的左边得证.

另一方面,在 Popoviciu 不等式中,取 $f(t) = \cot t, x = \frac{A}{2}, y = \frac{B}{2}, z = \frac{C}{2}$,得到

$$\frac{2}{3}(\cot \frac{A+B}{4} + \cot \frac{B+C}{4} + \cot \frac{C+A}{4})$$
$$\leqslant \frac{1}{3}(\cot \frac{A}{2} + \cot \frac{B}{2} + \cot \frac{C}{2}) + \cot \frac{A+B+C}{6}$$
$$= \frac{1}{3}(\cot \frac{A}{2} + \cot \frac{B}{2} + \cot \frac{C}{2}) + \cot \frac{\pi}{6}$$
$$= \frac{1}{3}(\cot \frac{A}{2} + \cot \frac{B}{2} + \cot \frac{C}{2}) + \sqrt{3}.$$

推出

$$\cot \frac{A+B}{4} + \cot \frac{B+C}{4} + \cot \frac{C+A}{4} \leqslant \frac{1}{2}(\cot \frac{A}{2} + \cot \frac{B}{2} + \cot \frac{C}{2}) + \frac{3\sqrt{3}}{2},$$

通过熟知的恒等式

$$\cot \frac{A}{2} + \cot \frac{B}{2} + \cot \frac{C}{2} = \frac{s}{r}$$

给出所求的不等式.

（译者注：Popoviciu 不等式指的是：设 f 是从区间 $I \subseteq \mathbf{R}$ 到 $\mathbf{R}$ 的函数. 如果 f 是凸函数，那么对于 I 中的任何三点 x,y,z，有

$$\frac{f(x)+f(y)+f(z)}{3}+f\left(\frac{x+y+z}{3}\right)+f\left(\frac{x+y+z}{3}\right)$$
$$\geqslant \frac{2}{3}\left(f(\frac{x+y}{2})+f(\frac{y+z}{2})+f(\frac{z+x}{2})\right).$$

如果 f 是连续函数，那么当且仅当上面的 I 中不等式成立时，f 是凸函数. 当 f 是严格凸函数时，那么该不等式严格成立，除非 $x=y=z$.）

U200 设 p 是奇质数，n 是大于 1 的整数. 求一切整数 k，存在一个秩为 k，元素都是有理数的 $n\times n$ 的矩阵 A，且

$$A+A^2+\cdots+A^p=0.$$

解 答案是：小于或等于 n 的 $p-1$ 的倍数. 首先，假定 k 是这样的数. 然后考虑一个由 $\frac{k}{p-1}$ 个对角线方块组成的矩阵 A，每一个方块都是 $(p-1)\times(p-1)$ 的矩阵

$$\begin{pmatrix} 0 & 0 & 0 & \cdots & 0 & -1 \\ 1 & 0 & 0 & \cdots & 0 & -1 \\ 0 & 1 & 0 & \cdots & 0 & -1 \\ \vdots & \vdots & \vdots & & \vdots & \vdots \\ 0 & 0 & 0 & \cdots & 0 & -1 \\ 0 & 0 & 0 & \cdots & 1 & -1 \end{pmatrix},$$

然后其余的数都填零. 接着，假定 A 中的数都是有理数，并满足 $A+A^2+\cdots+A^p=0$. 因为多项式 $X+X^2+\cdots+X^p$ 没有重根，所以 A 在 $M_n(C)$ 中是对角线化的. 于是它的秩等于 A 的非零的特征值的个数. 如果 λ 是这样一个特征值，那么有 $1+\lambda+\cdots+\lambda^{p-1}=0$，于是 $\lambda \in \{\varepsilon^i \mid 1\leqslant i\leqslant p-1\}$，这里 $\varepsilon^i = \mathrm{e}^{\frac{2i\pi}{p}}$. 设 a_i 是 A 的等于 ε^i 的特征值的个数，那么 A 的秩等于 $a_1+\cdots+a_{p-1}$，因为 A 中的元素是有理数，所以可以推出 $a_1\varepsilon+\cdots+a_{p-1}\varepsilon^{p-1}\in \mathbf{Q}$. 因为 $1+X+X^2+\cdots+X^{p-1}$ 在 $\mathbf{Q}$ 上不可约，所以 $a_1=\cdots=a_{p-1}$，于是 A 的秩等于 $(p-1)a_1$，因此是 $p-1$ 的倍数. 因为它显然小于或等于 n，于是证毕.

U201 求值：$\sum_{n=2}^{\infty}\frac{3n^2-1}{(n^3-n)^2}$.

解 因为

$$\frac{3k^2-1}{(k^3-k)^2}=-\frac{1}{2k^2}+\frac{1}{2(k-1)^2}-\frac{1}{2k^2}+\frac{1}{2(k+1)^2},$$

所以有

$$\sum_{k=2}^{n}\frac{3k^2-1}{(k^3-k)^2}=\frac{1}{2}-\frac{1}{2n^2}+\frac{1}{2(n+1)^2}-\frac{1}{8},$$

于是极限是 $\dfrac{3}{8}$.

U202 将区间$(0,1]$分割成N个相等的区域$(\dfrac{i-1}{N},\dfrac{i}{N}]$,这里$i\in\{1,2,\cdots,N\}$. 如果一个区间包含集合$\{1,\dfrac{1}{2},\dfrac{1}{3},\cdots,\dfrac{1}{N}\}$中的至少一个数,那么这个区间称为特殊区间. 求:特殊区间的个数的最佳近似值.

解 设特殊区间的个数为a_N. 我们不仅要求出a_N的近似值,而且还要给出精确的公式. 当且仅当至少存在一个$k\in\{1,2,\cdots,N\}$,使$\dfrac{i-1}{N}<\dfrac{1}{k}<\dfrac{i}{N}$时,即当且仅当$\lceil\dfrac{N}{k}\rceil=i$时,区间$(\dfrac{i-1}{N},\dfrac{i}{N}]$是特殊区间. 于是,问题等价于寻求当$k=1,2,\cdots,N$时,$\lceil\dfrac{N}{k}\rceil$取多少个不同的值.

为了回答这个问题,我们注意到数列$\{\lceil\dfrac{N}{t}\rceil\}_{t\geqslant 1}$是不增数列. 其次,考虑函数$f(x)=x^2-x-N$, 当$x\geqslant 1$时,这是一个严格的增函数,当$x\to+\infty$时,$f(x)\to+\infty$. 设$t$是使$f(t)<0$的最大整数(即当$k\geqslant 1$时,$f(t+k)\geqslant 0$). 于是$t(t-1)<N\leqslant t(t+1)$,所以当$2\leqslant i\leqslant t$时,有

$$\dfrac{N}{i-1}-\dfrac{N}{i}=\dfrac{N}{i(i-1)}>1,$$

于是$\lceil\dfrac{N}{i-1}\rceil>\lceil\dfrac{N}{i}\rceil$,得到$\lceil\dfrac{N}{1}\rceil>\lceil\dfrac{N}{2}\rceil>\cdots>\lceil\dfrac{N}{t}\rceil$.

如果$i>t$,那么

$$\dfrac{N}{i-1}-\dfrac{N}{i}=\dfrac{N}{i(i-1)}\leqslant 1,$$

于是有$\lceil\dfrac{N}{i-1}\rceil\in\{\lceil\dfrac{N}{i}\rceil,\lceil\dfrac{N}{i}\rceil+1\}$. 用$s$表示$\lceil\dfrac{N}{t}\rceil$. 显然,在不增的正整数数列

$$\lceil\dfrac{N}{t}\rceil,\lceil\dfrac{N}{t+1}\rceil,\cdots,\lceil\dfrac{N}{N}\rceil=1$$

中,每相邻两项之差至多是1,所以

$$\{\lceil\dfrac{N}{t}\rceil,\lceil\dfrac{N}{t+1}\rceil,\cdots,\lceil\dfrac{N}{N}\rceil\}=\{1,2,\cdots,s\}.$$

由此推出$a_N=(t-1)+s=t+\lceil\dfrac{N}{t}\rceil-1$.

为了设法化简上面这个表达式,现在证明公式

$$t+\lceil\dfrac{N}{t}\rceil-1=\lceil 2\sqrt{N}\rceil-1.$$

有两种情况.

(1) 如果 $N \leqslant t^2$,那么 $t^2 - t < N \leqslant t^2$,所以 $\lceil \frac{N}{t} \rceil = t$. 又 $2\sqrt{N} \leqslant 2t$,以及 $2t - 1 = \sqrt{4t^2 - 4t + 1} < \sqrt{4(t^2 - t + 1)} \leqslant 2\sqrt{N}$,所以有 $\lceil 2\sqrt{N} \rceil = 2t$,以及 $t + \lceil \frac{N}{t} \rceil - 1 = 2t = \lceil 2\sqrt{N} \rceil - 1$.

(2) 如果 $N > t^2$,那么 $t^2 < N \leqslant t^2 + t$,所以 $\lceil \frac{N}{t} \rceil = t+1$,以及 $2t < 2\sqrt{N} < \sqrt{4t^2 + 4t} < \sqrt{4t^2 + 4t + 1} = 2t + 1$,所以 $\lceil 2\sqrt{N} \rceil = 2t + 1$,于是推得 $t + \lceil \frac{N}{t} \rceil - 1 = 2t = \lceil 2\sqrt{N} \rceil - 1$,得到同样的结果,讨论结束.

U203 设 P 是实系数 5 次多项式,所有的零点都是实数. 证明:对于每一个不是 P 或 P' 的零点的实数 a,存在实数 b,有
$$b^2 P(a) + 4b P'(a) + 5 P''(a) = 0.$$

第一种证法 我们将证明以下更一般的结果:

设 P 是只有实数零点的 $n(n \geqslant 2)$ 次实系数多项式,C, D 是实数,且
$$nC^2 \geqslant 4(n-1)D \geqslant (n-1)C^2.$$
于是,至少存在一个实数 b,使
$$b^2 P(a) + Cb P'(a) + D P''(a) = 0.$$
当且仅当 $nC^2 = 4(n-1)D$,P 的所有零点相等时,实数 b 是唯一的,否则就恰好存在两个实数 b. 显然,原题是 $n = 5, C = 4, D = 5$ 的特殊情况,因为 $5C^2 = 80 = 16D$,当且仅当 P 有五个相等的实数零点时,等号成立. 设 $z_i (i = 1, 2, \cdots, n)$ 是 P 的零点,那么 $P'(a) = SP(a), P''(a) = 2TP(a)$,这里我们定义了
$$S = \sum_{i=1}^{n} u_i, \quad T = \sum_{1 \leqslant i < j \leqslant n} u_i u_j, \quad u_i = \frac{1}{a - z_i},$$
因为 a 不是 P 的零点,所以每一个 u_i 是实数,于是 S, T 也是实数. 因此,对于任何实数 C, D,当且仅当判别式 $\Delta \geqslant 0$ 时,关于 b 的二次方程
$$b^2 P(a) + Cb P'(a) + D P''(a) = 0.$$
有实数解,这里
$$\Delta = C^2 (P'(a))^2 - 4D P(a) P''(a) = (C^2 S^2 - 8DT)(P(a))^2,$$
或因为当且仅当 $C^2 S^2 - 8DT \geqslant 0$ 时,a 不是 P 的零点. 现在注意
$$C^2 S^2 - 8DT = C^2 \sum_{i=1}^{n} u_i^2 - (4D - C^2) \sum_{1 \leqslant i < j \leqslant n} 2 u_i u_j$$
$$= (nC^2 - 4(n-1)D) \sum_{i=1}^{n} u_i^2 + (4D - C^2) \sum_{1 \leqslant i < j \leqslant n} (u_i - u_j)^2 \geqslant 0$$

当且仅当 $nC^2=4(n-1)D$ 时,等号成立,同时所有的 u_i 都相等. 最后这个条件显然等价于 P 的所有零点相等.

注 注意 $P'(a)\neq 0$ 不是必要的. 事实上,注意到如果 $4(n-1)D\geqslant (n-1)C^2$,那么 $D\geqslant 0$,当 $S=0$ 时,$2T=S^2-(u_1^2+\cdots+u_n^2)<0$,或 $2TD<0$,当 $P'(a)=0$ 时,$b=\pm\sqrt{-2DT}$ 的确总是实数,是 $b^2P(a)+CbP'(a)+DP''(a)=0$ 的解.

第二种证法 设 $a\in\mathbf{R}$,且 $P'(a)\neq 0$. 只要证明二次方程 $x^2P(a)+4xP'(a)+5P''(a)=0$ 的判别式 $D=16(P'(a))^2-20P(a)P''(a)$ 非负,或等价于
$$4(P'(a))^2\geqslant 5P(a)P''(a).$$

更一般地,我们证明如果 $n\geqslant 2$ 是整数,P 是有实数根的 n 次实系数多项式,$a\in\mathbf{R}$,且 $P'(a)\neq 0$,那么我们有
$$(n-1)(P'(a))^2\geqslant nP(a)P''(a). \qquad ①$$

设 $P(x)=c(x-r_1)(x-r_2)\cdots(x-r_n)$,这里是 $c,r_1,r_2,\cdots,r_n\in\mathbf{R},c\neq 0$. 如果 $a\in\mathbf{R}$,且 $P'(a)\neq 0$,那么容易看出
$$\frac{P'(a)}{P(a)}=\sum_{i=1}^n\frac{1}{a-r_i}. \qquad ②$$

以及
$$\frac{P''(a)P(a)-(P'(a))^2}{(P(a))^2}=-\sum_{i=1}^n\frac{1}{(a-r_i)^2}.$$

于是
$$\frac{P''(a)}{P(a)}=\left(\frac{P'(a)}{P(a)}\right)^2-\sum_{i=1}^n\frac{1}{(a-r_i)^2},$$

或等价的
$$\frac{P''(a)}{P(a)}=\left(\sum_{i=1}^n\frac{1}{a-r_i}\right)^2-\sum_{i=1}^n\frac{1}{(a-r_i)^2}. \qquad ③$$

利用 Cauchy-Schwarz 不等式,得到
$$\left(\sum_{i=1}^n\frac{1}{a-r_i}\right)^2\leqslant\left(\sum_{i=1}^n 1^2\right)\left(\sum_{i=1}^n\frac{1}{(a-r_i)^2}\right)=n\sum_{i=1}^n\frac{1}{(a-r_i)^2}.$$

上面的不等式可以等价地写成
$$(n-1)\left(\sum_{i=1}^n\frac{1}{a-r_i}\right)^2\geqslant n\left(\sum_{i=1}^n\frac{1}{a-r_i}\right)^2-n\sum_{i=1}^n\frac{1}{(a-r_i)^2},$$

或利用 ② 和 ③
$$(n-1)\left(\frac{P'(a)}{P(a)}\right)^2\geqslant n\frac{P''(a)}{P(a)},$$

这等价于 ①.

U204 设 P 是凸多边形 $A_1A_2\cdots A_n$ 内一点. 证明:

$$\min_{i\in\{1,2,\cdots,n\}} \angle PA_iA_{i+1} \leqslant \frac{\pi}{2}-\frac{\pi}{n},$$

这里 $A_{n+1}=A_1$.

解 用反证法. 于是假定 $\min_{i\in\{1,2,\cdots,n\}} \angle PA_iA_{i+1} > \frac{\pi}{2}-\frac{\pi}{n}$. 于是对于 $i=1,2,\cdots,n$, 如果设 $\angle PA_iA_{i+1}=\alpha_i$, 那么对于 $i=1,2,\cdots,n$, 有

$$d_i = PA_i \sin\angle PA_iA_{i+1} = PA_i \sin\alpha_i$$
$$> PA_i \sin(\frac{\pi}{2}-\frac{\pi}{n}) = PA_i \cos\frac{\pi}{n},$$

这里 d_i 是 P 和边 A_iA_{i+1} 之间的距离. 将所有这些不等式相加,得到

$$d_1+d_2+\cdots+d_n > \cos\frac{\pi}{n}(PA_1+PA_2+\cdots+PA_n),$$

这与 Erdös — Mordel 不等式的一般版本矛盾(见 H. C. Lenhard, Arch. Math. 12(1961), pp. 311-314). 于是推出结果.

U205 设 E 是范数为 $\|\cdot\|_1$ 和 $\|\cdot\|_2$ 的向量空间. 确定 $\min(\|\cdot\|_1, \|\cdot\|_2)$ 是不是范数.

解 答案是: $\min(\|\cdot\|_1, \|\cdot\|_2)$ 不永远是范数. 为了证明这一点,考虑 $E=R^2$, 范数是

$$\|(x,y)\|_1 = 2|x|+|y| \text{ 和 } \|(x,y)\|_2 = |x|+2|y|.$$

我们断言 $|\|(x,y)\||:=\min(\|(x,y)\|_1,\|(x,y)\|_2)$ 不是范数,观察到它不满足三角形不等式

$$|\|(1,2)\||+|\|(2,1)\|| = \min(4,5)+\min(5,4) = 8 < 9$$
$$= \min(9,9) = |\|(1,2)\||+|\|(2,1)\||$$

实际上,观察到打开的单位球可找到几个反例

$$B_1:=\{v\in E: \|v\|_1<1\} \text{ 和 } B_2:=\{v\in E: \|v\|_2<1\}$$

是凸集,而集合 $\{v\in E: \min(\|v\|_1,\|v\|_2)<1\}=B_1\cup B_2$ 可以不是凸集.

U206 证明:恰好存在一个有 30 个元素 8 个自同构.

证明 设 G 是 $|G|=30$ 的一个群,考虑内部的自同构 $\text{In} n(G)$ 的群,满足

$$\text{Aut}(G) \geqslant \text{In} n(G) \cong G/Z(G),$$

这里 $Z(G)$ 是 G 的中心. 因为 $|Z(G)|$ 整除 $|G|=30$, 以及 $|\text{In} n(G)|=|G/Z(G)|$ 整除 $|\text{Aut}(G)|=8$, 所以 $|Z(G)|$ 的可能的值是 15 或 30. 假定 $|Z(G)|=15$, 那么存在留下的两个陪集,即 $Z(G)$ 和 $aZ(G)=G-Z(G)$, 这里 $a\in G-Z(G)$. 设 $b\in aZ(G)$, 设 $z\in Z(G)$, 使 $b=az$. 因为 z 与 a 可交换,所以 $ab=a(az)=(az)a=ba$, 这表明 $a\in Z(G)$, 这是一个矛盾. 于是 $|Z(G)|=30$, G 是阿贝尔群. 由于 $|G|=30=2\cdot 3\cdot 5$, 根据有限阿贝尔群的基本定理,可表示为质数幂顺序的循环子群的直接和:

$$G \cong Z_2 \times Z_3 \times Z_5 \cong Z_{30}.$$

注意到 $|\operatorname{Aut}(Z_{30})| = \varphi(30) = 8.$

注 可以证明有 30 个元素的另外三个群有超过 8 个自同构.

U207 设 $n \geqslant 3$ 是奇数. 求 $\sum_{k=1}^{\frac{n-1}{2}} \sec \frac{2k\pi}{n}$ 的值.

解 我们将证明

$$\sum_{k=1}^{\frac{n-1}{2}} \sec \frac{2k\pi}{n} = \begin{cases} \dfrac{n-1}{2}, & n \equiv 1 \pmod{4} \\ -\dfrac{n+1}{2}, & n \equiv 3 \pmod{4} \end{cases}.$$

设 T_n 表示第一类 n 次 Chebyshev 多项式,它由公式

$$T_n(\cos\vartheta) = \cos(n\vartheta)$$

定义. 由 $T_n'(\cos\vartheta) = \dfrac{n\sin(n\vartheta)}{\sin\vartheta}$ 推得

$$\{\cos\frac{k\pi}{n} \mid 1 \leqslant k \leqslant n-1\}$$

是 T_n' 的 $n-1$ 个不同的零点,因此 T_n' 是 $n-1$ 次多项式. 这证明了存在常数 λ,使

$$T_n'(X) = \lambda \prod_{1 \leqslant k < n} (X - \cos\frac{k\pi}{n}),$$

于是

$$\frac{T_n''(X)}{T_n'(X)} = \sum_{k=1}^{n-1} \frac{1}{X - \cos\dfrac{k\pi}{n}}.$$

注意到 $\cos\dfrac{k\pi}{n} = -\cos\dfrac{(n-k)\pi}{n}$,我们看到

$$\frac{T_n''(X)}{T_n'(X)} = \frac{1}{2}\sum_{k=1}^{n-1}\left(\frac{1}{X-\cos\dfrac{k\pi}{n}} + \frac{1}{X+\cos\dfrac{k\pi}{n}}\right)$$

$$= \sum_{k=1}^{n-1} \frac{X}{X^2 - \cos^2\dfrac{k\pi}{n}},$$

所以

$$\frac{T_n''(X)}{T_n'(X)} = \sum_{k=1}^{n-1} \frac{2X}{2X^2 - 1 - \cos\dfrac{2k\pi}{n}}.$$

将 $X = \cos\vartheta$ 代入上式,得到

$$\frac{T_n''(\cos\vartheta)}{T_n'(\cos\vartheta)} = \sum_{k=1}^{n-1} \frac{2\cos\vartheta}{\cos 2\vartheta - \cos\dfrac{2k\pi}{n}}.$$

另一方面,由 $T_n'(\cos\vartheta) = \dfrac{n\sin(n\vartheta)}{\sin\vartheta}$ 看到

$$-(\sin\vartheta)\dfrac{T_n''(\cos\vartheta)}{T_n'(\cos\vartheta)} = n\cot(n\vartheta) - \cot\vartheta.$$

于是,推得

$$\sum_{k=1}^{n-1}\dfrac{1}{\cos(2\vartheta) - \cos\dfrac{2k\pi}{n}} = \dfrac{1}{2\sin^2\vartheta} = \dfrac{n\cot(n\vartheta)}{\sin(2\vartheta)},$$

这等价于当 n 是奇数时

$$\sum_{k=1}^{\frac{n-1}{2}}\dfrac{1}{\cos\dfrac{2k\pi}{n} - \cos(2\vartheta)} = \dfrac{n\cot(n\vartheta)}{2\sin(2\vartheta)} - \dfrac{1}{4\sin^2\vartheta}.$$

实际上,取 $\vartheta = \dfrac{\pi}{4}$,得到

$$\sum_{k=1}^{\frac{n-1}{2}}\dfrac{1}{\cos\dfrac{2k\pi}{n}} = \dfrac{n\cot\dfrac{n\pi}{4} - 1}{2} = \dfrac{n(-1)^{\frac{n-1}{2}} - 1}{2},$$

这就是所求的结论.

U208 设 X 和 Y 为标准柯西随机变量.证明:随机变量 $Z = X^2 + Y^2$ 的概率密度函数由

$$f_Z(t) = \dfrac{2}{\pi} \cdot \dfrac{1}{(t+2)\sqrt{t+1}}$$

给出.回忆一下随机变量 X 的概率密度函数式

$$f_X(t) = \dfrac{1}{\pi} \cdot \dfrac{1}{t^2 + 1}.$$

证明 $|X| < \sqrt{u}$ 的概率是

$$\int_{-\sqrt{u}}^{\sqrt{u}} f_X(t)\,dt = \dfrac{1}{\pi}\int_{-\sqrt{u}}^{\sqrt{u}}\dfrac{dt}{t^2+1} = \dfrac{\arctan(\sqrt{u}) - \arctan(-\sqrt{u})}{\pi}$$

$$= \dfrac{2\arctan(\sqrt{u})}{\pi}.$$

或者,等价于对于 $u \geq 0$,X^2 的概率密度函数是

$$f_{X^2}(u) = \dfrac{d}{du}\left(\dfrac{2\arctan(\sqrt{u})}{\pi}\right) = \dfrac{1}{\pi(1+u)\sqrt{u}}.$$

对于 $u < 0$,则 $f_{X^2}(u) = 0$,于是

$$f_X(t) = \int_0^t f_{X^2}(u) f_{Y^2}(t-u)\,du = \int_0^t \dfrac{du}{\pi^2(1+u)(1-t+u)\sqrt{u}\sqrt{t-u}}$$

$$= \frac{2}{\pi^2} \int_0^{\frac{t}{2}} \frac{\mathrm{d}u}{(1+u)(1-t+u)\sqrt{u}\sqrt{t-u}}$$

$$= \frac{4}{\pi^2} \int_0^{\frac{t}{2}} \frac{\mathrm{d}v}{(1+t+v^2)\sqrt{t^2-4v^2}} = \frac{8}{\pi^2} \int_0^{\frac{\pi}{2}} \frac{\mathrm{d}\alpha}{4+4t+t^2\cos^2\alpha},$$

这里我们使用了原被积式对于 $u = \frac{t}{2}$ 的对称性,并进行了变量替换 $v = \sqrt{u(t-v)}$, $v = \frac{t}{2}\sin\alpha$.

现在容易证明:对于正实数 A,B,有

$$\frac{\mathrm{d}}{\mathrm{d}\alpha}\left[\frac{1}{\sqrt{A^2B}}\arctan\left(\frac{\sqrt{A}\tan\alpha}{\sqrt{A+B}}\right)\right] = \frac{1}{A+B\cos^2\alpha},$$

或取 $\alpha = 0$ 或 $\alpha = \frac{\pi}{2}$ 的极限,定积分将是

$$\int_0^{\frac{\pi}{2}} \frac{\mathrm{d}\alpha}{A+B\cos^2\alpha} = \frac{\pi}{2\sqrt{A^2+AB}},$$

于是

$$f_Z(t) = \frac{4}{\pi} \cdot \frac{1}{\sqrt{(4+4t)^2 + (4+4t)t^2}} = \frac{2}{\pi} \cdot \frac{1}{(t+2)\sqrt{t+1}}.$$

证毕.

U209 设 $k \geqslant 2$ 是正整数,G 是有偶数个顶点的 $(k-1)$-棱的 k-正规连通图. 证明:对于该图的每一条棱 e,存在一个 G 的包含 e 的完全匹配图.

证明 这一结果出现在 J. Plesnik, Connectivity of regular graphs and existence of 1 - factors 中, Mat. Asopis Sloven. Akad. Vied, 22(1972), pp. 310 - 318, as Igor Rivin kindly pointed out on recent thread on Math Overflow(see http:// mathoverflow.net/questions/78905/a-k-a-edge-connected-k-regular-graph-is-matching-covered).

我们跟随这篇文章寻求本题的解.

引理 设 G 是一张 r-正规图$(r \geqslant 2)$, $S \subset V(G)$, 那么对于 $|C|$ 是奇数的 $G-S$ 的每一个分量 C, 有

$$|E_G(C,G)| \equiv r \pmod{2},$$

这里 $E_G(C,G)$ 是有一个端点在 C, 另一个端点在 S 的 G 的棱的集合.

实际上,如果 G 是一个 $r-1$-棱-连通的 r-正规图,那么 $|E_G(C,G)| \geqslant r-1$, 由奇偶性,得到 $|E_G(C,G)| \geqslant r$.

引理的证明 因为 $|C|$ 是奇数,所以有

$$r \equiv r|C| = \sum_{u \in V(C)} \deg_G(u) = |E_G(C,S)| + 2|E(C)| \equiv |E_G(C,S)| \pmod{2}.$$

又如果 G 是 $r-1-$ 棱 $-$ 连通的 $r-$ 正规图,那么 $|E_G(C,G)| \geqslant r-1$,由奇偶性,这一不等式实际上变为 $|E_G(C,G)| \geqslant r$.这就证明了引理.

现在回到原来的问题,用反证法.也就是说,假定存在一条棱 $e=xy$,使得不存在包含 e 的完全匹配图.那么,图 $G-\{x,y\}$ 没有完全匹配图.由 Tutte 的匹配定理,这意味着存在 $S' \subset V(G)-\{x,y\}$,使

$$\text{odd}(G-\{x,y\}-S') > |S'|.$$

设 $S=S' \cup \{x,y\}$.那么由奇偶性推得 $\text{odd}(G-S') \geqslant |S'|+2=|S|$.再设 $C_1,\cdots,C_m$ 是 $G-S$ 的奇分量,这里我们设 $m=\text{odd}(G-S)$.于是由我们刚才证明的引理,有 $|E_G(C_i,G)| \geqslant r$.于是

$$|F(S)| \leqslant r|S|-2 \leqslant rm-2,$$

(因为 $e=xy$ 属于顶点集合 S 的 G 的引出子图),这里 $F(S)$ 是恰有一个端点属于 S 的棱的集合,且 $|F(S)| \geqslant |E_G(C_1 \cup \cdots \cup C_m, G)| \geqslant rm$.这显然与上面的结论有矛盾,所以对于 G 的每一条棱 e,G 有一个包含 e 的完全匹配图.证明完成.

U210 如果 G 有引出子图 G_1 和 G_2,且 $G=G_1 \cup G_2$,$S=G_1 \cap G_2$,那么称 G 由 G_1 和 G_2 沿 S 粘贴得到.如果一张图从完全子图开始,能够沿完全子图递推地粘贴后得到,那么这张图称为弦图.对于图 $G(V,E)$,定义其希尔伯特多项式 $H_G(x)$ 为

$$H_G(x)=1+Vx+Ex^2+c(K_3)x^3+c(K_4)x^4+\cdots+c((K_{\omega(G)})x^{\omega(G)},$$

这里 $c(K_i)$ 是 G 中 $i-$ 圈的个数,$\omega(G)$ 是 G 中圈的个数.证明:如果 G 是连通弦图,那么 $H_G(-1)=0$.

证明 我们将对 $|G|$ 归纳进行证明:如果 G 是连通弦图,那么 $H_G(-1)=0$.对于基本情况,假定 G 是有 n 个顶点的完全图,那么因为 r 个顶点的任何子集形成一个圈,所以 $c(K_r)=\begin{bmatrix}k\\r\end{bmatrix}$.注意到因为 $c(K_0)=1$,$c(K_1)=V=n$,$c(K_2)=E=\begin{bmatrix}n\\2\end{bmatrix}$,所以这一公式对于 $r=0,1,2$ 是正确的.于是

$$H_{K_n}(-1)=\sum_{r=0}^{n}\begin{bmatrix}n\\r\end{bmatrix}(-1)^r=(1-1)^n=0.$$

现在假定对引出子图 G_1 和 G_2,有 $S=G_1 \cap G_2$,$G=G_1 \cup G_2$ 是完全子图.因为 G_1 和 G_2 都是引出子图,所以在 G 中不存在一个端点属于 G_1-S,另一个端点属于 G_2-S 的棱.因此 G 中任何 $r-$ 圈或者是 G_1 中的 $r-$ 圈,或者是 G_2 中的 $r-$ 圈.既属于 G_1 又属于 G_2 的一个 $r-$ 圈显然是 S 中的 $r-$ 圈.于是

$$c_G(K_r)=c_{G_1}(K_r)+c_{G_2}(K_r)-c_S(K_r).$$

因为这对所有的 r 成立,所以有 $H_G(x)=H_{G_1}(x)+H_{G_2}(x)-H_S(x)$.于是由归纳假定,得到

$$H_G(-1) = H_{G_1}(-1) + H_{G_2}(-1) - H_S(-1) = 0 + 0 - 0 = 0.$$

正如 Richard Stong 所指出的那样逆命题不成立,会使问题的原命题不正确. 事实上,上面的证明所说明的事实还要多一些. 假定 G 是两个弦图沿一个弦子图粘贴构成的图. 那么 $H_G(-1) = 0$. 不难找到不是弦图的这样的图的例子. 例如,轮图 W_n 就是这样的图,它由长为 n 的环路加上一个与该环路的所有顶点相邻的额外的一个顶点得到. 当 $n > 3$ 时,轮图不是弦图,因为容易验证(通常用作弦图的定义),弦图中长大于 3 的任何环路都有一条弦(即连接环路中两个不相邻的顶点的棱),W_n 中长为 n 的确定的环路都没有弦,于是该轮图不是弦图. 但是或者直接计算($c_{W_n}(K_1) = n+1, c_{W_n}(K_2) = 2n, c_{W_n}(K_3) = n$,所以 $H_{W_n}(x) = 1 + (n+1)x + 2nx^2 + nx^3 = (1+x)(1+nx+nx^2)$)或者把它作为 2-路径(轮图的中心 S,外环路上的任何两个不相邻的顶点)上的两个弦图的并.

这类例子不再存在了. 事实上对于八面体 O 以及正方形 C_4,我们计算 $H_O(x) = 1 + 6x + 12x^2 + 8x^3$ 和 $H_{C_4}(x) = 1 + 4x + 4x^2$. 于是 $H_O(-1) = -1, H_{C_4}(-1) = 1$. 于是如果我们沿着一个完全子图(例如是单个顶点)与 O 和 C_4 的并,我们就得到 $H_G(-1) = 0$ 的图.

U211 在集合 $M = R - \{3\}$ 上,定义以下的二元运算律:
$$x * y = 3(xy - 3x - 3y) + m,$$
这里 $m \in \mathbf{R}$. 求 m 的一切可能的值,使 $\{M, *\}$ 是一个群.

解 首先注意到,如果 $\{M, *\}$ 是一个群,那么 M 中的任何两个元素的积必定也属于 M. 于是对于任何 $x, y \neq 3$,必有 $x * y = 3(x-3)(y-3) + (m-27) \neq 3$. 如果 $m \neq 30$,那么例如我们取 $x = \dfrac{10}{3}, y = 33 - m$ 就得到矛盾.

为了表明 $m = 30$ 的确能给出一个群,首先注意到在这种情况下,我们有 $x * y = 3(x-3)(y-3) + 3$. 于是用 $f(x) = 3(x-3)$ 定义 $f: M \to R - \{0\}$. 注意到 f 是可逆的(因此是双射),反函数 $f^{-1}(t) = \dfrac{t+9}{3}$. 进一步计算
$$f(x * y) = 9(x-3)(y-3) = f(x)f(y).$$
于是当 $m = 30$ 时,$\{M, *\}$ 是一个与任何非零实数,且具有积性的群同构的群.

U212 设 G 是一个包含子群 $K \neq \{e\}$ 的有限阿贝尔群,且具有性质:对于 G 的每一个子群 $H \neq \{e\}$,有 $K \subset H$. 证明:G 是一个循环群.

证明 因为 G 是一个有限阿贝尔群,所以它与循环群的一个直接和
$$G \approx \bigoplus_{i}^{n} Z_{l_i}$$
同构. 如果 G 不是循环群,那么 $n \geq 2$,我们可以考虑分别由 $(1, 0, \cdots, 0)$ 和 $(0, 1, \cdots, 0)$ 生成的非平凡的子群 H_1 和 H_2. 由已知条件 $K \subset H_1$ 和 $K \subset H_2$,于是 $K \subset H_1 \cap H_2 = \{e\}$,得到矛盾.

U213 设 $x_0 \in (0, \pi)$ 确定. 对于 $n \in \mathbf{N}$, 设 $x_n = \sin x_{n-1}$. 证明:
$$x_n = \frac{3^{\frac{1}{2}}}{n^{\frac{1}{2}}} - \frac{3^{\frac{3}{2}} \ln n}{10 n^{\frac{3}{2}}} + O(n^{-\frac{3}{2}}).$$

证明 我们有 $x_1 \in (0, 1]$ 以及当 $n > 1$ 时, $x_n = \sin x_{n-1} < x_{n-1} \leqslant 1$. 于是 x_n 严格递减, 且存在 $a = \lim\limits_{n \to \infty} x_n$. 因为 $x_n = \sin x_{n-1}$, 让 n 趋向于无穷大, 则 $a = \sin a$, 因此 $a = 0$. 于是 x_n 递减到零.

另外, $x_{n+1} = \sin(x_n) = x_n - \frac{x_n^3}{6} + \frac{x_n^5}{120} + O(x_n^4)$ 表明
$$\frac{1}{x_{n+1}^2} = \frac{1}{x_n^2} + \frac{1}{3} + \frac{x_n^2}{15} + O(x_n^4).$$

于是, 由 Stolz-Cesàro 定理得到
$$\lim_{n \to \infty} \frac{\frac{1}{x_n^2}}{n} = \lim_{n \to \infty} \left(\frac{1}{x_{n+1}^2} - \frac{1}{x_n^2} \right) = \frac{1}{3}$$

以及
$$\lim_{n \to \infty} \frac{\frac{1}{x_n^2} - \frac{n}{3}}{\ln n} = \lim_{n \to \infty} n \left(\frac{1}{x_{n+1}^2} - \frac{1}{x_n^2} - \frac{1}{3} \right)$$
$$= \lim_{n \to \infty} \left(\frac{n x_n^2}{15} + O\left(\frac{1}{n}\right) \right) = \frac{3}{15} = \frac{1}{5}.$$

这是因为 $\ln(1 + n) = \frac{1}{n} + O\left(\frac{1}{n^2}\right)$ 和 $O(x_n) = O\left(\frac{1}{\sqrt{n}}\right)$, 于是
$$\frac{1}{x_n^2} = \frac{n}{3} + \frac{\ln n}{5} + o(\ln n).$$

由此可以计算出 $n x_n^2 = 3 + O\left(\frac{\ln n}{n}\right)$, 于是得到
$$\left(\frac{1}{x_{n+1}^2} - \frac{n+1}{3} - \frac{\ln(n+1)}{5} \right) - \left(\frac{1}{x_n^2} - \frac{n}{3} - \frac{\ln n}{5} \right)$$
$$= \frac{1}{15n}(n x_n^2 - 3) + \frac{1}{5}\left(1 - n \ln\left(\frac{n+1}{n}\right)\right) + O(x_n^4) = O\left(\frac{\ln n}{n^2}\right).$$

因为和式 $\sum\limits_{n=1}^{\infty} \frac{\ln n}{n^2}$ 收敛, 所以推出数列 $a_n = \frac{1}{x_n^2} - \frac{n}{3} - \frac{\ln n}{5}$ 是柯西数列, 于是
$$\lim_{n \to \infty} \left(\frac{1}{x_n^2} - \frac{n}{3} - \frac{\ln n}{5} \right) < \infty$$

存在. 事实上, $\frac{1}{x_n^2} = \frac{n}{3} + \frac{\ln n}{5} + O(1)$. 由此得
$$x_n = \frac{3^{\frac{1}{2}}}{n^{\frac{1}{2}}} - \left(1 + \frac{3 \ln n}{5n} + O\left(\frac{1}{n}\right)\right)^{-\frac{1}{2}} = \frac{3^{\frac{1}{2}}}{n^{\frac{1}{2}}} - \frac{3^{\frac{3}{2}} \ln n}{10 n^{\frac{3}{2}}} + O(n^{-\frac{3}{2}}).$$

（译者注：Stolz-Cesàro 定理指的是：设 $\{a_n\}$ 和 $\{b_n\}$ $(n\geqslant 1)$ 是两个实数数列. 若 $\{b_n\}$ 为单调上升的无解正数数列, 且极限 $\lim\limits_{n\to\infty}\dfrac{a_{n+1}-a_n}{b_{n+1}-b_n}=\gamma$ 存在, 则 $\lim\limits_{n\to\infty}\dfrac{a_n}{b_n}$ 存在, 且 $\lim\limits_{n\to\infty}\dfrac{a_n}{b_n}=\gamma$.）

U214 证明：

$$\lim_{n\to\infty}\prod_{k=1}^{n}\frac{\cosh(k^2+k+\frac{1}{2})+\mathrm{i}\sinh(k+\frac{1}{2})}{\cosh(k^2+k+\frac{1}{2})-\mathrm{i}\sinh(k+\frac{1}{2})}=\frac{\mathrm{e}^2-1+2\mathrm{i}\mathrm{e}}{\mathrm{e}^2+1}.$$

证明 注意到

$$\frac{\cosh(k^2+k+\frac{1}{2})+\mathrm{i}\sinh(k+\frac{1}{2})}{\cosh(k^2+k+\frac{1}{2})-\mathrm{i}\sinh(k+\frac{1}{2})}$$

$$=\frac{\mathrm{e}^{2k^2+2k+1}+1+\mathrm{i}(\mathrm{e}^{k^2+2k+1}-\mathrm{e}^{k^2})}{\mathrm{e}^{2k^2+2k+1}+1-\mathrm{i}(\mathrm{e}^{k^2+2k+1}-\mathrm{e}^{k^2})}$$

$$=\frac{(\mathrm{e}^{k^2}+\mathrm{i})(\mathrm{e}^{(k+1)^2}-\mathrm{i})}{(\mathrm{e}^{(k+1)^2}+\mathrm{i})(\mathrm{e}^{k^2}-\mathrm{i})}=\frac{\mathrm{e}^{k^2}+\mathrm{i}}{\mathrm{e}^{(k+1)^2}+\mathrm{i}}\cdot\frac{\mathrm{e}^{(k+1)^2}-\mathrm{i}}{\mathrm{e}^{k^2}-\mathrm{i}}.$$

所以, 所考虑的积可以缩减为

$$\prod_{k=1}^{\infty}\frac{\cosh(k^2+k+\frac{1}{2})+\mathrm{i}\sinh(k+\frac{1}{2})}{\cosh(k^2+k+\frac{1}{2})-\mathrm{i}\sinh(k+\frac{1}{2})}=\frac{\mathrm{e}+\mathrm{i}}{\mathrm{e}^{(n+1)^2}+\mathrm{i}}\cdot\frac{\mathrm{e}^{(n+1)^2}-\mathrm{i}}{\mathrm{e}-\mathrm{i}}$$

$$=\frac{\mathrm{e}+\mathrm{i}}{\mathrm{e}-\mathrm{i}}\cdot\frac{1+\mathrm{i}\mathrm{e}^{-(n+1)^2}}{1-\mathrm{i}\mathrm{e}^{-(n+1)^2}}.$$

于是

$$\lim_{n\to\infty}\prod_{k=1}^{\infty}\frac{\cosh(k^2+k+\frac{1}{2})+\mathrm{i}\sinh(k+\frac{1}{2})}{\cosh(k^2+k+\frac{1}{2})-\mathrm{i}\sinh(k+\frac{1}{2})}$$

$$=\frac{\mathrm{e}+\mathrm{i}}{\mathrm{e}-\mathrm{i}}=\frac{(\mathrm{e}+\mathrm{i})^2}{\mathrm{e}^2+1}=\frac{\mathrm{e}^2-1+2\mathrm{i}\mathrm{e}}{\mathrm{e}^2+1},$$

这就是所求的结论.

U215 设 $f:[-1,1]\to\mathbf{R}$ 是连续函数, 且 $\int_{-1}^{1}x^2f(x)\mathrm{d}x=0$. 证明：

$$\int_{-1}^{1}f^2(x)\mathrm{d}x\geqslant\frac{9}{8}\left(\int_{-1}^{1}f(x)\mathrm{d}x\right)^2.$$

证明 由 Cauchy-Schwarz 不等式, 我们有

$$\left(\int_{-1}^{1}f(x)\mathrm{d}x\right)^2=\left(\int_{-1}^{1}(1-\frac{5}{3}x^2)f(x)\mathrm{d}x\right)^2$$

$$\leqslant \int_{-1}^{1} (1 - \frac{5}{3} x^2)^2 \mathrm{d}x \cdot \int_{-1}^{1} f^2(x) \mathrm{d}x$$
$$= \frac{8}{9} \int_{-1}^{1} f^2(x) \mathrm{d}x.$$

于是证毕.

U216 设 n 是正整数,Δ_{f_N} 是多项式 $f_N = x^N - x - 1$ 的判别式.证明:对于任何整除 Δ_{f_N} 的质数 p,f_N 的缩减模 p 有一个重根,$N-2$ 不是重根.

注 n 次多项式 f 的判别式 Δ_f 定义为
$$\Delta_f = a_n^{2n-2} \prod_{i<j} (r_i - r_j)^2,$$
其中 a_n 是首项系数,$r_1, \cdots, r_n$ 是某个分裂域中的多项式的根(包括重根).

证明 在对一些更多东西尝试时,这一问题原来在某种程度上变得比我们想象中的那样明显了.设 p 是整除 Δ_{f_N} 的质数.这意味着 f 有一个模 p 的不可分解的因子.所以它在某个扩域 F_p 中有一个重根,譬如说 s,满足 $s^N - s - 1 = 0$ 和 $Ns^{N-1} - s - 1 = 0$.由此容易看出 $s = \frac{N}{1-N}$.还有,s 不能重复三次,因为此时我们必须还有 $N(N-1) = 0$,另一方面,简单的代数知识告诉我们 $N^N - (1-N)^{N-1} = 0$,由此 $N = 0$ 和 $N - 1$ 模 p.但是最大公约数 $(N, N-1) = 1$,得到一个矛盾.于是 s 是 $f(x)$ 模 p 的唯一重根,所以对于任何整除 Δ_{f_N} 的质数 p,$x^N - x - 1$ 恰有一个模 p 的不可分解的二次因子.于是证明完毕.

这个有趣的问题的背后是这个 f_N 的判别式是否对于所有 N 都没有二次式.遗憾的是对于 $N = 257$ 时,证明是错误的,然而探求关于 $(\Delta_{f_N})_{N \geqslant 1}$ 的更多的情况是十分有趣的.注意到
$$\Delta_{f_N} = (-1)^{\frac{(N-2)(N-3)}{2}} ((N-1)^{N-1} + (-N)^N).$$

2.4 奥林匹克问题的解答

O145 求 n 为正整数,且使 $(1^4 + \frac{1}{4})(2^4 + \frac{1}{4}) \cdots (n^4 + \frac{1}{4})$ 是有理数的平方.

解 设 $P = \prod_{k=1}^{n} (k^4 + \frac{1}{4})$,当 $k = 1, 2, \cdots, n$ 时,设 $a_k = k^2 - k + \frac{1}{2}$.因为 $a_{k+1} = k^2 + k + \frac{1}{2}$,所以对 $k = 1, 2, \cdots, n$,有
$$k^4 + \frac{1}{4} = (k + \frac{1}{2})^2 - k^2 = a_k a_{k+1}.$$
于是推得
$$P = a_1 a_{k+1} Q^2 = \frac{1}{4}(2n^2 + 2n + 1) Q^2,$$

这里 $Q = \prod_{k=1}^{n} a_k$. 于是当且仅当对某个正整数 m, 有 $2n^2 + 2n + 1 = m^2$ 时, P 是有理数的平方. 这也可写成 $(2n+1)^2 - 2m^2 = -1$, 佩尔方程的理论证明方程 $x^2 - 2y^2 = -1$ 的解由 $(x_k, y_k)_{k \geqslant 1}$ 给出, 这里 x_k, y_k 是正整数, 由

$$x_k + y_k\sqrt{2} = (1 + \sqrt{2})^{2k+1} \text{ 和 } x_k - y_k\sqrt{2} = (1 - \sqrt{2})^{2k+1}$$

唯一确定.

将这两个关系相加, 再除以 2, 就得到用 k 表示的 x_k 的式子. 最后本题的解由

$$n_k = \frac{x_k - 1}{2}$$

给出.

O146 求一切正整数数对 (m, n), 使 $\varphi(\varphi(n^m)) = n$, 这里 φ 是欧拉函数.

解 我们将证明对于一切整数 m, 数对是 $(m, 1)$, 除此以外, 还有 $(3, 2), (2, 4)$.

首先注意到:

(1) 因为当且仅当 $x = 1$ 或 $x = 2$ 时, $\varphi(x)$ 是奇数, 当 n 是奇数时, 当且仅当 $n = 1$, 对一切正整数 m, $\varphi(\varphi(n^m)) = n$.

(2) 因为当 $n \geqslant 1$ 时, $\varphi(n) < n$, 所以如果 $m = 1$, 那么 $n = 1$.

所以我们可以假定 $n = 2^k j$, 其中 $k \geqslant 1, j \geqslant 1$ 是奇数, 以及 $m \geqslant 2$.

我们首先考虑 $j \neq 1$ 的情况. 于是由 (1), $\varphi(j^m) = 2^s h$, 其中 $s \geqslant 1, h \geqslant 1$ 是奇数, 以及

$$\varphi(\varphi(n^m)) = \varphi(\varphi(2^{km} j^m)) = \varphi(2^{km-1} \cdot 2^s h) = 2^{km+s-2} \varphi(h) = n = 2^k j.$$

于是 $km + s - 2 \leqslant k$, 即 $k(m-1) \leqslant 2 - s \leqslant 1$, 这意味着 $k = 1, m = 2, s = 1$. 于是 $\varphi(h) = j$, 由 (1), 有 $h = j = 1$, 这是一个矛盾. 最后假定 $j = 1$. 于是 $n = 2^k$,

$$\varphi(\varphi(2^{km})) = 2^{km-2} = 2^k,$$

这意味着 $k(m-1) = 2$, 即 $(n, m) = (2, 3)$, 或 $(n, m) = (4, 2)$.

O147 设 H 是锐角 $\triangle ABC$ 的垂心, A', B', C' 分别是 BC, CA, AB 的中点. A_1, A_2 是圆 $(A', A'H)$ 与 BC 边的交点. 分别以同样的方法定义 B_1, B_2 和 C_1, C_2. 证明: $A_1, A_2, B_1, B_2, C_1, C_2$ 共圆.

第一种证法 考虑 A_1 关于 $\triangle ABC$ 的圆 (O, R) 的幂, 得到

$$OA_1^2 - R^2 = \overrightarrow{A_1C} \cdot \overrightarrow{A_1B} = A_1A'^2 - \frac{BC^2}{4}. \quad ①$$

如图 11, 设 A, B, C 表示该三角形的角. 如果 K 是 C 在 AB 上的正投影, 显然有 $\angle BCK = 90° - \angle B$, 于是对 $\triangle CHA'$ 用余弦定理, 得到

$$A'H^2 = A'C^2 + CH^2 - 2A'C \cdot CH \cos(90° - B)$$

$$= \frac{BC^2}{4} + 4OC'^2 - 2BC \cdot OC' \sin B, \quad ②$$

这里我们用了熟知的 $CH = 2OC'$.

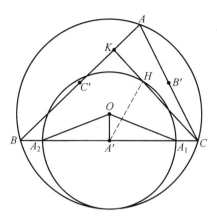

图 11

观察到 $OC' = R\cos C$(因为 C 是锐角),$BC = 2R\sin A$,以及 $A'H = A_1A'$,由 ① 和 ② 容易给出

$$OA_1^2 = R^2 + 4R^2\cos C(\cos C - \sin A\sin B).$$

由于 $\cos C - \sin A\sin B = -\cos(A+B) - \sin A\sin B = -\cos A\cos B$,所以 $OA_1'^2 = R^2(1 - \cos A\cos B\cos C)$. 由于这一结果的对称性,我们看到 $OA_1 = OA_2 = OB_1 = OB_2 = OC_1 = OC_2$,于是 $A_1, A_2, B_1, B_2, C_1, C_2$ 共圆.

第二种证法 如图 12,设 $\gamma_a, \gamma_b, \gamma_c$ 分别是以 A', B', C' 为圆心,$A'H, B'H, C'H$ 为半径的圆.

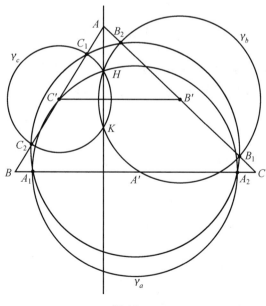

图 12

设 K 是 γ_b 和 γ_c 除 H 外的第二个交点. 因为 $B'C' \mathbin{/\mkern-6mu/} BC$, $AH \perp BC$, 所以 $AH \perp B'C'$. 由此 AH 是 γ_b 和 γ_c 的根轴, 于是 $K \in AH$. 由点的圆幂定理推得

$$AB_1 \cdot AB_2 = AH \cdot AK = AC_1 \cdot AC_2,$$

所以点 B_1, B_2, C_1, C_2 共圆. 因为 B_1B_2 和 C_1C_2 的垂直平分线相交于 $\triangle ABC$ 的外心 O, 所以 B_1, B_2, C_1, C_2 位于以 O 为圆心, OB_1 为半径的圆上.

类似地, 可以证明 B_1, B_2, A_1, A_2 位于以 O 为圆心, OB_1 为半径的圆上. 于是 $A_1, A_2, B_1, B_2, C_1, C_2$ 共圆.

O148 设 A_1, A_2 是 $\triangle ABC$ 的内角 A 的两条三等分角线与外接圆的交点. 类似地定义 B_1, B_2, C_1, C_2. 设 A_3 是直线 B_1B_2 和 C_1C_2 的交点. 类似地定义 B_3 和 C_3. 证明: 当且仅当 $\triangle ABC$ 是等腰三角形时, $\triangle ABC$ 和 $\triangle A_3B_3C_3$ 的内心和外心共线.

证明 如果 $\triangle ABC$ 是等腰三角形, 不失一般性, 设 $\angle A$ 是顶角, 那么 $\triangle ABC$ 关于 BC 的垂直平分线 t 对称, 因此直线 $B_3C_3 = C_1C_2$ 和 $A_3C_3 = B_1B_2$ 关于 t 对称, $A_3 \in t$. 又 B_3 是 C_3 关于 t 的对称点, $\triangle A_3B_3C_3$ 关于 t 对称, 显然等腰三角形的内心和外心在对称轴上, 于是 $\triangle ABC$ 和 $\triangle A_3B_3C_3$ 的内心和外心在 t 上.

假定如果 $\triangle ABC$ 不是等腰三角形. 设 $X \equiv (\alpha_X, \beta_X, \gamma_X)$ 是点 X 的确切三线坐标. 不失一般性, 假定选择 A_1, A_2, 使圆内接四边形 BCA_2A_1 是凸四边形. 因为 $BA_1 = CA_2$, 于是 BCA_2A_1 是等腰梯形, 所以直线 $B_3C_2 = A_1A_2 \mathbin{/\mkern-6mu/} BC$. 又因为 $\angle A_1AB = \dfrac{A}{3}$, $\angle A_1BC = \angle A_1AC = \dfrac{2A}{3}$, 于是, BC 到 B_3C_3 的距离是

$$BA_1 \sin \frac{2A}{3} = 2R \sin \frac{A}{3} \sin \frac{2A}{3} = R \cos \frac{A}{3} - R \cos A,$$

类似地进行循环排列. 设 d_a, d_b, d_c 分别是 B_3C_3 和 BC 之间, C_3A_3 和 CA 之间, A_3B_3 和 AB 之间的距离, 于是推出点 A_3 的确切三线坐标是

$$A_3 \equiv \left(\frac{2S + bd_b + cd_c}{a}, -d_b, -d_c\right),$$

这里 S 是 $\triangle ABC$ 的面积, 于是直线 AA_3 的直线坐标由 $\dfrac{\beta}{d_b} = \dfrac{\gamma}{d_c}$ 确定. 进行循环排列后, AA_3, BB_3 和 CC_3 的交点 P 对于某个正实数 λ, 满足 $\dfrac{\alpha_P}{d_a} = \dfrac{\beta_P}{d_b} = \dfrac{\gamma_P}{d_c} = \lambda$. 因为对于某确切三线坐标, 有 $a\alpha + b\beta + c\gamma = 2S$, 于是推出

$$\lambda = \frac{2S}{ad_a + bd_b + cd_c},$$

或

$$P \equiv \left(\frac{2d_aS}{ad_a + bd_b + cd_c}, \frac{2d_bS}{ad_a + bd_b + cd_c}, \frac{2d_cS}{ad_a + bd_b + cd_c}\right).$$

由于 $O \equiv (R\cos A, R\cos B, R\cos C)$, $I \equiv (r, r, r)$, 这里 R 和 r 分别是 $\triangle ABC$ 的外接圆的半径和内切圆的半径, 当且仅当

$$\begin{vmatrix} r & r & r \\ Kd_a & Kd_b & Kd_c \\ R\cos A & R\cos B & R\cos C \end{vmatrix} = 0$$

时, P 在直线 OI 上.

$$0 = d_a(\cos B - \cos C) + d_b(\cos C - \cos A) + d_c(\cos A - \cos B)$$
$$= \cos\frac{A}{3}(\cos B - \cos C) + \cos\frac{B}{3}(\cos C - \cos A) + \cos\frac{C}{3}(\cos A - \cos B)$$
$$= 0,$$

这里我们定义了

$$K = \frac{2S}{ad_a + bd_b + cd_c}.$$

现在, 设 $x = \cos\frac{A}{3}$, $y = \cos\frac{B}{3}$, $z = \cos\frac{C}{3}$. 显然

$$\cos A = 4\cos^3\frac{A}{3} - 3\cos\frac{A}{3} = 4x^3 - 3x,$$

进行循环排列, 得到类似的式子, 或者当且仅当

$$0 = x(4y^3 - 3y - 4z^3 + 3z) + y(4z^3 - 3z - 4x^3 + 3x) + z(4x^3 - 3x - 4y^3 + 3y),$$
$$0 = xy^3 - xz^3 + yz^3 - yx^3 + xz^3 - y^3z = (x - y)(y - z)(z - x)(x + y + z)$$

时, $O \in OI$.

显然, x, y, z 是正数, 因为 $\triangle ABC$ 不是等腰三角形, 所以 $x \neq y, y \neq z, z \neq x$, 或者 P 不在直线 OI 上. 如果 $\triangle A_3B_3C_3$ 的内心 I_3 和外心 O_3 与 O, I 共线, 那么它们位于 OI 上. 但是因为 $\triangle ABC$ 和 $\triangle A_3B_3C_3$ 相似, 所以 P 位于直线 $OO_3 = OI$ 上, 于是属于 $II_3 = IO$, 这是一个矛盾. 因此如果三角形不是等腰三角形, 那么与 O, I, O_3, I_3 不共线.

O149 把一个圆分割成 n 个相等的扇形. 我们用 $n-1$ 种颜色对这 n 个扇形涂色, 每种颜色至少涂一次, 有多少种这样的涂法?

解 根据鸽巢原理, 至少存在一种重复的颜色, 且这种颜色恰好出现两次, 否则, 假定这种颜色恰好出现 $k(k \geqslant 3)$ 次, 就余下 $n-k$ 个扇形和 $n-2$ 种颜色. 因为所有的颜色都用过, 所以这是不可能的. 设这 $n-1$ 种颜色是 $c_1, \cdots, c_{n-1}$, 每一对相同的涂色方法可全部列举为 $(c_1 - c_1), \cdots, (c_{n-1} - c_{n-1})$. 如果同样的涂色方法有两对 $(c_i - c_i), (c_j - c_j)$, 那么余下的 $n-4$ 个扇形不能用余下的 $n-3$ 种颜色进行涂色. 对于每一对 $(c_i - c_i)$, 我们得到 $\begin{bmatrix} n \\ 2 \end{bmatrix}(n-2)!$ 种涂色方法, 当 $i = 1, 2, \cdots, n-1$ 时, 总共有 $\begin{bmatrix} n \\ 2 \end{bmatrix}(n-2)! \cdot (n-1) =$

$\frac{n!(n-1)}{2}$ 种涂色方法.

O150 设 n 是正整数,$\varepsilon_0,\cdots,\varepsilon_{n-1}$ 是 1 的 n 次根,a,b 是复数. 求乘积
$$\prod_{k=0}^{n-1}(a+b\varepsilon_k^2)$$
的值.

第一种解法 (1) 如果 n 是奇数,那么乘以 2 的作用就相当于在 Z_n 上的一个排列,于是
$$P=\prod_{i=0}^{n-1}(a+b\varepsilon_i)=\sum_{i=0}^{n-1}a^{n-i}b^i\sigma_i,$$
其中 $\sigma_i=\sum_{0\leqslant j_1<\cdots<j_i\leqslant n-1}\varepsilon_{j_i}$. 因为 $\sigma_0=1,\sigma_{n-1}=(-1)^{n-1}$,当 $j=1,\cdots,n-2$ 时,有 $\sigma_j=0$,当 n 是奇数时,我们有 $P=a^n+b^n$.

(2) 如果 n 是偶数,因为 $\varepsilon_{\frac{n}{2}+i}=-\varepsilon_i$,于是
$$P=\Big(\prod_{i=0}^{\frac{n}{2}-1}(a+b\varepsilon_i^2)\Big)^2=\Big(\prod_{i=0}^{\frac{n}{2}-1}(a+b\omega_i)\Big)^2,$$
这里 $\omega_0,\cdots,\omega_{\frac{n}{2}-1}$ 是 1 的 $\frac{n}{2}$ 次根. 于是像前面一样,得到 n 是偶数时,$P=(a^{\frac{n}{2}}-(-b)^{\frac{n}{2}})^2$.

第二种解法 从已知条件,我们知道 $\varepsilon_0,\varepsilon_1,\cdots,\varepsilon_{n-1}$ 是方程 $u^n-1=0$ 的根,这里 $u\in C$,于是
$$\prod_{k=0}^{n-1}(u-\varepsilon_k)=z^n-1.$$
设 z 是方程 $z^2=-\frac{a}{b}$ 的解,则
$$\prod_{k=0}^{n-1}(a+b\varepsilon_k^2)=\prod_{k=0}^{n-1}(-b)(\frac{a}{-b}-\varepsilon_k^2)=(-b)^n\prod_{k=0}^{n-1}(z^2-\varepsilon_k^2)$$
$$=(-b)^n\prod_{k=0}^{n-1}(z-\varepsilon_k)\prod_{k=0}^{n-1}(z+\varepsilon_k)$$
$$=b^n\prod_{k=0}^{n-1}(z-\varepsilon_k)\prod_{k=0}^{n-1}((-z)-\varepsilon_k)$$
$$=b^n(z^n-1)((-z)^n-1)$$
$$=b^n((-1)^nz^{2n}-z^n((-1)^n+1)+1).$$

如果 n 是偶数,设 $n=2m$,则
$$\prod_{k=0}^{n-1}(a+b\varepsilon_k^2)=b^{2m}(z^{4m}-2z^{2m}+1)=b^{2m}((-\frac{a}{b})^{2m}-2(-\frac{a}{b})^m+1)$$

$$= a^{2m} - 2a^m(-b^m) + b^{2m} = (a^{2m} - (-b^m))^2.$$

如果 n 是奇数,则

$$\prod_{k=0}^{n-1}(a+b\varepsilon_k^2) = b^n(-z^{2n}+1) = b^n(-(-\frac{a}{b})^n+1) = a^n + b^n.$$

于是,

$$\prod_{k=0}^{n-1}(a+b\varepsilon_k^2) = \begin{cases} (a^{\frac{n}{2}} - (-b)^{\frac{n}{2}})^2 (n \text{ 是偶数}) \\ a^n + b^n (n \text{ 是奇数}) \end{cases}.$$

O151 考虑 $\triangle ABC$ 内的一点 P. 直线 PA, PB, PC 分别交 BC, CA, AB 于 A', B', C'. 证明:当且仅当在 $\triangle PAB, \triangle PBC, \triangle PCA$ 中至少有两个面积相等时

$$\frac{BA'}{BC} + \frac{CB'}{CA} + \frac{AC'}{AB} = \frac{3}{2}.$$

证明 注意到我们有

$$\frac{BA'}{BC} = \frac{S_{\triangle ABA'}}{S_{\triangle ABC}} = \frac{S_{\triangle PBA'}}{S_{\triangle PBC}} = \frac{S_{\triangle ABA'} - S_{\triangle PBA'}}{S_{\triangle ABC} - S_{\triangle PBC}} = \frac{S_{\triangle PAB}}{S_{\triangle PAB} + S_{\triangle PAC}}.$$

设 $S_{\triangle PAB} = x, S_{\triangle PBC} = y, S_{\triangle PCA} = z$,则已知条件等价于

$$\frac{x}{z+x} + \frac{y}{x+y} + \frac{z}{y+z} = \frac{3}{2}.$$

考虑到

$$\left(\frac{x}{z+x} + \frac{y}{x+y} + \frac{z}{y+z}\right) + \left(\frac{x}{x+y} + \frac{y}{y+z} + \frac{z}{z+x}\right) = 3,$$

前面的关系式等价于

$$\sum_{\text{cyc}} \left(\frac{x}{x+y} - \frac{x}{z+x}\right) = 0.$$

简单的计算表明这又等价于

$$\frac{(x-y)(z-y)(z-x)}{(x+y)(y+z)(z+x)} = 0,$$

当且仅当或 $x=y$ 或 $y=z$ 或 $z=x$ 时,即当在 $\triangle PAB, \triangle PBC, \triangle PCA$ 中至少有两个面积相等时,上式成立.

O152 设数列 $(a_n)_{n\geqslant 0}$ 和 $(b_n)_{n\geqslant 0}$ 定义如下:

$$a_{n+3} = a_{n+2} + 2a_{n+1} + a_n, n=0,1,\cdots, a_0=1, a_1=2, a_2=3$$

和

$$b_{n+3} = b_{n+2} + 2b_{n+1} + b_n, n=0,1,\cdots, b_0=3, b_1=2, b_2=1.$$

有多少个整数同时出现在这两个数列中?

解 显然 $a_3 = b_3 = 8$,而 $a_4=16, a_5=35, a_6=75$,以及 $b_4=12, b_5=29, b_6=61$. 注意到当 $n=4,5,6$ 时,$a_n > b_n > a_{n-1}$,或容易归纳,当 $n \geqslant 3$ 时

$$a_{n+3} = a_{n+2} + 2a_{n+1} + a_n > b_{n+3} = b_{n+2} + 2b_{n+1} + b_n$$

$$> a_{n+1} + 2a_n + a_{n-1} = a_{n+2}.$$

因为这两个数列都严格递增,当 $n \geqslant 4$ 时,b_n 不可能出现在 (a_n) 中,所以只有 $\{1,2,3,8\}$ 这四个值出现在这两个数列中,然而当 $a_n = b_n$ 时,仅有的 n 是 $n=1,3$,即 $a_1 = b_1 = 2$ 和 $a_3 = b_3 = 8$.

O153 求所有整数三数组 (x,y,z),使 $x^2y + y^2z + z^2x = 2\,010^2$,$x^2y^2 + yz^2 + zx^2 = -2\,010$.

解 由于循环对称,可以假定 x,y,z 中最大的是 x. 将第一个方程减去第二个方程,然后分解因式,得

$$(x-y)(y-z)(x-z) = 2\,010 \cdot 2\,011.$$

利用对称性,因为 $x-y$ 和 $x-z$ 非负,可以看出 $x-y, y-z, x-z$ 都是正的. 设 $x = y+a, y = z+b, a,b$ 都是正整数,得到 $ab(a+b) = 2\,010 \cdot 2\,011$. 质数 $2\,011$ 必定整除 a,b 和 $a+b$ 中的一个. 因为另两个数之积至多是 $2\,010$,它们的和至多是 $2\,011$. 于是必有 $a+b = 2\,010$ 和 $\{a,b\} = \{1,2\,011\}$.

情况 1 $a = x-y = 2\,010$ 和 $b = y-z = 1$. 写成 $x = z+a+1$ 和 $y = z+1$,原两个关系式都变为

$$3z^3 + 3(a+2)z^2 + 3(a+2)^2 z + 2a + 1 = 0.$$

因为 $2a+1 = 4\,021$ 是质数,所以只存在四种可能的整数根 $z \in \{-1, 1, -4\,021, 4\,021\}$. 实际上这四个数都不是根,于是这种情况下无解.

情况 2 $a = x-y = 1$ 和 $b = y-z = 2\,010$. 改写为 $x = z+a+1$ 和 $z = y-b$,原两个关系式都变为

$$3y^3 + 3(1-b)y^2 + (b-1)^2 y = 0.$$

由此得到 $y=0$,或 $3y^2 + 3(1-b)y + (b-1)^2 = 0$. 第二个方程归结为 $1 \equiv 0$ 模 3,因此无解. 于是只得到一组解 $(x,y,z) = (1,0,-2\,010)$. 回到一般性,解是 $(x,y,z) = (1,0,-2\,010), (0,-2\,010,1)$ 和 $(-2\,010,1,0)$.

O154 已知锐角 $\triangle ABC$ 不是等腰三角形. 设 O, I, H 分别是 $\triangle ABC$ 的外心、内心、垂心. 证明:$\angle OIH > 135°$.

证明 以下是三个相对熟悉的公式

$$OI^2 = R(R-2r), \quad OH^2 = 9R^2 - (a^2+b^2+c^2),$$
$$IH^2 = 4R^2 + 2r^2 - \frac{a^2+b^2+c^2}{2},$$

这里 R, r 分别是边长为 a,b,c 的 $\triangle ABC$ 的外接圆的半径和内切圆的半径. 前两个关系式分别可以通过 I 和 H 关于外接圆的幂得到,其中第二个则需要用余弦定理和面积的表达式,经过一些代数运算后得到. 因为内切圆和九点圆相切于费尔巴赫点,所以 $IN = r - \dfrac{R}{2}$.

又因为九点圆的圆心 N 是 OH 的中点,由此第三个可以对 $\triangle OIH$ 用中线定理推导出.注意到
$$OH^2 - IH^2 - OI^2 = IH^2 + 2r(R-2r) > 0,$$
这是因为 $R > 2r$ 和 $IH^2 > 0$,当 $\triangle ABC$ 接近等边三角形,或者 $\triangle OIH$ 将变为 $\angle I$ 是钝角的三角形时,该式接近于等式,经过一些代数运算后,可写成
$$a^2 + b^2 + c^2 = 8R^2 + 8R^2 \cos A \cos B \cos C,$$
或者因为 $\triangle ABC$ 是锐角三角形,所以对于某个 $\delta > 0, a^2 + b^2 + c^2 = 8R^2 + 4\delta$.于是,$OH^2 = R^2 - 4\delta$ 和 $IH^2 = 2r^2 - 2\delta$,有
$$\frac{OH^2 - IH^2 - OI^2}{2 \cdot OI \cdot IH} = \frac{Rr - r^2 - \delta}{\sqrt{2}\sqrt{r^2 - \delta}\sqrt{R(R-2r)}}.$$
假定这个等式小于或等于 $\frac{1}{\sqrt{2}}$,那么容易计算出
$$\delta^2 + (R^2 + 2r^2)\delta + r^4 - 4\delta r R = (r^2 - \delta)^2 + (R-2r)^2 \delta < 0,$$
这显然不可能.

于是 $\cos \angle OIH < -\frac{1}{\sqrt{2}} = \cos 135°$,于是 $\angle OIH > 135°$.

O155 证明:方程 $x^2 + y^3 = 4z^6$ 没有非零的整数解.

证明 我们先证明以下断言.当且仅当方程 $x^3 + y^3 = 4t^3$ 存在两两互质的非零的整数解时,方程 $x^2 + y^3 = 4z^6$ 有非零的整数解.

假定方程 $x^2 + y^3 = 4z^6$ 存在非零的整数解,这里 $2z^3 - x, 2z^3 + x$ 不两两互质.如果质数 p 整除 x, z,那么它显然整除 y,所以 p^3 整除 x^2,p^4 整除 y^3,于是 p^6 整除 y^3 和 x^2.显然,$(\frac{x}{p^3}, \frac{y}{p^2}, \frac{z}{p})$ 是一组新的解,于是用这种方法进行有限步后,可以找到两两互质的解 x, z.

对于任何这样的解,把原方程写成 $y^3 = (2z^3 - x)(2z^3 + x)$.如果 $2z^3 - x, 2z^3 + x$ 有一个公共的质因数,那么这个公共的质因数必定整除 $4z^3$ 和 $2x^2$,于是它必是 2.如果 4 整除 x,那么 y 显然是偶数,8 整除 $x^2 + y^3$,z 是偶数,这不可能,于是 x 可以是偶数,但不是 4 的倍数.现在,如果 x 是奇数,显然 $2z^3 - x, 2z^3 + x$ 都是奇数,因此互质,其积为一个立方数 y^3,于是存在两两互质的整数 u, v, t,使得 $2z^3 - x = u^3, 2z^3 + x = v^3, z = t$,显然 $u^3 + v^3 = 4z^3$.如果 x 是偶数,那么 y 是偶数,$\frac{x}{2}$ 是奇数,以及
$$2(\frac{y}{2})^3 = (z^3 - \frac{x}{2})(z^3 + \frac{x}{2}).$$
现在,$z^3 - \frac{x}{2}, z^3 + \frac{x}{2}$ 互质,它们的积是立方数的两倍,于是不失一般性,因为我们可

以改变 x,z 的符号,使问题不变,所以存在两两互质的整数 u,v,w,使得 $z^3 - \dfrac{x}{2} = w^3$, $z^3 + \dfrac{x}{2} = -2u^3, z = v$ 和 $2u^3 + 2v^3 = w^3$. 显然 w 是偶数,于是存在整数 t,使 $w = 2t, u^3 + v^3 = 4t^3$,这里 u,v,t 两两互质. 反之,如果对于某两两互质的非零整数 u,v,t,有 $u^3 + v^3 = 4t^3$,那么 u,v 必定都是奇数,于是我们可以确定非零整数 $x = \dfrac{u^3 - v^3}{2}, y = uv$,以及

$$x^2 + y^3 = \dfrac{u^6 + v^6 + 2u^3v^3}{4} = \dfrac{(u^3 + v^3)^2}{4} = 4t^6.$$

根据前面的断言,只要证明 $u^3 + v^3 = 4t^3$ 没有互质的非零整数解. 这是相对熟悉的,并在 O. E. Selmer 的关于不定方程 $ax^3 + by^3 + cz^3 = 0$ 的解的著作中已经证明了.

O156 在圆内接四边形 $ABCD$ 中,$AB = AD$. 点 M,N 分别在边 BC 和 CD 上,且 $MN = BM + DN$. 直线 AM 和 AN 又分别相交于 $ABCD$ 的外接圆上的点 P 和 Q. 证明:$\triangle APQ$ 的垂心在线段 MN 上.

证明 因为 $\angle ACB = \angle ACD, AC$ 是 $\angle BCD$ 的内角平分线. 设 E 是线段 MN 上的点,且 $BM = EM$ 和 $EN = DN$. 设 C' 是四边形 $ABCD$ 的外接圆上与过点 C 的直径的另一端点. 因为 CC' 是 $\triangle BCD$ 的外接圆的直径,显然分别经过 B,D 且垂直于 BC,DC 的直线经过 C'. $\angle BME$ 的内角平分线显然是同时与 BC,MN 相切的所有的圆的圆心的轨迹,因为 $BM = EM$,所以圆心 O_B 在这条角平分线上的圆与 BC 相切于 B,也与 MN 相切于 E. 类似地,设 O_D 是 $\angle DNE$ 的内角平分线上的点,也是同时与 CD 切于点 D,与 MN 切于点 E 的圆的圆心. 显然,O_B,O_D,E 共线,并且在过 E 并垂直于 MN 的直线上. 现在,设 X 是 $\angle BME$ 和 $\angle DNF$ 的交点. 显然这一点到 BC 和 MN 的距离相等,到 MN 和 DC 的距离相等,或者在 $\angle BCD$ 的平分线上,因此在 AC 上. 因为 $\triangle XBM$ 和 $\triangle XEM$ 全等(因为 X 在 $\angle BME$ 的平分线上,所以 $BM = EM, \angle XMB = \angle XME$),$XB = XE$,类似地,$XD = XE$. 因此 X 在 BD 的垂直平分线上. 如果 $ABCD$ 不是 $BC = DC$ 的等形,那么这条垂直平分线不与 $\angle BCD$ 的平分线重合. 因为 X 和 A 都在这条垂直平分线上,所以 $X = A$. 如果 $ABCD$ 是 $BC = DC$ 的等形,那么 $\angle ABC = \angle ADC = \dfrac{\pi}{2}$,以 A 为圆心,经过 B 和 D 的圆切 BC 于 B,切 BD 于 D,因此也切 MN 于 E. 在这两种情况下,A 是 BDE 的外心,因此在 $\angle BME$ 和 $\angle DNE$ 的内角平分线上,AP 和 AQ 分别是角平分线,而 $\triangle ABM$ 和 $\triangle AEM$ 全等,$\triangle ADN$ 和 $\triangle AEN$ 也全等. 现在设 F 是 AE 与 $ABCD$ 的外接圆的第二个交点. $\angle DAQ = \angle DAN = \angle NAE = \angle QAF$,类似地,$\angle BAP = \angle PAF$,或者 $ABPFQD$ 是 $AB = AD, BP = PF$ 和 $FQ = QD$ 的六边形.

现在

$$\angle PAQ = \angle PAF = \angle FAQ = \dfrac{\angle BAF + \angle FAD}{2} = \dfrac{\angle BAD}{2}$$

$$= \frac{\pi - \angle ADB - \angle ABD}{2} = \frac{\pi}{2} - \angle AQB,$$

因为 $\angle ADB = \angle ABD = \angle AQB$, 又有

$$\angle ABQ = \angle ABD + \angle DBQ = \frac{\pi - \angle BAD + \angle DAF}{2}$$

$$= \frac{\pi - \angle BAE}{2} = \angle ABE,$$

因为 $AE=AB$, 所以 $\angle ABE = \angle AEB$. 于是推得 QE 是从点 Q 出发的 AP 上的高. 类似地, PE 是从点 P 出发的 AQ 上的高, 或者 $E \in MN$ 是 $\triangle APQ$ 的垂心. 推出结论.

O157 一只青蛙在实数轴上从原点出发跳向点 $(1,0)$, 第 n 次跳的长度是它到点 $(1,0)$ 的距离的 $\frac{1}{p_n}$ 倍, 这里 p_n 是第 n 个质数 ($p_1=2, p_2=3, p_3=5, \cdots$). 问青蛙能否到达点 $(1,0)$?

第一种解法 设 x_n 是青蛙在第 n 次跳后到点 $(1,0)$ 的距离. 于是 $x_0=1$, 当 $n>0$ 时, x_n 是严格递减数列

$$x_n = x_{n-1} - \frac{x_{n-1}}{p_n} = \prod_{k=1}^{n}(1 - \frac{1}{p_k}).$$

下式是熟悉的

$$x_n = \prod_{k=1}^{n}(1 - \frac{1}{p_k}) \to \frac{1}{\zeta(1)} = 0,$$

所以, 在有限次跳后, 青蛙能够任意接近 $(1,0)$, 但永远达不到 $(1,0)$.

第二种解法 在第 n 次跳后, 离 $(1,0)$ 的距离将至少是第 n 次跳前距离的 $\frac{p_n-1}{p_n}$ 倍, 因此这永远是正的, 青蛙永远达不到点 $(1,0)$.

O158 对于每一个正整数 n, 定义

$$a_n = \frac{(n+1)(n+2)\cdots(n+2\,010)}{2\,010!}.$$

证明: 存在无穷多个 n, 使 a_n 是不小于 2 010 的质因数的整数.

第一种证法 对某个整数 m, 设 $n = m \cdot (2\,010!)^2$, 于是

$$(n+1)(n+2)\cdots(n+2\,010) \equiv 2\,010! \pmod{(2\,010!)^2}.$$

因此 $a_n \equiv 1 \pmod{2\,010!}$, 于是最大公约数 $(a_n, 2\,010!)=1$, a_n 没有小于 2 010 的质因数.

第二种证法 设 P 是小于 2 010 的质数集. 如果 $p \in P$, 那么 2 010 的 p 进制表示法中至多是 11 位数

$$(2\,010)_p = c_{10}c_9 \cdots c_1 c_0.$$

对于任何 $a > 10$, 设

$$n = \prod_{p \in P} p^a,$$

于是 $n+2010$ 和 2010 的 p 进制表示法中的前 11 位数相同，根据 Lucas 定理

$$a_n = \binom{n+2010}{2010} \equiv \binom{c_s}{0} \cdots \binom{c_{11}}{0} \binom{c_{10}}{c_{10}} \cdots \binom{c_1}{c_1} \binom{c_0}{c_0} = 1 \pmod{p},$$

这意味着对于任何 $p \in P$, p 不整除 a_n.

(译者注：Lucas 定理指的是：如果 $n = sp+q, m = tp+r (q, r \leqslant p)$, 那么

$$\binom{sp+q}{tp+r} \equiv \binom{s}{t} \binom{q}{r} \pmod{p}.)$$

O159 设 G 是顶点个数 $n \geqslant 5$ 的图. G 的棱用两种颜色涂色，且不存在同色环路 C_3 和 C_5. 证明：该图中的棱不多于 $\frac{3}{8}n^2$ 条.

证明 假定棱的条数 $|E|$ 大于 $\frac{3}{8}n^2$. 由 Turan 定理

$$|E| > \frac{3}{8}n^2 = \frac{n^2}{2}\left(1 - \frac{1}{5-1}\right)$$

这意味着 G 中存在一个 K_5. K_5 的 10 条棱用两种颜色涂，每一个顶点的度数是 4. 如果一个顶点至少有三条同色棱，那么存在一个同色环路 C_3，得到矛盾. 于是任何顶点都恰好有两条一种颜色的棱和两条另外颜色的棱，在画出一些图以后，容易看出在这种情况下，K_5 也包含一个同色环路 C_3 或者一个同色环路 C_5.

(译者注：Turan 定理指的是：若 n 阶图中不含 K_p, 则棱数

$$\max |E| = \frac{(p-2)(n^2-r^2)}{2p-2} + \frac{r}{2},$$

其中 r 是 n 除以 $p-1$ 的余数.)

O160 设 $a_1, a_2, \cdots, a_n, \cdots$ 是正整数数列，对每一个质数 p, 该数列中存在无穷多项能被 p 整除. 证明：每一个小于 1 的正有理数能表示为

$$\frac{b_1}{a_1} + \frac{b_2}{a_1 a_2} + \cdots + \frac{b_n}{a_1 a_2 \cdots a_n},$$

这里 $b_1, b_2, \cdots, b_n$ 是整数，且 $0 \leqslant b_i \leqslant a_i - 1, i = 1, 2, \cdots, n$.

证明 设 q_1 是任何小于 1 的正有理数，递推定义，b_n 是使 $\frac{b_n}{a_n} \leqslant q_n$ 的最大的非负整数，$q_{n+1} = a_n q_n - b_n$. 用归纳法容易推出 $b_n \leqslant a_n - 1$, 以及 q_n 是使 $0 \leqslant q_{n+1} < 1$ 的有理数. 事实上，因为 $0 \leqslant \frac{b_n}{a_n} \leqslant q_n < 1$, 我们得到 $b_n < a_n$, 于是 $b_n \leqslant a_n - 1$. 由于 b_n 是最大的，我们有 $\frac{b_n}{a_n} \leqslant q_n < \frac{b_n+1}{a_n}$, 变形为 $0 \leqslant a_n q_n - b_n = q_{n+1} < 1$. 再注意到

$$q_1 = \frac{b_1}{a_1} + \frac{q_2}{a_1} = \frac{b_1}{a_1} + \frac{b_2}{a_1 a_2} + \frac{q_3}{a_1 a_2}$$
$$= \cdots = \frac{b_1}{a_1} + \frac{b_2}{a_1 a_2} + \cdots + \frac{b_n}{a_1 a_2 \cdots a_n} + \frac{q_{n+1}}{a_1 a_2 \cdots a_n}.$$

注意到数列 $b_1, b_2, \cdots$ 和 $q_1, q_2, \cdots$ 对于每一个小于 1 的正有理数 q_1 是明确定义的,而且是唯一的,所以只要证明最终将出现一个值 $q_{n+1} = 0$,因为此时有 $q_{n+1} = b_{n+1} = q_{n+2} = b_{n+2} = \cdots = 0$,其中 q_1 将表示为所求的形式. 为了证明最终将出现一个 $q_{n+1} = 0$,我们设 $q_n = \frac{u_n}{v_n}$,这里 $0 \leqslant u_n < v_n$ 是整数(因为 q_n 是小于 1 的非负有理数,所以这显然是可能的),下面进一步设 u_n, v_n 互质(如果 u_n, v_n 不互质,那么我们可以除以它们的最大公约数,所以这是可能的). 下面我们证明当且仅当 a_n 与 v_n 互质时,v_{n+1} 整除 v_n,且两者相等. 显然,$\frac{u_{n+1} v_n}{v_{n+1}} = a_n u_n - b_n v_n$,$v_{n+1}$ 必整除 $u_{n+1} v_n$,因为右边是整数. 但是根据定义 u_{n+1} 与 v_{n+1} 互质,所以 v_{n+1} 整除 v_n. 现在假定 $v_{n+1} = v_n$. 因为 $u_{n+1} = a_n u_n - b_n v_n$ 与 $v_{n+1} = v_n$ 互质,所以 $a_n u_n$ 与 v_n 互质,实际上,a_n 与 v_n 互质. 因此,如果 a_n 和 v_n 不互质,那么 v_{n+1} 是 v_n 的真约数. 于是注意到这一过程不能无限继续下去. 设 v_1 的质因数(不必不同)的个数是 k,那么至多在第 k 次以后,v_n 和 a_n 不互质,将会有 $v_{n+1} = 1$,这是不可能的,除非 $u_{n+1} = 0$,即 $q_{n+1} = 0$. 推出结论.

O161 设 a, b, c 是正实数,且 $abc = 1$. 证明:
$$\frac{1}{a^5 (b+2c)^2} + \frac{1}{b^5 (c+2a)^2} + \frac{1}{c^5 (a+2b)^2} \geqslant \frac{1}{3}.$$

第一种证法 我们将使用下面的引理,即在问题 J131 中的解答:如果 $x, y, z, a, b, c > 0$,那么有
$$\frac{x^3}{a^2} + \frac{y^3}{b^2} + \frac{z^3}{c^2} \geqslant \frac{(x+y+z)^3}{(a+b+c)^2}.$$

设 $a = \frac{1}{x}, b = \frac{1}{y}, c = \frac{1}{z}$. 于是有 $xyz = 1$. 该不等式的左边等于 $K = \sum_{\text{cyc}} \frac{x^3}{(2y+z)^2}$. 由上面的引理和 AM - GM 不等式(结合 $xyz = 1$),有
$$K \geqslant \frac{(x+y+z)^3}{9(a+b+c)^2} = \frac{x+y+z}{9} \geqslant \frac{1}{3}.$$

第二种证法 像前面的解法一样,问题归结为
$$\sum_{\text{cyc}} \frac{x^3}{(2y+z)^2} \geqslant \frac{1}{3},$$
其中 $xyz = 1$. 利用 AM - GM 不等式,得到
$$\frac{x^2}{2y+z} \geqslant \frac{2}{3} x - \frac{2y+z}{9}.$$

于是

$$\sum_{cyc}\frac{x^3}{(2y+z)^2} \geqslant \sum_{cyc}\frac{x}{2y+z}\left(\frac{2}{3}-\frac{2y+z}{9}\right)$$
$$= \frac{2}{3}\sum_{cyc}\frac{x^2}{2y+z} - \sum_{cyc}\frac{x}{9}.$$

再利用前面的不等式,推出
$$\sum_{cyc}\frac{x^3}{(2y+z)^2} \geqslant \frac{x+y+z}{9} \geqslant \frac{1}{3}.$$

O162 在凸六边形 $ABCDEF$ 中, $AB \ // \ DE, BC \ // \ EF, CD \ // \ FA$,
$$AB + DE = BC + EF = CD + FA.$$
A_1, B_1, D_1, E_1 分别是边 AB, BC, DE, EF 的中点. 证明: $\angle D_1 OE_1 = \frac{1}{2}\angle DEF$, 这里 O 是线段 $A_1 D_1$ 和 $B_1 E_1$ 的交点.

证明 延长六边形的边 AF, BC, DE, 相交于 $X = AF \cap BC, Y = BC \cap DE, Z = DE \cap AF$. 因为六边形 $ABCDEF$ 是凸六边形,所以顶点 $A, \cdots, F$ 将在 $\triangle XYZ$ 的边上. 定义 $\alpha = \frac{[AYZ]}{[XYZ]} = \frac{[BYZ]}{[XYZ]}, \beta = \frac{[XCZ]}{[XYZ]} = \frac{[XDZ]}{[XYZ]}, \gamma = \frac{[XYE]}{[XYZ]} = \frac{[XYF]}{[XYZ]}$ ($[XYZ]$ 代表 $\triangle XYZ$ 的面积). 于是该六边形的顶点在 $\triangle XYZ$ 中的重心坐标为
$$A = \alpha X + (1-\alpha)Z, B = \alpha X + (1-\alpha)Y, C = (1-\beta)X + \beta Y,$$
$$D = \beta Y + (1-\beta)Z, E = (1-\gamma)Y + \gamma Z, F = (1-\gamma)X + \gamma Z.$$

于是
$$AB = (1-\alpha)YZ = (1-\alpha)x \text{ 和 } DE = (\beta+\gamma-1)YZ = (\beta+\gamma-1)x,$$
所以 $AB + DE = (\beta+\gamma-\alpha)x$. 对于对边的另外两组对边进行类似的计算,得到
$$(\beta+\gamma-\alpha)x = (\gamma+\alpha-\beta)y = (\alpha+\beta-\gamma)z.$$

实际上,整理最后一个等式,得到 $(\beta-\gamma)(y+z) = \alpha(y-z)$.

从上面的重心坐标,我们计算出
$$A_1 = \alpha X + \frac{1-\alpha}{2}Y + \frac{1-\alpha}{2}Z \text{ 和 } D_1 = \frac{1+\beta-\gamma}{2}Y + \frac{1+\gamma-\beta}{2}Z.$$
于是 $BA_1 = \frac{(1-\alpha)x}{2}, YD_1 = \frac{(1+\gamma-\beta)x}{2}$.

设 $\angle X$ 的角平分线交 AB 于 P, 交 YZ 于 Q. 因为角平分线将 YZ 分成比 $z:y$, 于是有
$$BP = \frac{(1-\alpha)xz}{y+z}, YQ = \frac{xz}{y+z}.$$

因此计算出
$$BA_1 - BP = \frac{(1-\alpha)x(y-z)}{2(y+z)}$$

以及

$$YD_1 - YQ = \frac{x}{2(y+z)}((1+\gamma-\beta)(y+z)-2z)$$
$$= \frac{x}{2(y+z)}((y-z)-(\beta-\gamma)(y+z))$$
$$= \frac{(1-\alpha)x(y-z)}{2(y+z)},$$

这里最后一步用到了上面证明过的恒等式$(\beta-\gamma)(y+z)=\alpha(y-z)$. 因为这些差相等, 所以证明了四边形$A_1BQD_1$是平行四边形, 实际上, A_1D_1平行于$\angle X$的角平分线. 类似地, B_1E_1平行于$\angle Z$的角平分线. 于是$\angle D_1OE_1$等于$\angle X$和$\angle Z$的角平分线之间的角. 根据角之间的关系, 可证明出

$$\angle D_1OE_1 = \frac{\pi-\angle Y}{2} = \frac{1}{2}\angle DEF.$$

O163 证明: 方程$\frac{x^3+y^3}{x-y}=2010$没有正整数解.

证明 假定该方程有正整数解. 显然$x > y$. 于是可写成

$$2010 = \frac{x^3+y^3}{x-y} > \frac{x^3-y^3}{x-y} = x^2+xy+y^2 = (x-y)^2+3xy > (x-y)^2,$$

得到$x-y < \sqrt{2010}$. 推出$x-y \leqslant 44$. 另一方面, 我们有

$$2010 = \frac{x^3+y^3}{x-y} \geqslant \frac{x^3+y^3}{44} = \frac{3}{44}(\frac{x^3+y^3}{3}) \geqslant \frac{3}{44}(\frac{x+y}{3})^3,$$

因此得到$x+y \leqslant 96$. 方程等价于

$$(x+y)(x^2-xy+y^2) = 2 \cdot 3 \cdot 5 \cdot 67(x-y).$$

如果$x+y$整除67, 那么因为$x+y \leqslant 96$, 67是质数, 所以必有$x+y=67$. 在这种情况下, 我们得到$x^2-xy+y^2 = 30(x-y)$, 以及$x+y=67$, 于是$(x+y)^2-3xy = 30(x-y)$. 就是$67^2 = 30(x-y)+3x(67-x)$, 因为67不能被3整除, 所以该方程无解. 如果x^2-xy+y^2能被67整除, 那么对于某个正整数k, 有$x^2-xy+y^2=67k$. 该方程等价于$k(x+y)=30(x-y)$, 即$(30-k)x=(30+k)y$, 推得$y=\frac{30-k}{30+k}x$, 于是

$$x^2((30+k)^2-(30-k)(30+k)+(30-k)^2)=67k(30+k)^2,$$

得到$x^2(3k^2+30^2)=67k(30+k)^2$. 显然$k$能被3整除, 于是对于某个正整数$1 \leqslant a \leqslant 9$, 有$k=3a$, 于是

$$x^2(3a^2+100) = 67a(a+10)^2.$$

因为x^2不能被67整除, 所以推得$3a^2+100$能被67整除. 用$a=1,2,\cdots,9$, 一一代入后, 容易发现$3a^2+100$没有这一性质, 所以原方程无解.

O164 设点A_1是$\triangle ABC$的边BC上的一点. 从A_1出发作三角形的一条角的平分线的对称点, 使下一个点在三角形的另一边上. 按照同一个方向进行这个过程: 或者顺时针

方向,或者逆时针方向.于是在第一步作了一个等腰 $\triangle A_1CB_1$(B_1 在 AC 上).第二步作了一个等腰 $\triangle B_1AC_1$(C_1 在 AB 上).实际上,我们得到点列 $A_1,B_1,C_1,A_2,\cdots$.

(1) 证明:这一过程第六步就结束,即 $A_1 \equiv A_3$.

(2) 证明:A_1,A_2,B_1,B_2,C_1,C_2 位于同一个圆上.

证明 设 R_{MN} 是关于 MN 直线的反射,I 是 $\triangle ABC$ 的内心.

(1) 如图 13 所示,作为三次相对的等距变换的积(即转变方向),等距变换 $R = R_{BI} \circ R_{AI} \circ R_{CI}$ 也是一次相对变换,因为 $R(I) = I$,所以 R 必是关于直线 l 的反射.因为 $R(A_1) = A_2$,所以在一般情况下 l 必是 A_1A_2 的垂直平分线,此时 $A_1 \neq A_2$(如果 $A_1 = A_2$,那么就是 IA_1).于是 $R = R_l, R_{BI} \circ R_{AI} \circ R_{CI} \circ R_{BI} \circ R_{AI} \circ R_{CI} = R_l \circ R_l = Id$,这里 Id 表示平面内的恒等变换.结果,$A_3 = Id(A_1) = A_1$.

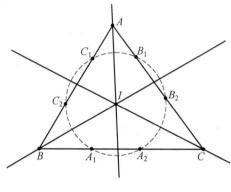

图 13

(2) 因为 l 是 A_1A_2 的垂直平分线,我们有 $IB_1 = IA_1 = IA_2$.类似地,如果用 l' 表示 B_1B_2 的垂直平分线,那么有 $R_{l'} = R_{CI} \circ R_{BI} \circ R_{AI}$,所以 $IC_2 = IB_2 = IB_1$.结果,$IA_1 = IA_2 = IB_1 = IB_2 = IC_1 = IC_2$,$A_1,A_2,B_1,B_2,C_1,C_2$ 六点都位于圆心为 I 的圆上.

O165 设 R,r 是边长为 a,b,c 的 $\triangle ABC$ 的外接圆的半径和内切圆的半径.证明:
$$2 - 2\sum_{\text{cyc}}\left(\frac{a}{b+c}\right)^2 \leqslant \frac{r}{R}.$$

证明 注意到
$$2 - 2\sum_{\text{cyc}}\left(\frac{a}{b+c}\right)^2 \leqslant \frac{r}{R} \Leftrightarrow 6 - 2\sum_{\text{cyc}}\left(\frac{a}{b+c}\right)^2 \leqslant 4 + \frac{r}{R}.$$

这又等价于
$$2\left(3 - \sum_{\text{cyc}}\left(\frac{a}{b+c}\right)^2\right) \leqslant 4 + \frac{r}{R}.$$

或
$$2\sum_{\text{cyc}}\frac{(b+c)^2 - a^2}{(b+c)^2} \leqslant 4 + \frac{r}{R}.$$

这可从下式推出：
$$2\sum_{\text{cyc}}\frac{(b+c)^2-a^2}{(b+c)^2} \leqslant \sum_{\text{cyc}}\frac{(b+c)^2-a^2}{2bc} \leqslant \sum_{\text{cyc}}(1+\cos A) = 4+\frac{r}{R}.$$

这里使用了不等式$(b+c)^2 \geqslant 2bc$和恒等式$\cos A+\cos B+\cos C=1+\dfrac{r}{R}$.

注 设l_a, l_b, l_c是$\triangle ABC$的角平分线. 注意到
$$\frac{(b+c)^2-a^2}{(b+c)^2}=\frac{al_a^2}{abc},$$
我们可以将原不等式改写为
$$2\sum_{\text{cyc}}\frac{al_a^2}{abc} \leqslant 4+\frac{r}{R} \Leftrightarrow 2\sum_{\text{cyc}}\frac{al_a^2}{4Rrs} \leqslant 4+\frac{r}{R} \Leftrightarrow \frac{al_a^2+bl_b^2+cl_c^2}{a+b+c} \leqslant r(4R+r).$$

O166 $\triangle ABC$的内心为I, 内切圆σ分别切BC, AC于A_1, B_1. 点A_2和B_2分别是圆σ的过A_1, B_1的直径的另一个端点. 设A_3是AA_2和BC的交点, M是边AC的中点, N是A_1A_3的中点. 直线MI交BB_1于T, 直线AT交BC于P. 设Q在BC上, R是AB和QB_1的交点, $NR \cap AC = \{S\}$. 证明: 当且仅当$BP = PQ$时, $AS = 2SM$.

证明 考虑经过A_2且平行于BC的直线, 显然$\triangle ABC$的内切圆就是该直线和AB, AC形成的三角形的旁切圆, 且该三角形与$\triangle ABC$位似, A为位似中心. 于是$A_3 = AA_2 \cap BC$是$\triangle ABC$的与线段BC以及直线AB, AC相切的旁切圆的切点. 由于熟知三角形的内切圆的切点与给定三角形的边上的旁切圆的切点关于该边的中点对称, 所以N也是BC的中点. 注意到当且仅当$3AS = 2AM = AC$, 或$\dfrac{AS}{SC}=\dfrac{1}{2}$时, $AS = 2SM$. 于是, 因为$\dfrac{CN}{NB}=1$, 由梅涅劳斯定理, R, S, N共线, 当且仅当$BR = 2AR$时, $AS = 2SM$. 由于$AB_1 = \dfrac{b+c-a}{2}$, $CB_1 = \dfrac{a+b-c}{2}$, 或$\dfrac{AB_1}{B_1C}=\dfrac{b+c-a}{a+b-c}$, 再由梅涅劳斯定理, 利用$Q, B_1, R$共线, 当且仅当$\dfrac{BQ}{CQ}=\dfrac{2(b+c-a)}{a+b-c}$时, 或等价于当且仅当$BQ = \dfrac{2a(b+c-a)}{3b+c-a}$时, $AS = 2SM$.

利用精确三线坐标, $M \equiv (\dfrac{h_a}{2}, 0, \dfrac{h_c}{2})$, 这里$h_a, h_b, h_c$分别是从$A, B, C$出发的高, $I \equiv (r, r, r)$, r是内切圆的半径. 推出直线MI的方程是$a\alpha + (c-a)\beta - c\gamma = 0$. 再利用精确三线坐标, $B \equiv (\dfrac{a+b-c}{2}\sin C, 0, \dfrac{b+c-a}{2}\sin A)$, 或直线$BB_1$的方程$a(b+c-a)\alpha = c(a+b-c)\gamma$, 或点$T$的(非精确)三线坐标$T \equiv (c(a+b-c), 2ac, a(b+c-a))$. 因为点$A$的非精确的三线坐标是$A \equiv (1,0,0)$, 直线$AT$的方程是$2c\gamma = (b+c-a)\beta$, 或点$P$满足
$$\frac{b \cdot BP}{c \cdot CP}=\frac{BP\sin B}{CP\sin C}=\frac{\gamma}{\beta}=\frac{b+c-a}{2c},$$

或 $\dfrac{CP}{BP} = \dfrac{2b}{b+c-a}$,得到 $\dfrac{BC}{BP} = \dfrac{3b+c-a}{b+c-a}$,以及 $BP = \dfrac{a(b+c-a)}{3b+c-a}$.

显然推得 $BQ = 2BP$,等价于当且仅当 $AS = 2SM$ 时,$BP = PQ$.

O167 证明:在任何凸四边形 $ABCD$ 中
$$\cos\dfrac{A-B}{4} + \cos\dfrac{B-C}{4} + \cos\dfrac{C-D}{4} + \cos\dfrac{D-A}{4}$$
$$\geqslant 2 + \dfrac{1}{2}(\sin A + \sin B + \sin C + \sin D).$$

证明 可以改写为
$$2 + \sin A + \sin B = 2 + 2\sin\dfrac{A+B}{2}\cos\dfrac{A-B}{2} \leqslant 2 + 2\cos\dfrac{A-B}{2}$$
$$= 4\cos^2\dfrac{A-B}{4} \leqslant 4\cos\dfrac{A-B}{4},$$

当且仅当 $A+B=180°$,同时有 $A=B$ 时,即 $A=B=90°$ 时,等号成立.将所得到的这个不等式的两边的循环排列后相加,得到所求的不等式的两边乘以 4.

这一结论推出,当且仅当四边形 $ABCD$ 是矩形时,所求的不等式的等号成立.

O168 给定凸多边形 $A_1A_2\cdots A_n, n \geqslant 4$. R_i 是 $\triangle A_{i-1}A_iA_{i+1}$ 的外接圆的半径,这里 $i=2,3,\cdots,n$,A_{n+1} 为顶点 A_1. 给定 $R_2 = R_3 = \cdots = R_n$,证明:多边形 $A_1A_2\cdots A_n$ 是圆的内接多边形.

证明 设 R 是 $R_2,R_3,\cdots,R_n$ 的共同的值,O_k 是 $\triangle A_{k-1}A_kA_{k+1}$ 的外心,则 $O_kA_k = O_kA_{k+1} = R = O_{k+1}A_k = O_{k+1}A_{k+1}$,于是 O_k 和 O_{k+1} 都在 A_kA_{k+1} 的垂直平分线上,且到 A_kA_{k+1} 的中点的距离相等.有两种可能,$O_k = O_{k+1}$ 或 O_{k+1} 是 O_k 关于 A_kA_{k+1} 的对称点.如果第一种可能总是成立,那么公共的圆心 $O_2 = O_3 = \cdots = O_n$ 到所有 n 个顶点的距离都是 R,于是多边形 $A_1A_2\cdots A_n$ 是圆的内接多边形.因此,可以假定 O_k 和 O_{k+1} 在边 A_kA_{k+1} 的两侧.在这种情况下,顶点为 A_{k-1}, A_k, A_{k+1} 和 A_{k+2} 关于 A_kA_{k+1} 的对称点的四边形是内接四边形(外心为 O_k).因此
$$\angle A_kA_{k-1}A_{k+1} + \angle A_kA_{k+2}A_{k+1} = \pi,$$
$$\angle A_{k-1}A_kA_{k+1} + \angle A_kA_{k+2}A_{k+1}$$
$$< (\pi - \angle A_kA_{k-1}A_{k+1}) + (\pi - \angle A_kA_{k+2}A_{k+1}) = \pi.$$

于是 A_k 和 A_{k+1} 的外角的和超过 π.于是根据多边形 $A_1A_2\cdots A_n$ 是凸多边形,这种情况只对 k 的一个值出现,于是 $O_2 = O_3 = \cdots = O_k$ 和 $O_{k+1} = O_{k+2} = \cdots = O_n$.但是这意味着点 $A_1, A_2, \cdots, A_k$ 都在以 O_k 为圆心,R 为半径的圆上,点 $A_k, A_{k+1}, \cdots, A_n, A_1$ 都在以 O_{k+1} 为圆心,R 为半径的圆上.这是矛盾的,因为这两个圆有三个公共点 A_1, A_k, A_{k+1}.

O169 设 a,b,c,d 是实数,且
$$(a^2+1)(b^2+1)(c^2+1)(d^2+1) = 16.$$

证明：
$$-3 \leqslant ab+bc+cd+da+ac+bd-abcd \leqslant 5.$$

证明　考虑复数
$$Z=(1+\mathrm{i}a)(1+\mathrm{i}b)(1+\mathrm{i}c)(1+\mathrm{i}d).$$
经过一些简单的计算得到
$$\mathrm{Re}(Z)=1-(ab+bc+cd+da+ac+bd)+abcd,$$
以及
$$|Z|^2=(a^2+1)(b^2+1)(c^2+1)(d^2+1).$$
由已知条件，得到 $|Z|=4$，所以不等式 $|\mathrm{Re}(Z)| \leqslant |Z|$ 可写成
$$|(ab+bc+cd+da+ac+bd-abcd)-1| \leqslant 4,$$
即
$$-3 \leqslant ab+bc+cd+da+ac+bd-abcd \leqslant 5$$
这就是所需要的.

O170　设 a,b 是正整数，a 不整除 b，b 不整除 a. 证明：存在整数 x，$0<x \leqslant a$，使 a,b 都整除 $x^{\varphi(b)}-x$，这里 φ 是欧拉函数.

证明　设 a,b 的最小公倍数 $[a,b]=xy$，这里的 x 只能被这样的质数整除：它整除 a 的次数至少与整除 b 的次数那样多，y 只能被这样的质数整除：它整除 b 的次数多于整除 a 的次数. 实际上，这表明 $x \leqslant a$（事实上 $x \mid a$），$y \mid b$，以及 $(x,y)=1$. 因为 a 不整除 b，所以又有 $x \neq 1$，$1<x \leqslant a$. 因为 $y \mid b$ 意味着 $\varphi(y) \mid \varphi(b)$，欧拉定理给出 $x^{\varphi(b)}-1 \equiv 0 \pmod{y}$. 于是 $x^{\varphi(b)+1}-x \equiv 0 \pmod{xy}$. 但这是说，$[a,b]$ 整除 $x^{\varphi(b)+1}-x$，这就是所需的结论.

O171　证明：在任何凸四边形 $ABCD$ 中，
$$\sin(\frac{A}{3}+60°)+\sin(\frac{B}{3}+60°)+\sin(\frac{C}{3}+60°)+\sin(\frac{D}{3}+60°)$$
$$\geqslant \frac{1}{3}(8+\sin A+\sin B+\sin C+\sin D).$$

证明　设 $A=\frac{\pi}{2}+3\alpha$，则 $|\alpha| \leqslant \frac{\pi}{6}$，于是 $\frac{\sqrt{3}}{2} \leqslant \cos\alpha \leqslant 1$. 设 $x=\cos\alpha$，计算
$$3\sin(\frac{A}{3}+60°)-2-\sin A=3\cos\alpha-2-\cos 3\alpha=6x-2-4x^3$$
$$=2(1-x)(2x^2+2x-1).$$

二次方程 $2x^2+2x-1=0$ 的根是 $\frac{-1\pm\sqrt{3}}{2}$，都小于 $\frac{\sqrt{3}}{2}$，于是 $2x^2+2x-1>0$，$3\sin(\frac{A}{3}+60°) \geqslant 2+\sin A$.

将该式与另外三个对称的不等式相加，得到所需要的结论.

O172 证明:如果一块7×7个的正方形木板上被38块多米诺覆盖,每一块多米诺恰好覆盖木板上的两个方格,那么可以在除去一块多米诺后,余下的37块多米诺覆盖该木板.

证明 考虑一张有49个顶点的图,每一个顶点表示木板上的一个方格,当且仅当相应的方格被同一块多米诺覆盖时,用一条棱连接这两个顶点.假定木板能被38块多米诺覆盖,不管除去哪一块多米诺,至少有一个方格变得不被覆盖.因此,图中没有棱可以连接两个顶点,使这两个顶点中的每一个都是其他棱的端点.考虑由一条棱连接的两个顶点V_1和V_2.显然其中之一(不失一般性,设V_2)不能有任何其他的棱.如果V_1有通过棱与其连接的其他顶点,那么这些顶点必定也没有其他棱把这些顶点与图中其他顶点连接,或者从V_1出发的通过图中的其他棱可能到达的所有的点形成以V_1为根,$V_2,V_3,\cdots$为叶的树,且不包括其他顶点.显然,没有顶点能够连接超过四个其他顶点,否则由Dirichilet原理,将有两个多米诺覆盖两个同样的方格,其中之一可以除去,使所有49个方格都被覆盖.由此,该图可以分割成几个不交的子图,其中每一个都有k个顶点,其中$k-1$个顶点由一条棱与其余的顶点连接,在每个子图中不出现其他的顶点和棱,也就是说,如果用n_k表示有k个顶点的子图的个数(这里显然有$k=2,3,4,5$),我们有

$$2n_2+3n_3+4n_4+5n_5=49 \text{ 和 } n_2+2n_3+3n_4+4n_5=38.$$

注意到

$$n_5\geq 4(n_2+2n_3+3n_4+4n_5)-3(2n_2+3n_3+4n_4+5n_5)=4\cdot38-3\cdot39=5.$$

另一方面,在木板上一张$k=5$的图将表示一个十字形的五米诺,中间的一个方格的四周各连接一个方格,于是木板的每一边上至多有两个方格能被属于这n_5个子图中的一个多米诺覆盖,角上的方格一个也不能被n_5个子图中的一个多米诺覆盖.于是推得这n_5个子图覆盖不超过33个方格,即$n_5\leq6$.假定$n_5=5$,那么$2n_2+3n_3+4n_4=24,n_2+2n_3+3n_4=18$.注意到有$0=3\cdot24-4\cdot18=2n_2+n_3$,因为$n_2,n_3\geq0$,我们有$n_2=n_3=0,n_4=6$.但是注意到因为木板上每个角不能被$n_5$个子图中的一个覆盖,所以必须被$n_4$个子图中的一个覆盖,它每一个$n_4$子图是形如T状的四米诺,于是木板上的四个角上的方格必须被形成T状的水平方向的两个方格中的一个覆盖,余下一个"被囚禁"的方格,用木板的边限制在一条边上,用这个T状的四米诺的边限制在两边上.因此与每个角上的方格相邻的这个方格必定被n_4个子图中的另一个覆盖,于是$n_4\geq8$,这是一个矛盾.于是$n_5=6,2n_2+3n_3+4n_4=19$和$n_2+2n_3+3n_4=14$,或$1=3\cdot19-4\cdot14=2n_2+n_3$,因为$n_2,n_3\geq0$,推出$n_2=0,n_3=1$和$n_4=4$.与$n_5=5$的情况相同,可以推出木板的四个角上的方格之一必定被n_3的子图覆盖,另外三个必定被n_4的子图覆盖,于是$n_4\geq6$(n_4个子图中的两个必须放在角上或与角上的方格相邻),又产生矛盾,结论得证.但是用$n_5=3$个五米诺,$n_4=7$个四米诺和$n_3=2$个三米诺(余下的是$n_2=0$)可能覆盖这块木板,或者说木板可以用37块多米诺覆盖,使得没有一块多米诺能够除去而不留下没被覆盖的方格.

O173 求一切整数三数组(x,y,z), 使

$$\frac{x^3+y^3+z^3}{3}-xyz=\max\{\sqrt[3]{x-y},\sqrt[3]{y-z},\sqrt[3]{z-x}\}.$$

解 由于问题是循环对称的, 所以可以假定$x-y=\max(x-y,y-z,z-x)$(实际上$x-y\geqslant 0$). 于是所给的方程表明$\sqrt[3]{x-y}$是有理数, 因此是整数. 由此对某个正整数a, 可以设$x-y=a^3$. 再设$y-z=b$. 注意到$x-y$最大表示$-2a^3\leqslant b\leqslant a^3$. 由原方程消去$x$和$z$, 再分解因式, 得到

$$\frac{1}{3}(3y+a^3-b)(a^6+a^3b+b^2)=2\ 010a.$$

如果$a=0$, 那么得到$b=0$(从上面的不等式). 于是, 对于任何整数n, 得到解$(x,y,z)=(n,n,n)$. 现在假定$a\neq 0$, 那么得到

$$2\ 010a\geqslant\frac{a^6+a^3b+b^2}{3}\geqslant\frac{a^6}{4}.$$

于是$a^5\leqslant 8\ 040$, 得到$a\in\{1,2,3,4,5,6\}$.

实际上, 设最大公约数$g=(a^3,b)$, 则$a^3=gu,b=gv$. 于是$a^6+a^3b+b^2=g^2(u^2+uv+v^2)$. 因为$4(u^2+uv+v^2)=(2u+v)^2+3v^2$, 如果$p$是整除$u^2+uv+v^2$的质数, 那么$-3$是模$p$的平方, 于是$p\neq 2,5$. 又$9$不能整除$u^2+uv+v^2$, 因为这意味着$3$整除$2u+v$, 这又得到$3$整除$v$. 但此时$3$整除$u$和$v$, 这是一个矛盾. 于是$u^2+uv+v^2\in\{1,3,67,201\}$. 将此与不等式$-2u\leqslant v\leqslant u$相结合, 得到$(u,v)$的$13$种可能, 即$(1,0)$, $(1,-1)$, $(1,-2)$, $(1,1)$, $(2,-1)$, $(7,-9)$, $(7,2)$, $(9,-2)$, $(9,-7)$, $(11,-16)$, $(11,5)$, $(16,-5)$和$(16,-11)$. 通过对这些情况逐个检验, 发现只有四种情况有整数解. 这四组解是: $(u,v)=(1,-2)$, 得到$a=1,b=-2$, 于是$(x,y,z)=(670,669,671)$; $(u,v)=(1,1)$, 得到$a=1,b=1$, 于是$(x,y,z)=(671,670,669)$; $(u,v)=(9,-2)$, 得到$a=27,b=-6$, 于是$(x,y,z)=(26,-1,5)$; 以及$(u,v)=(9,-7)$, 得到$a=27,b=-21$, 于是$(x,y,z)=(21,-6,15)$.

综上所述, 解是$x=y=z$, 或者$(x,y,z)=(670,669,671),(671,670,669),(26,-1,5),(21,-6,15)$, 或$x,y,z$的循环排列.

O174 考虑面积为S的凸四边形$ABCD$内一点O. 假定K,L,M,N分别是边AB, BC,CD,DA上的内点. 如果$OKBL$和$OMDN$分别是面积为S_1和S_2的平行四边形. 证明:

(1) $\sqrt{S_1}+\sqrt{S_2}<1.25\sqrt{S}$;

(2) $\sqrt{S_1}+\sqrt{S_2}<C_0\sqrt{S}$, 其中$C_0=\max\limits_{0<\alpha<\frac{\pi}{2}}\frac{\sin(2\alpha+\frac{\pi}{4})}{\cos\alpha}$.

证明 不失一般性,我们可以设点 O 和 D 直线不在 AC 的两侧,设 $S_{\triangle ABC} = a$, $S_{\triangle ACD} = b$, $S_{\triangle OAC} = x$. 有 $S_{\triangle OKB} = S_{\triangle OBL} = S_{\triangle KLB} = \dfrac{S_1}{2}$, 且

$$\frac{S_{\triangle OKB}}{S_{\triangle OAB}} \cdot \frac{S_{\triangle OBL}}{S_{\triangle OBC}} = \frac{KB}{AB} \cdot \frac{BL}{BC} = \frac{S_{\triangle KBL}}{S_{\triangle ABC}},$$

由此得到

$$S_1 = \frac{2 S_{\triangle OAB} \cdot S_{\triangle OBC}}{a}.$$

类似地,得到

$$S_2 = \frac{2 S_{\triangle OAD} \cdot S_{\triangle OCD}}{b}.$$

于是

$$\sqrt{S_1} + \sqrt{S_2} \leqslant \frac{S_{\triangle OAB} + S_{\triangle OBC}}{\sqrt{2a}} + \frac{S_{\triangle OAD} + S_{\triangle OCD}}{\sqrt{2b}}$$

$$= \frac{a+x}{\sqrt{2a}} + \frac{b-x}{\sqrt{2b}} = \frac{\sqrt{a}+\sqrt{b}}{\sqrt{2}} - \frac{\sqrt{a}-\sqrt{b}}{\sqrt{2ab}} x.$$

如果 $a \geqslant b$, 那么 $\sqrt{S_1} + \sqrt{S_2} \leqslant \dfrac{\sqrt{a}+\sqrt{b}}{\sqrt{2}} \leqslant \sqrt{a+b} = \sqrt{S}$. 如果 $a < b$, 那么点 O 不能在 $\square ABCE$ 的外部, 于是 $x \leqslant a$, 所以

$$\sqrt{S_1} + \sqrt{S_2} \leqslant \frac{\sqrt{a}+\sqrt{b}}{\sqrt{2}} - \frac{\sqrt{a}-\sqrt{b}}{\sqrt{2ab}} a = \frac{b + 2\sqrt{ab} - a}{\sqrt{2b}}.$$

设 $\dfrac{a}{b} = \tan^2 \alpha$, 这里 $\alpha \in \left[0, \dfrac{\pi}{4}\right]$, 则

$$\frac{\dfrac{b + 2\sqrt{ab} - a}{\sqrt{2b}}}{\sqrt{a+b}} = \frac{\sin\left(2\alpha_0 + \dfrac{\pi}{4}\right)}{\cos \alpha_0} \leqslant C_0.$$

于是

$$\sqrt{S_1} + \sqrt{S_2} \leqslant \frac{b + 2\sqrt{ab} - a}{\sqrt{2b}} \leqslant C_0 \sqrt{S}.$$

当 $\alpha = \dfrac{\pi}{4}$ 时, $\dfrac{\sin\left(2\alpha + \dfrac{\pi}{4}\right)}{\cos \alpha} = 1$, 即 $C_0 \geqslant 1$. 于是在所有的情况下都有 $\sqrt{S_1} + \sqrt{S_2} \leqslant C_0 \sqrt{S}$.

为了证明该不等式, 只要证明当 $0 \leqslant \alpha \leqslant \dfrac{\pi}{4}$ 时, $\sin\left(2\alpha + \dfrac{\pi}{4}\right) < 1.25 \cos \alpha$.

事实上, 设 $\varphi \in \left[0, \dfrac{\pi}{4}\right]$, $\cos \varphi = \dfrac{4}{5}$. 如果 $0 \leqslant \alpha < \varphi$, 那么 $\sin(2\alpha + \varphi) \leqslant 1 = \dfrac{5}{4} \cos \varphi$.

如果 $\varphi < \alpha \leqslant \dfrac{\pi}{4}$，那么 $\tan \varphi = \dfrac{3}{4} > \sqrt{2} - 1 = \tan \dfrac{\pi}{8}$，于是

$$\varphi > \dfrac{\pi}{8}, \sin\left(2\alpha + \dfrac{\pi}{4}\right) \leqslant \sin\left(2\varphi + \dfrac{\pi}{4}\right) = \dfrac{\sqrt{2}}{2} \cdot \dfrac{31}{25} < \dfrac{\sqrt{2}}{2} \cdot \dfrac{5}{4} < 1.25\cos\alpha.$$

注 利用导数可以证明

$$\tan \alpha_0 = \sqrt[3]{\sqrt{2}+1} - \sqrt[3]{\sqrt{2}-1} = 0.59\cdots, 且 C_0 = 1.11\cdots.$$

O175 求一切正整数组 (x, y)，使 $x^3 - y^3 = 2\,010(x^2 + y^2)$.

解 设 $x = du, y = dv, d \geqslant 1, u, v$ 是互质的正整数. 原方程变为

$$d(u^3 - v^3) = 2\,010(u^2 + v^2)$$

于是 $u^2 + uv + v^2$ 整除 $2\,010(u^2 + v^2)$，因为 $u^2 + uv + v^2$ 与 $u^2 + v^2$ 互质，所以推得 $u^2 + uv + v^2$ 整除 $2\,010 = 2 \cdot 3 \cdot 5 \cdot 67$. 我们断言 $A = u^2 + uv + v^2$ 实际上整除 67. 可以直接推出 A 是奇数 (否则，u, v 必定都是偶数). 下面，容易看出如果 5 整除 A，那么 5 整除 u, v，得到矛盾. 最后，如果 3 整除 A，那么必有 $u \equiv v \pmod{3}$，所以 $u^3 - v^3 = (u - v)A$ 是 9 的倍数. 于是 $2\,010(u^2 + v^2)$ 是 9 的倍数，情况并不是这样. 于是 A 是 67 的约数，因为 $u, v \geqslant 1$，推得 $u^2 + uv + v^2 = 67$. 显然可设 $u \geqslant v$，则 $67 \geqslant 3v^2$，于是 $v \leqslant 4$. 考虑每一种情况，得到 $v = 2, u = 7$，于是 $d = 318$. 因此存在一组解 $x = 7d, y = 2d, d = 318$.

O176 设 $P(n)$ 是下列命题：对与一切正实数 $x_1, x_2, \cdots, x_n, x_1 + x_2 + \cdots + x_n = n$，有

$$\dfrac{x_2}{\sqrt{x_1 + 2x_3}} + \dfrac{x_3}{\sqrt{x_2 + 2x_4}} + \cdots + \dfrac{x_1}{\sqrt{x_n + 2x_2}} \geqslant \dfrac{n}{\sqrt{3}}.$$

证明：当 $n \leqslant 4$ 时，$P(n)$ 成立，当 $n \geqslant 9$ 时，$P(n)$ 不成立.

证明 设不等式的左边是 $S(x_1, x_2, \cdots, x_n)$，利用 Hölder 不等式，得到

$$S^2(x_2(x_1 + 2x_3) + \cdots + x_1(x_n + 2x_2)) \geqslant (x_1 + x_2 + \cdots + x_n)^3 = n^3.$$

另一方面，有

$$x_2(x_1 + 2x_3) + \cdots + x_1(x_n + 2x_2) = 3(x_1 x_2 + x_2 x_3 + \cdots + x_n x_1).$$

利用当 $x_1 + x_2 + \cdots + x_n = n$ 和 $n \leqslant 4$ 时，有

$$x_1 x_2 + x_2 x_3 + \cdots + x_n x_1 \leqslant n$$

这一事实. 由此推得

$$ab + bc + ca \leqslant \dfrac{(a+b+c)^2}{3},$$

以及

$$ab + bc + dc + da = (a + c)(b + c) \leqslant \dfrac{(a+b+c+d)^2}{4}.$$

容易推出，当 $n \leqslant 4$ 时，结论成立. 选取 x_1, x_2, x_3, x_4 接近于 $\dfrac{n}{4}$，其余变量接近于 0，容

易得到当 $n \geqslant 9$ 时，该表达式小于 $\frac{n}{\sqrt{3}}$. 推出结论.

正如 Richard Stong 指出的那样，当 $n \geqslant 5$ 时，$P(n)$ 不成立. 事实上，假定 $n \geqslant 5$，对某个较小的 $\varepsilon > 0$，取 $x_1 = \frac{4n}{7}(1-\varepsilon), x_2 = \frac{3n}{7}(1-\varepsilon), x_3 = x_4 = \cdots = x_n = \frac{n\varepsilon}{n-2}$，那么 $x_1 + x_2 + \cdots + x_n = n$，当 ε 趋近于 0 时，$P(n)$ 的左边趋近于

$$\frac{\frac{3n}{7}}{\sqrt{\frac{4n}{7}}} + 0 + \cdots + 0 + \frac{\frac{4n}{7}}{\sqrt{\frac{6n}{7}}} = \sqrt{n}\left(\frac{3}{2\sqrt{7}} + \frac{4}{\sqrt{42}}\right) < 1.2 \cdot \sqrt{n}.$$

但是当 $n \geqslant 5$ 时，我们有

$$\frac{n}{\sqrt{3}} \geqslant \sqrt{n} \cdot \frac{\sqrt{5}}{\sqrt{3}} > 1.2 \cdot \sqrt{n}.$$

O177 设点 P 位于一个圆的内部. 过点 P 的两条互相垂直的变直线交该圆于 A, B 两点. 求线段 AB 的中点的轨迹.

第一种解法 不失一般性，假定 $P = t \in [0,1]$，圆 $C\{|z|=1\}$，设 $A = z = x + iy \in C$，于是对于某个 $s > 0$，$B = w = si(z-P) + P \in C$，于是

$$1 = |w|^2 = (t-sy)^2 + s^2(x-t)^2 \qquad ①$$

线段 AB 的中点用 $M = \frac{A+B}{2}$ 表示. 现在验证 $\left|M - \frac{P}{2}\right| = \frac{\sqrt{2-|P|^2}}{2}$. 事实上，由 ①，得

$$\left(2\left|M - \frac{P}{2}\right|\right)^2 = (x-sy)^2 + (s(x-t)+y)^2 = x^2 + y^2 + 1 - t^2 = 2 - t^2.$$

于是所求的轨迹是以 $\frac{P}{2}$ 为圆心，$\frac{\sqrt{2-|P|^2}}{2}$ 为半径的圆. 在一般情况下，如果圆 C 的圆心是 P_0，半径是 R，那么所求的轨迹是一个圆，其圆心为 $\frac{P_0+P}{2}$，半径为 $\frac{\sqrt{2R^2-|P-P_0|^2}}{2}$.

第二种解法 设 $ABCD$ 是四边形，M, N 分别是边 AB 和 CD 的中点. 利用中线长定理，容易证明以下关系式

$$AC^2 + BD^2 + BC^2 + DA^2 = AB^2 + CD^2 + 4MN^2.$$

设 M 是线段 AB 的中点，N 是线段 OP 的中点，这里 O 是给定的圆的圆心. 在四边形 $ABPO$ 中，用上面的关系式，得到

$$AP^2 + R^2 + BP^2 + R^2 = AB^2 + OP^2 + 4MN^2.$$

显然 $AP^2 + BP^2 = AB^2$，于是得到 $4MN^2 = 2R^2 - OP^2$，即

$$NM = \frac{1}{2}\sqrt{2R^2 - OP^2}.$$

因为点 N 固定,所以推出所求的轨迹是以 N 为圆心,$\frac{1}{2}\sqrt{2R^2-OP^2}$ 为半径的圆.

O178 设 m,n 是正整数. 证明:对于每一个奇正整数 b,存在无穷多个质数 p,由 $p^n \equiv 1 (\bmod b^m)$ 可推得 $b^{m-1} \mid n$.

证明 设 b 的质因数分解式是 $b = p_1^{a_1} p_2^{a_2} \cdots p_k^{a_k}$. 因为 b 是奇数,所以当 $i=1,2,\cdots,k$ 时,$p_i > 2$. 设 $P = p_1 p_2 \cdots p_k$,考虑同余组

$$x \equiv p_i + 1 (\bmod p_i^2), \quad i=1,2,\cdots,k. \tag{①}$$

由中国剩余定理,同余组 ① 有解,所以选取一个解,把这个解称为 x_0,于是对于一切 i,有 $x_0 \equiv p_i + 1 (\bmod p_i^2)$. 如果 $x \equiv x_0 (\bmod P^2)$,那么 x 是同余组 ① 的解.

断言 如果 $x \equiv x_0 (\bmod P^2)$,那么从 $x^n \equiv 1 (\bmod b^m)$,可推出 $b^{m-1} \mid n$.

断言的证明 假定 $p \in P$ 是质数,a 是正整数. 设 $v_p(a)$ 是 a 的质因数分解式中 p 的指数. 对于每一个 $i, 1 \leqslant i \leqslant k$,有 $p_i \mid x_0 - 1$. 我们知道,p_i 是奇数,于是由指数最高引理,得到 $v_{p_i}(x^n - 1) = v_{p_i}(x-1) + v_{p_i}(n)$. 但是 $x \equiv x_0 \equiv p_i + 1 (\bmod p_i^2)$,所以 $v_{p_i}(x-1) = 1$. 于是 $v_{p_i}(n) = v_{p_i}(x^n-1) - 1 \geqslant m\alpha_i - 1 \geqslant m(\alpha_i - 1)$(因为 $x^n \equiv 1 (\bmod b^m)$),所以 $p_i^{(m-1)\alpha_i} \mid n$,因为这对于一切 i 都成立,于是我们得到 $b^{m-1} = \prod_{i=1}^{k} p_i^{(m-1)\alpha_i} \mid n$,这样就结束了断言的证明.

现在回到问题的解,利用 Dirichilet 定理得到无穷多个 p,有 $p \equiv x_0 (\bmod P^2)$. 于是断言证明了它们都是本题的解.

O179 证明:对于任何 $n \geqslant 6$,任何凸四边形能分割成 n 个圆内接四边形.

证明 实际上我们将证明这一结果对于非凸的或者交叉四边形都成立. 连接任何一条对角线能把任何凸四边形分成两个三角形;任何凹四边形只有连接其中的一条对角线被分成两个三角形;任何交叉四边形就已经形成具有公共顶点的两个三角形,每个三角形的两边在另一个三角形的两边所在的直线上. 在 $\triangle ABC$ 中,设 I 是内心,D,E,F 分别是内切圆与边 BC, CA, AB 的切点. 显然可以分割成三个圆内接四边形 $AEIF, BFID, CDIE$. 在 $\triangle ABC$ 中,不失一般性,设 $\angle C$ 为锐角,考虑外心 O,在 AB 的垂直平分线上比 O 离 AB 近处取一点 O'. 以 O' 为圆心,过 A,B 作圆,则 C 在该圆外,于是该圆分别交 AC, BC 于 D, E,则四边形 $ABDE$ 是圆内接四边形. 现在可以进行一下过程:设 $n = 3 + 3u + v$,这里 $u \geqslant 1$ 是整数,$v \in \{0, 1, 2\}$. 把(任何)四边形 $ABCD$ 分割成两个三角形,然后将其中之一分割成三个圆内接四边形. 如果 $v \neq 0$,那么把另一个三角形分割成一个圆内接四边形和一个三角形,如果 $v = 2$,那么再把后面一个三角形分割成一个圆内接四边形和一个三角形. 在进行这个过程以后,我们已经把原四边形分割成 $3 + v$ 个圆内接四边形(对于 $v =$

0,1,2,分别是 3,4,5 个)和一个三角形.现在将这个三角形分割成 u 个三角形(例如把一边分成 u 等分,然后连接各分点与相对的顶点),现在把这 u 个三角形中的每一个分割成三个圆内接四边形.这样就把原四边形分割成 $3+3u+v=n$ 个圆内接四边形.

O180 设 p 是质数.证明:每一个正整数 $n \geqslant p$,p^2 整除

$$\binom{n+p}{p}^2 - \binom{n+2p}{2p} - \binom{n+p}{2p}.$$

第一种证法 我们将首先证明当 $p=2$ 时,命题成立.进行一个简单的计算表明这一表达式等于 $4\binom{n+3}{4}$,因此是 4 的倍数.

假定 $p \geqslant 3$.熟知 $\binom{2p}{p} \equiv 2 \pmod{p^2}$,即 $\dfrac{(2p)!}{p^2} \equiv \dfrac{2(p!)^2}{p^2}$.考虑到这一点就像 p 的最高次幂整除 $(p!)^2$ 和 $(2p)!$ 这一事实一样,所以就是 p^2,于是本题就归结为证明

$$\prod_{i=1}^{p}(n+i)\left(\prod_{i=1}^{p}(n+p+i) + \prod_{i=1}^{p}(n-p+i) - 2\prod_{i=1}^{p}(n+i)\right) \equiv 0 \pmod{p^4}.$$

因为 p 整除 $(n+1)\cdots(n+p)$,所以只要检验

$$\prod_{i=1}^{p}(n+p+i) + \prod_{i=1}^{p}(n-p+i) - 2\prod_{i=1}^{p}(n+i) \equiv 0 \pmod{p^3}.$$

设 $x_i = n+i$,则硬展开得到

$$\prod_{i=1}^{p}(x_i+p) + \prod_{i=1}^{p}(x_i-p) - 2\prod_{i=1}^{p}x_i \equiv 2p^2 \sum_{1 \leqslant i_1 < \cdots < i_{p-2} \leqslant p} x_{i_1}\cdots x_{i_{p-2}} \pmod{p^3},$$

于是只要检验

$$\sum_{1 \leqslant i_1 < \cdots < i_{p-2}} x_{i_1}\cdots x_{i_{p-2}} \equiv 0 \pmod{p}.$$

但是,$x_1, x_2, \cdots, x_p$ 模 p 的余数是 $0, 1, p-1$ 的一个排列,于是

$$(X-x_1)\cdots(X-x_p) \equiv X(X-1)\cdots(X-p+1) \equiv X^p - X \pmod{p}.$$

比较 X^{p-2} 的系数,得到所需的结果.

第二种证法 根据 Li–Jen–Shu 公式,对于任何正整数 n 和 p,有

$$\sum_{k=0}^{p}\binom{p}{k}^2\binom{n+2p-k}{2p} = \binom{n+p}{p}^2.$$

于是

$$\sum_{k=0}^{p-1}\binom{p}{k}^2\binom{n+2p-k}{2p} = \binom{n+p}{p}^2 - \binom{n+2p}{2p} - \binom{n+p}{2p}.$$

因为 p 是质数,所以有 $\binom{p}{k} \equiv 0 \pmod{p}$,于是 $\binom{p}{k}^2 \equiv 0 \pmod{p^2}$.由上面的关系式,得到

$$\sum_{k=0}^{p-1}\binom{p}{k}^2\binom{n+2p-k}{2p}\equiv 0(\bmod\ p^2),$$

于是 p^2 整除 $\binom{n+p}{p}^2-\binom{n+2p}{2p}-\binom{n+p}{2p}$,证毕.

O181 设 a,b,c 是 $\triangle ABC$ 的三边的长.证明:
$$\sqrt{\frac{abc}{-a+b+c}}+\sqrt{\frac{abc}{a-b+c}}+\sqrt{\frac{abc}{a+b-c}}\geqslant a+b+c.$$

第一种证法 进行变量替换
$$a=\frac{1}{2}(x+y-z),b=\frac{1}{2}(y+z-x),c=\frac{1}{2}(z+x-y),$$

或 $y=a+b,z=b+c,x=c+a$. 这样设了以后,不等式就变为
$$\sqrt{(x+y)(y+z)(z+x)}\left(\frac{1}{\sqrt{x}}+\frac{1}{\sqrt{y}}+\frac{1}{\sqrt{z}}\right)\geqslant 2\sqrt{2}(x+y+z),$$

平方后得到等价的形式
$$(x+y)(y+z)(z+x)\sum_{\text{cyc}}\left(\frac{1}{x}+\frac{2}{\sqrt{xy}}\right)\geqslant 8(x+y+z)^2.$$

因为 $\sqrt{xy}\leqslant\frac{x+y}{2}$,所以只要证明
$$(x+y)(y+z)(z+x)\sum_{\text{cyc}}\left(\frac{1}{x}+\frac{4}{x+y}\right)\geqslant 8(x+y+z)^2.$$

去分母后得到等价的不等式
$$\sum_{\text{sym}}x^3y^2\geqslant\sum_{\text{sym}}x^3yz.$$

这一不等式可以从 AM-GM 不等式的以下结果
$$\frac{x^3y^2+x^3y^2}{2}\geqslant x^3yz.$$

以及循环排列得到的结果推得.

第二种证法 利用 Hölder 不等式,推得
$$\left(\sum_{\text{cyc}}\sqrt{\frac{abc}{-a+b+c}}\right)^2\left(\sum_{\text{cyc}}\frac{a^2(-a+b+c)}{bc}\right)\geqslant\left(\sum_{\text{cyc}}a\right)^3.$$

只要证明 $\sum_{\text{cyc}}a\geqslant\sum_{\text{cyc}}\frac{a^2(-a+b+c)}{bc}$,但是容易验证最后一个不等式等价于 Schur 不等式 $\sum_{\text{cyc}}a^2(a-b)(a-c)\geqslant 0$,证毕.

O182 考虑 $\triangle ABC$ 的边 BC 上的 m 个点,CA 上的 n 个点,AB 上的 s 个点.将边 AB 和 AC 上的点与 BC 上的点联结.确定位于 $\triangle ABC$ 的内部的交点的个数的最大值.

第一种解法 分别用 M,N,S 表示 BC,CA,AB 上的点的集合.因为命题中所说的内

容与边上的点的位置无关,所以我们将假定该三角形的内部的交点中无三线共点;否则对于与两条或者更多条其他直线交于一给定点的每一条直线 $PQ(P \in M, Q \in N \cup S)$,我们可以将 BC 上的点 P 稍稍移动一下,使它不经过另两条直线的交点,于是使交点的个数增加(现在直线 PQ 将与每一条直线相交于不同的点,而不是原来的一个交点). 注意现在我们可以在两个对点与 $\triangle ABC$ 的内部的交点的个数之间建立一个双射,这两个对点中的一对点取自于 M,另一对点取自于 $N \cup S$. 事实上,恰有两条直线经过三角形内的任何交点. 这两条直线中的每一条直线经过 BC 上的一点,以及在 CA 或 AB 上的另一点. 还要注意 BC 上的两点不重合,在 CA, AB 上的点也不重合,否则两条直线将是同一条了,或者它们的交点将在 $\triangle ABC$ 的边界上,而不是内部了. 于是我们可以将这些点对中的恰好两个点与每个交点连接. 反之,考虑任何一对点 $P, Q \in M$,任何一对点 $X, Y \in N \cup S$. 注意 PQX 是完全包含在 ABC 中的一个三角形,除了在边界上的线段 PQ 和点 X 以外. 因为 Y 是 $\triangle ABC$ 的边界上的点,但不在 BC 上,且不同于 X,所以它在 PQX 的外部. 类似地,X 在 PQY 的外部,P 在 QXY 的外部,Q 在 PXY 的外部,或者说,P, Q, X, Y 是一个凸四边形的顶点. 注意到 $PQ \cap XY$ 显然在直线 BC 上,而在 PX, QY 和 PY, QX 中,如果其中的两条是该四边形的边,那么相交于 $\triangle ABC$ 的外部;如果是对角线,那么相交于 $\triangle ABC$ 的内部. 由这些点对确定的任何两条直线没有其他交点可能在 $\triangle ABC$ 的内部. 于是我们可以恰好连接 $\triangle ABC$ 的内部的一个交点与点对中的每一对点连接. 因为这样的点对的个数是 $\binom{m}{2}\binom{n+s}{2}$,这就是在 $\triangle ABC$ 的内部的交点的个数的最大值.

第二种解法 首先,注意到只要不多于两条线段产生的交点,就能够得到这些交点的最大值了. 所以,我们就计算直线线段的所有可能的交点. 为此,我们首先计算边 BC 和 CA 之间的交点的个数,然后计算 BC 和 AB 之间的交点的个数,最后计算 AB 和 CA 之间的交点的个数. BC 和 CA 之间有 $\binom{n}{2}\binom{m}{2}$ 个交点,BC 和 AB 之间有 $\binom{s}{2}\binom{m}{2}$ 个交点,AB 和 CA 之间有 $sn\binom{m}{2}$ 个交点. 于是,我们要求的交点个数的最大值由这三个数的和给出:

$$\binom{m}{2}\left[\binom{n}{2}+\binom{s}{2}+sn\right].$$

O183 求 $\sum_{k=1}^{2010} \tan^4\left(\dfrac{k\pi}{2011}\right)$ 的值.

第一种解法 我们将证明:如果 n 是正奇数,那么

$$S_n := \sum_{k=1}^{n-1} \tan^4\left(\dfrac{k\pi}{n}\right) = 2\binom{n}{2}^2 - 4\binom{n}{4},$$

当 $n = 2011$ 时,上式的结果是 $5\,451\,632\,830\,730$. 容易检验

$$\prod_{k=0}^{n-1}(x-t_k)=\operatorname{Re}((x+\mathrm{i})^n)=\sum_{k=0}^{\frac{n-1}{2}}\binom{n}{2k}x^{n-2k}(-1)^k,$$

这里 $t_k=\tan(\dfrac{k\pi}{n})$. 于是,设

$$\prod_{k=0}^{n-1}(x^4-t_k^4)=-\prod_{k=0}^{n-1}(x-t_k)(-x-t_k)(\mathrm{i}x-t_k)(-\mathrm{i}x-t_k)$$

$$=\left(\sum_{k=0}^{\frac{n-1}{2}}\binom{n}{2k}x^{n-2k}(-1)^k\right)^2\left(\sum_{k=0}^{\frac{n-1}{2}}\binom{n}{2k}x^{n-2k}\right)^2$$

$$=x^{4n}-2\left(\binom{n}{2}^2-4\binom{n}{4}\right)x^{4n-4}+R(x),$$

这里 $R(x)$ 是次数较低的所有项的和. 另一方面,

$$\prod_{k=0}^{n-1}(x^4-t_k^4)=x^{4n}-S_n x^{4n-4}+R(x),$$

这就是所需要的结果.

第二种解法 从棣莫弗公式,得到当且仅当

$$0=\sin\alpha\sum_{k=0}^{1005}\binom{2011}{2k+1}(-1)^k x^{1005-k}(1-x)^k=\sin\alpha P(x)=\sin\alpha\sum_{j=0}^{1005}c_j x^j,$$

时,2011α 是 π 的整数倍. 这里我们定义了 $x=\cos^2\alpha$.

还要注意,如果 α 本身不是 π 的整数倍,那么 $\sin\alpha\neq 0$,于是 $P(x)=0$ 的 1 005 个实数根是使 2011α 是 $\dfrac{\pi}{2011}$ 的整数倍的 $\cos^2\alpha$ 的 1 005 个不同的值,即这 1 005 个不同的值是 $\alpha=\dfrac{k\pi}{2011}(k=1,2,\cdots,1005)$ 时,$\cos^2\alpha$ 的值. 因为 $\cos\dfrac{k\pi}{2011}=-\cos\dfrac{(2011-k)\pi}{2011}$,所以这些值与 $\alpha=\dfrac{k\pi}{2011}(k=2010,2009,\cdots,1006)$ 时,$\cos^2\alpha$ 的值相同. 将 $\cos^2\alpha$ 的这 1 005 个不同的值用 $x_1,x_2,\cdots,x_{1005}$ 表示,注意到 $(1-x)^k$ 的 0 次项、1 次项和 2 次项的系数分别是 $1,-k$ 和 $\binom{k}{2}$,我们有

$$c_0=\binom{2011}{2011}(-1)^{1005}=-1,$$

$$c_1=\binom{2011}{2011}(-1)^{1005}(-1005)+\binom{2011}{2009}(-1)^{1004}=\dfrac{2011^2-1}{2},$$

$$c_2=-\binom{2011}{2011}\binom{1005}{2}+\binom{2011}{2009}(-1004)-\binom{2011}{2007}$$

$$=\frac{2\,011^4-10\cdot 2\,010^2+9}{4}.$$

下面注意
$$\tan\alpha=\frac{(1-\cos^2\alpha)^2}{\cos^4\alpha}=1-\frac{2}{\cos^2\alpha}+\frac{1}{\cos^4\alpha},$$

所以
$$\sum_{k=1}^{2\,010}\tan^4\left(\frac{k\pi}{2\,010}\right)=2\,010-4\sum_{k=1}^{1\,005}\frac{1}{x_k}+2\sum_{k=1}^{1\,005}\frac{1}{x_k^2}.$$

利用韦达关系式
$$\sum_{k=1}^{1\,005}\frac{1}{x_k}=-\frac{c_1}{c_0}=\frac{2\,011^2-1}{2},$$

$$\sum_{k=1}^{1\,005}\frac{1}{x_k^2}=\left(\sum_{k=1}^{1\,005}\frac{1}{x_k}\right)^2-2\frac{c_1}{c_0}=\frac{(2\,011^2-1)^2}{4}-\frac{2\,011^4-10\cdot 2\,010^2+9}{12}$$

$$=\frac{2\,011^4+2\cdot 2\,011^2-3}{12}.$$

将这些值代入后,得到
$$\sum_{k=1}^{2\,010}\tan^4\left(\frac{k\pi}{2\,010}\right)=2\,011\cdot\frac{2\,011^3-4\cdot 2\,011+3}{3}.$$

O184 点 A,B,C,D 依次在一条直线上. 用直尺和圆规过 A,B 作平行线 a,b. 过 C,D 作平行线 c,d, 使交点是一个菱形的顶点.

解 设 $u=AB, v=CD$, 作任意 $\triangle XYZ$, 使其两边的长 $YZ=u, ZX=v$. 作直线 a,b, 使其与 AB 的夹角为 $\angle XYZ$, 作直线 c,d, 使其与 AB 的夹角为 $\angle ZXY$. 设 $P=b\cap c, Q=b\cap d, R=a\cap d$ 和 $S=a\cap c$. 显然, $\triangle CBP$, $\triangle DAR$ 与 $\triangle XYZ$ 相似. 现在考虑过点 P, 且与 AB 平行的直线 l, 设 $A'=l\cap a, D'=l\cap d$. 显然 $\triangle PA'S$ 和 $\triangle D'PQ$ 又与 $\triangle XYZ$ 相似. 利用正弦定理

$$PQ=\frac{PD'\sin\angle QD'P}{\sin\angle PQD'}=\frac{v\sin\angle ZXY}{\sin\angle YZX}=\frac{uv}{XY},$$

$$PS=\frac{PA'\sin\angle SA'P}{\sin\angle PSA'}=\frac{u\sin\angle XYZ}{\sin\angle YZX}=\frac{uv}{XY},$$

这里我们用了 $PA'=AB=u, PD'=CD=v$, 这是因为四边形 $ABPA'$ 和四边形 $CDPD'$ 是平行四边形. 于是注意到四边形 $PQRS$ 是平行四边形, 且两邻边相等, $PQ=RS$, 于是四边形 $PQRS$ 是菱形. 推出结论.

O185 求最小的整数 $n\geqslant 2\,011$, 使方程
$$x^4+y^4+z^4+w^4-4xyzw=n$$
有正整数解.

解 设 $x^2-y^2=a, z^2-w^2=b, xy-zw=c$, 于是 $a^2+b^2+2c^2=x^4+y^4+z^4+$

$w^4 - 4xyzw = n$. 每一个奇数 $2m+1$ 的平方是 $4m(m+1)+1$,或者说因为 $m, m+1$ 中恰有一个是偶数,所以每一个奇数的平方除以 8 余 1,因为每个偶数的完全平方是 4 的倍数,于是 $2c^2$ 平方除以 8 余 2. 同理, $x^2 - y^2$ 除以 4 余数不可能是 2,或者说 a^2 和 b^2 除以 8 余 0. 这就推出 n 除以 8 的可能的余数是 0(当 a, b, c 都是偶数时),或者是 1(当 a, b 中的一个是奇数,另一个和 c 都是偶数时),或者是 2(当 a, b 都是奇数,c 是偶数,或当 a, b 都是偶数,c 是奇数时),或者是 3(当 c 和 a, b 中的一个是奇数,另一个是偶数时),或者是 4(当 a, b, c 都是奇数时). 于是,使原方程有一组正整数解的最小的正整数 $n \geqslant 2\,011$,可能是 2 011, 2 012, 2 016, 2 017. 注意到 $19^4 + 3 \cdot 18^4 - 4 \cdot 19 \cdot 18^3 = 2\,017$,于是当 $n = 2\,017$ 时,有一组正整数解.

下面证明当 $n = 2\,011, 2\,012, 2\,016$ 时,原方程无正整数解.

假定 $n = 2\,016$. 因为 n 是 8 的倍数,所以只可能当 a, b, c 都是偶数时,才有可能有正整数解. 这意味着 x, y 的奇偶性相同,z, w 的奇偶性也相同. 因为 xy, zw 必须也有相同的奇偶性,即 x, y, z, w 或者都是偶数,或者都是奇数. 在第一种情况下,设 $x' = \frac{x}{2}, y' = \frac{y}{2}, z' = \frac{z}{2}, w' = \frac{w}{2}$,于是 $x'^4 + y'^4 + z'^4 + w'^4 - 4x'y'z'w' = \frac{2\,016}{16} = 126 \equiv 6 \pmod{8}$,这种情况下无解. 当 x, y, z, w 都是奇数时,$a = x^2 - y^2, b = z^2 - w^2$ 都是 8 的倍数. 直接尝试(只要尝试 $a \leqslant b \in \{0, 8, 16, 24, 32, 40\}$),我们发现不存在使 $2\,016 - a^2 - b^2$ 是平方数的两倍的 8 的倍数 a, b,于是这种情况下也无解.

假定 $n = 2\,012$. 由于 $n \equiv 4 \pmod{8}$,我们将需要 a, b 是奇数,所以 x, y 的奇偶性相反,于是 xy 是偶数,同理 zw 也是偶数,于是 c 是偶数,这是一个矛盾,所以当 $n = 2\,012$ 时,也不存在解.

最后,假定 $n = 2\,011 \equiv 3 \pmod{8}$. 不失一般性,设 b, c 是奇数,a 是偶数. 因为 $b = z^2 - w^2$ 是奇数,z, w 的奇偶性相反,于是 zw 是偶数,xy 是奇数,于是 x, y 都是奇数,$a = x^2 - y^2$ 是 8 的倍数. 再直接尝试,取 $a = 0, 8, 16, 24, 32, 40$,尝试一下表达式 $2\,016 - a^2$ 是奇数的平方 b^2 与另一个奇数的平方的两倍 $2c^2$ 的和,只发现以下的解:

$a = 0, b = 43, c = 9$. 因为 $b = 43 = (z+w)(z-w)$ 是质数,所以 $zw = 21 \cdot 22 = 462$,由 $a = 0$,得 $x = y$,所以 $x^2 = 462 \pm 9$,这不可能,因为 453 和 471 都不是完全平方数.

$a = 8, b = 37, c = 17$. 类似地得到 $zw = 19 \cdot 18 = 342, xy = 3 \cdot 1 = 3, c \neq |xy - zw|$.

$a = 8, b = 43, c = 7$,则 $zw = 462, xy = 3$,又得到 $c \neq |xy - zw|$.

$a = 8, b = 35, c = 19$ 或 $a = 8, b = 5, c = 31$,这又得到矛盾.

$a = 40, b = 13, c = 11$. 则 $zw = 42, xy = 99$ 或 $xy = 21$,都又得到 $c \neq |xy - zw|$.

$a = 40, b = 13, c = 5$,则 $zw = 90, xy = 99$ 或 $xy = 21$,都得到 $c \neq |xy - zw|$.

当 $n = 2\,011$ 时,也无解.

于是推得最小的解是 $n=2\,017$.

O186 设 n 是正整数. 证明:
$$\binom{2n}{n}, \binom{2n-1}{n}, \cdots, \binom{n+1}{n}$$
的每一个奇数最大公约数是 2^n-1 的约数.

第一种证法 利用恒等式 $\binom{m+1}{k} - \binom{m}{k} = \binom{m}{k-1}$, 得到这些数的任何奇数最大公约数也是 $\binom{2n-1}{n-1}, \binom{2n-2}{n-1}, \cdots, \binom{n+1}{n-1}, \binom{n+1}{n}$ 的最大公约数. 重复这一论断, 最后得到对于某个 k, 有 $\binom{n+1}{k}$, 得到原数集的任何奇数最大公约数也是 $\binom{n+1}{1}, \binom{n+1}{2}, \cdots, \binom{n+1}{n}$ 的最大公约数, 也是它们的和 $2^{n+1}-2=2(2^n-1)$ 的约数. 于是, 我们推得原数集的任何奇数最大公约数也整除 2^n-1. 证毕.

第二种证法 对于质数 p, 设 $v_p(n)$ 是 p 整除 n 的次数, 那么拉格朗日公式为
$$v_p(n!) = \sum_{k=1}^{\infty} \lfloor \frac{n}{p^k} \rfloor.$$
于是
$$v_p\left(\binom{a+b}{a}\right) = \sum_{k=1}^{\infty} \left(\lfloor \frac{a+b}{p^k} \rfloor - \lfloor \frac{a}{p^k} \rfloor - \lfloor \frac{b}{p^k} \rfloor \right).$$
假定我们把 a, b 写成 p 进制, 然后相加, 那么和中的第 k 项恰好来自于 p^{k-1} 这列的进位的数字, 于是 $v_p\left(\binom{a+b}{a}\right)$ 就是把 a, b 写成 p 进制后相加时的所有进位的数字的和.

现在假定 $n=p^k-1$, 那么在 p 进制中 n 的每一位数字是 $p-1$. 因此, 如果把 n 与 $1 \leqslant m \leqslant n$ 中的任何数相加, 那么至少将得到一次进位. 反之, 如果选择 $m=p^{k-1}$, 那么将恰好得到一次进位 (来自于 p^{k-1} 列的), 于是 p 整除 $\binom{2n}{n}, \binom{2n-1}{n}, \cdots, \binom{n+1}{n}$ 的最大公约数, 但是 p^2 不整除.

下面假定对于任何 $k, n \neq p^k-1$, 那么 n 在 p 进制的展开式中存在某个数字不是 p, 譬如说, 数字是 p^j, 那么当我们在 p 进制中加 $n+p^j$ 时, 将不存在进位. 于是 p 不整除 $\binom{n+p^j}{n}$.

将这两个结果相结合, 我们证明了当且仅当对某个 $k, n=p^k-1$ 时, p 整除这个最大公约数. 因为 n 不能是少于超过一个质数的质数 p 的一个幂, 所以得到

$\begin{bmatrix} 2n \\ n \end{bmatrix}, \begin{bmatrix} 2n-1 \\ n \end{bmatrix}, \cdots, \begin{bmatrix} n+1 \\ n \end{bmatrix}$ 的最大公约数 $= \begin{cases} p & \text{对某个 } k, n = p^k \\ 1 & \text{其他情况} \end{cases}$.

由此直接推出所需的结论. 当且仅当对某个奇质数 p 和某个 $k \geq 1$, 有 $n = p^k - 1$ 时, 存在非 1 的奇数公约数. 在这种情况下, 公约数是 p, n 是 $p-1$ 的倍数. 于是由费马小定理, p 整除 $2^{p-1} - 1$, 而后者整除 $2^n - 1$.

O187 A, B, C, D 四点依次位于一条直线上. 过 A, B 和 C, D 作平行线 a, b 和 c, d, 使交点是正方形的顶点, 并求出用 u, v, w 表示的正方形的边长, 这里 $u = AB, v = BC, w = CD$.

解 假定有这样的一些直线. 如图 14, 设 M 是直线 a 与过点 B 垂直于 AB 的直线的交点. U, V 分别是 B, C 在直线上 a, d 的射影. 由相似三角形 $\triangle UBM \sim \triangle UAB \sim \triangle VCD$, 得到

$$\frac{BM}{UB} = \frac{AB}{UA} = \frac{CD}{VC}.$$

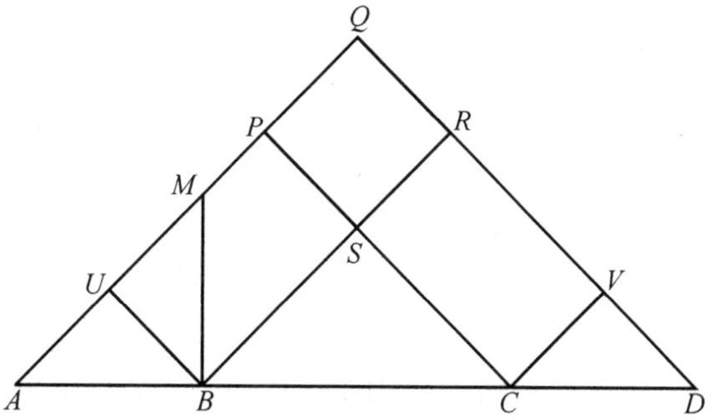

图 14

但是, 因为四边形 $PQRS$ 是正方形, 所以有 $UB = VC$, 于是也有 $BM = CD$. 这样作图就容易了: 首先作 BM 垂直于 CD, 且等于 CD. a 就是直线 AM, b 是过点 B 平行于 a 的直线. 另一方面, 直线 c 和 d 是分别过 C, D 垂直于 a 的直线. 现在, 正方形的边长 x 等于 BU, $\triangle AMB$ 的直角顶点是 B, 且 $AB = u, BM = w$, 于是有

$$x = \frac{BA \cdot BM}{AM} = \frac{uw}{\sqrt{u^2 + w^2}}.$$

注意 O184 的解给出另一个解. 只要取 $\triangle XYZ$ 是直角三角形, 且 $\angle XZY = 90°$, 那么 (对记号稍作调整), $PQ = PS = \frac{uw}{XY} = \frac{uw}{\sqrt{u^2 + w^2}}$.

O188 设 $a_1, a_2, \cdots, a_n$ 是非零实数, 不必不同. 求: 当 $n = 2\,010$ 时, 及当 $n = 2\,011$ 时, 使 $\sum_{i \in A} a_i = 0$ 的 $\{1, 2, \cdots, n\}$ 的子集 A 的个数的最大值.

解 对于任何 n，答案是 $\begin{bmatrix} n \\ \left[\frac{n}{2}\right] \end{bmatrix}$。如果 $\sum_{i \in A} a_i = 0$，则称 $S = \{1, 2, \cdots, n\}$ 的子集 B 是好子集。如果 $i \in S$，B 是好子集，则如果 $a_i > 0$，且 $i \in B$，或 $a_i < 0$，且 $i \notin B$，则称 i 关于 B 是好数。最后，对于好子集 B，设 A_B 是使 $i \in S$ 关于 B 是好数的那些 i 的集合。我们断言这是一个 Sperner family，即任何两个 A_B 对于包含关系都不能比较。假定 B_1, B_2 是使 $A_{B_1} \subset A_{B_2}$ 的两个好集，那么因为当 $a_i > 0$ 时，任何 $i \in B_1$ 都属于 B_2，所以

$$\sum_{i \in B_1, a_i > 0} a_i \leqslant \sum_{i \in B_2, a_i > 0} a_i.$$

类似地，有

$$\sum_{i \in B_1, a_i < 0} a_i \leqslant \sum_{i \in B_2, a_i < 0} a_i.$$

利用 B_1, B_2 是好子集这一事实，由此容易推出所有这些不等式都是等式（利用 $\sum_{i \in B_2, a_i > 0} a_i = -\sum_{i \in B_2, a_i < 0} a_i$ 这一事实），所以 $B_1 = B_2$。利用 Sperner 定理推得至多存在 $\begin{bmatrix} n \\ \left[\frac{n}{2}\right] \end{bmatrix}$ 个好子集，前 $\left[\frac{n}{2}\right]$ 个 a_i 等于 1，其余的 a_i 等于 -1 得到的。

（译者注：在组合数学中，Sperner family 是以德国数学家 Emanuel Sperner(1905—1980) 命名的，Sperner family 是一组集合 (F, E)，其中没有一个集合包含于另一个集合之中。）

O189 已知 A, B, C 是给定球面上的不同的三点，求 $\triangle ABC$ 的垂心的轨迹。

解 设 r 是 $\triangle ABC$ 的外接圆的半径，R 是 A, B, C 所在球面的半径。已知垂心 H，重心 G，外心 O' 共线（欧拉线），并且 $O'H = 3O'G$。于是因为正规三角形的重心严格在三角形的内部，所以有 $|O'G| < r$，由毕达哥拉斯定理

$$|OH| = \sqrt{|OO'|^2 + |O'H|^2} = \sqrt{|OO'|^2 + |3O'G|^2}$$
$$< \sqrt{|OO'|^2 + 9r^2} \leqslant 3\sqrt{|OO'|^2 + r^2} = 3R.$$

另一方面，球心为 O，半径为 $3R$ 的球面内任意一点 P 是顶点在给定的球面上三个不同的顶点的某个三角形的垂心。事实上，在大圆上容易取 A, B, C 三点，使 OG 等于 $\frac{OP}{3}$。在这种情况下，$O = O'$，$OH = 3OG = OP$。

O190 设 $\triangle ABC$ 的三边的长是 a, b, c，中线是 m_a, m_b, m_c。证明

$$m_a + m_b + m_c \leqslant \frac{1}{2}\sqrt{7(a^2 + b^2 + c^2) + 2(ab + bc + ca)}.$$

解 因为

$$4m_b m_c = \sqrt{(2(a^2 + c^2) - b^2)(2(a^2 + b^2) - c^2)}$$

$$= \sqrt{4a^4 + 2a^2(b^2+c^2) + 5b^2c^2 - 2b^4 - 2c^4}.$$
$$= \sqrt{4a^4 + 2a^2(b^2+c^2) + b^2c^2 - 2(b^2-c^2)^2}.$$
$$= \sqrt{(2a^2+bc)^2 - 2((b^2-c^2)^2 - a^2(b-c)^2)}.$$
$$= \sqrt{(2a^2+bc)^2 - 2(b-c)^2(a+b+c)(b+c-a)}$$
$$\leqslant \sqrt{(2a^2+bc)^2} = 2a^2 + bc,$$

以及 $4(m_a^2 + m_b^2 + m_c^2) = 3\sum_{i \in A} a^2$,于是

$$4(m_a + m_b + m_c)^2 = 3\sum_{cyc} a^2 + 8\sum_{cyc} m_b m_c$$
$$= 3\sum_{cyc} a^2 + 8\sum_{cyc}(2b^2 + bc) = 7\sum_{cyc} a^2 + 2\sum_{cyc} bc.$$

O191 设 I 是 $\triangle ABC$ 的内心,IA_1, IB_1, IC_1 分别是三角形的对称中线. 证明: AA_1, BB_1, CC_1 共点,且该点位于直线 $G\varGamma$ 上,这里 G 是 $\triangle ABC$ 的重心,$\varGamma$ 是 $\triangle ABC$ 的 Gergonne 点.

证明 我们知道重心 G 到 BC 边的距离等于 $\dfrac{h_a}{3}$(用 Thales 定理容易证明,因为重心被中线分成两部分的比是 $2:1$,重心到顶点的距离较长,到对边中点的距离较短),这里 $h_a = \dfrac{2S}{a}$ 是 $\triangle ABC$ 的从 A 出发的高,S 是 $\triangle ABC$ 的面积. 因此 G 的(非精确的)三线坐标是 $(\dfrac{1}{a}, \dfrac{1}{b}, \dfrac{1}{c})$. 内切圆与边 BC 的切点 T 到 B 的距离是 $\dfrac{c+a-b}{2}$,到 C 的距离是 $\dfrac{a+b-c}{2}$,于是切点 T 到 AB 与到 AC 的距离的比等于

$$\frac{\dfrac{c+a-b}{2}\sin B}{\dfrac{a+b-c}{2}\sin C} = \frac{(c+a-b)b}{(a+b-c)c}.$$

由此推出,因为顶点 A 和点 P 的相对(非精确的)三线坐标分别是 $A \equiv (1,0,0)$ 和 $P \equiv (\alpha_P, \beta_P, \gamma_P)$,所以过 A 和 P 的直线的三线坐标方程是 $\gamma_P \beta = \beta_P \gamma$. 直线 AT 的三线坐标是 $(c+a-b)b\beta = (a+b-c)c\gamma$. 于是 $\varGamma$ 的三线坐标同时满足这一方程和由循环排列给出(非精确的)三线坐标

$$\left(\frac{1}{a(b+c-a)}, \frac{1}{b(c+b-a)}, \frac{1}{b(a+b-c)}\right).$$

现在,对称中线 AD 把 BC 边分成两部分的比是 $\dfrac{BD}{CD} = \dfrac{AB^2}{AC^2}$,或对 $\triangle IBC$ 用这一结果,因为 $r = IB\sin\dfrac{B}{2} = IC\sin\dfrac{C}{2}$,所以有

$$\frac{BA_1}{CA_1}=\frac{IB^2}{IC^2}=\frac{\sin^2\dfrac{C}{2}}{\sin^2\dfrac{B}{2}}.$$

由于

$$2\sin^2\frac{C}{2}=1-\cos C=\frac{2ab-a^2-b^2+c^2}{2ab}=\frac{(b+c-a)(c+a-b)}{2ab},$$

对于 $2\sin^2\dfrac{B}{2}$ 有类似的等式,所以 $\dfrac{BA_1}{CA_1}=\dfrac{c(c+a-b)}{b(a+b-c)}$. 对 A,B,C 循环排列这一结果,于是有

$$\frac{BA_1}{CA_1}\cdot\frac{CB_1}{AB_1}\cdot\frac{AC_1}{BC_1}=1,$$

利用 Ceva 定理的逆定理,AA_1,BB_1,CC_1 共点. 又因为 A_1 到 AB 和 AC 的距离的比是 $\dfrac{c+a-b}{a+b-c}$,所以直线 AA_1 的三线坐标方程是 $(c+a-b)\beta=(a+b-c)\gamma$. 因此,$AA_1,BB_1,CC_1$ 共点的这一点的(非精确的)三线坐标是

$$\left(\frac{1}{b+c-a},\frac{1}{c+b-a},\frac{1}{a+b-c}\right),$$

于是当且仅当

$$\begin{vmatrix}\dfrac{1}{a} & \dfrac{1}{b} & \dfrac{1}{c} \\ \dfrac{1}{b+c-a} & \dfrac{1}{c+a-b} & \dfrac{1}{a+b-c} \\ \dfrac{1}{a(b+c-a)} & \dfrac{1}{b(c+a-b)} & \dfrac{1}{c(a+b-c)}\end{vmatrix}=0$$

时,这一点与 G,Γ 共线. 该行列式是显然成立的,因为

$$\frac{1}{a+b+c}\cdot\frac{1}{a}+\frac{2}{a+b+c}\cdot\frac{1}{a+b-c}=\frac{1}{a(b+c-a)},$$

或者说行列式中的第三行是第一行和第二行的线性组合,其系数分别是 $\dfrac{1}{a+b+c}$ 和 $\dfrac{2}{a+b+c}$. 于是推得结论.

O192 设 p 是质数,且 $p\equiv 2\pmod 3$. 证明:不存在奇偶性相同的整数 a,b,c,使

$$\left(\frac{a}{2}+\frac{b}{2}\mathrm{i}\sqrt 3\right)^p=c+\mathrm{i}\sqrt 3.$$

解 首先处理当 $p=2$ 时的特殊情况. 在这种情况下

$$\left(\frac{a}{2}+\frac{b}{2}\mathrm{i}\sqrt 3\right)^2=\frac{a^2-3b^2}{2}+\frac{ab}{2}\mathrm{i}\sqrt 3$$

因此所求的方程给出 $ab=2, c=\dfrac{a^2-3b^2}{2}$. 第一个等式要求数对 (a,b) 中的两数一奇一偶. 第二等式要求 a 与 b 模 2 同余. 于是得到矛盾, 这种情况下无解.

现在假定 p 是奇质数. 对原方程的两边取模, 得到
$$\left(\frac{a^2+3b^2}{4}\right)^p=c^2+3.$$

如果 a,b,c 都是奇数, 容易推出矛盾, 这是因为右边是偶数, 但 $a^2+3b^2\equiv 4\pmod 8$, 所以左边是奇数, 于是 a,b,c 都是偶数, 可以设 $a=2u, b=2v, c=2w$. 于是上述方程变为
$$(u^2+3v^2)^p=4w^2+3.$$

因为右边是奇数, 于是推得 $u+v$ 是奇数.

回到原方程, 由二项公式得到
$$\left(\frac{a}{2}+\frac{b}{2}\mathrm{i}\sqrt 3\right)^p=(u+\mathrm{i}v\sqrt 3)^p$$
$$=\left(\sum_{m=0}^{\frac{p-1}{2}}(-3)^m\begin{bmatrix}p\\2m\end{bmatrix}u^{p-2m}v^{2m}\right)+\mathrm{i}\sqrt 3\left(\sum_{m=0}^{\frac{p-1}{2}}(-3)^m\begin{bmatrix}p\\2m+1\end{bmatrix}u^{p-2m-1}v^{2m+1}\right).$$

对比两边的系数, 得到
$$\sum_{m=0}^{\frac{p-1}{2}}(-3)^m\begin{bmatrix}p\\2m+1\end{bmatrix}u^{p-2m-1}v^{2m+1}=1.$$

因为 v 整除左边, 所以推得 $v=\pm 1$. 看这一方程模 p 的情况, 我们发现左边唯一不是 p 的倍数的项是 $m=\dfrac{p-1}{2}$ 这一项. 由雅可比符号, 利用二次互反律, 看出
$$(-3)^{\frac{p-1}{2}}\equiv\left(\frac{-3}{p}\right)=\left(\frac{p}{3}\right)=-1\pmod p.$$

于是推得 $v=-1$. 因此
$$\sum_{m=0}^{\frac{p-1}{2}}(-3)^m\begin{bmatrix}p\\2m+1\end{bmatrix}u^{p-2m-1}=-1.$$

但是从上面的对奇偶性的讨论, 我们看出由于 $v=-1$ 是奇数, 所以 u 是偶数. 因此这一公式给出 $(-3)^{\frac{p-1}{2}}\equiv -1\pmod 4$, 这与经过简单计算得到的 $(-3)^{\frac{p-1}{2}}\equiv 1^{\frac{p-1}{2}}\equiv 1\pmod 4$ 矛盾. 于是无解.

O193 设 a,b,c 是正实数. 证明:
$$\frac{1}{a+b+\frac{1}{abc}+1}+\frac{1}{b+c+\frac{1}{abc}+1}+\frac{1}{c+a+\frac{1}{abc}+1}\leqslant\frac{a+b+c}{a+b+c+1}.$$

第一种证法 设 $d=\dfrac{1}{abc}$, 则 $abcd=1$, 不等式变为

$$\frac{1}{b+c+d+1}+\frac{1}{a+c+d+1}+\frac{1}{a+b+d+1}+\frac{1}{a+b+c+1}\leqslant 1.$$

设 $a=x^4, b=y^4, c=z^4$ 和 $d=t^4, x,y,z,t>0$，那么 $xyzt=1$，且
$$b+c+d+1=y^4+z^4+t^4+1\geqslant yzt(y+z+t)+1$$
$$=\frac{y+z+t}{x}+1=\frac{x+y+z+t}{x}.$$

这里我们用了 $y^4+z^4+t^4\geqslant yzt(y+z+t)$ 对一切 $y,z,t\geqslant 0$ 成立(实际上对一切实数 y,z,t 成立)，这是两次利用不等式 $a^2+b^2+c^2\geqslant ab+bc+ca$ 得到的. 第一次对 $a=x^2$, $b=y^2, c=z^2$，第二次对 $a=xy, b=yz, c=zx$. 于是推得
$$\frac{1}{b+c+d+1}\leqslant\frac{x}{x+y+z+t}.$$

再写几个类似的不等式，相加后就得到所需的结果.

第二种证法 设 $d=\frac{1}{abc}$，则所求的不等式可写成
$$\frac{1}{a+b+c+1}+\frac{1}{a+b+d+1}+\frac{1}{a+c+d+1}+\frac{1}{b+c+d+1}\leqslant 1.$$

这里 a,b,c 是正实数, $abcd=1$. 设 $f(a,b,c,d)$ 表示不等式的左边. 由对称性, 可以假定 d 是这四个数中最大的. 注意到当 $t\geqslant\sqrt{ab}$ 时, 有
$$\frac{2}{t+\sqrt{ab}}-\frac{1}{t+a}-\frac{1}{t+b}=\frac{(a+b-2\sqrt{ab})(t-\sqrt{ab})}{(t+a)(t+b)(t+\sqrt{ab})}\geqslant 0.$$

于是对后两项用上面的不等式, 取 $t=c+d+1\geqslant d+1>\max(a,b)\geqslant\sqrt{ab}$, 对前两项用 AM-GM 不等式 $a+b\geqslant\sqrt{ab}$, 看出
$$f(a,b,c,d)\leqslant f(\sqrt{ab},\sqrt{ab},c,d).$$

将该式迭代, 并利用 a,b,c 的对称性, 可以推出对于确定的 $d=\max(a,b,c,d)$, 当 $a=b=c$ 时, f 取得最大值. 设 $d=x^3$, 得到
$$1-f(a,b,c,d)\geqslant 1-f(\frac{1}{x},\frac{1}{x},\frac{1}{x},x^3)=\frac{3(x-1)^2(x^2+2x+2)}{(3+x)(x^4+x+2)}\geqslant 0.$$

这就是所需要的不等式.

O194 设 A 是非负整数, 包含零的集合, a_n 是方程 $x_1+x_2+\cdots+x_n=n$ 的解的个数, 这里 $x_1,x_2,\cdots,x_n\in A, a_0=1$. 如果对于一切 $n\geqslant 0$, 有
$$\sum_{k=0}^{n}a_k a_{n-k}=\frac{3^{n+1}+(-1)^n}{4}.$$

求 A.

解 容易看出至多只能有一个集合满足上述公式. 事实上, 假定有两个集合, 首先这两个集合不同, 因为一个包含 n, 另一个不包含 n. 于是它们对 $a_1,a_2,\cdots,a_{n-1}$ 的值相同,

但是对 a_n 不同. 因此它们不能对 $\sum_{k=0}^{n} a_k a_{n-k}$ 给出同样的值.

我们将证明 $A=\{0,1,2\}$ 是这样的集合. 方程 $x_1+x_2+\cdots+x_n=n$ 的解 $(x_1,x_2,\cdots,x_n \in 0,1,2)$ 的个数由

$$a_n = \sum_{k=0}^{n} \binom{n}{k} \binom{n-k}{k}$$

给出,因为有 $\binom{n}{k}$ 种方法分配 k 次值为 0,$\binom{n-k}{k}$ 种方法分配 k 次值为 2 分配给其余 $n-k$ 个分量. 又

$$a_n = \sum_{k=0}^{n} \binom{n}{k} \binom{n-k}{k} = \sum_{k=0}^{n} \binom{2k}{k} \binom{n}{2k},$$

于是

$$\sum_{n=0}^{\infty} a_n x^n = \sum_{n=0}^{\infty} \sum_{k=0}^{n} \binom{2k}{k} \binom{n}{2k} x^n = \sum_{k=0}^{\infty} \binom{2k}{k} \sum_{n=2k}^{\infty} \binom{n}{2k} x^n$$

$$= \sum_{k=0}^{\infty} \binom{2k}{k} \frac{x^{2k}}{(1-x)^{2k+1}} = \frac{1}{1-x} \cdot \frac{1}{\sqrt{1-\frac{4x^2}{(1-x)^2}}}$$

$$= \frac{1}{\sqrt{1-2x-3x^2}}.$$

这里我们用了经典的公式

$$\sum_{n=m}^{\infty} \binom{n}{m} x^n = \frac{x^m}{(1-x)^{m+1}} \text{ 和 } \sum_{k=0}^{\infty} \binom{2k}{k} y^k = \frac{1}{\sqrt{1-4y}}.$$

推得

$$\sum_{k=0}^{n} a_k a_{n-k} = [x^n] \frac{1}{(\sqrt{1-2x-3x^2})^2} = [x^n] \frac{1}{1-2x-3x^2}$$

$$= [x^n] \frac{1}{4} \left(\frac{3}{1-3x} + \frac{1}{1+x} \right) = \frac{3^{n+1}+(-1)^n}{4}.$$

O195 设 O,I,H 分别是 $\triangle ABC$ 的外心、内心和垂心,D 是 $\triangle ABC$ 的内点,且
$$BC \cdot DA = CA \cdot DB = AB \cdot DC.$$
证明:当且仅当 $\angle C = 90°$ 时,A,B,D,O,I,H 共圆.

证明 我们从以下断言开始.

断言 设 U,V,W 是 D 在 BC,CA,AB 上的射影. 则 $\triangle ABC$ 是等边三角形,且
$$\angle ADB = \angle C + 60°.$$

断言的证明 因为 $\angle AWD = \angle AVD = 90°$,四边形 $AVDW$ 是直径为 AD 的圆内接

四边形,或 $VW = AD\sin A = \dfrac{BC \cdot AD}{2R}$,对 A,B,C 进行循环排列,这个量等于 UV,WU.

又 $\angle ADW = \angle AVW = 180° - \angle A - \angle AWV$,以及 $\angle ADB = \angle ADW + \angle BDW = 360° - \angle A - \angle B - \angle AWV - \angle BWU = \angle C + 60°$. 同理,当且仅当 $\triangle ABC$ 的内角都不超过 $120°$ 时点 D 称为第一个等动力点,因此在 $\triangle ABC$ 的内部.

显然 $\angle AIB = 90° + \dfrac{1}{2}\angle C$,$\angle AHB = 180° - \angle C$. 如果在 $\triangle ABC$ 中,$\angle C$ 是钝角,那么 O,C 在 AB 的两侧,$\angle AOB = 360° - 2\angle C$,如果在 $\triangle ABC$ 中,$\angle C$ 不是钝角,那么 O,C 在 AB 的同一侧,$\angle AOB = 2\angle C$. 于是注意到当且仅当在 $\triangle ABC$ 中,$\angle C$ 是锐角时,A,B,O,I 可能共圆,因为否则将有 $\angle AOB + \angle AIB = 180°$,或者等价地有 $270° = \dfrac{3}{2}\angle C$,即 $\angle C = 180°$,这不可能,因为此时 $\triangle ABC$ 将退化,O,I 不能定义. 于是可以假定在 $\triangle ABC$ 中,C 是锐角. 但是如果在 $\triangle ABC$ 中,C 是锐角,那么当且仅当以下四个角

$$\angle AIB = 90° + \dfrac{1}{2}\angle C,\ \angle AHB = 180° - \angle C,$$

$$\angle AOB = 2\angle C,\ \angle ADB = \angle C + 60°$$

中有相应的两对角相等时,即当且仅当 $\angle C = 60°$ 时,A,B 和 O,D,I,H 中的任何两点共圆.

O196 在 $\triangle ABC$ 中,设 $\angle ABC > \angle ACB$,点 P 是 $\triangle ABC$ 所在平面内的 $\triangle ABC$ 外的一点,使

$$\dfrac{PB}{PC} = \dfrac{AB}{AC}.$$

证明:(允许角带有符号)

$$\angle ACB + \angle APB + \angle APC = \angle ABC.$$

证明 注意到比 $\dfrac{PB}{PC} = \dfrac{AB}{AC}$ 显然定义了一个阿波罗尼斯圆 γ,这个圆的圆心在 BC 上,经过 A 和 $\angle A$ 的内角平分线与 BC 的交点 D,因为 $\angle ABC > \angle ACB$,所以 B 在 γ 内,C 在 γ 外. 注意到 B,C 的关于 γ 的幂分别是 p_B, p_C,使

$$\dfrac{p_B}{p_C} = \dfrac{BD \cdot BD'}{CD \cdot CD'} = \dfrac{BA^2}{AC^2} = \dfrac{c^2}{b^2},$$

这里 D' 与 D 是 γ 的直径的两个端点. 现在设 T,U 是 PB,PC 与 γ 的第二个交点(显然在两种情况下 P 都是第一个交点),于是

$$\dfrac{CT}{CU} = \dfrac{b \cdot BT}{c \cdot CU} = \dfrac{b \cdot p_B}{c \cdot CU \cdot PB} = \dfrac{b^2 \cdot p_B}{c^2 \cdot CU \cdot PC} = \dfrac{b^2 \cdot p_B}{c^2 \cdot p_C} = 1,$$

或 $CT = CU$,类似地,$BT = BU$,即 BC 是 TU 的垂直平分线,因此 TU 关于 BC 对称. 于是,如果 P 与 A 在同一个半平面内,那么

$$\angle APB = \angle APT = 180° - \angle ATD = 180° - \angle ADB - \angle BDT$$
$$= 180° - \angle ADB - \angle BDU = 180° - 2\angle ADB - \angle ADU$$
$$= 180° - 2\angle ADB - \angle APU = 180° - 2\angle ADB - \angle APC,$$

类似地,如果 P 在另一个半平面内,那么得到同样的结果. 在两种情况下,都有

$$\angle APB + \angle APC = 180° - 2\angle ADB = 180° - 2(180° - B - \frac{A}{2})$$
$$= 2B + A - 180° = B - C.$$

推出结论.

O197 设 x, y, z 是整数,$3xyz$ 是完全立方数. 证明:$(x+y+z)^3$ 是四个非零立方数的和.

证明 我们将证明更多一些,即任何完全立方数 s^3 是四个非零的整数的立方和. $3xyz$ 是完全立方数这一条件并不需要. 如果 $s \neq 0$,那么取

$$(7s)^3 + (-6s)^3 + (-5s)^3 + (-s)^3 = (343 - 216 - 125 - 1)s^3 = s^3.$$

如果 $s = 0$,那么 $0^3 = 2^3 + 1^3 + (-1)^3 + (-2)^3$.

O198 设 a, b, c 是正实数,且

$$(a^2+1)(b^2+1)(c^2+1)(\frac{1}{a^2b^2c^2}+1) = 2\ 011.$$

求 $\max(a(b+c), b(c+a), c(a+b))$ 的最大可能的值.

解 由于对称性,所以只需关注受已知条件制约的 $a(b+c)$ 的最大值,我们将选择变量 $p = bc$ 和 $u = \dfrac{(b-c)^2}{4bc}$. 这一选择是利用了正数 p 和非零数 u 的任何数对 (p, u) 对应于唯一的(无序)数对 $\{b, c\}$,即

$$\{b, c\} = \{\sqrt{p}(\sqrt{u+1} + \sqrt{u}), \sqrt{p}(\sqrt{u+1} - \sqrt{u})\}$$

这让我们在下面的计算中使问题的范围最小. 因为这给出

$$(b^2+1)(c^2+1) = (bc+1)^2 + (b-c)^2 = (p+1)^2 + 4pu,$$

把这一限制改写为

$$p^2((p+1)^2 + 4pu)a^4 -$$
$$(2011p^2 - (p+1)^2(p^2+1) - 4p(1+p^2)u)a^2 + (1+p)^2 + 4pu,$$

定义

$$x = 2\ 011 - (p - \frac{1}{p})^2 - 4(p - 2 + \frac{1}{p})u \text{ 和 } d = 4(p + 2 + \frac{1}{p} + 4u).$$

那么方程可重写为

$$p^2 d a^4 - 2p(2x-d)a^2 + d = 0.$$

容易得到这个四次方程的解是 $a = \dfrac{\pm\sqrt{x} \pm \sqrt{x-d}}{\sqrt{pd}}$. 因为我们需要的 a 是正数,并使

$a(b+c)$ 最大,所以两个符号都取正,于是得到

$$a(b+c) = 2\sqrt{u+1} \cdot \frac{\sqrt{x}+\sqrt{x-d}}{\sqrt{d}}.$$

我们看到用 x 和 d 这个表达式与 p 无关. 这个表达式是 x 的增函数,d 的减函数. 又当 $p=1$ 时,x 显然取到最大值(2 011),d 也是在 $p=1$ 处取到最小值($16(1+u)$). 于是当 $p=1$ 时,$a(b+c)$ 有最大值,此时

$$a(b+c) = \frac{\sqrt{2\,011}+\sqrt{1\,995-16u}}{2}.$$

显然当 $u=0$ 时,最大值是 $\frac{\sqrt{2\,011}+\sqrt{1\,995}}{2}$.

回顾整个证明,我们看到当 $b=c=1, a=\frac{\sqrt{2\,011}+\sqrt{1\,995}}{4}$ 时,取到这个值.

O199 在锐角 $\triangle ABC$ 中,$A=20°$,三边的长 a,b,c 满足

$$\sqrt[3]{a^3+b^3+c^3-3abc} = \min(b,c)$$

证明:$\triangle ABC$ 是等腰三角形.

证明 首先注意到

$$\cos 20° \cos 40° \cos 80° = \frac{\sin 160°}{8\sin 20°} = \frac{1}{8}.$$

设 $\alpha = \frac{\sin 80°}{\sin 20°}$,则前面的恒等式变为

$$\alpha = 4\cos 20° \cos 40° = \frac{1}{2\cos 80°}.$$

与

$$-\frac{1}{2} = \cos 240° = \cos(3 \cdot 80°) = 4\cos^3 80° - 3\cos 80°$$

相结合,结果得到方程 $\alpha^3 - 3\alpha^2 + 1 = 0$. 此时,不失一般性,假定 $b \geqslant c$. 于是,已知条件的这个等式可以改写成 $a^3 - 3abc + b^3 = 0$,两边除以 a^3 后变为 $x^3 - 3xy + 1 = 0$,这里 $x = \frac{b}{a}$, $y = \frac{c}{a}$. 现在因为 $b \geqslant c$,所以有 $x \geqslant y$ 和 $\angle B \geqslant \angle C$,于是 $90° \geqslant \angle B \geqslant 80° \geqslant \angle C$(因为 $\angle B$ 和 $\angle C$ 相加是 $160°$). 由正弦定理,$x \geqslant \frac{\sin 80°}{\sin 20°} = \alpha$. 另一方面,$\alpha > 2$,$x \mapsto x^3 - 3x^2 + 1$ 在 $[2, +\infty)$ 内严格递增. 于是 $0 = x^3 - 3xy + 1 \geqslant x^3 - 3x^2 + 1 \geqslant \alpha^3 - 3\alpha^2 + 1 = 0$,所以推出 $x = y = \alpha$. 这就证明了 $\triangle ABC$ 是等腰三角形,即所需要的.

O200 确定一切质数 p,使数列

$$a_n = 2^n n^2 + 1 \quad (n \geqslant 1)$$

中没有 p 的倍数.

解 我们将证明 $p=2$ 和 p 是模 8 余 -1 的质数时,在该数列中没有 p 的倍数.

首先,注意到 $p=2$ 显然满足命题.其次,考虑 $4k+1$ 型的质数.设 p 是此类质数,回忆一下,此时存在正整数 $q,q<p$,使 $p\mid q^2+1$.取 $n=(p-1)(p-q)$.由费马小定理
$$2^n n^2+1\equiv n^2+1\equiv q^2+1\equiv 0(\bmod p),$$
这就证明了这种情况下的断言正确.

下面设 p 是 $8k+3$ 型的质数,k 是某正整数.在这种情况下,-1 和 2 都不是模 p 的二次剩余,这表明 -2 是模 p 的二次剩余,即存在正整数 $q,q<p$,使 $p\mid q^2+2$.现在取 $n=(p-1)(p-q-1)-1$,可以看到由费马小定理给出
$$2^n n^2+1\equiv 2^{p-2}q^2+1\equiv 2^{p-2}(-2)+1\equiv 0(\bmod p),$$
这就证明了第二种情况下断言正确.

反之,假定对于某个 n,有 p 整除 $2^n n^2+1$.如果 $n=2m$ 是偶数,那么 $2^n n^2+1=(2^m n)^2+1$ 是两个整数的平方和.因此 -1 是模 p 的二次剩余,于是 p 是 $4k+1$ 型的质数.如果 $n=2m+1$ 是奇数,那么 p 整除 $(2^m n)^2+1$,因此 -2 是模 p 的二次剩余.于是 $p\equiv 1,3(\bmod 8)$.因此 $8k-1$ 型的质数不会整除该数列中的元素.

O201 设 O 是 $\triangle ABC$ 的外心,E,F 分别是过 B,C 垂直于 BA,CA 的直线与 CA,AB 所在直线的交点.证明:过 F,E 分别垂直于 OB,OC 的直线的交点 L 在高 AD 上,且满足
$$DL=LA\sin^2 A.$$

证明 我们从下面的结果开始证明:

断言 设 O 是 $\triangle ABC$ 的外心,过点 B,C 分别作直线相交于 X,使 $\angle ABX=\pi-B$,$\angle ACX=\pi-C$.于是,A,O,X 共线,且
$$AX=\frac{b\sin C}{\cos A}=\frac{c\sin B}{\cos A},$$

断言的证明 下面的证明对锐角三角形成立.但是,利用带有符号的角和距离容易推广到任意三角形.显然,$\angle CBX=\pi-2B$,$\angle BCX=\pi-2C$,$\angle BXC=\pi-2A$.

由正弦定理,$BX=\dfrac{c\cos C}{\cos A}$,而由余弦定理,并利用 $\angle ABX=\pi-B$,经过一些代数运算,得到
$$AX^2=AB^2+BX^2-2AB\cdot BX\cos\angle ABX=\left(\frac{c\sin B}{\cos A}\right)^2.$$

再用正弦定理
$$\sin\angle BAX=\frac{BX\sin(\pi-B)}{AX}=\cos C=\sin(\frac{\pi}{2}-C).$$

将 b,c 交换,得到类似的对称的结果.

因为 $\angle BAO = \dfrac{\pi}{2} - C, \angle CAO = \dfrac{\pi}{2} - B$，所以推得结果.

现在回到原来的问题. 首先注意到，因为 $BE \perp AF, CF \perp AE$，所以 EB, FC 分别是 $\triangle AEF$ 中从 E, F 出发的高. 也可推出 B, C 在以 EF 为直径的圆上，或者 $\triangle ABC$ 与 $\triangle AEF$ 相似. 因为 $AB = AE\cos A$，推出 $\triangle AEF$ 是以下变换的结果：将 $\triangle ABC$ 关于 $\angle A$ 的内角平分线反射，然后实施一个以 $\dfrac{1}{\cos A}$ 为比例因子，以 A 为中心的变换. 注意到，因为从一个顶点出发的高和过该顶点和外心的直线关于相应的角的内角平分线对称，所以 $\triangle ABC$ 中从 A 出发的高也是过 A 和 $\triangle AEF$ 的外心的直线. 又过 F 且垂直于 OB 的直线与 AF 形成的角显然等于 $\dfrac{\pi}{2} + \angle ABO = \pi - C$. 根据断言，点 L 显然在过 A 和 $\triangle AEF$ 的外心的直线上，于是在 $\triangle ABC$ 中从 A 出发的高上，由 $\triangle ABC$ 和 $\triangle AEF$ 相似三角形关系，L 到 A 的距离等于

$$AL = \dfrac{1}{\cos A} \cdot \dfrac{b\sin C}{\cos A} = \dfrac{AD}{\cos^2 A}.$$

由此推出 $DL = AL - AD = AL\sin^2 A$，这恰好是我们要证明的.

O202 求一切正整数数对 (x, y)，存在非负整数 z，使

$$\left(1 + \dfrac{1}{x}\right)\left(1 + \dfrac{1}{y}\right) = 1 + \left(\dfrac{2}{3}\right)^z.$$

解 这类问题我们没有完美的解法. 在这里我们重申 Richard Stong 的评论. 去分母后，重新排列，把原方程改写为

$$(2^z x - 3^z)(2^z y - 3^z) = 3^z(3^z + 2^z).$$

注意到两边的因子都必须是正的（如果有一个因子是负的，那么另一个也是负的，但是左边至多是 3^{2z}，小于右边），于是任何解对应于 $3^z(3^z + 2^z)$ 的一对（正）约数，它与 $-3^z \pmod{2^z}$ 同余.

反之，假定我们写成 $3^z(3^z + 2^z) = ab$，这里 $a \equiv -3^z \pmod{2^z}$，于是也有 $b \equiv -3^z \pmod{2^z}$，设 $x = \dfrac{a + 3^z}{2^z}, y = \dfrac{b + 3^z}{2^z}$，就得到所求方程的一组解. 这样就把问题归结为搞清楚 $3^z + 2^z$ 的因子的情况. 下面关于这样的因子是可以说一些话的. 假定 $3^z(3^z + 2^z) = ab$，这里 $a, b \equiv -3^z \pmod{2^z}$. 不失一般性，对于 $s \geqslant \dfrac{z}{2}$，设 a 能被 3^s 整除. 于是设 $a = 3^s c, b = 3^{z-s} d$. 因为 $c \equiv -3^{z-s} \pmod{2^z}$，所以 $c \geqslant 2^z - 3^{z-s} \geqslant 2^z - 3^{\frac{z}{2}}$. 于是当 $z \geqslant 4$ 时，$d \leqslant \dfrac{3^z + 2^z}{2^z - 3^{\frac{z}{2}}} < 2^z$. 因为 $d \equiv -3^s \pmod{2^z}, d < 2^z$，所以 $d = m2^z - 3^s$，这里 $m = \lceil 3^s 2^{-z} \rceil$. 这一公式有些结论. 首先，因为 d 的可能值相对比较少，所以容易求出解. 对于较小的 z，得到解 $(x, y) = (2, 9, 1), (3, 4, 1), (3, 12, 2), (4, 27, 3), (6, 9, 3), (9, 54, 5), (12, 243, 6)$，以及将这些解

中的 x 与 y 对调得到的三数组. 对于 $z \leqslant 10\ 000$ 没有其他解了. 其次, 我们可以指望做一个基本的猜测. 如果解存在, 那么 $3^z + d = m2^z$, 对于较大的 z, m, 这里的 d 大约至多是 $(\frac{3}{2})^z$. 这一基本的猜测将表明只要有限多个这样的和存在. 因此只存在有限多个三数组 (x, y, z)(这一基本猜测的常用命题将不会让我们给出一个解可能有多大的任何范围).

O203 设 M 是 $\triangle ABC$ 的外接圆上任意一点, 这一点到内切圆的切线交 BC 所在的直线于 X_1 和 X_2. 证明: $\triangle MX_1X_2$ 的外接圆与 $\triangle ABC$ 的外接圆的第二个交点与伪内切圆的外接圆的切线重合. (通常伪内切圆指的是与三角形的两边相切并与外接圆内切的圆).

解 不失一般性, 设 M 与顶点 A 位于 BC 的同侧. 此时, 我们用 (I) 表示 $\triangle ABC$ 和 $\triangle MX_1X_2$ 的公共内切圆, 其半径为 r. 设 D, E, F, Y_1, Y_2 是 (I) 与 BC, CA, AB, MX_1, MX_2 所在的直线的切点. 考虑以 I 为中心, r^2 为幂的反演 Ψ. 反演 Ψ 将顶点 A, B, C, M, X_1, X_2 变为内接 $\triangle DEF$ 和 $\triangle DY_1Y_2$ 的边 $EF, FD, DE, Y_1Y_2, Y_1D, Y_2D$ 的中点 $A', B', C', M', X_1', X_2'$. $\triangle ABC$ 和 $\triangle MX_1X_2$ 的外接圆 $(O), (P)$ 变为 $\triangle A'B'C'$ 和 $\triangle M'X_1'X_2'$ 的外接圆 $(O'), (P')$. 因为它们与同一个外接圆的两个三角形的九点圆重合, 所以它们全等, 且有公共的半径 $\frac{r}{2}$. 因为边 BC, CA, AB, MX_1, MX_2 所在的直线与反演圆 (I) 相切, 它们在反演 Ψ 下的像是全等的圆 $\Gamma_a, \Gamma_b, \Gamma_c, \Omega_1, \Omega_2$, 其直径分别是 ID, IE, IF, IX_1, IX_2. 半径为 $\frac{r}{2}$ 的全等的圆 $(O'), \Gamma_b, \Gamma_c$ 相交于点 A'. 于是, 圆心为 A', 半径为 r 的圆 (A', r) 与所有三个圆切于与 A' 径直相对的点. 经过反演中心 I 的 $\angle A$ 的内角平分线 AI 反演为本身. $\triangle ABC$ 的伪内切圆 (K_a) 和 $\angle A$ 一侧的伪旁切圆 (L_a) 的圆心在 AI 上, 同时与 CA, AB 和 (O) 相切的仅有的两个圆. 因为中心 I 是一个圆与其反演像的相似中心, 所以只有 (K_a) 和 (L_a) 的像 (K_a') 和 (L_a') 的圆心在 AI 上, 并与 $\Gamma_b, \Gamma_c, (O')$ 相切. 在外接圆 (O) 的外部和反演圆 (I) 的外部的伪旁切圆 (L_a) 与射线 $(IL_a$ 上的 AI 有两个交点. 因为在 (I) 中的反演的幂 r^2 为正, 所以它的像也与射线 $(IL_a$ 上的 AI 有两个交点, 其圆心在射线 $(IL_a$ 上. 它不能与圆心在 $(IL_a$ 的相反方向上的圆 (A', r) 重合. 于是在 $\angle A$ 内的伪内切圆 (K_a) 在反演 Ψ 下的像是圆 (A', r). 更进一步说, 圆 (K_a) 和 (O) 的切点 Z 的反演像是圆 (A', r) 和 (O') 的切点 Z', 即 A' 关于外接圆 (O') 的像. 现在设 A_0, B_0, C_0, O_1, O_2 是全等的圆 $\Gamma_a, \Gamma_b, \Gamma_c, \Omega_1, \Omega_2$ 的圆心. 因为 Γ_a 是 O' 在 $B'C'$ 中的反射, 因为 O' 和 I 关于 $\triangle A'B'C'$ 是等角共轭, 所以四边形 $B'Z'C'I$ 是平行四边形, 因此对角线 $B'C', Z'I$ 互相平分, 相交于线段 $B'C'$ 的中点. 由此推出四边形 $IA_0Z'O'$ 也是平行四边形, 于是 $IA_0 = O'Z' = \frac{r}{2}$. 因为 $A_0I = A_0X_1' = O_1I = O_1X_1' = \frac{r}{2}$, 所以四边形 $A_0IO_1X_1'$ 是菱形, 因为线段 O_1X_1', IA_0,

$O'Z'$ 平行且相等,所以四边形 $O_1X_1'Z'O'$ 是平行四边形.结果,$\triangle PX_1'Z'$ 和 $\triangle M'O_1O'$ 全等,于是 $P'Z' = M'O' = \dfrac{r}{2}$.于是 Z' 在圆 (P') 上,这意味着 $\triangle MX_1X_2$ 的外接圆 (P) 和 $\triangle ABC$ 的外接圆 (O) 的第二个交点(不同于 M)与 $\angle A$ 内的伪内切圆与外接圆 (O) 的切点 Z 重合.注意到本题确保作伪内切圆的几何作图的方法.

作法:设 M 是 $\triangle ABC$ 的外接圆上任意一点,这一点到内切圆的两条切线交 BC 所在的直线于 X_1 和 X_2.$\triangle ABC$ 的外接圆与 $\triangle MX_1X_2$ 的外接圆的第二个交点用 Z 表示,K_a 是直线 AI 与 ZO 的交点,这里 I,O 分别是内心和外心.圆心在 K_a,半径为 K_aZ 的圆是 $\angle A$ 内,同时与 AB,AC 相切,与 (O) 内切的伪内切圆.

O204 Alice 和 Bob 以如下方式下象棋:Alice 在 $(2m+1) \times (2n+1)$ 的棋盘的左上角的方格中有一个兵,她想经过有限步把这个兵移动到右下角的方格中.两位选手轮流走棋,Alice 先走.Alice 每走一步棋,可以把兵留在原处,也可以把兵移动到相邻的方格中.轮到 Bob 走棋,他可以不动,也可以选择一个特定的方格进行"阻隔",但是他必须给 Alice 留一条从当时的位置经过相邻的方格到右下角的方格的路.Bob 迫使 Alice 走的步数的最大值是多少?

解 迄今为止尚未收到完美的解,寻找确切的最大值可能是十分艰难的.我们将证明 Bob 能够使 Alice 大约走 $\dfrac{16mn}{3}$ 步,但是他不能比这一结果好得多.遗憾的是这并不是本题的完美的解.为了证明 Bob 不能做得更好,我们要把这一问题转化为一个迷宫的问题.于是,假想除了右下角的方格(出口)以外,棋盘的大部分被墙包围.Bob 每一次阻隔一个方格,就用墙包围这个方格.假定 Alice 从左上角开始用右手扶着左边的墙向下走.假定她闭着双眼一直用右手扶着墙走.实际上她不知道 Bob 的动作,直至她遇到他所设置的墙的一部分.这一游戏规则必将使 Alice 走出迷宫是一个经典的事实(为搞清此事,要确定 Alice 所处的方格的位置,她的右手接触到的是哪一条边.此时 Alice 从不重复她的位置,否则她就沿着一道完全包围她的环形的墙走,这是不可能的,因为假定她有一条出路.由于只有有限多种可能的位置,所以她必将走出).这个同样的命题证明不会对 Bob 阻隔一个 Alice 已经通过的方格有利,因为如果她用右手扶着这个方格的墙绕着走,那么她又被包围了.于是我们可以假定 Bob 宁可不这样做,也不需要担心 Bob 阻隔一个方格的顺序,因为 Alice 看不到 Bob 的动作.于是如果我们改变规则让他去阻隔他一开始就想阻隔的所有的方格,这纯粹对 Bob 有利.我们可以进一步假定他就是要用这样的方法行事,使 Alice 在任意两个方格之间只有唯一的路径.于是 Bob 拆除某些方格的墙构建一个迷宫,使 Alice 按照上面描述的路径走.如果 Bob 拆除 B 个方格的墙,那么 Alice 的路径就是有 $(2m+1)(2n+1) - B$ 个顶点的树,当她将到达树上的一个深度为 $2m+2n$ 的顶点时,将会停下.于是她将至多走 $2((2m+1)(2n+1) - B) - 2m - 2n$ 步.换一种说法,因为

Alice 的右手从未扶着最上面的墙或右边的墙,所以至多只有 $2m+2n+1+4B$ 堵 Alice 的手可以扶的墙. 当她按照逆时针方向转身时,实际上她并没有移动过一步,她只是在所在的方格中旋转. 但是,当她按照顺时针方向转身时,她经过只接触一个角的方格,而不是墙. 对 Alice 来说,最不利的情况是她在最后时没有转弯(如果她从上面的方格进入右下角的方格). 于是 Alice 也至多走 $2m+2n+1+4B$ 步. 将第一次的两倍加上第二次除以 3 以后,再结合这两个范围,我们就得到 Alice 至多走 $\dfrac{16mn+6m+6n+5}{3}$ 步. 为了迫使 Alice 走接近这么多的步数,Bob 用阻隔离矩形中心相差三格的对角线方向上的线构建一连串通道(图 15).

```
. . . . . . . . . . . . . . . . . . . . .
. . . x . x . x . x . x . . .
. x . x . x . x . x . . . . .
. . . x . x . x . x . x . . .
. x . x . x . x . x . . . . .
. . . x . x . x . x . x . . .
. x . x . x . x . x . . . . .
. . . x . x . x . x . x . . .
. . . . . . . . . . . . . . . . . . . . .
```

图 15

要检验 Bob 能够足够快地构建这样的结构(除了可能在她动第一步时),使 Alice 不能位于与 Bob 企图阻隔,但还没有阻隔的方格相邻的方格并不是太难的. 对于每一对相邻的通道,Bob 可以这样安排,使 Alice 第一次试图经过两个方格之一时,他在最后一刻阻隔她. 于是她为了达到目标,被迫尝试每一个通道. 要检验这会迫使 Alice 走大约 $\dfrac{16mn}{3}$ 步是不难的. 事实上,在这种情况下,我们几乎分析了上面的上界. Bob 大约阻隔了 $\dfrac{4mn}{3}$ 个方格. 他将必须再阻隔一些方格迫使 Alice 往回走,有一些方格是 Alice 可以安排避免的(靠着边界的没有被阻隔的一个 2×2 的正方形),但是这样的方格数对于 m,n 是线性的. Alice 必须走出一棵以这些方格为分量的树状的路径,上面的计算表明这意味着大约是 $\dfrac{16mn}{3}$ 步.

O205 求一切这样的 n,使每一个数是包含 n 个 1 和一个 3 的质数.

解 这一问题可能是很难的,但是关于这样的 n 还是可以说一些话的(我们感谢 Richard Stong 所指出的一些观察结果). 容易检验 $3,13,31,113,131$ 和 311 都是质数,于是 $n=0,1,2$ 就是使这样的数都是质数的例子. 因为 $1\,113=7\cdot 159, 13\,111=7\cdot 1\,873$, $111\,131=19\cdot 5\,849$, 所以 $n=4,5$ 就不是这样的例子. 假定 p 是质数,10 是模 p 的原根,即对于某个 k,与 p 互质的每一个数模 p 与 10^k 同余. 这等价于 $p-1$ 是使 p 整除 10^{m-1} 的

最小的 m. 前几个这样的质数是 $p=7,17,19,23,29,47,59,61$ 和 97. n 个数字等于 1, 一个数字是 3 的数是 $\frac{10^{n+1}-1}{9}+2\cdot 10^k (k=0,1,\cdots,n)$. 所以如果 $n+1$ 至少是 $p-1$, 但不是 $p-1$ 的倍数, 那么 $\frac{10^{n+1}-1}{9}$ 不是 p 的倍数, 于是存在某个 $k(0\leqslant k\leqslant p-2\leqslant n)$, 使 $10^k \equiv -\frac{1}{2}\cdot\frac{10^{n+1}-1}{9} \pmod{p}$. 因此对于这个 k, 有 p 整除 $\frac{10^{n+1}-1}{9}+2\cdot 10^k$. 于是我们证明了:

引理 设 p 是质数, 10 是模 p 的原根. 如果 $n+1\geqslant p-1$ 不是 $p-1$ 的倍数, 那么存在某个数, 它的十进制表示中有 n 个 1 和一个 3, 且是 p 的倍数.

利用 $p=7$, 我们进一步看到任何进一步的解 (除了 $n=0,1,2$ 以外) 必须有 $n\equiv -1\pmod 6$. 当 $n=11$ 时, 并不成立 ($111\,111\,131\,111=19\cdot 584\,795\,426\,9$), 可以用 $p=17$, 推出必有 $n\equiv -1\pmod{16}$. 将这些结论与中国剩余定理相结合, 我们看到必有 $n\equiv -1\pmod{48}$. 于是不用进一步检验, 我们可以用质数 $19,23,29$ 和 47 推出 $n\equiv -1\pmod{255\,024}$, 这里 $255\,024$ 是 $6,16,18,22,28,46$ 的最小公倍数. 这将使我们可以继续把这一论断利用质数直到 $255\,023$. 遗憾的是没有有限个质数能够完全解决这一问题, 因为对于所有这样的质数 p, 我们永远可以有 $n\equiv -1\pmod{p-1}$. 为完成这一问题似乎有两种选择. 一种选择将是证明存在无穷多个质数, 10 是其原根, 它们有足够大的分布, 使我们的界限无限增大. 这肯定是正确的, 但是要证明它是十分困难的. 第二种选择是要找出某种别的方法去寻找这些数的因子, 例如只要对多项式 x^m+18x^k-1 在整数范围内进行因式分解就足够了, 因为取 $x=10^r$ 将表明对于相当大的 r, $n=mr-1$ 就被排除了. 遗憾的是没有这样的因式分解式是显然的.

O206 设 $D\in BC$ 是重心为 G 的 $\triangle ABC$ 的对称中线的一个端点. 经过 A 的圆切 BC 于 D 的圆分别交 AB,AC 于 E,F. 假定 $3AD^2=AB^2+AC^2$. 证明: 当且仅当 $\triangle ABC$ 是等腰三角形, 且 A 是顶角时, G 在 EF 上.

证明 假定 $\triangle ABC$ 是等腰三角形, 且 A 是顶角, 在这种情况下, $\sqrt{3}a=2b=2c$, $是 BC 的中点, B,C 关于本题所确定的圆的幂是 $BE\cdot AB=\frac{BC^2}{4}$, 或 $BE=CF=\frac{b}{3}=\frac{c}{3}$, 由 Thales 定理, EF 交中线 AD 于 G', 且 $\frac{G'D}{AD}=\frac{1}{3}$, 即 $G'=G$.

现在我们将证明, 如果 $3AD^2=AB^2+AC^2$, 且 E,G,F 共线, 那么 $b=c$. 我们知道 (容易证明) 对称中线将 BC 边分成两条线段的比是 $\frac{BD}{CD}=\frac{c^2}{b^2}$, 或 $BC=\frac{c^2 a}{b^2+c^2}$, $CD=\frac{b^2 a}{b^2+c^2}$. 于是由 Stewart 定理, 得

$$AD^2=\frac{BD\cdot AC^2+CD\cdot AB^2}{BC}-BD\cdot CD=\frac{b^2 c^2(2b^2+2c^2-a^2)}{(b^2+c^2)^2}.$$

于是当且仅当 $3a^2b^2c^2=6b^2c^2(b^2+c^2)-(b^2+c^2)^3$ 时,$3AD^2=AB^2+AC^2$. 设 $u=\dfrac{AE}{AB}$, $v=\dfrac{AF}{AC}$,对 $\triangle ABN$ 利用梅涅劳斯定理,其中 N 是 BC 的中点;当且仅当

$$1=\frac{AE}{EB}\cdot\frac{BG}{GN}\cdot\frac{NF}{FA}=2\cdot\frac{u}{1-u}\cdot\frac{AF-CF}{2AF}=\frac{2uv-u}{v-uv}$$

时,即当且仅当 $3uv=u+v$ 时,E,G,F 共线. 又点 B 关于本题所确定的圆的幂显然是 $BD^2=BA\cdot BE$,或 $u=\dfrac{AB^2-BD^2}{AB^2}$. 类似地,有 $v=\dfrac{AC^2-CD^2}{AC^2}$,即当且仅当

$$2b^2BD^2+2c^2CD^2=b^2c^2+3BD^2\cdot CD^2$$

时,或等价地,当且仅当

$$3b^2c^2a^4-2a^2(b^2+c^2)^3+(b^2+c^2)^4=0$$

时,E,G,F 共线.

于是,如果 $3AD^2=AB^2+AC^2$ 和 E,G,F 共线,下面的等式成立

$$(b+c)^2(b^4-b^2c^2+c^4)(b-c)^2=0.$$

用 AM - GM 不等式,因为 $b,c>0$,前两个因子不可能为零,所以必有 $b=c$.

O207 由 $x_1=x_2=x_3=1$,以及 $x_nx_{n-3}=x_{n-1}^2+x_{n-1}x_{n-2}+x_{n-2}^2(n\geqslant 4)$ 定义有理数数列 $\{x_n\}_{n\geqslant 1}$. 证明:对每个正整数 n,x_n 是整数.

证明 首先注意到进行简单的计算得到 $x_4=3$. 下面,我们来看当 $n\geqslant 4$ 时,得到

$$x_nx_{n-3}=x_{n-1}^2+x_{n-1}x_{n-2}+x_{n-2}^2$$

即

$$x_{n+1}x_{n-2}=x_n^2+x_nx_{n-1}+x_{n-1}^2$$

由此推出

$$x_{n+1}x_{n-2}-x_nx_{n-3}=x_n^2+x_nx_{n-1}-x_{n-1}x_{n-2}-x_{n-2}^2$$

$$\Rightarrow x_{n-2}(x_{n+1}+x_{n-1}+x_{n-2})=x_n(x_n+x_{n-1}+x_{n-3})$$

$$\Rightarrow x_{n-2}(x_{n+1}+x_n+x_{n-1}+x_{n-2})=x_n(x_n+x_{n-1}+x_{n-2}+x_{n-3})$$

$$\Rightarrow \frac{x_{n+1}+x_n+x_{n-1}+x_{n-2}}{x_nx_{n-1}}=\frac{x_n+x_{n-1}+x_{n-2}+x_{n-3}}{x_{n-1}x_{n-2}}.$$

$$\Rightarrow \frac{x_{n+1}+x_n+x_{n-1}+x_{n-2}}{x_nx_{n-1}}=\cdots=\frac{x_4+x_3+x_2+x_1}{x_3x_2}$$

$$=\frac{3+1+1+1}{1\cdot 1}=6$$

$$\Rightarrow x_{n+1}=6x_nx_{n-1}-x_n-x_{n-1}-x_{n-2}.$$

于是得 $x_{n+1}=6x_nx_{n-1}-x_n-x_{n-1}-x_{n-2}$,因为 $x_1=x_2=x_3=1$,所以推得对每个正整数 n,x_n 是整数,证毕.

O208 设 $z_1,z_2,\cdots,z_n$ 是复数,且对一切 $k>2011$,$z_1^k+z_2^k+\cdots+z_n^k$ 是有理数的 k

次幂.证明:z_i 中至多有一个非零.

证明 用 $z_i^{2\,012}$ 代替 z_i,则对于某个有理数数列 $(x_k)_{k\geqslant 1}$,可假定 $z_1^k+z_2^k+\cdots+z_n^k=x_k^k$.除去那些 $z_i=0$,可以假定所有的 z_i 都非零.我们将证明 $n=1$.只考虑 $k=1,2,\cdots,n$.利用牛顿公式,我们推得 z_i 的基本对称多项式的和是有理数,所以所有的 z_i 都是代数数.将所有的 z_i 乘以一个适当的正整数 N,我们可以假定所有的 z_i 都是整数代数数.设 $K=Q(z_1,z_2,\cdots,z_n)$ 是一个数域.设 p 是不能被任何 $N_{K/Q}(z_i)$ 的范数整除的质数,设 P 是使 $p\in P$ 的 O_K 的质数理想(K 的代数整数的环).设 $F=O_K/P$ 是一个有限域,譬如有 q 个元素.那么对于任何 $x\in O_K$,我们有 $x^{q-1}\equiv 0 (\bmod P)$,或 $x^{q-1}\equiv 1(\bmod P)$(当且仅当 $x\in P$ 时,前者才会发生).于是 $z_1^{q-1}+z_2^{q-1}+\cdots+z_n^{q-1}\equiv n(\bmod P)$(因为对所有的 i,由于 p 的选择,$z_i\notin P$).根据假定,$z_1^{q-1}+z_2^{q-1}+\cdots+z_n^{q-1}$ 形如 x^{q-1},于是得到 $n\equiv 0(\bmod P)$ 或 $n\equiv 1(\bmod P)$.第一个条件意味着 $p\mid n$,第二个条件意味着 $p\mid n-1$.我们推得除了有限多个质数 p,对于所有的 p 都有 $p\mid n$,或 $p\mid n-1$.推出结论.

O209 设 P 是外接圆为 Γ 的 $\triangle ABC$ 的边 BC 上一点,T_1 和 T_2 是与 Γ 内切,也分别与 AP,BP 和 AP,CP 相切的圆.如果 I 是 $\triangle ABC$ 的内心,M 是 Γ 的不经过顶点 A 的 BC 弧的中点.证明:T_1 和 T_2 的根轴是由 M 和线段 IP 的中点确定的直线.

证明 要证明 Γ 的 BC 弧的中点 M 在 Thebault 圆的根轴上,只要证明点 D,E,X,Y 共圆,这里 D,E 和 X,Y 分别是 T_1 和 T_2 与 BC 和 Γ 的切点(D 和 X 在 T_1 上).事实上,由阿基米德引理,因为 BC 是 Γ 的弦,且与 T_1 和 T_2 分别切于 D,E,直线 XD 和 YE 交于点 M,所以注意到 $DM\cdot XM=EM\cdot YM$ 是点 M 关于外接圆 $DEXY$ 的幂,这使点 M 在 T_1 和 T_2 的根轴 τ 上.X,D,E 和 Y 的共圆就是下面一些角的关系.容易看出

$$\angle DXY=\angle MXY=\angle MAY=\angle MAB+\angle CAY=\angle CEY.$$

对于线段 IP 的中点 J 在 τ 上的第二部分,我们回忆一下熟知的 Sawayama 引理(或者是 Sawayama-Thebault 定理.因为这原来是 Thebault 定理的第一个证明中的一个关键步骤).我们按照 J.L.Ayme,Sawayama — Thebault 定理来叙述它,见 Forum Geometricorum,3(2003),pp.225-229,读者可以从中找到一篇纯粹综合证明的文章.

引理 经过 $\triangle ABC$ 的顶点 A 画一条直线 AD,交 BC 于 D.设 P 是切 DC,DA 于 E,F,切 $\triangle ABC$ 的外接圆 C_2 于 K 的圆 C_1 的圆心.那么切点弦 EF 经过 $\triangle ABC$ 的内心 I.

现在回到我们的图,记住不同的记号.以 I 为中心,比例系数是 2 的相似变换.上面的引理给了我们所需的结论(因为 I 位于 P 关于每一个 Thebault 圆的极线上这一事实意味着 P 位于 I 关于这两个圆的极线上).这就完成了证明.

O210 正整数的集合被划分成一个数列集合 $(L_{n,i})_{i\geqslant 1}$,对一切正整数 n 和 i,$L_{n,i}$ 整除 $L_{n,i+1}$.证明:对于一切正整数 t,存在无穷多个 n,使 $\omega(L_{n,i})=t$,这里 $\omega(a)=\alpha_1+\cdots+\alpha_r$,其中正整数 a 的质因数分解式是 $a=p_1^{\alpha_1}p_2^{\alpha_2}\cdots p_r^{\alpha_r}$.

证明 将质数按照递增的顺序编号 $p_1=2, p_2=3, \cdots$. 确定一个正整数 t, 设 A_m 是所有形如 $n=p_1^{\alpha_1} p_2^{\alpha_2} \cdots p_m^{\alpha_m}$, 使 $\omega(n)=t$ 的数的集合. A_m 的基数是方程 $\alpha_1+\cdots+\alpha_m=t$ 的非负整数解的个数. 将 $m-1$ 元数组 $(\alpha_1+1, \alpha_1+\alpha_2+2, \cdots, \alpha_1+\cdots+\alpha_{m-1}+m-1)$ 与该方程的一个解相联系, 得到一个在该方程的解的个数与 $(1, 2, \cdots, m+t-1)$ 的 $m-1$ 个元素之间的一个双射, 因此 $|A_m|=\binom{m+t-1}{t}$. 设 $A_{<m}$ 是使 $\omega(n)<t$ 的数 $n=p_1^{\alpha_1} p_2^{\alpha_2} \cdots p_m^{\alpha_m}$ 的集合. 利用类似的证法, 得到 $|A_{<m}|=\binom{m+t-1}{t-1}$, 于是

$$\lim_{m\to\infty}(|A_m|-|A_{<m}|)=\infty.$$

注意到对于某正整数 n, k, 如果 $k\neq 1, A_m$ 的任何元素等于 $L_{n,k}$, 那么 $L_{n,1}\in A_{<m}$. 观察上面的过程, 利用已知条件, 推得 A_m 中在一个数列中占第一位的元素个数至少是 $|A_m|-|A_{<m}|$. 由解的前一节推得结论.

O211 证明: 对于每一个正整数 n, 数

$$4^n+8^n+16^n+(6^n+9^n+12^n)$$

至少有三个不同的质因数.

证明 注意到将给定的数 N 分解为 $N=2\cdot(2^{2n-1}+3^n)\cdot(1+2^n+4^n)$. 所有这三个因子都大于 1, 所以每一个都有一个质因数. 现在只需要验证这些质因数可以选得不同. 从第一个因子看到 2 是 N 的一个质因数. 另两个因子是奇数, 所以没有重叠. 第二个因子模 3 余 2. 因此它有一个模 3 余 2 的奇数质因数. 第三个因子可以写成 $\dfrac{(2^{n+1}+1)^2+3}{4}$. 于是如果 p 是它的一个质因数, 那么 -3 是模 p 平方剩余, 于是 $p\not\equiv 2\pmod 3$, 于是得到三个不同的质因数.

O212 对于一切 $i\in\mathbf{N}$, 设 $f_0(i)=1$, 对 $k\geqslant 1$, 设 $f_k(n)=\sum_{i=1}^{n}f_{k-1}(i)$. 证明

$$\sum_{j=0}^{\lfloor\frac{n}{2}\rfloor}f_j(n-2j)=F_n.$$

这里 F_n 是第 n 个斐波那契数.

证明 首先, 对 $k\geqslant 0$ 用归纳法证明对任何 $n\in\mathbf{N}$, 有

$$f_k(n)=\binom{n+k-1}{k}.$$

当 $k=0$ 时, 这是显然的, 所以假定对 k, 等式成立, 于是

$$f_{k+1}(n)=\sum_{i=1}^{n}f_k(i)=\sum_{i=1}^{n}\binom{i+k-1}{k}=\binom{n+k}{k+1},$$

最后一个等式本身是很容易对 n 进行归纳证明的(用 Pascal 恒等式 $\begin{bmatrix} n+k \\ k+1 \end{bmatrix} + \begin{bmatrix} n+k \\ k \end{bmatrix} = \begin{bmatrix} n+k-1 \\ k+1 \end{bmatrix}$).

现在,显然有
$$\sum_{j=0}^{\lfloor \frac{n}{2} \rfloor} f_j(n-2j) = \sum_{j=0}^{\lfloor \frac{n}{2} \rfloor} \begin{bmatrix} n-j-1 \\ j \end{bmatrix}.$$

所以,我们仅仅必须证明
$$\sum_{j=0}^{\lfloor \frac{n}{2} \rfloor} \begin{bmatrix} n-j-1 \\ j \end{bmatrix} = F_n.$$

这里 F_n 是第 n 个斐波那契数. 这是可以对 n 进行归纳证明的. 当 $n=1$ 和 $n=2$ 时是显然的. 假定对每一个 $m(1 \leqslant m \leqslant n)$ 等式成立. 因为 $\lfloor \frac{n-1}{2} \rfloor + 1 = \lfloor \frac{n+1}{2} \rfloor$,所以我们有

$$F_{n-1} + F_n = \sum_{j=0}^{\lfloor \frac{n-1}{2} \rfloor} \begin{bmatrix} n-j-2 \\ j \end{bmatrix} + \sum_{j=0}^{\lfloor \frac{n}{2} \rfloor} \begin{bmatrix} n-j-1 \\ j \end{bmatrix}$$

$$= \begin{bmatrix} n-1 \\ 0 \end{bmatrix} + \sum_{j=1}^{\lfloor \frac{n+1}{2} \rfloor} \left[\begin{bmatrix} n-j-1 \\ j-1 \end{bmatrix} + \begin{bmatrix} n-j-1 \\ j \end{bmatrix} \right]$$

$$= \begin{bmatrix} n \\ 0 \end{bmatrix} + \sum_{j=1}^{\lfloor \frac{n+1}{2} \rfloor} \begin{bmatrix} n-j \\ j \end{bmatrix} = \sum_{j=0}^{\lfloor \frac{n+1}{2} \rfloor} \begin{bmatrix} n-j \\ j \end{bmatrix} = F_{n+1}.$$

这就是我们要证明的.

O213 设 n 是正奇数,z 是使 $z^{2^n-1} - 1 = 0$ 的复数. 求
$$\prod_{k=1}^{n} \left(z^{2^k} + \frac{1}{z^{2^k}} - 1 \right)$$
的值.

解 设
$$Z_n = \prod_{k=0}^{n-1} \left(z^{2^k} + \frac{1}{z^{2^k}} - 1 \right).$$

我们有
$$\left(z + \frac{1}{z} + 1 \right) Z_n = \left(z^2 + \frac{1}{z^2} + 1 \right) \left(z^2 + \frac{1}{z^2} - 1 \right) \cdots \left(z^{2^{n-1}} + \frac{1}{z^{2^{n-1}}} + 1 \right)$$

$$= \left(z^{2^n} + \frac{1}{z^{2^n}} + 1 \right)$$

但是由已知条件,我们有 $z^{2^n} = z$. 最后

$$(z+\frac{1}{z}+1)Z_n = (z+\frac{1}{z}+1)$$

因为由对于 n 的条件，$z+\frac{1}{z}+1 \neq 0$，于是 $Z_n = 1$.

O214 正多边形的顶点 $A_1, A_2, \cdots, A_n$ 位于以 O 为圆心的圆 C 上. 定义在平面内圆 C 外的点的集合上的映射 $P \to \sum_{k=1}^{n} \frac{1}{PA_k^4}$ 是 OP 的有理函数吗？

解 不失一般性，对于 $k=1,2,\cdots,n$，设 A_k 的坐标为

$$A_k \equiv (R\cos\frac{\pi(2k-1)}{n}, R\sin\frac{\pi(2k-1)}{n})$$

这里 R 是圆 C 的半径，水平方向的正半轴显然是多边形的边 A_nA_1 的垂直平分线. 注意到对于任何一点坐标为 $P \equiv (\rho, 0)$，这里 $\rho > R$，所以 P 在圆 C 外，于是有

$$PA_k > PA_1 = PA_n > \frac{A_1A_n}{2} = R\sin\frac{\pi}{n},$$

所以对一切 $\rho > R$，有

$$\sum_{k=1}^{n} \frac{1}{PA_k^4} < \frac{n}{R^4 \sin^4(\frac{\pi}{n})}.$$

对于某个 $\rho > R$，取点 Q，使 Q 在圆 C 外，于是有

$$Q \equiv (\rho\cos\frac{\pi}{n}, \rho\sin\frac{\pi}{n}),$$

显然有 $QA_1 = \rho - R, QA_k > 0$. 于是

$$\sum_{k=1}^{n} \frac{1}{QA_k^4} > \frac{1}{QA_1^4} = \frac{1}{(\rho-R)^4}.$$

注意：我们可以取 $\rho - R$ 为正，但是尽量小，或者使最后一个表达式没有上界. 然而，对于 ρ 的同样的值，P 的相应的值有上界. 我们可以推得"如果 OP 的一个有理函数"意味着"一个函数是 OP 的有理函数，且没有其他参数"，那么本命题不成立，因为对于 $OP = OQ = \rho$ 的同一个值，当我们改变该点关于多边形的顶点的相对位置时，我们得到本命题中所定义的表达式的不同的值. 另一方面，对于任何 $\rho \equiv (\rho\cos\vartheta, \rho\sin\vartheta)$，容易求出 $PA_k^2 = \rho^2 + R^2 - 2R\cos(\vartheta - \alpha_k)$，这里 $\alpha_k = \frac{\pi(2k-1)}{n}$，显然 PA_k^4 中有一个是 α_k 和 $\rho = OP$ 的有理函数，这对确定的 α_k 是 OP 的有理函数. 我们可得出结论："如果 OP 的一个有理函数"意味着"一个函数是 OP 的有理数，可以有其他的参数"，但是当其他参数保持不变时，它是 OP 的有理函数.

O215 证明：不存在等差数列的连续四项 a,b,c,d 也满足条件：$ab+1, ac+1, ad+1, bc+1, bd+1, cd+1$ 都是完全平方数.

证明 设 $\triangle$ 是等差数列中包含 a, b, c 和 d 的项的差. 如果 $\triangle$ 是奇数, 那么 a, b, c, d 分别是模 4 的所有四个同余类. 但是这意味着表达式 $ab+1, ac+1, ad+1, bc+1, bd+1, cd+1$ 中有两个模 4 余 3, 因此不是完全平方数. 于是 $\triangle$ 是偶数. 如果 a 是奇数, 那么 b, c, d 也是奇数, 因此 $ab+1, ac+1, ad+1, bc+1, bd+1, cd+1$ 都是偶数, 并且它们都是 4 的倍数. 于是所有的六个积 ab, cd, ad, bc, bd, cd 将模 4 余 3. 但是此时 $(abc)^2 = (ab)(bc)(ca) \equiv 3 \pmod 4$, 这是一个矛盾. 于是 a 和 $\triangle$ 都是偶数. 现在注意到

$$(ac+1)(bd+1)-(ad+1)(bc+1) = ac+bd-ad-bc = (b-a)(d-c) = \triangle^2.$$

以及

$$(ab+1)(cd+1)-(ad+1)(bc+1) = ab+cd-ad-bc = (d-b)(c-a) = 4\triangle^2.$$

因为 $(ad+1)(bc+1) = x^2, (ab+1)(cd+1) = y^2, (ac+1)(bd+1) = z^2$ 都是完全平方数, 有两个勾股数组 $x^2 + \triangle^2 = y^2$ 和 $x^2 + (2\triangle)^2 = z^2$. 下面的引理证明这是不可能的.

引理 不存在两组勾股数组 $x^2 + \triangle^2 = y^2$ 和 $x^2 + (2\triangle)^2 = z^2$, 其中 x 是奇数.

引理的证明 因为 x 是奇数, 所以奇数最大公约数 $(x, \triangle) = (x, 2\triangle)$. 因此约去这个最大公约数后, 我们可以假定这两组勾股数是本原的. 我们进一步假定所有这两组三数组 $y^2 + z^2$ 有最小值. 因为 x 是奇数, $\triangle$ 必须是偶数. 由通常的本原勾股数的分类, 得到互质的正整数 (m, n) 和 (p, q), 其中 $m+n, p+q$ 是奇数, 使 $\triangle = 2mn, x = m^2 - n^2, 2\triangle = 2pq$, 和 $x = p^2 - q^2$, 如果必要, 用 $-x$ 代替 x, 所以可以假定 m 和 p 都是偶数. 设 $r = (m, p)$. 由 $2mn = pq$, 可写为 $m = rs, p = 2rt$, 和 $n = tu$, 于是得到 $q = su$. 因此方程 $m^2 - n^2 = x = p^2 - q^2$ 改写成 $m^2 + q^2 = p^2 + n^2$ 的形式, 于是变为 $(r^2 + u^2)s^2 = ((2r)^2 + u^2)t^2$. 因为 $(m, n) = 1$, 所以 $(s, t) = 1$, 以及

$$(r^2+u^2, 4r^2+u^2) = (r^2+u^2, 3r^2) = (r^2+u^2, 3) = 1,$$

(在最后一步中我们用了 3 不能整除 r 和 s 互质的 r^2+u^2), 于是必有 $u^2 + r^2 = t^2$ 和 $u^2 + (2r)^2 = s^2$. 因为 $s^2 + t^2 < m^2 + n^2 + p^2 + q^2 = y^2 + z^2, u$ 是奇数. 这给出一组更小的勾股数, 这与开始时最小勾股数的假定矛盾. 于是无解.

O216 设 $f \in Z[X]$ 是首项系数为 1, 次数大于 1 的多项式. 假定对于一切 $n \geqslant 2$, $f(X^n)$ 在 $Z[X]$ 中是既约多项式. 问是否能推得 f 在 $Z[X]$ 中是既约多项式?

解 我们将证明答案是肯定的.

假定 f 不是既约多项式, 设 L 是其分裂域 (即由它的各个根生成的域).

断言 设 p 是质数, α 是 f 的根. 那么 α 是 L 中的一个 p 次幂.

断言的证明 用反证法. 我们将证明 $f(X^p)$ 在 $Q[X]$ 中不可约而与已知条件产生矛盾. 设 $K = Q(\alpha)$. 显然 $K \subset L$, 所以 α 不是 K 中的 p 次幂. 标准的说法是这表明 $K[X]$ 中的多项式 $X^p - \alpha$ 不可约. 取这个多项式的一个根 β. 它是 $f(X^p)$ 的一个根, 因为 $\alpha = \beta^p$, 所以有 $Q(\beta) = K(\beta)$. 于是

$$[Q(\beta):Q]=[K(\beta):K]\cdot[K:Q]=p\cdot\deg f.$$

最后一个等式是 f 不可约的一个结论,上面已经讨论过了.这就证明了 β 的最低多项式的次数是 $p\cdot\deg f$,这就是 $f(X^p)$ 的次数.因此 $f(X^p)$ 不可约,于是断言得证.

下面,我们证明 f 的任何的根 α 都是一个单位根.事实上,设 O_L 是 L 中的一个整数环.因为 f 的首项系数为 1,所以有 $\alpha\in O_L$.观察理想 αO_L 的质因数分解式,利用前面的结果,容易看出 α 必是 O_L 中的一个单位(如果一个质数理想整除 α,前面的引理说是在 O_L 中分解的多重性有无穷多个质因数,这不可能).根据 Dirichlet 单位定理,对于某个 k 和 d,Z-模 $M=O_{L*}$ 是 $Z^d\bigoplus Z/kZ$ 的形式(实际上我们需要的是定理的容易的部分,因为我们并不需要 d 的值).前面的引理是说,对于一切质数 p,α 属于 pM.直接检验 α 在 Z^d 中的像是零,所以 α 是一个扭曲元素.证毕.

3 文　　章

3.1 黎曼和的一般化

一个相应于对一个区间作等距离的子分割的连续函数的黎曼和收敛于该函数的积分,我们将把这个性质一般化.然后我们给出这个一般化的一些应用.

[1] 中的问题 U131 是:

证明:

$$\lim_{n\to\infty}\sum_{i=1}^{n}\frac{\arctan\frac{\pi}{n}}{n+k}\cdot\frac{\varphi(k)}{k}=\frac{3\log 2}{4\pi},\qquad ①$$

这里 φ 是欧拉函数.在本章中,我们证明以下定理,实际上,该定理将回答这一问题.

定理 1　设 α 是正实数,$(a_n)_{n\geqslant 1}$ 是正实数数列,且 $\lim\limits_{n\to\infty}\dfrac{1}{n^\alpha}\sum\limits_{k=1}^{n}a_k=L$. 对每一个在区间 $[0,1]$ 上的连续函数 f,有

$$\lim_{n\to\infty}\frac{1}{n^\alpha}\sum_{k=1}^{n}f\left(\frac{k}{n}\right)a_k=L\int_0^1 \alpha x^{\alpha-1}f(x)\mathrm{d}x.$$

证明　我们利用以下两个事实:

事实 1　当 $\beta>0$ 时

$$\lim_{n\to\infty}\frac{1}{n^{\beta+1}}\sum_{k=1}^{n}k^\beta=\frac{1}{\beta+1}.$$

事实 2　如果 $(\lambda_n)_{n\geqslant 1}$ 是收敛于 0 的实数数列,并且 $\beta>0$,那么

$$\lim_{n\to\infty}\frac{1}{n^{\beta+1}}\sum_{k=1}^{n}k^\beta \lambda_k=0.$$

事实上,事实 1 只是这样一个命题:相应于对区间 $[0,1]$ 作等距离的子分割的连续函数 $x\mapsto x^\beta$ 的黎曼和收敛于 $\int_0^1 x^\beta \mathrm{d}x$.事实 2 的证明是一种"Cesaro"论证.因为 $(\lambda_n)_{n\geqslant 1}$ 收敛于 0,因此必定有界,如果我们定义 $\Lambda_n=\sup\limits_{k\geqslant n}|\lambda_k|$,那么 $\lim\limits_{n\to\infty}\Lambda_n=0$.但是当 $1<m<n$ 时,我们有

$$\left|\frac{1}{n^{\beta+1}}\sum_{k=1}^{n}k^\beta \lambda_k\right|\leqslant \frac{1}{n^{\beta+1}}\sum_{k=1}^{m}k^\beta|\lambda_k|+\frac{1}{n^{\beta+1}}\sum_{k=m+1}^{n}k^\beta|\lambda_k|$$

$$\leqslant \frac{m^{\beta+1}}{n^{\beta+1}}\Lambda + \Lambda_m.$$

设 ε 是任意正实数. 存在一个 $m_\varepsilon > 0$, 使 $\Lambda_{m_\varepsilon} < \frac{\varepsilon}{2}$. 于是我们能够找到 $n_\varepsilon > m_\varepsilon$, 使得对于每一个 $n > n_\varepsilon$, 我们有 $m_\varepsilon^{\beta+1} < \frac{\varepsilon}{2}$, 于是

$$n > m_\varepsilon \Rightarrow \left|\frac{1}{n^{\beta+1}}\sum_{k=1}^{n}k^\beta \lambda_k\right| < \varepsilon.$$

这就结束了事实 2 的证明.

现在我们来证明这一定理. 先对 p 归纳证明以下性质:

$$\lim_{n\to\infty}\frac{1}{n^{\alpha+p}}\sum_{k=1}^{n}k^p a_k = \frac{\alpha}{\alpha+p}L. \qquad ②$$

基本性质($p=0$) 就是已知条件. 现在假定对于给定的 p 成立, 设

$$\lambda_n = \frac{1}{n^{\alpha+p}}\sum_{k=1}^{n}k^p a_k - \frac{\alpha L}{\alpha+p},$$

(为方便起见, 取 $\lambda_0 = 0$), 所以 $\lim_{n\to\infty}\lambda_n = 0$. 显然

$$k^p a_k = k^{\alpha+p}\lambda_k - (k-1)^{\alpha+p}\lambda_{k-1} + \frac{\alpha L}{\alpha+p}(k^{\alpha+p} - (k-1)^{\alpha+p}),$$

于是

$$k^{p+1}a_k = k^{\alpha+p+1}\lambda_k - k(k-1)^{\alpha+p}\lambda_{k-1} + \frac{\alpha L}{\alpha+p}(k^{\alpha+p+1} - k(k-1)^{\alpha+p})$$

$$= k^{\alpha+p+1}\lambda_k - (k-1)^{\alpha+p+1}\lambda_{k-1} + \frac{\alpha L}{\alpha+p}(k^{\alpha+p+1} - k(k-1)^{\alpha+p+1}) -$$

$$(k-1)^{\alpha+p}\lambda_{k-1} - \frac{\alpha L}{\alpha+p}(k-1)^{\alpha+p}.$$

推出

$$\frac{1}{n^{\alpha+p+1}}\sum_{k=1}^{n}k^{p+1}a_k = \lambda_n - \frac{1}{n^{\alpha+p+1}}\sum_{k=1}^{n-1}k^{\alpha+p}\lambda_k + \frac{\alpha L}{\alpha+p}\left(1 - \frac{1}{n^{\alpha+p+1}}\sum_{k=1}^{n-1}k^{\alpha+p}\right).$$

利用事实 1 和事实 2, 推得

$$\lim_{n\to\infty}\sum_{k=1}^{n}k^{p+1}a_k = \frac{\alpha L}{\alpha+p}\left(1 - \frac{1}{\alpha+p+1}\right) = \frac{\alpha L}{\alpha+p+1}.$$

这就结束了 (2) 的证明.

对于在区间 $[0,1]$ 上连续函数 f, 我们定义

$$I_n(f) = \frac{1}{n^\alpha}\sum_{k=1}^{n}f\left(\frac{k}{n}\right)a_k$$

以及

$$J(f) = L\int_0^1 \alpha x^{\alpha-1}f(x)\,\mathrm{d}x.$$

现在,如果 X^p 表示函数 $t \mapsto t^p$,那么 ② 等价于以下事实:对于每一个非负整数 p,$\lim\limits_{n \to \infty} I_n(f) = J(f)$.利用其线性,我们推出,对于每一个多项式函数 P,有 $\lim\limits_{n \to \infty} I_n(P) = J(P)$.

另一方面,如果 $M = \sup\limits_{n \geqslant 1} \dfrac{1}{n^a} \sum\limits_{k=1}^{n} a_k$,那么 $L \leqslant M$,我们观察到对于每一个在区间 $[0,1]$ 上的连续函数 f 和 g,以及对于每一个正整数 n,由

$$|I_n(f) - I_n(g)| \leqslant M \sup_{[0,1]} |f - g| \text{ 和 } |J(f) - J(g)| \leqslant M \sup_{[0,1]} |f - g|$$

考虑一个在区间 $[0,1]$ 上的连续函数 f.设 ε 是任意正实数.利用 Weiersrtass 定理,存在一个多项式 P_ε,使

$$\|f - P_\varepsilon\|_\infty = \sup_{x \in [0,1]} |f(x) - P_\varepsilon(x)| < \frac{\varepsilon}{3M}.$$

还有,因为 $\lim\limits_{n \to \infty} I_n(P_\varepsilon) = J(P_\varepsilon)$,所以存在一个 n_s,对于一切 $n > n_s$,有

$$|I_n(P_\varepsilon) - I_n(P_\varepsilon)| \leqslant \frac{\varepsilon}{3}.$$

于是,当 $n > n_s$ 时,我们有

$$|I_n(f) - J(f)| \leqslant |I_n(f) - I_n(P_\varepsilon)| + |I_n(P_\varepsilon) - J(P_\varepsilon)| + |J(P_\varepsilon) - J(f)| < \varepsilon.$$

这就结束了定理 1 的证明.

一些应用

1.欧拉函数 φ 的行为十分古怪,这是熟悉的,但是公允地说,我们有以下一个漂亮的结果,见 [2,18.5],

$$\lim_{n \to \infty} \frac{1}{n^2} \sum_{k=1}^{n} \varphi(k) = \frac{3}{\pi^2} \qquad ③$$

利用定理 1,我们推得,对于每一个在 $[0,1]$ 上的连续函数 f,

$$\lim_{n \to \infty} \frac{1}{n^2} \sum_{k=1}^{n} f\left(\frac{k}{n}\right) \varphi(k) = \frac{6}{\pi^2} \int_0^1 x f(x) \mathrm{d}x \qquad ④$$

选取 $f(x) = \dfrac{\arctan x}{x(1-x)}$,我们推得

$$\lim_{n \to \infty} \sum_{k=1}^{n} \frac{\arctan \dfrac{k}{n}}{k(n+k)} \varphi(k) = \frac{6}{\pi^2} \int_0^1 \frac{\arctan x}{1+x} \mathrm{d}x \qquad ⑤$$

于是我们需要估计积分

$$I = \int_0^1 \frac{\arctan x}{1+x} \mathrm{d}x$$

的值.这件"容易"的方法是改变变量 $x \leftarrow \dfrac{1-t}{1+t}$,得到

$$I = \int_0^1 \arctan\left(\frac{1-t}{1+t}\right) \frac{\mathrm{d}t}{1+t} = \int_0^1 \left(\frac{\pi}{4} - \arctan t\right) \frac{\mathrm{d}t}{1+t}$$
$$= \frac{\pi}{4} \int_0^1 \frac{\mathrm{d}t}{1+t} - I.$$

于是 $I = \frac{\pi}{8} \log 2$. 代回式 ⑤, 得到式 ①.

2. 类似地, 如果 $\sigma(n)$ 表示 n 的约数的和, 于是 (见 [2, 18.3])
$$\lim_{n \to \infty} \frac{1}{n^2} \sum_{k=1}^n \sigma(k) = \frac{\pi^2}{12}.$$

利用定理 1 推出, 对于每一个在 $[0,1]$ 上的连续函数 f
$$\lim_{n \to \infty} \frac{1}{n^2} \sum_{k=1}^n f\left(\frac{k}{n}\right) \sigma(k) = \frac{\pi^2}{6} \int_0^1 x f(x) \mathrm{d}x.$$

例如选取 $f(x) = \frac{1}{1+ax^2}$, 推出
$$\lim_{n \to \infty} \sum_{k=1}^n \frac{\sigma(k)}{n^2 + ak^2} = \frac{\pi^2}{12a} \log(1+a).$$

3. 从
$$\lim_{n \to \infty} \frac{1}{n} \sum_{k=1}^n \frac{\varphi(k)}{k} = \frac{6}{\pi^2}$$

开始. 这可以用与式 ③ 同样的方法证明, 我们推得, 对于每一个 $\alpha \geqslant 0$
$$\lim_{n \to \infty} \frac{1}{n^{\alpha+1}} \sum_{k=1}^n k^{\alpha-1} \varphi(k) = \frac{6}{\pi^2(1+\alpha)} \qquad ⑥$$

也有
$$\lim_{n \to \infty} \frac{1}{n^{\alpha+1}} \sum_{k=1}^n k^{\alpha-1} \log \frac{k}{n} \varphi(k) = \frac{6}{\pi^2} \int_0^1 x^\alpha \log(x) \mathrm{d}x = \frac{6}{\pi^2 (\alpha+1)^2}.$$

于是, 利用式 ⑥, 当 $\alpha \geqslant 0$ 时, 得到
$$\frac{1}{n^{\alpha+1}} \sum_{k=1}^n k^{\alpha-1} \varphi(k) \log k = \frac{6((1+\alpha) \log n - 1)}{\pi^2 (1+\alpha)^2} + o(1).$$

参考文献

[1] C. Lupu, Problem U131, Mathematical Reflection, 4, 2009.

[2] G. H. Hardy and E. M. Wright, An Inrtoduction to the Theory of Numbers 5th ed., Oxford University Press, 1980.

Omran Kouba, Damascus, Syria

3.2 关于不等式的一个引理

本节的目的是只利用初等方法寻找 n 个数的 k 次幂平均的上界,并明白如何运用这一上界(读者将会看到,这不是对称的).

我们的旅途从一个著名的结果开始.

定理 1 如果 a 和 b 是实数,$a \geqslant b \geqslant 0$,$k$ 是正整数,那么对于一切 $c_k \in (0, \dfrac{1}{\sqrt[k]{2}-1})$,以下不等式成立:

$$\sqrt[k]{a^k + b^k} \leqslant a + \frac{b}{c_k}.$$

证明 我们有

$$\sqrt[k]{a^k + b^k} \leqslant a + \frac{b}{c_k} \Leftrightarrow a^k + b^k \leqslant a^k + \sum_{i=1}^{k} \binom{k}{i} a^{k-i} \cdot \frac{b^i}{c_k^i}.$$

由 $a \geqslant b$ 推得

$$a^k + \sum_{i=1}^{k} \binom{k}{i} a^{k-i} \cdot \frac{b^i}{c_k^i} \geqslant a^k + \sum_{i=1}^{k} \binom{k}{i} \frac{b^i}{c_k^i} = a^k + b^k \left(\sum_{i=1}^{k} \binom{k}{i} \left(\frac{1}{c_k}\right)^i \right)$$

$$= a^k + b^k \left(\left(1 + \frac{1}{c_k}\right)^k - 1 \right) \geqslant a^k + b^k \Leftrightarrow$$

$$\left(1 + \frac{1}{c_k}\right)^k - 1 \geqslant 1 \Leftrightarrow 1 + \frac{1}{c_k} \geqslant \sqrt[k]{2} \Leftrightarrow c_k \leqslant \frac{1}{\sqrt[k]{2}-1}.$$

不难看出 $c_k = \dfrac{1}{\sqrt[k]{2}-1}$ 是最好的常数,因为对于 $a=b \neq 0$,$a\sqrt[k]{2} \leqslant a + \dfrac{a}{c_k} \Rightarrow \sqrt[k]{2} \leqslant 1 + \dfrac{1}{c_k} \Rightarrow c_k \leqslant \dfrac{1}{\sqrt[k]{2}-1}$. 当 $a=b$ 或 $b=0$ 时,等号成立.

现在我们来证明一个更一般的结果:

定理 2 如果 $a_0 \geqslant a_1 \geqslant a_2 \geqslant \cdots \geqslant a_n$ 是正实数,那么对一切 $c_k \in (0, \dfrac{1}{\sqrt[k]{2}-1})$,以下不等式成立

$$\sqrt[k]{a_0^k + a_1^k + \cdots + a_n^k} \leqslant a_0 + \frac{a_1}{c_k} + \frac{a_2}{c_k^2} + \cdots + \frac{a_n}{c_k^n}.$$

当且仅当 $a_i = \sqrt[k]{2^{n-i-1}} \cdot m (i=0,1,\cdots,n-1)$,以及 $m = a_n$ 时,等式成立.

证明 利用定理 1

$$\sqrt[k]{a_0^k + a_1^k + \cdots + a_n^k} = \sqrt[k]{a_0^k + (a_1^k + \cdots + a_n^k)} \leqslant a_0 + \frac{\sqrt[k]{a_1^k + \cdots + a_n^k}}{c_k}$$

$$\sqrt[k]{a_1^k + a_2^k + \cdots + a_n^k} = \sqrt[k]{a_1^k + (a_2^k + \cdots + a_n^k)} \leqslant a_1 + \frac{\sqrt[k]{a_2^k + \cdots + a_n^k}}{c_k}$$

$$\vdots$$

$$\sqrt[k]{a_{n-2}^k + a_{n-1}^k + a_n^k} = \sqrt[k]{a_{n-2}^k + (a_{n-1}^k + a_n^k)} \leqslant a_{n-2} + \frac{\sqrt[k]{a_{n-1}^k + a_n^k}}{c_k}$$

$$\sqrt[k]{a_{n-1}^k + a_n^k} \leqslant a_{n-1} + \frac{a_n}{c_k}.$$

将这 n 个不等式相结合,就得到所需的结果. 当且仅当 $a_i = \sqrt[k]{a_{i+1}^k + a_{i+2}^k + \cdots + a_n^k}$ ($i=0,1,\cdots,n-1$) 时,即 $a_i = \sqrt[k]{2^{n-i-1}} \cdot m$ ($i=0,1,\cdots,n-1$) 时,等式成立. 所以在本文中所证明的主要结果是: 对一切 $a_0 \geqslant a_1 \geqslant a_2 \geqslant \cdots \geqslant a_n > 0$, 有

$$\sqrt[k]{a_0^k + a_1^k + \cdots + a_n^k} \leqslant a_0 + a_1(\sqrt[k]{2} - 1) + a_2(\sqrt[k]{2} - 1)^2 + \cdots + a_n(\sqrt[k]{2} - 1)^n$$

一些应用

1. 设 a 和 b 是非负实数, 且 $a \geqslant b$. 证明以下不等式成立:

$$\sqrt{a^2 + b^2} + \sqrt[3]{a^3 + b^3} + \sqrt[4]{a^4 + b^4} \leqslant 3a + b.$$

解 由定理 1 得

$$\sqrt{a^2 + b^2} \leqslant a + b(\sqrt{2} - 1)$$

$$\sqrt[3]{a^3 + b^3} \leqslant a + b(\sqrt[3]{2} - 1)$$

$$\sqrt[4]{a^4 + b^4} \leqslant a + b(\sqrt[4]{2} - 1).$$

将这三个不等式相加后, 得到

$$\sqrt{a^2 + b^2} + \sqrt[3]{a^3 + b^3} + \sqrt[4]{a^4 + b^4} \leqslant 3a + b(\sqrt{2} + \sqrt[3]{2} + \sqrt[4]{2} - 3)$$

$$\leqslant 3a + 0.9b \leqslant 3a + b.$$

当且仅当 $b = 0$ 时, 等式成立. 观察到, 这一问题不能用幂平均或 Mildorf 引理证明. 还有, 当 $k = 2, 3, 4$ 时, 观察到 $\sqrt[k]{a^k + b^k} \leqslant a + \frac{b}{k}$ 是不够的, 因为

$$\frac{1}{2} + \frac{1}{3} + \frac{1}{4} \approx 1.038 > 1.$$

2. 设 a, b, c 是三角形的边长, 且 $a + b + c = 1$, 设 $n \geqslant 2$ 是整数. 证明:

$$\sqrt[n]{a^n + b^n} + \sqrt[n]{b^n + c^n} + \sqrt[n]{c^n + a^n} < 1 + \frac{\sqrt[n]{2}}{2}.$$

APMO 2003, Question 4

解 不失一般性, 假定 $a \geqslant b \geqslant c$. 因为 a, b, c 是三角形的三边的长, 所以

$$b + c > a \Rightarrow 1 - a > a \Rightarrow a < \frac{1}{2}. \qquad ①$$

现在,用定理 1,得到
$$\sqrt[n]{a^n+b^n} < a+b(\sqrt[n]{2}-1)$$
$$\sqrt[n]{b^n+c^n} \leqslant b+c(\sqrt[n]{2}-1)$$
$$\sqrt[n]{c^n+a^n} \leqslant a+c(\sqrt[n]{2}-1).$$

相加
$$\sum_{cyc} \sqrt[n]{a^n+b^n} \leqslant 2a+b\sqrt[n]{2}+2c(\sqrt[n]{2}-1)$$
$$=(a+b+c)+a+(b+2c)(\sqrt[n]{2}-1)-c$$
$$=1+a+(b+2c)(\sqrt[n]{2}-1)-c < 1+a+(b+c)(\sqrt[n]{2}-1)$$
$$=1+a+(1-a)(\sqrt[n]{2}-1)=a(2-\sqrt[n]{2})+\sqrt[n]{2}<1+\frac{\sqrt[n]{2}}{2} \Leftrightarrow$$
$$a(2-\sqrt[n]{2}) < \frac{2-\sqrt[n]{2}}{2} \Leftrightarrow a < \frac{1}{2},$$

由式 ① 这显然成立.

3. 设 a,b,c 是三个非负实数. 证明:
$$\frac{1}{a^2+b^2}+\frac{1}{b^2+c^2}+\frac{1}{c^2+a^2} \geqslant \frac{10}{(a+b+c)^2}.$$

Vasile Cártoaje, Nguyen Vie Anh

解 不失一般性,假定 $c=\min(a,b,c)$. 由定理 1,考虑到 $2 \in (1, \frac{1}{\sqrt{2}-1})$,推得
$$b^2+c^2 \leqslant (b+\frac{c}{2})^2 = x^2,$$
$$a^2+c^2 \leqslant (a+\frac{c}{2})^2 = y^2,$$
$$a^2+b^2 \leqslant (a+\frac{c}{2})^2+(b+\frac{c}{2})^2 = x^2+y^2.$$

于是
$$左边 \geqslant (\frac{1}{x^2}+\frac{1}{y^2}) \cdot \frac{3}{4}+(\frac{1}{x^2}+\frac{1}{y^2}) \cdot \frac{1}{4}+\frac{1}{x^2+y^2}$$
$$\geqslant \frac{\frac{3}{4} \cdot 8}{(x+y)^2}+\frac{1}{2xy}+\frac{1}{x^2+y^2} = \frac{6}{(x+y)^2}+\frac{(x+y)^2}{2xy(x^2+y^2)} \geqslant \frac{10}{(x+y)^2} \Leftrightarrow$$
$$(x+y)^4 \geqslant 8xy(x^2+y^2) \Leftrightarrow x^4-4x^3y+6x^2y^2-4xy^3+y^4 \geqslant 0 \Leftrightarrow$$
$$(x-y)^4 \geqslant 0.$$

我们用了 Hölder 不等式:
$$(x+y)(x+y)(\frac{1}{x^2}+\frac{1}{y^2}) \geqslant 8.$$

当 $a=b, c=0$ 或它们的排列时,等式成立.

参考文献

[1] http://www.mathlinks.Viewtopic.php? p=446008♯446008.
[2] Pham Kim Hung, Secrets in Inequalities, vol. 1, GIL Publishing House, 2007.

Maxim Bogdan, Botosani, Romania

3.3　一个已解决的猜想的历史

本节描述的是卡特兰(Catalan)问题的历史中的里程碑并对米哈伊列斯库(Mihăilescu)的光辉结果给出一个总的看法.

"1999 年夏天,我们听说卡特兰猜想,以及得到了第一部分具有一定轰动效应的结果.两年以后,在 2001 年秋天,我完成了对这个猜想的证明."(普莱达・米哈伊列斯库(Preda Mihăilescu),2009 年 12 月 16 日)

欧仁・查理・卡特兰(Eugène Charles Catalan)(图 1) 于 1814 年出生在布鲁日(Bruges,现比利时境内,当时是法兰西第一帝国的一部分),卡特兰是珠宝商约瑟夫・卡特兰(Joseph Catalan) 的独子.1825 年他旅居巴黎,在巴黎综合理工大学(Ecole Polytechnique) 学习数学,在那里他遇见了约瑟夫・刘维尔(1833).1834 年他被大学除名,随后去了 Chalons-sur-Marne,在那里他找到了一份工作.1841 年,卡特兰回到了巴黎综合理工大学,后来在刘维尔的帮助下,获得了数学学位.他去查理大帝学院(Charlemagne College) 讲授投影几何学.1865 年,比利时列日大学(Aniversity of Liege) 任命他为分析主席.1879 年,仍然是在比利时,他成为期刊编辑,他以脚注的形式发表了针对 Paul-Jean Bosschop 的理论的评论.1883 年,他供职于比利时科学院研究数论,1894 年死于列日城.

普莱达・米哈伊列斯库(图 2)出生于 1955 年 5 月 23 日,是罗马尼亚数学家,对卡特兰猜想的证明而闻名于世.他生于布加勒斯特.他于 1973 年离开罗马尼亚后定居瑞士.米哈伊列斯库在瑞士研究数学和信息学.1997 年苏黎世联邦理工学院接受了他的博士学位.在 Erwin Engeler 和 Hendrik Lenstra 的指导下,他写成了一篇名为《环的分圆法和测试素性》的论文.他在德国帕德博恩大学(University of Poderborn) 研究了好些年.自 2005 年后,他是哥廷根大学(Georg-August University of Göttingen) 的教授.

图1 欧仁·查理·卡特兰

图2 普莱达·米哈伊列斯库

定理 方程

$$x^u - y^v = 1 \qquad ①$$

有唯一的自然数解 $(x,y;u,v)=(3,2;2,3)$.

在 $x=3, y=2$ 的特殊情况已由吉松尼德斯[1]于1343年证明. 大约在卡特兰之前100年, 欧拉(1707—1783)解决了不定方程

$$x^3 - y^2 = \pm 1. \qquad ②$$

近年来, 用代数数论的方法方程②得到了解决. 1844年, 以德语、英语、法语出版的权威杂志克赖尔期刊(Crelle's Journal)(现今是纯数学和应用数学杂志(Journal für Reine und angewandte Mathematik))的编辑克赖尔(August Lonard Crelle, 1780—1855)收到了卡特兰的来信:"阁下, 我恳求您在贵杂志中宣布以下定理, 尽管我还不能完全证明它, 但我相信这是正确的; 也许别人会取得更大的成功. 两个连续整数, 8和9除外, 不是两个连续整数的幂; 也就是说, 未知数是正整数的方程 $x^m - y^n = 1$ 只允许有一组正整数解……"数学家慢慢地开始对某些特殊情况得到以下有趣的结果. 首先, 观察到该方程等价于

$$x^p - y^q = 1 \quad (x>0, y>0), \qquad ③$$

这里 p,q 是互质数. $q=2$ 的情况已由 V. A. 勒贝格于1850年解决([7]). 在100多年以后的1964年, 柯召(1910—2002)解决 $p=2$ 的情况([2]). 方程变为

$$x^p - y^q = 1 \quad (xy \neq 0, p \text{ 和 } q \text{ 是奇质数}), \qquad ④$$

J. W. S. 卡赛尔斯(Cassels, 1922—)把方程④改写为以下形式

$$(x-1)\frac{x^p-1}{x-1} = y^q \qquad ⑤$$

并注意到左边的两个因子的最大公约数必是1(情况Ⅰ)或 p(情况Ⅱ). 在1960年([3]),

证明了在情况 Ⅰ 时无解,因为方程组

$$x-1=a^q, \frac{x^p-1}{x-1}=b^q, y=ab$$

无解.

对确定的 p 和 q 的解 (x,y) 的个数的研究是由阿兰·贝克[2](Alan Baker,1939—)完成的. 他给出了一些对数近似值,罗伯特·提特曼(Robert Tijdemanr,1943—)在[11]中证明了方程 ④ 至多只有有限多组解(当 $p<7\cdot10^{11}$ 和 $q<7\cdot10^{16}$,$p<q$ 时). 两人都试图求出 p 和 q 的下界. 在[6]中证明了 $p,q>106$,那么 $p,q>3\cdot108$,在[8]中分别证明了 $\max(p,q)\approx8\cdot10^{16},\min(p,q)>10^{17}$(维弗里西条件[3]). 在[9]中,普莱达·米哈伊列斯库证明了维弗里西[4] 同余实际上在不对数进行任何分类的条件下是成立的. 对于利用伽罗瓦的结果与分圆域所得的最终表达的重要性在于估计 $|x|>q^p$([4]和[5]). 米哈伊列斯库的证明的概要可以在网上找到[12].

注 预计普莱达·米哈伊列斯库在 2010 年完成对 Leopoldt[5]([15]和[16])的猜想的证明过程进行的重新审核. 这一证明(尚未得到确认)在[17]中已被引用(也可见在[18]中的解释).

他是不会停留在这里的:

"…… 我对所从事的数学中的一个理论工作深有感受;这不仅有用,也颇受欢迎. 这一理论正在考察中,专家们花时间进行验证. 但愿情况正如我所见到的那样,能够大大简化,那么数学家必将感到莫大的喜悦. 在未来的一年中,我将能够分享更多的喜悦."

普莱达·米哈伊列斯库,2009 年 12 月 16 日

参考文献

[1] E. Catalan. Note extraite d'une adressée a l'editeur J. Reine Angew. Math., 27(1844),192.

[2] Chao Ko,On the Diophantine equation,Sci Sinica(Notes)14(1964)457-460.

[3] J. W. S. Cassels,On the equation,Ⅱ,Proc. Cambridge Philos. Soc.,56(1960),97-103.

[4] S. Hyyro,Uber das Catalansche Problem,Ann. Univ. Turku,Ser. A Ⅰ,no. 798(1964)pp.

[5] S. Hyyro,Uber die Gleichung und das Catalansche Problem,Ann. Acad. Sci. Fenn.,Ser. A,no. 355(1964),50pp.

[6] K. Inkeri,Catalan Conjecture, J. Number Theory 34(1990),142-152.

[7] V. A. Lebesue,Sur l'impossibilité en nombres entiers de l'equation ,Nouv. Ann.

Math. ,9(1850),178-181.

[8] M. Mignotre,Catalan's equation just before 2000,Number Theory(Turku,1999) de Gruyter Berlin,2001,247-254.

[9] P. Mihăilescu,A class number free Criterion for Catalan Conjecture,J. Number Theory,99(2003),225-231.

[10] P. Mihăilescu,Primary Cyclotomic units and a proof of Catalan's Conjecture, preprint(September2,2002),submitted.

[11] R. Tijdemanr,On the equation of Catalan,Acta Arith. ,29(1976),197-209.

[12] http://www. dpmms. cama. c. u. k. Seminars Kuwait/abstracts/L30. pdf

[13] T. Metsankyla,Catalan's Conjecture,another old Diophantine Problem solved, Bulltin of American Mathematical Society 41(1) ,43-57. http://www. ams. org/bull/2004-41-01/S0273-0979-03-00993-5/S0273-0979-03-00993-5pdf.

[14] Y. F. Bilu,Catalan's Conjecture(after Mihăilescu),Sem. Bourbaki,55eme annee, nr. 909(2002/03),24 pp.

[15] http://londonnumbertheory. wordpress. com/2009/11/08/leonpoldts-conjecture/

[16] http://larxiv. org/PS_cache/arxiv/pdf/0905/0905. 1274v3. pdf

[17] http://londonnumbertheory. files. wordpress. com/2009/11/ Mihăilescu. pdf

[18] http://londonnumbertheory. files. wordpress. com/2009/11/ Mihăilescu2. pdf

[19] N. Stanciu Retrospectiveaconjecturi rezolvate,GMB,No. 2/ 2010,pag57-60,

[1] 吉松尼德斯(Rabbi Levi Ben Gersonides,1288—1344)是犹太数学家和天文学家.

[2] 贝克(Alan Baker,1939—)于1970年31岁时获菲尔茨奖.

[3] 维弗里西(Wieferich)条件是:$p^q \equiv 1(\mod q^2)$;$q^{p-1} \equiv 1(\mod pq^2)$.

[4] 维弗里西(Wieferich,1884—1954),德国数学家.

[5] 赖奥颇德(Heieferich-Wolfgang Leopoldt,1927—),德国数学家.

Neculai Stanciu,Buzău,Romania

3.4 边界上有正方形的三角形

在锐角三角形的边上向外作正方形,由这三个正方形的中心确定的三角形称为外维克腾三角形. 如果正方形向内作,那么类似地定义内维克腾三角形. 本节中,我们给出边长等于三角形的边长的一半,且边关于三角形的边的中点对称的正方形的性质.

设 A,B,C 是逆时针走向的三角形. 在边 BC,CA,AB 向外作正方形 $A_b A'_b A'_c A_c$, $B_c B'_c B'_a B_a, C_a C'_a C'_b C_b$,且 $A_b, A_c \in BC, B_c, B_a \in CA, C_a, C_b \in AB$;设 O'_a, O'_b, O'_c 分别是正方形 $A_b A'_b A'_c A_c, B_c B'_c B'_a B_a, C_a C'_a C'_b C_b$ 的中心.

在边 BC,CA,AB 向内作正方形 $A_bA''_bA''_cA_c$, $B_cB''_cB''_aB_a$, $C_aC''_aC''_bC_b$, 其中心分别是 O'_a,O'_b,O'_c; 设 $M_a,M_b,M_c,A'_a,B'_b,C'_c$ 分别是线段 $BC,CA,AB,B'_aC'_a,C'_bA'_b,A'_cB'_c$ 的中点; $G'_a,G'_b,G'_c,G''_a,G''_b,G''_c$ 分别是 $\triangle O'_bM_aO'_c$, $\triangle O'_cM_bO'_a$, $\triangle O'_aM_cO'_b$, $\triangle O''_bM_aO''_c$, $\triangle O''_cM_bO''_a$, $\triangle O''_aM_cO''_b$ 的重心; $G'_1,G'_2,G'_3,G''_1,G''_2,G''_3$ 分别是 $\triangle O'_aO''_bO''_c$, $\triangle O'_bO''_cO''_a$, $\triangle O'_cO''_aO''_b$, $\triangle O''_aO'_bO'_c$, $\triangle O''_bO'_cO'_a$, $\triangle O''_cO'_aO'_b$ 的重心, $\{A'\}=B'_cB'_a\cap C'_aC'_b$, $\{B'\}=C'_aC'_b\cap A'_bA'_c$, $\{C'\}=A'_bA'_c\cap B'_cB'_a$.

设 O 是 $\triangle ABC$ 的外心. 考虑原点为 O 的复平面. 相应的下标字母表示上标字母的点的坐标. 于是

$$m_a=\frac{b+c}{2}, a_b=\frac{3b+c}{4}, a_c=\frac{3c+b}{4}.$$

如图 3, 点 O'_a 由点 A_b 以 M_a 为中心旋转 $90°$ 得到, 于是

$$o'_a=M_a+\mathrm{i}(a_b-m_a)=\frac{b+c}{2}+\mathrm{i}\cdot\frac{b-c}{4}.$$

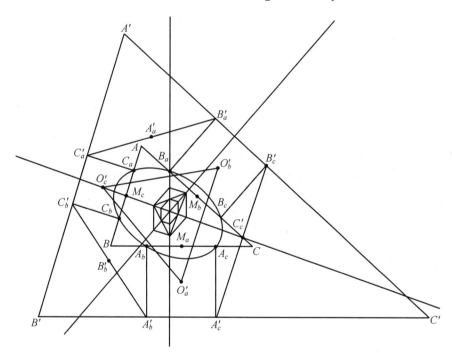

图 3

同样有

$$o'_b=\frac{c+a}{2}+\mathrm{i}\cdot\frac{c-a}{4}, o'_c=\frac{a+b}{2}+\mathrm{i}\cdot\frac{a-b}{4}, \qquad ①$$

$$o''_a=\frac{b+c}{2}-\mathrm{i}\cdot\frac{b-c}{4}, o''_b=\frac{c+a}{2}-\mathrm{i}\cdot\frac{c-a}{4}, o''_c=\frac{a+b}{2}-\mathrm{i}\cdot\frac{a-b}{4}, \qquad ②$$

$$a'_b = \frac{3b+c}{4} + i \cdot \frac{b-c}{2}, a'_c = \frac{3c+b}{4} + i \cdot \frac{b-c}{2}, b'_c = \frac{3c+a}{4} + i \cdot \frac{c-a}{2},$$

$$b'_a = \frac{3a+c}{4} + i \cdot \frac{c-a}{2}, c'_a = \frac{3a+b}{4} + i \cdot \frac{a-b}{2}, c'_b = \frac{3b+a}{4} + i \cdot \frac{a-b}{2} \qquad ③$$

$$a''_b = \frac{3b+c}{4} - i \cdot \frac{b-c}{2}, a''_c = \frac{3c+b}{4} - i \cdot \frac{b-c}{2}, b''_c = \frac{3c+a}{4} - i \cdot \frac{c-a}{2},$$

$$b''_a = \frac{3a+c}{4} - i \cdot \frac{c-a}{2}, c''_a = \frac{3a+b}{4} - i \cdot \frac{a-b}{2}, c''_b = \frac{3b+a}{4} - i \cdot \frac{a-b}{2} \qquad ④$$

线段 $B'_aC'_a, C'_bA'_b, A'_cB'_c$ 的中点 A'_a, B'_b, C'_c 坐标是

$$a'_a = \frac{6a+b+c}{8} + i \cdot \frac{c-a}{4}, b'_b = \frac{6b+c+a}{8} + i \cdot \frac{a-c}{4},$$

$$c'_c = \frac{6c+a+b}{8} + i \cdot \frac{b-a}{4}. \qquad ⑤$$

定理 1 直线 AO'_a, BO'_b, CO'_c 共点.

证明 因为 $\triangle BO'_aC, \triangle CO'_bA, \triangle AO'_cB$ 是相似的等腰三角形,由 Kiepert 定理 [1],所以三线共点.

定理 2 直线 AO''_a, BO''_b, CO''_c 共点.

证明 与上面的证明类似.

定理 3 直线 AA', BB', CC' 共点.

证明 从 $\triangle ABC$ 和 $\triangle A'B'C'$ 的边分别平行这一事实推出.

评注 1 如果各正方形的边长与三角形的边长相等,那么直线 AO'_a, BO'_b, CO'_c 共点于外维克腾(Vecten)点,直线 AO''_a, BO''_b, CO''_c 共点于内维克腾点,AA', BB', CC' 共点于勒姆瓦(Lemoine)点,$\triangle A'B'C'$ 是 $\triangle ABC$ 的格雷勃(Grebe)三角形[2].

定理 4 $\triangle ABC, \triangle O'_aO'_bO'_c, \triangle O''_aO''_bO''_c, \triangle A'_bB'_cC'_a, \triangle A'_cB'_aC'_b, \triangle A''_bB''_cC''_a, \triangle A''_cB''_aC''_b$ 有共同的重心 G.

证明 $\triangle ABC, \triangle O'_aO'_bO'_c, \triangle O''_aO''_bO''_c, \triangle A'_bB'_cC'_a, \triangle A'_cB'_aC'_b, \triangle A''_bB''_cC''_a,$ $\triangle A''_cB''_aC''_b$ 有共同的重心是因为

$$\frac{o'_a + o'_b + o'_c}{3} = \frac{o''_a + o''_b + o''_c}{3} = \frac{a'_b + b'_c + c'_a}{3} = \frac{a'_c + b'_a + c'_b}{3}$$

$$= \frac{a''_b + b''_c + c''_a}{3} = \frac{a''_c + b''_a + c''_b}{3} = \frac{a+b+c}{3} = g.$$

定理 5 直线 $A'_aO'_a, B'_bO'_b$ 和 $C'_cO'_c$ 共点.

证明 直线方程是

$$z(\overline{o'_a} - \overline{a'_a}) - \bar{z}(o'_a - a'_a) + o'_a \overline{a'_a} - a'_a \overline{o'_a} = 0,$$

$$z(\overline{o'_b} - \overline{b'_b}) - \bar{z}(o'_b - b'_b) + o'_b \overline{b'_b} - b'_b \overline{o'_b} = 0,$$

和
$$z(\overline{o'_c} - \overline{c'_c}) - \bar{z}(o'_c - c'_c) + o'_c\overline{c'_c} - c'_c\overline{o'_c} = 0.$$

相加后得到
$$o'_a\overline{a'_a} - a'_a\overline{o'_a} + o'_b\overline{b'_b} - b'_b\overline{o'_b} + o'_c\overline{c'_c} - c'_c\overline{o'_c} = 0.$$

最后一个关系式等价于
$$(\bar{a}(b+c) - a(\bar{b}+\bar{c})) + (\bar{b}(c+a) - b(\bar{c}+\bar{a})) + (\bar{c}(b+a) - c(\bar{b}+\bar{a})) = 0,$$

这是显然的.

定理 6 直线 $A'_aO''_a, B'_bO''_b$ 和 $C'_cO''_c$ 共点.

证明 与定理 5 的证明类似.

定理 7 直线 A'_aM_a, B'_bM_b 和 C'_cM_c 共点.

证明 与定理 5 的证明类似.

定理 8 直线 $A'O'_a, B'O'_b$ 和 $C'O'_c$ 共点.

证明 与定理 5 的证明类似.

定理 9 直线 $A'O''_a, B'O''_b$ 和 $C'O''_c$ 共点.

证明 与定理 5 的证明类似.

定理 10 以下关系成立:$AO'_a \perp B'_aC'_a, BO'_b \perp A'_bC'_b, CO'_c \perp A'_cB'_c$ 和 $AO'_a = B'_aC'_a, BO'_b = A'_bC'_b, CO'_c = A'_cB'_c$.

证明 因为 $b'_a - c'_a = \mathrm{i}(\dfrac{b+c-2a}{2}, \mathrm{i} \cdot \dfrac{b-c}{4}) = \mathrm{i}(o'_a - a)$,我们有 $AO'_a \perp B'_aC'_a$ 和 $| b'_a - c'_a | = | \mathrm{i}(o'_a - a) | = |(o'_a - a)|$,于是 $AO'_a = B'_aC'_a$. 用同样的方法可证明其他两个关系式.

定理 11 如果用 $A_{[XYZ]}$ 表示三角形 XYZ 的面积,那么
$$A_{[O'_aO'_bO'_c]} = \frac{7}{16}A_{[ABC]} + \frac{1}{16}(3R^2 + \frac{BC^2 + CA^2 + AB^2}{2}).$$

证明 因为
$$A_{[ABC]} = \frac{\mathrm{i}}{4}\begin{vmatrix} a & \bar{a} & 1 \\ b & \bar{b} & 1 \\ c & \bar{c} & 1 \end{vmatrix} = \frac{\mathrm{i}}{4}[b\bar{c} + c\bar{a} + a\bar{b} - a\bar{c} - b\bar{a} - c\bar{b}]$$

以及
$$BC^2 + CA^2 + AB^2 = | c-b |^2 + | a-c |^2 + | b-a |^2$$
$$= (c-b)(\bar{c}-\bar{b}) + (a-c)(\bar{a}-\bar{c}) + (b-a)(\bar{b}-\bar{a})$$
$$= 2(3R^2 - (b\bar{c} + c\bar{a} + a\bar{b} + a\bar{c} + b\bar{a} + c\bar{b})),$$

我们有
$$\overline{bc} + \overline{ca} + \overline{ab} + \overline{ac} + \overline{ba} + \overline{cb} = 3R^2 - \frac{BC^2 + CA^2 + AB^2}{2}$$

(这里 $|a|=|b|=|c|=R$ 是 $\triangle ABC$ 的外接圆的半径). 得到

$$A_{[O'_aO'_bO'_c]} = \frac{i}{4} \begin{vmatrix} o'_a & \overline{o'_a} & 1 \\ o'_b & \overline{o'_b} & 1 \\ o'_c & \overline{o'_c} & 1 \end{vmatrix}$$

$$= \frac{i}{4} \cdot \frac{1}{16} \cdot (7(\overline{bc} + \overline{ca} + \overline{ab} - \overline{ac} - \overline{ba} - \overline{cb}) + 4i(\overline{bc} + \overline{ca} + \overline{ab} + \overline{ac} + \overline{ba} + \overline{cb}) - 24iR^2),$$

于是
$$A_{[O'_aO'_bO'_c]} = \frac{1}{16}[7A_{[ABC]} - (3R^2 - \frac{BC^2 + CA^2 + AB^2}{2}) + 6R^2]$$

$$= \frac{1}{16}(7A_{[ABC]} + 3R^2 + \frac{BC^2 + CA^2 + AB^2}{2})$$

定理 12 如果用 $A_{[XYZ]}$ 表示三角形 XYZ 的面积,那么
$$A_{[O'_aO'_bO'_c]} = \frac{7}{16}A_{[ABC]} - \frac{1}{16}(3R^2 + \frac{BC^2 + CA^2 + AB^2}{2}).$$

证明 与前面的证明类似.

定理 13 如果 $\{P_1\} = O'_aO'_c \cap BC$, $\{P'_1\} = O'_aO'_b \cap BC$, $\{Q_1\} = O'_bO'_a \cap CA$, $\{Q'_1\} = O'_bO'_c \cap CA$, $\{R_1\} = O'_cO'_b \cap AB$, $\{R'_1\} = O'_cO'_a \cap AB$, 那么点 $P_1, P'_1, Q_1, Q'_1, R_1$ 和 R'_1 在同一条圆锥曲线上.

证明 因为 $\triangle ABC$ 和 $\triangle O'_aO'_bO'_c$ 是相似三角形(见定理 1),所以由沙尔蒙 (Salmon) 定理[2],推出结论.

定理 14 如果 $\{P_2\} = O''_aO''_c \cap BC$, $\{P'_2\} = O''_aO''_b \cap BC$, $\{Q_2\} = O''_bO''_a \cap CA$, $\{Q'_2\} = O''_bO''_c \cap CA$, $\{R_2\} = O''_cO''_b \cap AB$, $\{R'_2\} = O''_cO''_a \cap AB$, 那么点 $P_2, P'_2, Q_2, Q'_2, R_2$ 和 R'_2 在同一条圆锥曲线上.

证明 与前面的证明类似.

定理 15 以下关系成立: $G'_aG \perp BC, G'_bG \perp CA, G'_cG \perp AB$ 和 $BC = 12G'_aG$, $CA = 12G'_bG$, $AB = 12G'_cG$.

证明 我们有 $g'_a = \frac{m_a + o'_b + o'_c}{3} = g + i \cdot \frac{c-b}{12}$, 所以 $\frac{g'_a - g}{c - b} = i \cdot \frac{1}{12}$. 于是 $G'_aG \perp BC$, $\left|\frac{g'_a - g}{c - b}\right| = \left|i \cdot \frac{1}{12}\right| = \frac{1}{12}$, 得到 $BC = 12G'_aG$.

定理 16 以下关系成立: $G''_aG \perp BC, G''_bG \perp CA, G''_cG \perp AB$ 和 $BC = 12G''_aG$,

$CA = 12G''_bG, AB = 12G''_cG$.

证明 我们有 $g''_a = \dfrac{m_a + o''_b + o''_c}{3} = g - \mathrm{i} \cdot \dfrac{c-b}{12}$，所以 $\dfrac{g'_a - g}{c-b} = \mathrm{i} \cdot \dfrac{1}{12}$. 于是 $G''_aG \perp BC$，得到 $BC = 12G''_aG, CA = 12G''_bG, AB = 12G''_cG$.

推论 1 $\triangle ABC$ 的中心是线段 $G'_aG''_a, G'_bG''_b, G'_cG''_c$ 的中点.

定理 17 $\triangle G'_aG'_bG'_c, \triangle G''_aG''_bG''_c$ 和 $\triangle ABC$ 有共同的重心.

证明 我们有 $\dfrac{g'_a + g'_b + g'_c}{3} = \dfrac{g''_a + g''_b + g''_c}{3} = g$，这就是所需要的.

定理 18 以下关系成立：$G'_bG'_c \perp AM_a, G'_cG'_a \perp BM_b, G'_aG'_b \perp CM_c$ 和 $AM_a = 6G'_bG'_c, BM_b = 6G'_cG'_a, CM_c = 6G'_aG'_b$.

证明 我们有 $g'_b - g'_c = -\dfrac{\mathrm{i}}{6}(a - m_a)$，于是 $G'_bG'_c \perp AM_a, AM_a = 6G'_bG'_c$.

定理 19 以下关系成立：$G''_bG''_c \perp AM_a, G''_cG''_a \perp BM_b, G''_aG''_b \perp CM_c$ 和 $AM_a = 6G''_bG''_c, BM_b = 6G''_cG''_a, CM_c = 6G''_aG''_b$.

证明 我们有 $g''_b - g''_c = -\dfrac{\mathrm{i}}{6}(a - m_a)$，于是 $G''_bG''_c \perp AM_a, AM_a = 6G''_bG''_c$.

评注 2 $\triangle G'_aG'_bG'_c$ 和 $\triangle G''_aG''_bG''_c$ 的边长为 $\triangle ABC$ 的中线的长的六分之一. $\triangle G'_aG'_bG'_c$ 和 $\triangle G''_aG''_bG''_c$ 的存在也表明中线三角形的存在（边长等于三角形 ABC 的中线的一个三角形）[1].

推论 2 四边形 $G'_bG'_cG''_bG''_c, G'_cG'_aG''_cG''_a, G'_aG'_bG''_aG''_b$ 是平行四边形.

证明 由定理 18 和定理 19，我们得到 $G'_bG'_c \parallel G''_bG''_c, G'_cG'_a \parallel G''_cG''_a, G'_aG'_b \parallel G''_aG''_b$ 和 $G'_bG'_c = G''_bG''_c, G'_cG'_a = G''_cG''_a, G'_aG'_b = G''_aG''_b$.

推论 3 $\triangle G'_aG'_bG'_c$ 和 $\triangle G''_aG''_bG''_c$ 全等.

定理 20 $\triangle G'_aG'_bG'_c$ 和 $\triangle ABC$，$\triangle G''_aG''_bG''_c$ 和 $\triangle ABC$ 逻辑上对偶.

证明 定理 16～19，公共垂心是 $\triangle ABC$ 的重心.

定理 21 如果用 $A_{[XYZ]}$ 表示三角形 XYZ 的面积，那么

$$A_{[G'_aG'_bG'_c]} = A_{[G''_aG''_bG''_c]} = \dfrac{1}{48}A_{[ABC]}.$$

证明 如图 4，$\triangle G'_aG'_bG'_c$ 和中线 $\triangle M_1M_2M_3$ 相似，所以

$$m(\angle G'_aG'_bG'_c) = m(\angle M_1M_2M_3) = 180° - m(\angle BGC).$$

我们有

$$A_{[G'_aG'_bG'_c]} = \dfrac{G'_aG'_b \cdot G'_aG'_c \cdot \sin \angle G'_aG'_bG'_c}{2} = \dfrac{\dfrac{CM_c}{6} \cdot \dfrac{BM_b}{6} \cdot \sin \angle BGC}{2}$$

$$= \dfrac{1}{16}A_{[BGC]} = \dfrac{1}{16} \cdot \dfrac{1}{3}A_{[ABC]} = \dfrac{1}{48}A_{[ABC]}.$$

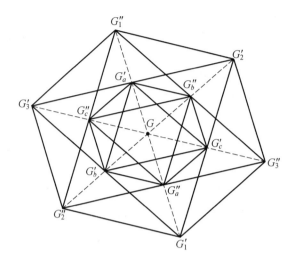

图 4

因为 $\triangle G'_a G'_b G'_c$ 和 $\triangle G''_a G''_b G''_c$ 全等,所以

$$A_{[G'_a G'_b G'_c]} = A_{[G''_a G''_b G''_c]} = \frac{1}{48} A_{[ABC]}.$$

定理 22 以下关系成立:$G'_1 G \perp BC, G'_2 G \perp CA, G'_3 G \perp AB$ 和 $BC = 6 G'_1 G, CA = 6 G'_2 G, AB = 6 G'_3 G$.

证明 我们有 $g'_1 = \dfrac{o'_a + o'' + b + o''_c}{3} = g + \mathrm{i} \cdot \dfrac{b-c}{6}$,所以 $\dfrac{g'_1 - g}{b - c} = \dfrac{\mathrm{i}}{6}$,于是 $G'_1 G \perp BC$. 又 $\left| \dfrac{g'_1 - g}{b - c} \right| = \left| \dfrac{\mathrm{i}}{6} \right|$,所以得到 $AM_a = 6 G'_1 G$.

定理 23 以下关系成立:$G''_1 G \perp BC, G''_2 G \perp CA, G''_3 G \perp AB$ 和 $BC = 6 G''_1 G, CA = 6 G''_2 G, AB = 6 G''_3 G$.

证明 与上面的定理的证明类似.

定理 24 $\triangle G'_1 G'_2 G'_3$ 和 $\triangle G''_1 G''_2 G''_3$ 的重心相同.

证明 我们有 $\dfrac{g'_1 + g'_2 + g'_3}{3} = \dfrac{g''_1 + g''_2 + g''_3}{3} = \dfrac{a+b+c}{3} = g$,这就是所需要的.

推论 4 $\triangle ABC$ 的重心是线段 $G'_a G''_a, G'_b G''_b, G'_c G''_c, G'_1 G''_1, G'_2 G''_2$ 和 $G'_3 G''_3$ 的中点.

推论 5 点 G''_1, G'_a, G''_a, G'_1 共线,$G''_1 G'_a = G'_a G = G G''_a = G''_a G'_1$.

定理 25 四边形 $G'_1 G'_3 G'_2 G, G'_1 G'_3 G G'_2$ 和 $G'_3 G'_2 G'_1 G$ 是平行四边形.

证明 因为 $g + g'_3 = g'_1 + g'_2 = 2 g'_c$,所以四边形 $G'_1 G'_3 G'_2 G$ 是平行四边形. 类似地,四边形 $G''_1 G'_3 G G'_2$ 和 $G'_3 G'_2 G'_1 G$ 是平行四边形.

推论 6 六边形 $G'_a G'_c G''_b G'_a G''_c G'_b$ 和 $G'_1 G'_3 G'_2 G''_1 G''_3 G''_2$ 位似,位似中心是 $\triangle ABC$

的重心.

推论 7 点 $G'_a, G'_b, G'_c, G''_a, G''_b$ 和 G''_c 在同一条圆锥曲线上.

证明 我们有 $G'_a G''_c // G''_a G'_c, G'_b G''_a // G''_b G'_a, G'_c G''_b // G''_c G'_b$. 因此每一对直线的交点在无穷远. 由帕斯卡(Pascal)定理的逆定理推出结论.

推论 8 点 $G'_1, G'_2, G'_3, G''_1, G''_2$ 和 G''_3 在同一条圆锥曲线上.

参考文献

[1] C. Bardu, Teoreme fundamentale din geometria triughiului, Ed. Unique, Bacău, 2008.

[2] G. Calmon, Traitéde géométrie analytique, Ed. Gauthier-Villars, Paris, 1903.

[3] T. Andreescu, D. Andrica, Complex Numbers from A to⋯ Z, Birkhüser, Boston, 2006.

[4] D. Andrica, K. Nguyen, A note on the Nagel and *Gergonne* points, Creative Math. & Inf., 17(2008), 127-136.

[5] R. Musselman, The triangle bordered with squares, American Mathematical Monthly, 43(1936), 539-548.

[6] J. Neuberg, Bibliographie du Triangle et du Tétraèdre, Mathesis, 37(1923), 289-293.

Cătălin Barbu, Bacău, Romania

3.5 论正多边形中的距离

本节介绍了在解数学奥林匹克水平的习题的一种方法,包括在正多边形中到顶点的距离. 利用一些基本的表达式,提供一些不同水平的习题和解答. 我们还建立一个引理,在多种场合下简化解答.

复平面中两数 $(z = a + bi, w = c + di)$ 之间的距离由 $|z - w|$ 定义,等价于通常的距离

$$|z - w| = \sqrt{(a-c)^2 + (b-d)^2},$$

设正 n 边形的顶点由

$$A_k = R \cdot e^{i(\frac{2k\pi}{n} + \varphi)} = R(\cos(\frac{2k\pi}{n} + \varphi) + i\sin(\frac{2k\pi}{n} + \varphi)) \quad (k = 0, 1, \cdots, n-1)$$

给出,这里 R 是该多边形的外接圆的半径,φ 是在实平面内的旋转角. 再设 A_0 是按照逆时针方向数起第一个顶点,A_1 是按照逆时针方向数起第二个顶点,等等,直到第 n 个顶点是

A_{n-1}. 我们还可以找到坐标为 $x=p\cos\vartheta, y=p\sin\vartheta$ 的任意一点 M 与正多边形的顶点之间的距离是

$$MA_k = \sqrt{\left(R\cos(\frac{2k\pi}{n}+\varphi)-p\cos\vartheta\right)^2 + \left(R\sin(\frac{2k\pi}{n}+\varphi)-p\sin\vartheta\right)^2}.$$

利用三角恒等式可以将该表达式改写成

$$MA_k = \sqrt{R^2+p^2-2Rp\cos(\frac{2k\pi}{n}+\varphi-\vartheta)} \quad (k=0,1,\cdots,n-1). \qquad ①$$

在我们将要出现的习题中,不失一般性,可设 $\varphi=0$,于是式 ① 就变为

$$MA_k = \sqrt{r^2+p^2-2rp\cos(\frac{2k\pi}{n}-\vartheta)} \quad (k=0,1,\cdots,n-1). \qquad ②$$

如果点 M 在外接圆上,容易证明式 ② 可以写成

$$MA_k = 2R\left|\sin(\frac{k\pi}{n}-\frac{\vartheta}{2})\right| \quad (k=0,1,\cdots,n-1) \qquad ③$$

利用这些公式我们可以解以下问题:

1. 已知正 n 边形内接于半径为 R 的圆. 如果 S 是该圆上的一点,计算

$$T = \sum_{k=1}^{n} SA_k^2.$$

IMO Longlist 1989

解 由式 ②,得到

$$\sum_{k=1}^{n} SA_k^2 = \sum_{k=0}^{n-1}(R^2+R^2-2R^2\cos(\frac{2k\pi}{n}-\vartheta))$$

$$= n(R^2+R^2) - 2R^2\sum_{k=0}^{n-1}\cos(\frac{2k\pi}{n}-\vartheta)$$

$$= 2nR^2 - 2R^2(\cos\vartheta\sum_{k=0}^{n-1}\cos\frac{2k\pi}{n} + \sin\vartheta\sum_{k=0}^{n-1}\sin\frac{2k\pi}{n}).$$

因为

$$\sum_{k=0}^{n-1}\cos\frac{2k\pi}{n} = \sum_{k=0}^{n-1}\sin\frac{2k\pi}{n} = 0, \qquad ④$$

所以所求的和的值是 $2nR^2$.

2. 设 A,B,C 是正多边形的三个连续的顶点,考虑外接圆的优弧 AC 上的点 M. 证明:

$$MA \cdot MC = MB^2 - AB^2.$$

T. Andreescu 和 D. Andrica, Complex Numbers from A to...Z

解 不失一般性,设 $k=0, k=1$ 和 $k=2$ 分别相应于点 A,B,C. 因为 M 在优弧 BC 上,将 $k=0, k=1,$ 和 $k=2$ 代入式 ③,得到

$$MA = 2R\sin\frac{\vartheta}{2}, MB = 2R\sin(\frac{\vartheta}{2}-\frac{\pi}{n}), MC = 2R\sin(\frac{\vartheta}{2}-\frac{2\pi}{n}),$$

因为显然 $\frac{4\pi}{n} < \vartheta < 2\pi$. 在式 ③ 中,取 $k=0, \vartheta = \frac{2\pi}{n}$,得到 $AB = 2R\sin\frac{\pi}{n}$,即多边形的每边的长. 结合上面的结果(回忆一下三角恒等式 $\cos(\alpha-\beta) - \cos(\alpha+\beta) = 2\sin\alpha\sin\beta$, $\cos 2\alpha = 1 - 2\sin^2\alpha$),得到

$$MB^2 - AB^2 = 4R^2\sin^2\left(\frac{\vartheta}{2} - \frac{2\pi}{n}\right) - 4R^2\sin^2\frac{\pi}{n}$$

$$= 2R^2\left(1 - 2\sin^2\frac{\pi}{n} - 1 + 2\sin^2\left(\frac{\vartheta}{2} - \frac{2\pi}{n}\right)\right)$$

$$= 2R^2\left(\cos\frac{2\pi}{n} - \cos\left(\vartheta - \frac{2\pi}{n}\right)\right)$$

$$= 4R^2\sin\frac{\vartheta}{2}\sin\left(\frac{\vartheta}{2} - \frac{2\pi}{n}\right)$$

$$= MA \cdot MC.$$

3. 设 $A_1, A_2, \cdots, A_n$ 是内接于圆心为 O,半径为 R 的圆的正 n 边形的顶点. 证明:对于该 n 边形所在平面内的每一点 M,以下不等式成立:

$$\prod_{k=1}^{n} MA_k \leqslant (OM^2 + R^2)\frac{n}{2}.$$

Mathematical Reflections, problem S128, 由 Dorin Andrica 提出

解 设 $d = OM$. 在式 ② 中将 AM-GM 不等式用于数 MA_k^2,得到

$$\left(\sum_{k=1}^{n} \frac{MA_k^2}{n}\right)^n \geqslant \prod_{k=1}^{n} MA_k^2,$$

$$\left(d^2 + R^2 - \frac{2dR}{n}(A\cos\vartheta + B\sin\vartheta)\right)^n \geqslant \prod_{k=1}^{n} MA_k^2,$$

这里 $A = \sum_{k=0}^{n-1}\cos\frac{2k\pi}{n}, B = \sum_{k=0}^{n-1}\sin\frac{2k\pi}{n}$. 最后,再利用式 ④,得到

$$(d^2 + R^2)^n = (OM^2 + R^2)^n \geqslant \prod_{k=1}^{n} MA_k^2.$$

推出所需的结论.

4. 设 $d_1, d_2, \cdots, d_n$ 是正 n 边形 $A_1 A_2 \cdots A_n$ 的外接圆的劣弧 $A_1 A_n$ 上的任意一点 P 到顶点 $A_1, A_2, \cdots, A_n$ 的距离. 证明:

$$\frac{1}{d_1 d_2} + \frac{1}{d_2 d_3} + \cdots + \frac{1}{d_{n-1} d_n} = \frac{1}{d_1 d_n}.$$

The IMO Compendium Group

解 为了与本题中的记号一致,我们用 $A_k = R \cdot e^{\frac{2i(k-1)\pi}{n}}$ 表示顶点 ($k=1, 2, \cdots, n$). 因为 $P = R \cdot e^{i\vartheta}$ 在劣弧 $A_1 A_n$ 上,显然 $-\frac{2\pi}{n} < \vartheta < 0$,所以由式 ③,得到

$$\sum_{k=1}^{n-1} \frac{1}{d_k d_{k+1}} = \frac{1}{4R^2} \sum_{k=0}^{n-2} \frac{1}{\sin(\frac{k\pi}{n} - \frac{\vartheta}{2}) \sin(\frac{(k+1)\pi}{n} - \frac{\vartheta}{2})}$$

$$= \frac{1}{4R^2} \sum_{k=0}^{n-2} \csc(\frac{k\pi}{n} - \frac{\vartheta}{2}) \csc(\frac{(k+1)\pi}{n} - \frac{\vartheta}{2}) \qquad ⑤$$

当 $\alpha \neq \beta, \alpha \neq \frac{n\pi}{2}, \beta \neq \frac{n\pi}{2}, n = 0, \pm 1, \pm 2, \cdots, \alpha = \frac{(k+1)\pi}{n} - \frac{\vartheta}{2}, \beta = \frac{k\pi}{n} - \frac{\vartheta}{2}$ 时,利用恒等式

$$\csc \alpha \csc \beta = \frac{1}{\sin(\alpha - \beta)} (\cot \alpha - \cot \beta),$$

式 ⑤ 可写成

$$\sum_{k=0}^{n-1} \frac{1}{d_k d_{k+1}} = \frac{1}{4R^2} \sum_{k=0}^{n-2} \frac{1}{\sin \frac{\pi}{n}} (\cot(\frac{(k+1)\pi}{n} - \frac{\vartheta}{2}) - \cot(\frac{k\pi}{n} - \frac{\vartheta}{2})).$$

将上面的和式写成缩减形式,于是

$$\sum_{k=1}^{n-1} \frac{1}{d_k d_{k+1}} = \frac{1}{4R^2} \frac{1}{\sin \frac{\pi}{n}} \left(\cot\left(\frac{(n-1)\pi}{n} - \frac{\vartheta}{2}\right) - \cot(-\frac{\vartheta}{2}) \right).$$

再利用该恒等式

$$\sum_{k=1}^{n-1} \frac{1}{d_k d_{k+1}} = \frac{1}{4R^2} \csc\left(\frac{(n-1)\pi}{n} - \frac{\vartheta}{2}\right) \csc \frac{\vartheta}{2} = \frac{1}{d_1 d_n},$$

由式 ③,得到

$$d_1 = 2r \sin \frac{\vartheta}{2}, d_n = 2r \sin \left(\frac{(n-1)\pi}{n} - \frac{\vartheta}{2}\right).$$

现在我们将证明以下引理:

引理 设 z_k 是 n 次单位复数根($k=0,1,\cdots,n-1$, n 是正整数),那么对于一切复数 A, B, 有

$$\prod_{k=0}^{n-1} (A - B z_k) = A^n - B^n.$$

引理的证明 如果 $B=0$, 那么结果是显然的. 如果 $B \neq 0$, 那么利用恒等式

$$\prod_{k=0}^{n-1} (z - z_k) = z^n - 1,$$

设 $z = \frac{A}{B}$, 得到

$$\prod_{k=0}^{n-1} (\frac{A}{B} - z_k) = (\frac{A}{B})^n - 1 \Rightarrow \prod_{k=0}^{n-1} (A - B z_k) = A^n - B^n,$$

这就是所求的恒等式.

两边取模,设 $M = A = \rho e^{i\vartheta}, B = R$, 我们由式 ②,得到

$$\prod_{k=1}^{n} MA_k = \prod_{k=1}^{n} |M - Bz_k| = \prod_{k=0}^{n-1} \sqrt{R^2 + p^2 - 2Rp\cos(\frac{2k\pi}{n} - \vartheta)}.$$

另一方面

$$|M_n - B^n| = |p^n e^{in\vartheta} - R^n| = \sqrt{R^{2n} + p^{2n} - 2R^n p^n \cos(n\vartheta)}.$$

使这两个等式相等，得到

$$\prod_{k=1}^{n} MA_k = \prod_{k=0}^{n-1} \sqrt{R^2 + p^2 - 2Rp\cos(\frac{2k\pi}{n} - \vartheta)}$$

$$= \sqrt{R^{2n} + p^{2n} - 2R^n p^n \cos(n\vartheta)} \qquad \text{⑥}$$

如果 $R = p$，那么结果归结为

$$\prod_{k=1}^{n} MA_k = \prod_{k=0}^{n-1} 2R |\sin(\frac{2k\pi}{n} - \frac{\vartheta}{2})| = 2R^n |\sin\frac{n\vartheta}{2}|. \qquad \text{⑦}$$

5. 设正 n 边形 $A_1 A_2 \cdots A_n$ 内接于圆心为 O，半径为 R 的圆，P 是 OA_1 的延长线上的一点. 证明：

$$\prod_{i=1}^{n} PA_i = PO^n - R^n.$$

Putnam, 1995

解 在式 ⑥ 中，只要取 $\vartheta = 0, p = PO \geqslant R$，就推出结论．

6. 设 $A_1 A_2 \cdots A_n$ 是 n 正边形，外接圆的半径是 1. 当 P 在外接圆上运动时，求 $\prod_{k=1}^{n} PA_k$ 的最大值．

Romanian Mathematical Regional Contest "Grigore Moisil", 1992

解 在式 ⑦ 中，取 $R = 1$，我们看到这个最大值是 2.

7. 对于正整数 $n > 1$，求

$$\lim_{x \to 0} \frac{\sin^2 x \sin^2 nx}{n^2 \sin^2 x - \sin^2 nx}$$

的值．

Mathematical Reflections, problem U143

解 在式 ⑦ 中取自然对数，对 ϑ 二次微分，忽略所有使 $\frac{\pi}{n} - \frac{\vartheta}{2} = 0$ 的 ϑ 的项，求出

$$\sum_{k=0}^{n-1} \csc^2(\frac{k\pi}{n} - \frac{\vartheta}{2}) = n^2 \csc^2(\frac{n\vartheta}{2}).$$

求 $k = 0$ 时的值，当 $\vartheta \to 0$ 时的极限，上述的表达式等价于

$$\sum_{k=1}^{n-1} \csc^2(\frac{k\pi}{n}) = \lim_{\vartheta \to 0} \sum_{k=1}^{n-1} \csc^2(\frac{k\pi}{n} - \frac{\vartheta}{2}) = \lim_{\vartheta \to 0}(n^2 \csc^2(\frac{n\vartheta}{2}) - \csc^2(\frac{\vartheta}{2})).$$

由 [1]，

$$\sum_{k=1}^{n-1}\csc^2(\frac{k\pi}{n})=\frac{n^2-1}{3},$$

推出

$$\lim_{\vartheta\to 0}(n^2\csc^2(\frac{n\vartheta}{2})-\csc^2(\frac{\vartheta}{2}))=\frac{n^2-1}{3}.$$

于是,取 $x=\frac{\vartheta}{2}$,所求的极限值是 $\frac{3}{n^2-1}$.

8. 正 n 边形 $A_1A_2\cdots A_n$ 内接于半径为 1 的圆. 设 $a_2,\cdots,a_n$ 是一个顶点到所有其他顶点的距离. 证明:

$$(5-a_2^2)(5-a_3^2)\cdots(5-a_n^2)=F_n^2,$$

这里 F_n 是第 n 个斐波那契数.

Iberomanian Mathematical Olympiad for University Students,2006

解 不失一般性,把 A_0 作为参考顶点,两边乘以 5,得到

$$\prod_{k=1}^n (5-a_k^2)=5F_n^2.$$

在式 ② 中取 $\vartheta=0, R=p=1$,我们有

$$\prod_{k=1}^n (5-a_k^2)=\prod_{k=0}^{n-1}(3+2\cos\frac{2k\pi}{n}).$$

我们需要求出满足 $A^2+B^2=3, AB=-1$ 的值. 可以取 $A>B$,解上面这两个方程,得到

$$A=\frac{1+\sqrt{5}}{2}, B=\frac{1-\sqrt{5}}{2}.$$

将式 ⑥ 的两边平方,对于给定的值,得到

$$\prod_{k=1}^n (5-2_k^2)=\prod_{k=0}^{n-1}(3+2\cos\frac{2k\pi}{n})$$
$$=\left((\frac{1+\sqrt{5}}{2})^n-(\frac{1-\sqrt{5}}{2})^n\right)^2=5F_n^2.$$

因为 $F_n=\frac{1}{\sqrt{5}}((\frac{1+\sqrt{5}}{2})^n-(\frac{1-\sqrt{5}}{2})^n)$,推出结论.

习 题

1. 同一平面 P 内的两个正 n 边形 $A_1A_2\cdots A_n$ 和 $B_1B_2\cdots B_n$ 的中心相同.

(1) 证明:$\prod_{j=1}^n B_iA_j=\prod_{i=1}^n A_jB_i, \forall i,j\in\{1,2,\cdots,n\}$.

(2) 求 $\min_{M\in P}\{MA_1\cdot MA_2\cdot\cdots\cdot MA_n+MB_1\cdot MB_2\cdot\cdots\cdot MB_n\}$.

Romanian Mathematical Competition, Shortist 2008

2. 设外接圆半径等于 1 的正多边形 $A_0 A_1 A_2 \cdots A_{2n}$. 考虑外接圆上的一点 P. 证明:
$$\sum_{k=0}^{n-1} PA_{k+1}^2 PA_{n+k+1}^2 = 2n.$$

T. Andreescu 和 D. Andrica, Complex Numbers from A to...Z

3. 设考虑整数 $n \geqslant 3$, 焦点为 F, 方程为 $y^2 = 4px$ 的抛物线. 正 n 边形 $A_1 A_2 \cdots A_n$ 的中心为 F, 顶点都不在 x 轴上. 射线 $FA_1, FA_2, \cdots, FA_n$ 交抛物线于点 $B_1, B_2, \cdots, B_n$. 证明:
$$FB_1 + FB_2 + \cdots + FB_n > np.$$

Romanian Mathematical Competition, 2004

参考文献

[1] D. Andrica 和 M. Piticari, Some Remarks on Problems U23, Mathematical Reflections, 4(2008).

N. Javier Buitrago A., Bogoda, Colombia

3.6 关于点的幂的一个注释

本节提供了判断一条直线垂直于两圆的连心线的一个有效的（关于点的幂的）度量准则.

定义 设 ω 是圆心为 O, 半径为 r 的圆. 那么对于所在平面内的每一点 P, 我们给予一个数 $p(P, \omega) = OP^2 - R^2$. 这个数称为 P 关于 ω 的幂.

我们假定读者熟悉包括根轴的存在性点的幂的基本性质. 在本节中我们将进一步扩展根轴的概念, 并证明点关于给定的两个圆的幂的差为常数的轨迹是平行于相应的根轴的一条直线. 在所有下面的问题中起着关键作用的是:

引理 设 ω_1 和 ω_2 是圆心分别为 O_1 和 O_2 的圆 ($O_1 \neq O_2$), 那么当且仅当
$$p(A, \omega_1) - p(A, \omega_2) = p(B, \omega_1) - p(B, \omega_2)$$
时, 直线 AB 垂直于 $O_1 O_2$.

引理的证明 利用点的幂的这个定义把命题的条件改写为等价的
$$AO_1^2 - AO_2^2 = BO_1^2 - BO_2^2.$$
设 A', B' 是 A, B 在直线 $O_1 O_2$ 上的射影. 由勾股定理, 上面的命题归结为
$$A'O_1^2 - A'O_2^2 + (AA'^2 - AA'^2) = B'O_1^2 - B'O_2^2 + (BB'^2 - BB'^2).$$
显然当 $A' = B'$, 或换句话说, AB 与直线 $O_1 O_2$ 垂直时上式成立.

对于"仅当"部分, 当点 A' 在 $O_1 O_2$ 上移动时

$$A'O_1^2 - A'O_2^2 = (A'O_1 + A'O_2)(A'O_1 - A'O_2)$$

的值在线段 O_1O_2 上严格单调,简单的计算表明在两条射线上也单调.因此在整条直线上单调.详细的计算留给读者.

引理能使我们把几何问题归结为数量关系.

一旦我们能够用独立变量表示,问题就变得更清楚了.又如果利用对称性,那么通常能够减少计算量.

引进了这一些知识就足够了,现在我们来解决几个问题!

记号 在 $\triangle ABC$ 中,用 a,b,c 表示对边的长,设 $s = \dfrac{a+b+c}{2}$,r 是内切圆的半径,ω,$\omega_i,\omega_a,\omega_b,\omega_c$ 表示外接圆、内切圆和相应的旁切圆.最后,设 $x = \dfrac{-a+b+c}{2}$,$y = \dfrac{a-b+c}{2}$,$z = \dfrac{a+b-c}{2}$,

问题 1 设 BC 是不等边 $\triangle ABC$ 的最大边.设在射线 AC 上的点 K 满足 $KC = BC$.

证明 设 D,E,F 分别是内切圆与边 BC,CA,AB 的切点.记住上面提到的引理,我们要把 K 关于 ω 和 ω_i 的幂用 a,b,c 或 x,y,z 表示.采用第二种选择,直接计算给出

$$p(K,\omega) - p(K,\omega_i) = KA \cdot KC - KE^2 = (y-x)(y+z) - BD^2$$
$$= (y^2 + yz - xy - xz) - y^2 = yz - x(y+z),$$

上式关于 y 和 z 对称,于是关于 b 和 c 也对称.利用对称性和上述引理,我们可以推出证明.

问题 2 如图 5,设 O 是 $\triangle ABC$ 的外心,E_c 是 C 侧的旁心.AD 和 BE 分别是三角形的内角平分线.证明:DE 垂直于 OE_c.

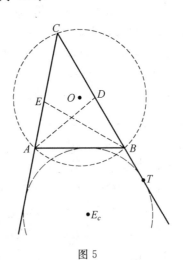

图 5

证明 由角平分线定理,DB,EC 的长可以用 a,b,c 的长计算出来.于是 D 关于

△ABC 的外接圆的幂就是
$$p(D,\omega)=-\frac{ab}{b+c}\cdot\frac{ac}{b+c}=-\frac{a^2bc}{(b+c)^2}.$$

确定 D 关于 C 侧的旁切圆的幂并不很难. 如果 C 侧的旁切圆与 BC 的切点是 T, 那么由相等的切线 $CT=s$, 所以
$$p(D,\omega_c)=DT^2=(CT-CD)^2=\left(\frac{a+b+c}{2}-\frac{ab}{b+c}\right)^2$$
$$=\left(\frac{(b+c)^2+a(c-b)}{2(b+c)}\right)^2$$
$$=\frac{(b+c)^4+2a(c-b)(b+c)^2+a^2(c-b)^2}{4(b+c)^2}$$

观察到两者之差, 得到
$$4(b+c)^2(p(D,\omega_c)-p(D,\omega))$$
$$=(b+c)^4+2a(c-b)(b+c)^2+a^2b^2-2a^2bc+a^2c^2+4a^2bc$$
$$=(b+c)^2((b+c)^2+2a(c-b)+a^2)=(b+c)^2(c^2+2c(a+b)+2(a-b)^2),$$
两边除以 $(b+c)^2$ 后, 上式是关于 a,b 的对称式. 这也足以结束证明了.

问题 3 如图 6, 在内心为 I, 外心为 O 的不等边 △ABC 中, 过点 I, 且垂直于 AI 的直线 l 交 BC 边于 A_0. 类似地定义 B_0,C_0. 证明: A_0,B_0,C_0 在垂直于 IO 的直线上.

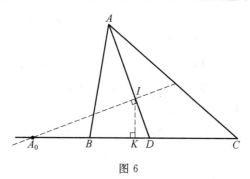

图 6

证明 设 AI 交 BC 于 D. 设 K,L,M 分别是内切圆 ω 与边 BC,CA,AB 的切点.

不失一般性, 设 $b>c$, 注意到 $\angle BID=\frac{\alpha}{2}+\frac{\beta}{2}<90°$, 于是 A_0 在线段 BC 的外部, 所以 $A_0B<A_0C$.

由角平分线定理, 我们有
$$BD=\frac{ac}{b+c}=\frac{(y+z)(x+y)}{s+x}.$$

但此时
$$BK=BD-BK=\frac{(y+z)(x+y)}{s+x}-y=\frac{x(y-y)}{s+x}.$$

现在观察 $\triangle A_0KI \sim \triangle IKD(AA)$，所以 $\dfrac{A_0K}{IK}=\dfrac{IK}{DK}$. 从这一点看，纯粹是计算了，因为 $A_0K=\dfrac{r^2}{DK}$，由海伦公式，我们知道 $r^2=\dfrac{xyz}{s}$. 计算距离

$$A_0K=\dfrac{yz(s+x)}{s(z-y)}, A_0B=\dfrac{y(zx+sy)}{s(z-y)}, A_0C=\dfrac{z(xy+sz)}{s(z-y)},$$

现在可以表示

$$p(A_0,\omega)-p(A_0,\omega_i)=A_0B \cdot A_0C-A_0K^2$$
$$=\dfrac{yz((xz+sy)(xy+sz)-yz(s+x)^2)}{s^2(y-z)^2}$$
$$=\dfrac{xyz}{s}.$$

最后一个表达式关于 x,y,z 对称，所以 A_0,B_0,C_0 共线于垂直于 OI 的直线上.

在下面的问题中，引理似乎并不是那么有用. 技巧是首先应用反演.

问题 4 锐角 $\triangle ABC$ 满足条件 $AB>BC, AC>BC$. O 和 H 分别表示三角形的外心和垂心. 假定 $\triangle AHC$ 的外接圆交直线 AB 于不同于 A 的点 M. 类似地 $\triangle ABH$ 的外接圆交直线 AC 于不同于 A 的点 N. $\triangle MNH$ 的外心在直线 OH 上.

APMO, 2002

证明 首先注意到因为 $\triangle ABC$ 是锐角三角形. MN 位于其边界上. 现在关于 H 反演. 设 A',B',C',M',N' 是相应点的像, O_1 是 $\triangle A'B'C'$ 的外心. 记住 $\triangle ABH,\triangle BCH$, $\triangle CAH$ 的外接圆是 $\triangle ABC$ 的外接圆对于三角形的边的反射，所以半径全部相等. 于是它们的像是到 H 的距离相同，所以是 $\triangle A'B'C'$ 的内心（这是关键！）. 我们作点 M' 是 $A'C'$ 与 $\triangle A'B'H$ 的外接圆的交点. 因为 M 在线段 AB 的内部，所以 M' 在不包含点 H 的弧 $A'B'$ 上，所以位于线段 $A'C'$ 的外部，同理 N' 位于线段 $A'B'$ 的外部.

圆 MNH 的像是直线 $M'N'$，所以只要证明 $M'N' \perp OH$（考虑到关于直线 OH 对称）或 $M'N' \perp O_1H$，因为 O,O_1,H 共线.

现在用 α',β',γ' 表示 $\triangle A'B'C'$ 的角，利用圆 $A'HB'M'$，得到

$$\angle B'M'C'=180°-\angle A'HB'=\dfrac{\alpha'}{2}+\dfrac{\beta'}{2}=\angle M'B'H+\dfrac{\beta'}{2}=\angle M'B'C'.$$

所以 $C'M''=B'C'$，类似地，$B'N'=B'C'$，于是留下要证明的正好是问题 1.

参考文献

[1] C. Pohoata, Problem S53, Mathmatical Reflections 3(2007).

[2] http://www.mathlinks.ro/Forum/viewtopic.php?f=49&t=32302.

[3] Mathlinks, APMO2010Problem4.
http://www.mathlinks.ro/Forum/viewtopic.php? f=47&t=348349.
[4] H. S. M. Coxeter 和 S. L. Greitzer, Geometry revisited, MAA, 1967.

Michal Rolinek 和 Josef Tkadlec, Czech Republic

3.7 关于积性函数的一些评注

本节的主要目的是定义并研究算术函数 S_k,即将正整数 n 表示为 k 个正整数的积的种数. S_k 的狄利克雷(Dirichlet)级数是在定理 4 中得到的.

3.7.1 引言

在问题 O124(数学思考 3(2009))中,定义以下有趣的积性函数 S. 对于任何正整数 n, $S(n)$ 是使 $xy=n$,且最大公约数 $(x,y)=1$ 的正整数对 (x,y) 的个数. 问题要求证明关系式

$$\sum_{d|n} S(d) = \tau(n^2) \qquad ①$$

这里 $\tau(s)$ 是正整数 s 的约数的个数. 为了证明式 ①,简单的论证是注意到函数是积性函数,即对于任何互质的整数 m 和 n,我们有 $S(mn)=S(m)S(n)$. 然后,只要注意到对于任何质数 p 和正整数 α, $S(p^\alpha)=2$,于是得到 $S(n)=2$,这里 $n=p_1^{\alpha_1} p_2^{\alpha_2} \cdots p_s^{\alpha_s}$ 是 n 的质因数分解式.

与本节有关的另一个例子是包含在问题 J108(数学思考 1(2009))中. 该题要求证明 n 的互质的约数的有序数对的个数等于 $\tau(n^2)$,即 n^2 的约数个数.

本节的主要目的是定义并研究一系列算术积性函数 $S_k, k \geqslant 1$,它推广上面提到的第一个例子. 这些函数以及它们的一些性质出现在[2]中. 关于积性函数的一般理论的细节可参考[1].

3.7.2 函数 S_k

用 $S_k(n)$ 表示将正整数 n 表示为 k 个正整数的积的种数,即方程

$$x_1 x_2 \cdots x_n = n \qquad ②$$

的正整数解的个数.

用这种方式,对于确定的正整数 k,我们定义算术函数 $n \mapsto S_k(n)$. 显然 $S_1 = 1$,是常数函数 1.

有关函数 S_k 的第一个结果如下:

定理 1 函数 S_k 是积性函数.

证明 设 m 和 n 是两个互质的正整数. 考虑相应于 m 和 n 的方程, 即 $x_1 x_2 \cdots x_k = m$ 和 $y_1 y_2 \cdots y_k = n$ 的正整数解 $(x_1, \cdots, x_k)$ 和 $(y_1, \cdots, y_k)$. 于是相乘后得到
$$(x_1 y_1)(x_2 y_2) \cdots (x_k y_k) = mn$$
即两个解的积给出相应于 mn 的方程的一组解. 反之, 设 $(z_1, \cdots, z_k)$ 是方程 $z_1 z_2 \cdots z_k = mn$ 的一组解. 定义 $x_i = $ 最大公约数 (z_i, m), $y x_i = $ 最大公约数 (z_i, n), $i = 1, \cdots, k$. 显然 $x_1 x_2 \cdots x_k = m$ 和 $y_1 y_2 \cdots y_k = n$ 和 $(x_1 y_1)(x_2 y_2) \cdots (x_k y_k) = mn$, 于是 $S_k(mn) = S_k(m) S_k(n)$.

定理 2 函数 S_k 是函数 S_{k-1} 的和函数, 即对于任何正整数 n, 以下关系成立：
$$S_k(n) = \sum_{d \mid n} S_{k-1}(d). \tag{③}$$

证明 对于 n 的确定的约数 d, 考虑方程 ② 的使 $x_1 = d$ 的一切解 $(x_1, \cdots, x_k)$. 这样的解的个数是 $S_{k-1}(\frac{n}{d})$. 于是推得
$$S_k(n) = \sum_{d \mid n} S_{k-1}\left(\frac{n}{d}\right) = \sum_{d \mid n} S_{k-1}(d),$$
证毕.

由定理 2 推出
$$S_2(n) = \sum_{d \mid n} S_1(d) = \sum_{d \mid n} 1 = \tau(n),$$
于是得到 $S_2 = \tau$, 即约数个数的函数.

定理 3 如果 p 是质数, α 是正整数, 那么
$$S_k(p^\alpha) = \binom{\alpha + k - 1}{k - 1}. \tag{④}$$

证明 我们对 k 进行归纳. 显然, 我们有 $S_1(p^\alpha) = 1$. 根据式 ④, 我们得到
$$S_2(p^\alpha) = \sum_{d \mid p^\alpha} S_1(d) = 1 + \cdots + 1 = \alpha + 1 = \binom{\alpha + 1}{1},$$
该性质成立. 假定
$$S_k(p^\alpha) = \binom{\alpha + k - 1}{k - 1}.$$
利用式 ③, 推得
$$S_{k+1}(p^\alpha) = \sum_{d \mid p^\alpha} S_k(d) = \sum_{j=0}^{\alpha} S_k(p^j)$$
$$= \binom{k-1}{k-1} + \binom{k}{k-1} + \cdots + \binom{\alpha + k - 1}{k - 1} = \binom{\alpha + k}{k},$$
这里我们用了著名的组合恒等式

$$\binom{s}{s}+\binom{s+1}{s}+\cdots+\binom{s+l}{s}=\binom{s+l+1}{s+1}.$$

推论 1 假定 $n=p_1^{\alpha_1}p_2^{\alpha_2}\cdots p_s^{\alpha_s}$ 是 n 的质因数分解式,那么

$$S_k(n)=\binom{\alpha_1+k-1}{k-1}\cdots\binom{\alpha_s+k-1}{k-1}. \quad ⑤$$

证法 1 考虑到函数 S_k 是积性函数,推出

$$S_k(n)=S_k(p_1^{\alpha_1}p_2^{\alpha_2}\cdots p_s^{\alpha_s})=S_k(p_1^{\alpha_1})\cdots S_k(p_s^{\alpha_s})=\binom{\alpha_1+k-1}{k-1}\cdots\binom{\alpha_s+k-1}{k-1},$$

证毕.

证法 2 对于另一种证明,我们可以利用定理 2 中的和的公式和欧拉乘积公式. 我们有

$$S_k(n)=\sum_{d\mid n}S_{k-1}(\frac{n}{d})=\prod_{i=1}^{s}(1+S_{k-1}(p_i)+\cdots+S_{k-1}(p_i^{\alpha_i}))$$

$$=\prod_{i=1}^{s}\left(\binom{k-1}{0}+\binom{k-1}{1}+\binom{k}{2}+\cdots+\binom{\alpha_i+k-3}{\alpha_i-1}+\binom{\alpha_i+k-2}{\alpha_i}\right)$$

$$=\prod_{i=1}^{s}\left(\binom{k}{1}+\binom{k}{2}+\cdots+\binom{\alpha_i+k-3}{\alpha_i-1}+\binom{\alpha_i+k-2}{\alpha_i}\right)$$

$$=\prod_{i=1}^{s}\left(\binom{k+1}{2}+\cdots+\binom{\alpha_i+k-3}{\alpha_i-1}+\binom{\alpha_i+k-2}{\alpha_i}\right)$$

$$=\cdots=\prod_{i=1}^{s}\left(\binom{\alpha_i+k-2}{\alpha_i-1}+\binom{\alpha_i+k-2}{\alpha_i}\right)=\prod_{i=1}^{s}\binom{\alpha_i+k-1}{\alpha_i}.$$

注 假定 $n=p_1^{\alpha_1}p_2^{\alpha_2}\cdots p_s^{\alpha_s}$. 从式 ③ 和 ⑤,我们有

$$S_{k+1}(n)=\sum_{d\mid n}S_k(d)=\sum_{0\leqslant r_i\leqslant\alpha_i}S_k(p_1^{r_1}\cdots p_s^{r_s})$$

$$=\sum_{0\leqslant r_i\leqslant\alpha_i}\binom{r_1+k-1}{k-1}\cdots\binom{r_s+k-1}{k-1},$$

于是我们推导了包含二项式系数的积的分解为同样形式的和的以下的组合恒等式

$$\binom{\alpha_1+k}{k}\cdots\binom{\alpha_s+k}{k}=\sum_{0\leqslant r_i\leqslant\alpha_i}\binom{r_1+k-1}{k-1}\cdots\binom{r_s+k-1}{k-1}. \quad ⑥$$

3.7.3 S_k 的狄利克雷级数

设 f 和 g 是两个算术函数. 褶积 $f*g$ 定义为

$$(f*g)(n)=\sum_{d\mid n_i}f(d)g(\frac{n}{d}). \quad ⑦$$

这个褶积具有漂亮的代数性质,例如它具有交换律和结合律(见[1,pp. 108−111]).
给出算术函数 f,级数
$$F(z) = \sum_{n=1}^{\infty} \frac{f(n)}{n^z} \qquad ⑧$$
称为与 f 结合的狄利克雷级数. 狄利克雷级数可以看作为纯粹的形式无穷级数,或者是级数的收敛区域内的复变量 z 的函数.

设 f 和 g 是与狄利克雷级数 $F(z)$ 和 $G(z)$ 结合的两个算术函数. 设 $h = f * g$ 是 f 和 g 的褶积,设 $H(z)$ 是 h 与狄利克雷级数的结合. 如果 $F(z)$ 和 $G(z)$ 在某个点 z 绝对收敛,那么 $H(z)$ 在点 z 也绝对收敛,并且 $H(z) = F(z)G(z)$. 事实上,我们有

$$F(z)G(z) = \left(\sum_{l=1}^{\infty} \frac{f(l)}{l^z}\right)\left(\sum_{m=1}^{\infty} \frac{f(m)}{m^z}\right)$$
$$= \sum_{l=1}^{\infty}\sum_{m=1}^{\infty} \frac{f(l)g(m)}{l^z m^z} = \sum_{n=1}^{\infty} \frac{1}{n^z}\left(\sum_{lm=n} f(l)g(m)\right) = \sum_{n=1}^{\infty} \frac{(f*g)(n)}{n^z},$$

这里由于级数 $F(z)$ 和 $G(z)$ 绝对收敛,所以双重和中的各项重新排列是允许的.

最著名的狄利克雷级数是把黎曼 ζ 函数 $\zeta(z)$ 定义为与常数函数 1 结合的狄利克雷级数,即对 $\mathrm{Re}(z) > 1$,定义

$$\zeta(z) = \sum_{n=1}^{\infty} \frac{1}{n^z}. \qquad ⑨$$

定理 4 下列关系成立:

(1) $S_k = 1 * 1 * \cdots * 1$,这里有 k 个因子出现在褶积中;

(2) $\sum_{n=1}^{\infty} \frac{S_k(n)}{n^z} = (\zeta(z))^k, \mathrm{Re}(z) > 1$,这里 ζ 是黎曼 ζ 函数.

证明 (1) 利用定理 2 的结果,得到

$$S_k(n) = \sum_{d \mid n} S_{k-1}(d) = \sum_{d \mid n} S_{k-1}(d) 1\left(\frac{n}{d}\right) = (S_{k-1} * 1)(n),$$

于是 $S_k = S_{k-1} * 1$. 因为 $S_1 = 1$,由褶积的结合律,推得 $S_k = 1 * 1 * \cdots * 1$,这里的褶积中有 k 个因子,证毕.

(2) 根据上面提出的关于狄利克雷级数一般结果,我们有

$$\sum_{n=1}^{\infty} \frac{S_k(n)}{n^z} = \sum_{n=1}^{\infty} \frac{1 * 1 * \cdots * 1(n)}{n^z} = (\zeta(z))^k.$$

评注 由定理 4 的第一个关系推出关系

$$S_{k+l} = S_k * S_l.$$

注 第一位作者对来自布加勒斯特科学院数学学院的 Oleg Mushkarov 博士表示感谢,感谢 Oleg Mushkarov 博士在文献[2]中提到了他.

参考文献

[1] T. Andreescu, D. Andrica, Number Theory, Structures, Exsamples, and Problems, Birkhauser, Boston, 2009.

[2] S. Dodunenkov, K. Chakvrian, Problems in Number Theory (Bulgarian), Regalia, 1999.

Dorin Andrica, Cluj-Napoca, Romania

Mihai Piticari, Campulung Moldovenesc, Romania

3.8 阿波罗尼斯圆和等动力点

本节涉及的是三角形的阿波罗尼斯圆和等动力点. 这里我们要讨论阿波罗尼斯圆和等动力点的一些复杂的性质, 以及能用这些性质解的几个奥林匹克问题.

3.8.1 引言

三角形的阿波罗尼斯圆的思想起源于古希腊的数学家首先提出的一个问题. 等动力点是一个三角形的三个阿波罗尼斯圆的两个公共点.

本节中,我们将首先探索阿波罗尼斯圆的几个性质;然后将讨论与等动力点有关的最有趣的一些性质. 最后我们将分析几个有关的问题, 这些问题将显示出利用这些性质是如何帮助我们去解决一些有趣的问题的.

3.8.2 阿波罗尼斯圆

佩尔格城(Perga)的阿波罗尼斯(Apollonius)是古希腊的几何学家, 他提出了以下问题:

问题 1 求到两个定点的距离之比为常数的点的轨迹.

解 假定平面内的两个定点是 A 和 B,需要求出点 P 的轨迹,使 $\frac{AP}{PB}=r$,这里 r 是给定的比. 假定在该轨迹上. 将线段 AB 内外分为已知比. 我们有

$$\frac{AU}{UB}=\frac{AV}{VB}=\frac{AP}{PB}=r.$$

但是由角平分线定理,我们知道 PU 和 PV 分别是 $\angle APB$ 的内、外角平分线(图 7). 因为一个角的内、外角平分线形成直角,所以有 $\angle VPU=\frac{\pi}{2}$. 设 M 是 VU 的中点,那么该轨迹确实是以 $r=MU$ 为半径,M 为圆心的圆.

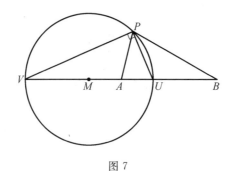

图 7

但是,有一种特殊情况. 当 $r=1$ 时,$V \to \infty$,于是该圆就退化为一条直线.

现在我们定义三角形的阿波罗尼斯圆. 如果 $\triangle ABC$ 的角 A,B,C 的内、外角平分线分别交 BC,CA,AB 于 U,U';V,V';W,W',于是以 UU',VV',WW' 为直径的圆 $A-$,$B-$,$C-$ 分别称为 $\triangle ABC$ 的阿波罗尼斯圆.

由问题 1 我们可以推得阿波罗尼斯圆分别通过三角形的相应的顶点,并且 $\dfrac{BU}{UC} = \dfrac{BU'}{U'C} = \dfrac{BA}{AC}$,等等.

我们继续讨论与阿波罗尼斯圆有关的一个经典的问题.[1]

问题 2 如图 8,设 $\triangle ABC$ 的 $A-$阿波罗尼斯圆(M) 交 $\triangle ABC$ 的外接圆(O) 于 A 和 D. 证明:$\angle ODM = \dfrac{\pi}{2}$.

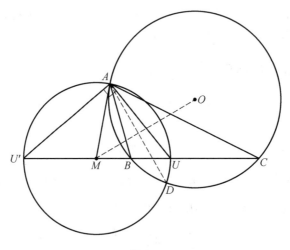

图 8

第一种证法 我们知道 MO 是线段 AD 的垂直平分线. 所以由对称性,只要证明 $\angle MAO = \dfrac{\pi}{2}$,即 MA 切(O) 于 A. 我们有

$$\angle MAB + \frac{\angle A}{2} = \angle MAU = \angle MUA = \frac{\angle A}{2} + \angle C \Leftrightarrow \angle MAB = \angle C.$$

于是由弦切角定理逆定理,推得结果.

在用另一种解法证明本题前,我们很想告知读者,在本节中我们将频繁使用极和极线、反演、调和共轭等思想. 所以,感兴趣的读者可参阅[1],[3],[4],[5].

第二种证法 实际上,本题要证明的是这两个圆正交①. 从调和共轭的定义推得 $(BCUU') = -1$. 为方便读者,我们证明一个熟知的引理.

引理 1 如果 $(BCUU') = -1$,即 U, U' 调和分割线段 BC,即 B, C 是关于以 UU' 为直径的圆的反演.

引理 1 的证明 设 M 是 UU' 的中点,$MU = MU' = R$,我们有

$$\frac{BU}{UC} = \frac{BU'}{U'C} \Leftrightarrow \frac{BU}{BU'} = \frac{UC}{U'C} \Leftrightarrow$$

$$\frac{R-BM}{R+BM} = \frac{MC-R}{MC+R} \Leftrightarrow R^2 = MB \times MC.$$

所以 B 和 C 是关于圆 (M) 的反演,因此我们有 $MB \cdot MC = MA^2$. 于是由点的幂的反演定理推得 MA 是从 M 出发的 (O) 的切线. 我们证明了一个非常有用的定理:

定理 1 三角形的阿波罗尼斯圆和外接圆正交.

问题 3 如图 9,如果 A' 是线段 BC 的中点,且与前面的问题的条件相同,证明:$\angle A'AC = \angle BAD$.

解 设与 (O) 相切于 B, C 的两条切线相交于 P. 画一条过 P 的直径 XX'. 现在证明一个引理.

引理 2 P 在 AD 的延长线上.

引理 2 的证明 由对称性,弧 BC 的中点 X 和线段 BC 的中点 A' 位于 PX' 上. 由问题 2,MA, MD 是 (O) 的切线. 所以,M 是直线 AD 的极,M 在 P 的极线 BC 上. 所以由拉海尔定理②,推得 P 在 AD 的延长线上.

这里 P 是 A' 关于 (O) 的反演,于是 $(PA'XX') = -1$. 因为 XX' 是直径,所以 $\angle XAX' = \frac{\pi}{2}$,所以推得 XA 和 $X'A$ 分别是 $\angle PAA'$ 的内、外角平分线,所以 $\angle XAA' = \angle PAX'$. 于是推得结论.

实际上,这是对称中线的一个非常有趣的性质 —— 读者也许已经注意到 AD 是 $\triangle ABC$ 的 $A -$ 对称中线.

定理 2 三角形的外接圆和阿波罗尼斯圆的公共弦是该三角形的一条对称中线.

---

① 当且仅当 $OO'^2 = r^2 + r'^2$ 时,称这两个圆 (O, r) 和 (O', r') 正交.
② 拉海尔定理(La Hire's Theorem). 如果点 A 在点 B 的极线上,那么点 B 在点 A 的极线上.

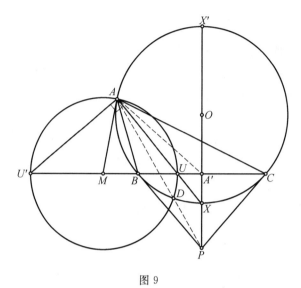

图 9

问题 4 如图 10,如果 P_1, P_2, P_3 分别是从 P 出发的边 BC, CA, AB 的垂线的垂足,求使 $P_1P_2 = P_1P_3$ 的点 P 的轨迹.

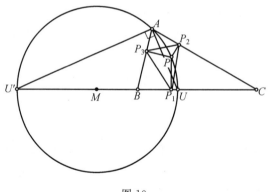

图 10

解 我们将证明该轨迹是阿波罗尼斯圆. 由正弦定理,可以证明
$$P_1P_3 = PB\sin B, P_1P_2 = CP\sin C.$$
所以
$$P_1P_2 = P_1P_3 \Leftrightarrow \frac{BP}{CP} = \frac{\sin C}{\sin B} = \frac{AB}{AC}.$$
所以轨迹是 $\triangle ABC$ 的 $A-$ 阿波罗尼斯圆.

3.8.3 等动力点

定理 3 一个三角形的三个阿波罗尼斯圆有两个等动力点.

现在我们准备证明这个主要的结果,即等动力点的存在性.

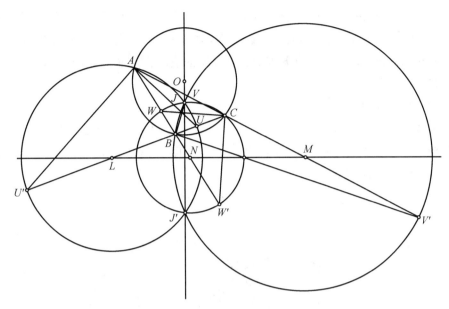

图 11　三个阿波罗尼斯圆 $(L),(M),(N)$;等动力点 J,J'

在证明这一定理前,我们仔细观察一下图 11. 设 J 是 $A-$ 阿波罗尼斯圆和 $B-$ 阿波罗尼斯圆的交点,即第一个等动力点. 类似地,设 J' 是第二个等动力点,所以 JJ' 是这三个圆的根轴. 其他一些有趣的性质将在本节中予以证明(图中已很明显了).

证明　由阿波罗尼斯圆的定义,有

$$\frac{JB}{JC}=\frac{BA}{CA}, \frac{JC}{JA}=\frac{BC}{BA} \Rightarrow \frac{JB}{JA}=\frac{BA}{CA}.$$

于是 J 在圆 (N) 上.

定理 4　L,M,N 共线[①].

证明　由定理 3, L,M,N 在 JJ' 的垂直平分线上.

定理 5　$(L),(M),(N)$ 共轴.

证明　L,M,N 共线,它们有公共的根轴 JJ'. 推出结果.

问题 5　设 O 是外心,K 是 Lemoine 点(对称中线共点于该点). 证明:J,J',K,O 共线,也要证明 J 是 J' 关于 (O) 的反演.

解　在开始证明前,首先证明一个引理.

引理 3　如果一个圆与给定的两个圆正交,那么它的圆心在这两个圆的根轴上.

证明　如果圆 (O,r) 与两个给定的圆 (A,p) 和 (B,q) 正交,点 O 关于 (A,p) 的幂是 $P_{(A)}(O)=OA^2-p^2=r^2$. 类似地,点 O 关于 (B,q) 的幂等于 r^2,所以在这两个圆的根轴上.

[①]　在整篇文章中我们经常要参看图 11 及其记号.

由引理 3,点 O 显然在 JJ' 上. 由问题 3(或定理 2),我们可以推得 L 是对称中线 AD 的极 (我们用图 11 中的记号). 同理,我们可以说 N,M 是另两条对称中线的极. 我们知道对称中线共点于 Lemoine 点 K. 所以 K 是极线 LMN 的极. 因为 OJJ' 是圆 $(L),(M),(N)$ 的根轴,所以 K 在直线 OJJ' 上.

我们需要证明另一个引理再完成第二部分的证明.

引理 4 如果给定两个正交的圆,那么一个圆关于另一个的反演不变.

证明 如图 12,设 $(O,r),(O',R)$ 是两个正交的圆,OO' 交 (O') 于 A,A^*. 只要证明 A,A^* 关于 (O) 反演. 我们有
$$OA \times OA^* = (OO'+R) \times (OO'-R) = |OO'|^2 - R^2 = r^2.$$
于是推出结论.

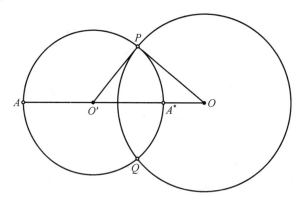

图 12

该引理的最重要的应用是如果取经过 O(或 O') 的任何直线,如果直线交 (O)(或 (O')) 于 A,A^*;则 A,A^* 互为反演点. 这是因为该圆的圆心与 A,A^* 是共线.

因为 J,J' 与 O 共线,(O) 与 (O') 正交,由引理推得,J 和 J' 关于 (O) 互为反演点.

定理 6 如果 OK 交 (O) 于 Q 和 R[①],则 $(QRJJ') = -1$.

证明 根据上面的问题,J 和 J' 关于 (O) 反演. 所以由引理 1,$(QRJJ') = -1$.

这里的问题出现在 1995 年城市锦标赛中[7].

问题 6 对一个三角形,恰存在两点,从该点向三边作垂线,垂足形成一个等边三角形.

解 由问题 4,我们知道阿波罗尼斯圆是有等腰的垂足三角形的点 P 的轨迹,所以我们得到等边的垂足三角形的点是这两个圆的交点,即一个三角形的两个等动力点.

等动力点的垂足三角形有许多其他的迷人的特征.

---

① QR 称为三角形的 Brocard 直径.

定理 7 顶点在一个三角形的边上的所有的等边三角形中,第一等动力点 J 的垂足三角形的面积最小.

证明 如图 13,设等边 $\triangle LMN$ 的顶点在 $\triangle ABC$ 的边上.如果画 $\triangle LCM$,$\triangle MAN$,$\triangle NBL$ 的外接圆,根据密克尔定理(Miquel's Theorem)(容易用一些角之间的关系证明)这三个圆将共点于 J.现在作点 J 的垂足 $\triangle L'M'N'$.由几个圆内接四边形,得到
$$\angle JLM = \angle JCM = \angle JL'M',$$
$$\angle JLN = \angle JBN = \angle JL'N'.$$
将这两个式子相加后,得到 $\angle MLN = \angle M'L'N' = 60°$.所以中心为 J,比为 $r = \dfrac{JL'}{JL} \leqslant 1$,$\alpha = \angle LJL'$ 的旋转相似映射 $\triangle LMN \to \triangle L'M'N'$.由问题 6,推得 J 是 $\triangle ABC$ 的第一等动力点.于是推出结论.

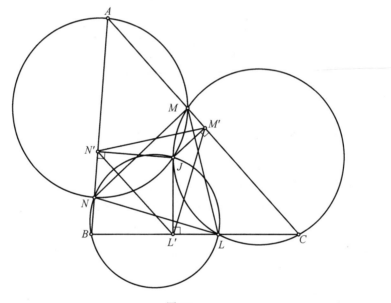

图 13

一些有趣的问题可以用这一性质解决.例如,设 P,Q,R 是锐角 $\triangle ABC$ 的边 BC,CA,AB 上的点,且 $\triangle PQR$ 是等边三角形,且是所有这样的三角形中面积最小的.证明:过 A 垂直于 QR 的直线,过 B 垂直于 RP 的直线,过 C 垂直于 PQ 的直线共点.

我们以一个真正的瑰宝结束本节:著名的费马点和等动力点之间的关系.

定理 8 等动力点和费马点等角共轭.

证明 首先我们对第一费马点证明这一定理.

如图 14,从第一费马点的作图(即在三角形的边上向外各作一个等边三角形,再各作一个外接圆),容易看出这是满足
$$\angle AFB = \angle BFC = \angle CFA = 120°$$

的唯一的点. 所以只要证明 J 的等角共轭点 F（假定）满足这一性质. 我们首先证明以下的引理.①

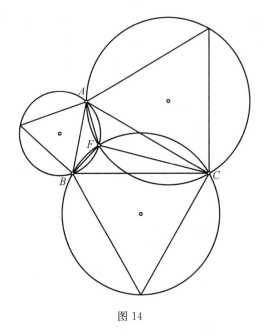

图 14

引理 5 对于任何两个等角共轭的点 F 和 J，有
$$\angle BFC + \angle BJC = 180° + \angle A.$$

证明 因为 F 和 J 等角共轭，我们有
$$\angle FBC = \angle JBA, \text{和} \angle FCB = \angle JCA.$$
还有
$$\angle BFC + \angle BJC = (180° - \angle FBC - \angle FCB) + (180° - \angle JBC - \angle JCB)$$
$$= 360° - (\angle B + \angle C) = 180° + \angle A.$$

如图 15，设 $\triangle LMN$ 是 J 的垂足三角形，那么由圆内接四边形 $JMAN$, $JNBL$ 和 $JLCM$ 得到
$$\angle BJC = \angle JBA + \angle A + \angle JCA = \angle JLN + \angle A + \angle MLJ = 60° + \angle A \Leftrightarrow$$
$$\angle BFC = 180° + \angle A - (60° + \angle A) = 120°.$$
类似地，可以证明
$$\angle AFB = \angle CFA = 120°.$$
所以 F 是 J 的等角共轭. 用同样的方法可以证明第二个费马点的结果. 这就留给读者作为习题了.

---

① 如果我们用模 π 的有向角，那么该证明将会更严密，但是为简便起见，适当降低一些严密程度.

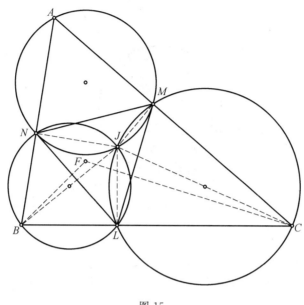

图 15

3.8.4 奥林匹克问题和更多的应用

在本节中我们讨论一些有质量的奥林匹克问题,其中有些出现在历届奥林匹克竞赛中. 我们还将证明阿波罗尼斯圆和等动力点的更多的性质.

问题 7 证明:三角形的三条内角平分线的垂直平分线与对边的交点共线.

证明 容易注意到 AU 的垂直平分线交 BC 于 L. 我们像定理 4 那样证明所需要的共线. 一个类似的问题要求证明 U',V',W' 共线. 我们有 $\dfrac{BU'}{U'C}=\dfrac{BA}{AC}$ 等等.

将几个类似的表达式相乘,再用梅涅劳斯定理就能容易证明了.

问题 8 给定 $\triangle ABC$ 和一点 P,作 $\angle APB$,$\angle APC$,$\angle CPB$ 的阿波罗尼斯圆. 证明: 这三个圆经过不同于 P 的另一点.

Mathlinks [10]

证明 如图 16,设这三个角的阿波罗尼斯圆的圆心分别是 L,M,N. 由定理 4,有 $\dfrac{BL}{LC}=\dfrac{BP^2}{PC^2}$,等等.

所以
$$\frac{BL}{LC}\cdot\frac{CM}{MA}\cdot\frac{AN}{BN}=\frac{BP^2}{PC^2}\cdot\frac{CP^2}{PA^2}\cdot\frac{AP^2}{PB^2}=1.$$

于是根据梅涅劳斯定理的逆定理,L,M,N 共线. 因为这三个圆有一个公共点 P,它们必定还有另一公共点,该点在这三个圆的公共的根轴上.

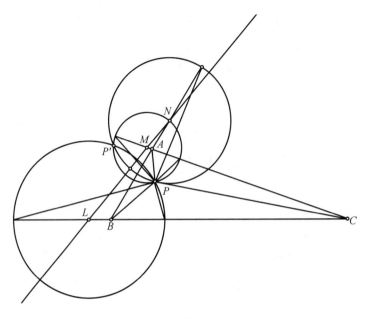

图 16

下面的问题取自于第 9 届 Iberoamerican Olympiard1994. [13]

问题 9 设 A,B,C 是圆 K 上给定的点,且 $\triangle ABC$ 是锐角三角形. 设点 P 在圆 K 的内部, X,Y 和 Z 是 AP, BP, CP 与圆 K 的另一个交点. 确定点 P 的位置,使 $\triangle XYZ$ 是等边三角形.

第一种解法 我们将证明该点是 $\triangle ABC$ 的第一等动力点. 将 $\triangle ABC$ 关于任意半径 r 的圆 (P) 反演,现在有

$$A'B' = AB \cdot \frac{r^2}{PA \cdot PB}, B'C' = BC \cdot \frac{r^2}{PB \cdot PC}, C'A' = CA \cdot \frac{r^2}{PC \cdot PA}.$$

因为点 P 在阿波罗尼斯圆上,所以有

$$\frac{AB}{BC} = \frac{PA}{PC} \text{ 和 } \frac{A'B'}{B'C'} = \frac{AB}{BC} \cdot \frac{PB \cdot PC}{PA \cdot PB} = 1.$$

类似地, $B'C' = C'A'$. 于是反演后的三角形是等边三角形. 现在我们准备证明两个十分有用的引理结束了本题. 这两个引理对于任何不在 $\triangle ABC$ 的外接圆上的任何点 P 都成立.

引理 6 如图 17, 设 P 是 $\triangle ABC$ 内部任意一点, X,Y,Z 是 AP, BP, CP 与 $\triangle ABC$ 的外接圆的交点, 那么点 P 的垂足三角形 $\triangle LMN$ 与 $\triangle XYZ$ 相似.

引理 6 的证明 这里有 $\angle AXY = \angle ABP = \angle NLP$ 和 $\angle AXZ = \angle ACP = \angle MLP$. 将这两个式子相加,得到 $\angle ZXY = \angle NLM$.

类似地得到另两个角的关系式.

引理 7 在同一张图中,如果 $\triangle A'B'C'$ 是由 $\triangle ABC$ 关于圆心为 P, 任意半径 $(=r)$ 的

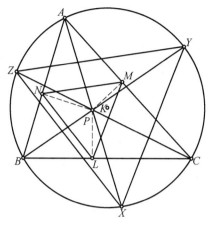

图 17

圆反演得到的,那么 $\triangle LMN \backsim \triangle A'B'C' \backsim \triangle XYZ$.

引理 7 的证明 由点 P 的幂,有
$$AP \cdot XP = BP \cdot YP = CP \cdot ZP.$$
由反演的定义
$$AP \cdot A'P = PB \cdot P'B = PC \cdot P'C = r^2.$$
于是
$$\frac{XP}{A'P} = \frac{YP}{B'P} = \frac{ZP}{C'P}.$$
因此,$\triangle LMN \backsim \triangle A'B'C' \backsim \triangle XYZ$.

由这两个引理,得到结论.

在这一问题中,我们证明了等动力点的一个极致的性质.三角形的等动力点是我们能将三角形关于该点反演为等边三角形的唯一的点.

但是有一种不用反演的简短的解法,而宁可用定理 7 的思想方法.

第二种解法 设 F 是 P 的等角共轭.从定理 7 的证明中,我们知道 $\angle APC + \angle AFC = 180° + \angle B$,但是
$$\angle APC = 180° - (\angle PAC + \angle ACP) = 180° - (\angle XYC + \angle AYZ)$$
$$= 180° - (\angle AYC - \angle ZYX) = 180° - (180° - \angle B - 60°)$$
$$= 60° + \angle B.$$
所以 $\angle AFC = 120°$,我们知道费马点是唯一满足该条件的点,所以点 P 是点 F 的等角共轭,即等动力点.

问题 10 如图 18,设点 D 是锐角 $\triangle ABC$ 的内部一点,且 $AB = a \cdot b, AC = a \cdot c$, $AD = a \cdot d, BC = b \cdot c, BD = b \cdot d, CD = c \cdot d$. 证明:$\angle ABD + \angle ACD = \dfrac{\pi}{3}$.

Singapore TST 2004 [11]

解 从上面的关系式,得到

$$\frac{AB}{AC} = \frac{a \cdot b}{a \cdot c} = \frac{b \cdot d}{c \cdot d} = \frac{BD}{CD},$$

$$\frac{AC}{BC} = \frac{a \cdot c}{b \cdot c} = \frac{a \cdot d}{b \cdot d} = \frac{AD}{BD},$$

$$\frac{BC}{AB} = \frac{b \cdot c}{a \cdot b} = \frac{c \cdot d}{a \cdot d} = \frac{CD}{AD}.$$

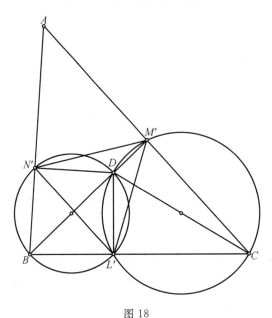

图 18

所以推得 D 是 $\triangle ABC$ 的第一个等动力点. 设 $\triangle L'M'N'$ 是 D 的垂足三角形. 由问题 7,我们知道是 $\triangle L'M'N'$ 是等边三角形. 最后,由圆内接四边形 $CL'DM'$ 和 $BL'DN'$,

$$\angle ABD + \angle ACD = \angle N'L'D + \angle M'L'D = \angle N'L'M' = 60°.$$

我们以出现在 IMO shortlist 1993 中作为 G8 的一个几何不等式结束我们的讨论. 事实上,如果我们不知道阿波罗尼斯圆和第一个等动力点(或费马点)的一些性质,这一问题将是相当难的. 这个解属于 Vladimir Zajic[15].

问题 11 如图 19,等边三角形的顶点 D,E,F 分别在 $\triangle ABC$ 的边 BC,CA,AB 上. 如果 a,b,c,S 分别是 $\triangle ABC$ 的边长和面积,证明:

$$DE \geqslant \frac{2 \cdot \sqrt{2} \cdot S}{\sqrt{a^2 + b^2 + c^2 + 4 \cdot \sqrt{3} \cdot S}}.$$

解 我们将证明左边的给定的长度是第一等动力点 J 的垂足三角形的边长. 由问题 6,J 的垂足 $\triangle DEF$ 是等边三角形. 由问题 9 的第二个条件,我们有 $\angle AJB = \angle C + 60°$,还

有 $\angle BJC = \angle A + 60°, \angle CJA = \angle B + 60°$. 设 $e = DE = EF = FD$ 是等边的垂足三角形 $\triangle DEF$ 的边长.

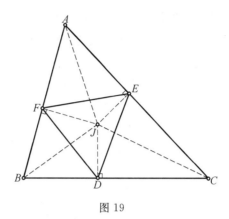

图 19

外接圆的半径为 R 的 $\triangle ABC$ 的面积 S 是

$$S = \frac{1}{2}(AJ \cdot BJ \sin(C+60°) + BJ \cdot CJ \sin(A+60°) + CJ \cdot AJ \sin(B+60°))$$

$$= \frac{e^2}{2}\left(\frac{\sin(C+60°)}{\sin A \sin B} + \frac{\sin(A+60°)}{\sin B \sin C} + \frac{\sin(B+60°)}{\sin C \sin A}\right)$$

$$= \frac{4R^3 e^2}{abc}(\sin A \sin(A+60°) + \sin B \sin(B+60°) + \sin C \sin(C+60°))$$

$$= \frac{R^2 e^2}{S}\left(\frac{1}{2}(\sin^2 A + \sin^2 B + \sin^2 C) + \frac{\sqrt{3}}{2}(\sin A \cos A + \sin B \cos B + \sin C \cos C)\right)$$

$$= \frac{e^2}{8S}(a^2 + b^2 + c^2 + 4S\sqrt{3}) \Leftrightarrow$$

$$e = \frac{2S\sqrt{2}}{\sqrt{a^2+b^2+c^2+4S\sqrt{3}}}.$$

这里我们用了恒等式

$$\sin 2A + \sin 2B + \sin 2C = 4\sin A \sin B \sin C.$$

于是问题中的不等式的右边的表达式恰好是第一个等动力点 J 的等边的垂足 $\triangle DEF$ 的边长. 内接于 $\triangle ABC$ 的任何其他的等边三角形 $\triangle D'E'F'(D' \in BC, E' \in CA, F' \in AB)$, 显然可以从等边的垂足 $\triangle DEF$ 的经过以 J 为中心, 相似系数大于 1 的旋转变换得到, 于是它的边 $e' = D'E'$ 大于边 $e = DE$ (这部分的内容在定理 6 中已讨论过), 所以推出不等式.

3.8.5 更多的问题

这里有一些问题与本节的讨论有关. 利用我们已经讨论过的一些性质将经常在解决

这些问题中起关键的作用.但是有些问题也许并不需要用到我们讨论过程的思想方法就已经有解了,显然这些问题通常需要我们没有讨论过的另一些思想方法.

问题 1 一个三角形的一个阿波罗尼斯圆与其余两个圆都形成 $120°$ 的角.

问题 2 设 $\triangle ABC$ 是直角三角形,AH 是斜边上的高.证明:$\triangle AHB$ 和 $\triangle AHC$ 的阿波罗尼斯圆相交于 $\triangle BAC$ 的阿波罗尼斯圆的圆心.

问题 3 考虑 $\triangle ABC$ 和内角平分线 $BD(D \in BC)$.直线 BD 交 $\triangle ABC$ 的外接圆 Ω 于 B 和 E.以 DE 为直径的圆 ω 再与 Ω 交于 F.证明:BF 是 $\triangle ABC$ 的对称中线.

问题 4 设 F 是 $\triangle ABC$ 的费马点.X,Y,Z 是过这一费马点 F 向 $\triangle ABC$ 的边 BC,CA,AB 所作的垂线的垂足.$\triangle XYZ$ 的外接圆交于 X',Y',Z'(不同于 X,Y,Z).证明:$\triangle X'Y'Z'$ 是等边三角形.

(提示:F,J 是等角共轭).

问题 5 (罗马尼亚奥林匹克题)平面内给定四点 A_1,A_2,A_3,A_4,没有三点共线,且
$$A_1A_2 \cdot A_3A_4 = A_1A_3 \cdot A_2A_4 = A_1A_4 \cdot A_2A_3,$$
用 O_i 表示 $\triangle A_jA_kA_l$ 的外心,$\{i,j,k,l\}=\{1,2,3,4\}$.假定 $\forall i,A_i \neq O_i$.证明:四条直线 O_iA_i 或者共点或者平行.

问题 6 等边 $\triangle XYZ$ 内接于圆(O).设 P 是该三角形内任意一点,但不在边上.所以 PX,PY,PZ 分别交(O) 于 A,B,C.设 D,E,F 分别是 $\triangle PBC,\triangle PCA,\triangle PAB$ 的内心.证明:AD,BE,CF 共点.

问题 7 已知 BC 是一圆的弦.A 是该圆上任意一点.证明:

(1) 当 A 变化时,等动力点的轨迹是一对圆.

(2) R 是已知圆的半径.R_1,R_2 是轨迹圆的半径,那么
$$\left|\frac{1}{R_1} \pm \frac{1}{R_2}\right| = \frac{1}{R}.$$

问题 8 设 ABC 是内接于圆(O) 的三角形.A_1,B_1,C_1 分别是 A,B,C 在 BC,CA,AB 上的射影.A_2,B_2,C_2 分别是 AO,BO,CO 与 BC,CA,AB 的交点.圆 Ω_a 经过 A_1,A_2,并与不包含(O) 的点 A 的 BC 弧相切于 T_a,同样定义 T_b 和 T_c.证明:AT_a,BT_b,CT_c 共点.

问题 9 证明:$FF' \parallel OH$,这里 F 是费马点,F' 是费马点的等角共轭点,O 和 H 是三角形的外心和垂心.

问题 10 (USA MOSP 1996)设 $\triangle AB_1C_1,\triangle AB_2C_2,\triangle AB_3C_3$ 是同向的全等的等边三角形.证明:$\triangle AB_1C_1,\triangle AB_2C_2,\triangle AB_3C_3$ 的外接圆的两两交点形成一个与前三个三角形全等的等边三角形.

鸣 谢

作者对 Son Hong Ta,Pranon Rahman Khan,Kazi Hasan Zubaer 的帮助和鼓励表

示感谢. 作者也感谢 Vladimir, Zajic 对问题 11 提供了出色的解答, 以及对其他一些问题的激励. 这些问题中的大部分取自于 Mathlink 论坛.

参考文献

[1] Nathan Altshiller-Court, College Geometry: An Introduction to the Modern Geometry of the Triangle and the Circle, Dover Books on Mathematics.

[2] Roger A. Johnson, Advanced Euclidean Geometry, Dover Books on Mathematics.

[3] Kiran Kedlaya, Geometry Unbound, version of January 18, 2006. http://math.mit.edu/kedlaya/geometryunbound/

[4] Cosmin Pohoata, Harmonic Division and its Applications, Mathematical Reflection 4, 2007. http://reflections.awesomemath.org/2007 4/harmonic division.pdf

[5] Kin Y. Li, Pole and Polar, Mathematical Excalibur, Vol. 11, No. 4.
http://www.math.ust.hk/excalibur/v11 n4.pdf

[6] Tarik Adnan Moon, Pole-Polar: Key Facts.
http://sites.google.com/site/kmckbd/Home/documents/pole polar.pdf The Apollonian Circles and Isodynamic Points 447

[7] Alexander Bogomolny, Apollonian Circles Theorem.
http://www.cut-the-knot.org/Curriculum/Geometry/ApollonianCircle.shtml

[8] MathLinks topic, 17th Junior Tournament of the Towns 1995 Autumn problems. http://www.mathlinks.ro/Forum/viewtopic.php?p=1365322

[9] Jean-Louis Ayme, La fascinante figure de Cundy.
http://pagesperso-orange.fr/jl.ayme/Docs/La%20fascinante%20figure%20de%20Cundy.pdf

[10] MathLinks topic, 3 Apollonius circles pass through one point.
http://www.mathlinks.ro/Forum/viewtopic.php?p=1602320

[11] MathLinks topic, Singapore TST 2004.
http://www.mathlinks.ro/Forum/viewtopic.php?p=18403

[12] MathLinks topic, Smallest equilateral triangle.
http://www.mathlinks.ro/Forum/viewtopic.php?p=272246

[13] MathLinks topic, 9th IBMO, Brazil 1994/q4.
http://www.mathlinks.ro/Forum/viewtopic.php?p=506218

[14] MathLinks topic, Two fermat points-variety of hard results.

http://www.mathlinks.ro/Forum/viewtopic.php? p=497143

[15] MathLinks topic, Highly recommended by the Problem Committee.
http://www.mathlinks.ro/Forum/viewtopic.php? p=463149

Tarik Adnan Moon, Kushtia, Bangladesh

3.9 $Z[\varphi]$ 和模 n 的斐波那契数列

人们早就知晓当任何整数 $n>1$ 时,模 n 的斐波那契数列是周期数列. 本节中我们将要展示一种用 $Z[\varphi]$ 证明周期性的基本方法,还推出一些新的结果. 在最后一节中,介绍一种证明恒等式的方法.

3.9.1 模 n 的周期性

我们将采用以下记号:

- n 是正整数.
- F_i 是第 i 个斐波那契数: $F_0=0, F_1=1$, 对一切 $i \geqslant 1$, 有
$$F_{i+1}=F_i+F_{i-1}.$$
- L_i 是第 i 个鲁卡斯数: $L_0=2, L_1=1$, 对一切 $i \geqslant 1$, 有
$$L_{i+1}=L_i+L_{i-1}.$$
- $\varphi=\dfrac{1+\sqrt{5}}{2}$ 是黄金数.

除了说明以外,所有的余数都取模 n. 我们注意到以下定义显然都要用到下面的定理 1.

定义 1 当 $n>1$ 时, $k(n)$ 是使 $n \mid F_{k(n)}$ 的最小正整数. 为方便起见, 通常只用 k 表示 $k(n)$.

例如 $k(2)=3, k(10)=15$, 等等.

定义 2 当 $n>1$ 时, $l(n)$ 是斐波那契数列中周期的长.

例如 $l(2)=3, l(10)=60$, 等等.

我们还将定义整数的范围
$$Z[\varphi]=\{a+b\varphi \mid a,b \in \mathbf{Z}\}$$

在 $Z[\varphi]$ 中,同余的意义如下:当且仅当 $a \equiv c \pmod{n}, b \equiv d \pmod{n}$ 时
$$a+b\varphi \equiv c+d\varphi \pmod{n}.$$

往后我们要用到的有两个极为重要的性质是:

(1) 如果 $a,b \in Z[\varphi]$, 那么模 n 的同余记号与 Z 中常用的同余记号一致.

(2) 如果 $a,b,c,d \in Z[\varphi], a \equiv b \pmod{n}, c \equiv d \pmod{n}$, 那么 $ac \equiv bd \pmod{n}$, $a+c \equiv b+d \pmod{n}$.

但是要注意的是两边不能除以同一个数,即 $ac \equiv bc \pmod{n}$ 不一定意味着 $a \equiv b \pmod{n}$.

下面的定理在[5]中得到证明.

定理 1 斐波那契数列$\pmod{n}$是周期数列.

证明 斐波那契数列$\pmod{n}$的项只能取 n 个可能的值,即 $0,1,\cdots,n-1$. 注意到如果子数列 F_k, F_{k+1} 在某一点上重复,那么整个数列从这一点起重复,因为 $F_{k+2} = F_{k+1} + F_k$,等等. 同理可以往后推,因为 $F_{k-1} = F_{k+1} - F_k$. 对于子数列 F_k, F_{k+1} 有 n^2 种可能的选择. 所以在某一点上重复,根据上面的讨论,该数列是周期数列.

推论 1 每一个正整数整除无穷多个斐波那契数.

证明 因为斐波那契数列$\pmod{n}$对每一个正整数 n 都是周期数列,所以存在无穷多个正整数 k,对这样的 k,有 $F_{k+1} \equiv F_{k+2} \equiv 1$. 于是 $F_k \equiv 1-1 = 0$,推出结论.

命题 1 $l(n) = k \cdot \operatorname{ord}_n(F_{k+1})$.

证明 因为 $F_k \equiv 0$,所以对某个 $\lambda(0 \leqslant \lambda \leqslant n-1)$,有 $F_{k+1} \equiv F_{k-1} \equiv \lambda$,由斐波那契数列的递推关系推得对一切 i,有 $F_{k+i} \equiv \lambda F_i$. 设 $g = \operatorname{ord}_n(\lambda)$,那么 $F_{gk+1} \equiv F_{gk+2} \equiv \lambda^g \equiv 1$.

又因为 p 是阶,所以不存在 $g' < g$,使 $F_{g'k+1} \equiv F_{g'k+2} \equiv \lambda^{g'} \equiv 1$,于是
$$l(n) = kg = k \cdot \operatorname{ord}_n(\lambda).$$

推论 2 $n \mid F_m \Leftrightarrow m \mid F_n$.

命题 2 对一切 $n > 1$,有 $l(n) \in \{k(n), 2k(n), 4k(n)\}$.

证明 我们在 $Z[\varphi]$ 中讨论. 要证明对一切 k,有 $\varphi^k = F_k \varphi + F_{k-1}$ 并不困难. 于是对一切 k,有 $F_{k+1} \equiv F_{k-1} \equiv \varphi^k \pmod{n}$,使 $F_k \equiv 0 \pmod{n}$. 结果我们设 $k = k(n)$.

(i) 假定 k 是偶数. 如果 $\varphi^k \equiv 1 \pmod{n}$,那么 $F_{k+1} \equiv 1 \pmod{n}, l(n) = k$,否则
$$F_{2k+1} \equiv \varphi^{2k} \equiv 1 \pmod{n},$$
这意味着 $l(n) = 2k$.

(ii) 如果 k 是奇数,那么 $F_{2k+1} \equiv \varphi^{2k} \equiv -1 \pmod{n}, F_{4k+1} \equiv \varphi^{4k} \equiv 1 \pmod{n}$,这意味着 $l(n) = 4k$.

定理 2 对一切 $n > 1$,有 $l(n) = \operatorname{ord}_n(\varphi)$.

证明 回忆一下 $\varphi^n = F_n \varphi + F_{n-1}$. 如果斐波那契数 $\bmod n$ 有周期 $l(n)$,那么 $F_{l(n)} \equiv F_0 \equiv 0 \pmod{n}, F_{l(n)-1} \equiv F_{-1} \equiv 1 \pmod{n}$,于是 $\varphi^{l(n)} \equiv 1 \pmod{n}$,于是 $\operatorname{ord}_n(\varphi)$ 整除 $l(n)$. 反之,假定 $\varphi^g \equiv 1 \pmod{n}$,那么 $F_{n+g}\varphi + F_{n+g-1} \equiv \varphi^{n+g} \equiv \varphi^n = F_n \varphi + F_{n-1} \pmod{n}$.

于是实际上,$F_{n+g} \equiv F_n \pmod{n}$,斐波那契数 $\bmod n$ 有整除 g 的周期. 于是,$l(n)$ 整除 $\operatorname{ord}_n(\varphi)$. 结合这两种情况,得到 $l(n) = \operatorname{ord}_n(\varphi)$.

定理 3 当 $n > 2$ 时,$l(n)$ 是偶数.

证明 假定 $l(n)$ 不是偶数,那么 $l(n)=k$ 意味着 $\varphi^k \equiv 1$. 于是 $\varphi^{2k} \equiv 1$,由定义 1, $(-1)^k \equiv 1$. 于是 k 是偶数(因为 $n>2$),推出结论.

命题 3 如果 $n>2, k(n)$ 是奇数,那么 $l(n)=4k(n)$.

证明 从最后一个定理推得 $l(n) \neq k$. 假定 $l(n)=2k$,那么定义 1 意味着 $1 \equiv \varphi^{2k} \equiv (-1)^k \equiv -1$,这是一个矛盾. 于是 $l(n)=4k$.

定理 4 如果 $p>3, n>1, n \mid F_p$,那么 $k(n)=p, l(n)=4p$.

证明 我们知道最大公约数 $(F_i, F_j)=F_{(i,j)}$. 于是对一切 $i \not\equiv 0 (\bmod\ p)$,有 $(F_p, F_i)=1$, $(n, F_i)=1$. 于是 p 是使 $n \mid F_p$,即 $k(n)=p$ 的最小正整数. 因为 $3 \nmid p, F_p$ 是奇数,意味着 n 是奇数,所以 $n>2$. 因为 $k(n)$ 是奇数,由命题 2, $l(n)=4p$.

定理 5 如果 n 是质数, $p>3$,那么 $l(n)=4p \Leftrightarrow n \mid F_p$.

证明 利用定理 3,我们只需要证明 $l(n)=4p \Rightarrow n \mid F_p$. 由命题 2, $4p \in \{k(n), 2k(n), 4k(n)\}$,因此 $k(n) \in \{p, 2p, 4p\}$. 如果 $k(n)=p$,那么证明结束. 所以假定 $k(n)=2p$. 因为 $n \mid F_{2p}=F_p L_p, n \nmid F_p$,必有 $n \mid L_p = \varphi^p + \left(\dfrac{-1}{\varphi}\right)^p$,于是 $\varphi^{2p} \equiv 1, l(n)=2p$,得到矛盾.

现在假定 $k(n)=4p$,那么 $n \mid F_{4p}=F_{2p} L_{2p}$,因为 $n \nmid F_{2p}$,所以 $n \mid L_{2p} = \varphi^{2p} + \left(\dfrac{-1}{\varphi}\right)2p$. 但此时有 $\varphi^{4p} \equiv -1$,这是一个矛盾. 于是 $k(n)=p$.

定理 6 如果 q 是质数, $p>3$,那么 $l(q^n)=4p \Leftrightarrow q^n \mid F_p$.

证明 $q \neq 2$;否则 $3=l(2) \mid l(2^n)=4p$,这与 $p>3$ 矛盾,于是 q 是奇数. 现在 $L_i = F_{i+1}+F_{i-1}$ 意味着对一切 i,最大公约数 $(F_i, L_i) \in \{1,2\}$. 证明的其余部分与定理 4 相同.

定理 7 如果 $p>3, l(n)=4p$,那么 n 有 $r \geq 1$ 次的质因数 q,使 $q^r \mid F_p$.

证明 设 $n=p_1^{a_1} \cdots p_i^{a_i}$ 是 n 的质因数分解式,那么

$$l(n) = 最小公倍数[l(p_1^{a_1}), \cdots, l(p_i^{a_i})] = 4p. \qquad ①$$

于是对一切 $i, l(p_i^{a_i}) \in \{2, 4, p, 2p, 4p\}$. 如果对某个 $i, l(p_i^{a_i})=4p$,那么由定理 5,证完. 否则,对一切 $i, l(p_i^{a_i})=2p$,这意味着由式 ① 得 $l(n)=2p$,这是一个矛盾. 于是推得结果.

由于这一系列结果,我们可以得到以下结论.

命题 4 q 是奇质数, $r \geq 2$,那么以下命题等价,且意味着 q 是一个 Wall-Sun-Sun 质数,即 $q^2 \mid F_{q-\left(\frac{q}{5}\right)}$.

(i) $q^r \mid F_p$.

(ii) $k(q^r)=k(q^{r-1})=\cdots=k(q^2)=k(q)=p$.

(iii) $l(q^r)=l(q^{r-1})=\cdots=l(q^2)=l(q)=4p$.

证明　上面的定理表明(i),(ii)和(iii)等价.另一方面,我们知道,对一切奇质数 q,有 $q\mid F_{q-\left(\frac{q}{5}\right)}(n)$,这里 $\left(\frac{q}{5}\right)$ 是勒让德符号.因为 p 是使 $q\mid F_p$ 的最小指数,所以必有 $p\mid q-\left(\frac{q}{5}\right)$,即 $F_p\mid F_{q-\left(\frac{q}{5}\right)}$.于是 $q^2\mid q^r\mid F_p\mid F_{q-\left(\frac{q}{5}\right)}$,所以 q 必定是 Wall-Sun-Sun 质数,这就是所需要的.

但是应注意还没有找到使 $q^2\mid F_p$ 的质数 p.上面得到的结果可以作为研究这类质数的存在性的一种可能的方法的建议.

3.9.2　l 的范围

1913 年 R.D.Carmichael 证明了以下定理:

定理 8　除了 F_1,F_2,F_6,F_{12} 以外的斐波那契数都有一个不能被更小的斐波那契数整除的质因数.这样质的因数称为特征因数.

以这一结果为基础,我们力图求出 l 的范围 X.

命题 5　$l(2)=3$ 是 X 的唯一的奇数元素.

证明　由定理 2 直接推得.

命题 6　对一切 $n,8n+4\in X$.

证明　当 $n=1$ 时,我们有 $l(8)=12$.否则,设 p 是 F_{2n+1} 的特征因数.那么 $k(p)=2n+1$,由命题 3,$l(p)=4(2n+1)=8n+4$,即为所求的.

命题 7　对一切 $n,4n+2\in X$.

证明　当 $n=1$ 时,我们有 $l(4)=6$.否则,设 p 是 $F_{4n+2}=F_{2n+1}L_{2n+1}$ 的特征因数.那么 $p\mid L_{2n+1}=\varphi^{2n+1}+\left(\frac{-1}{\varphi}\right)^{2n+1}$,这表明 $\varphi^{4n+2}\equiv 1\pmod p$,于是 $l(p)=4n+2$.

命题 8　对一切 $n,8n\in X$.

证明　当 $n=3$ 时,我们有 $l(6)=24$.否则,设 p 是 $F_{4n}=F_{2n}L_{2n}$ 的特征因数.那么 $p\mid L_{2n}=\varphi^{2n}+\left(\frac{-1}{\varphi}\right)^{2n}$,这表明 $\varphi^{4n}\equiv -1\pmod p$,于是 $\varphi^{8n}\equiv 1\pmod p$,推得 $l(p)=8n$.

上面的结果可以总结为以下定理:

定理 9　X 的元素恰好是 3 和大于 4 的一切偶数.

3.9.3　证明一些恒等式

在本节中我们将用以下事实证明一些恒等式.

对于整数 a,b,c,d.

- $a+b\varphi=c+d\varphi\Leftrightarrow a=c,b=d$.

- 对于整数 e, f, $(a+b\varphi)+(c+d\varphi)=e+f\varphi$ 有 $e=a+c, f=b+d$.
- 对于整数 k, l, $(a+b\varphi)(c+d\varphi)=k+l\varphi$ 有 $k=ac+bd, l=ad+bc+bd$.
- $\varphi^n = F_n\varphi + F_{n-1}$.

恒等式 1 为
$$\sum_{i=1}^{n} F_i = F_{n+2} - 1.$$

证明 设 $S_n = \sum_{i=1}^{n} F_i$，我们有
$$\frac{\varphi^{n+1}-1}{\varphi-1} - 1 = \sum_{k=1}^{n} \varphi^k + \sum_{k=1}^{n}(F_k\varphi + F_{k-1}) = S_n\varphi + S_{n-1}.$$

另一方面，$\varphi^{n+1} - 1 = F_{n+1}\varphi + F_n - 1$. 因此
$$\frac{F_{n+1}\varphi + F_n - 1}{\varphi - 1} = S_n\varphi + S_{n-1} + 1 \Leftrightarrow$$
$$F_{n+1}\varphi + F_n = S_n(\varphi^2 - \varphi) + (S_{n-1}+1)\varphi - S_{n-1} \Leftrightarrow$$
$$F_{n+1}\varphi + F_n = (S_{n-1}+1)\varphi + S_n - S_{n-1}.$$

我们推得 $S_{n-1} + 1 = F_{n+1}$，即为所求.

恒等式 2 为
$$F_{m+n-1} = F_m F_n + F_{m-1} F_{n-1},$$

或
$$F_{m+n} = F_m F_{n+1} + F_{m-1} F_n.$$

证明 因为 $\varphi^{m+n} = \varphi^m \cdot \varphi^n$，我们得到
$$F_{m+n}\varphi + F_{m+n-1} = (F_m\varphi + F_{m-1})(F_n\varphi + F_{n-1})$$
$$= (F_m F_n + F_{m-1} F_n + F_m F_{n-1})\varphi + F_m F_n + F_{m-1} F_{n-1}$$
$$= (F_m F_{n+1} + F_{m-1} F_n)\varphi + F_m F_n + F_{m-1} F_{n-1}.$$

于是推出所求的.

恒等式 3 为
$$F_{kn+c} = \sum_{i=0}^{n} \binom{n}{i} F_k^i F_{k-1}^{n-i} F_{c+i}.$$

证明 由 $\varphi^{kn+c} = (\varphi^k)^n \cdot \varphi^c$，我们可改写为
$$F_{kn+c}\varphi + F_{kn+c-1} = (F_k\varphi + F_{k-1})^n \varphi^c = \left[\sum_{i=0}^{n}\binom{n}{i} F_k^i \varphi^i F_{k-1}^{n-i}\right]\varphi^c$$
$$= \sum_{i=0}^{n}\binom{n}{i} F_k^i F_{k-1}^{n-i} \varphi^{c+i} = \sum_{i=0}^{n}\binom{n}{i} F_k^i F_{k-1}^{n-i}(F_{c+i}\varphi + F_{c+i-1})$$
$$= \varphi\sum_{i=0}^{n}\binom{n}{i} F_k^i F_{k-1}^{n-i} F_{c+i} \varphi^c + \sum_{i=0}^{n}\binom{n}{i} F_k^i F_{k-1}^{n-i} F_{c+i-1}.$$

于是

$$F_{kn+c} = \sum_{i=0}^{n} \binom{n}{i} F_k^i F_{k-1}^{n-i} F_{c+i}.$$

显然许多其他的恒等式可以用类似的方法证明,也可能推出一些新的恒等式.最后,这里讨论的方法也容易推广到与斐波那契数列不同的数列.

参考文献

[1] Fibonacci number, http://en.wikipedia.org/wiki/Fibonacci number.
[2] Pisano period, http://en.wikipedia.org/wiki/Pisano period.
[3] Pisano period, http://mathworld.wolfram.com/PisanoPeriod.html.
[4] Carmichael's theorem, http://en.wikipedia.org/wiki/Carmichael's theorem.
[5] D. D. Wall, Fibonacci Series Modulo m, American Mathematical Monthly, 67(1960),525-532.

Samin Riasat, Dhaka, Bangladesh

3.10 美国数学月刊中的一个问题的改进

在本节中我们对刊登在美国数学月刊的一个问题做一个改进.

3.10.1 引言

对于 $\triangle ABC$,设 A,B,C 表示内角,a,b,c 表示对边的边长,R 和 r 分别是外接圆的半径和内切圆的半径,s 是半周长.在 $\triangle ABC$ 中,下列不等式成立(见[1],[2] 或[3]):

$$(1-\cos A)(1-\cos B)(1-\cos C) \geqslant \cos A\cos B\cos C. \qquad ①$$

2008 年,Cezar 和 Tudorel Lupu 提出了以下问题(见[4]):

对于边长为 a,b,c,内切圆的半径是 r,半周长是 s 的锐角三角形,证明

$$(1-\cos A)(1-\cos B)(1-\cos C) \geqslant \cos A\cos B\cos C\left(2-\frac{3\sqrt{3}r}{s}\right). \qquad ②$$

根据 Popoviciu 不等式的一个解刊登在 2009 年 10 月的《美国数学月刊》(The American Mathematical Monthly)上.

根据不等式([5]):$s \geqslant 3\sqrt{3}r$,我们知道 ② 强于 ①.

本节中,我们对给出 ② 做一个改进.

3.10.2 一些主要的结果

定理　在 $\triangle ABC$ 中

$$(1-\cos\sin A)(1-\cos B)(1-\cos C) \geqslant \cos A\cos B\cos C(2-\frac{2r}{R}). \qquad ③$$

为了证明定理,我们需要以下引理.

引理　在 $\triangle ABC$ 中,以下不等式成立

$$s^2 \leqslant 2R^2 + 10Rr - 2(R-2r)\sqrt{R(R-2r)}. \qquad ④$$

引理的证明　因为 $1-\cos x = 2\sin^2\frac{x}{2}$,我们有

$$(1-\cos A)(1-\cos B)(1-\cos C) = 8\sin^2\frac{A}{2}\sin^2\frac{B}{2}\sin^2\frac{C}{2}.$$

由熟知的三角形中的恒等式

$$\sin\frac{A}{2}\sin\frac{B}{2}\sin\frac{C}{2} = \frac{r}{4R},$$

$$\cos A\cos B\cos C = \frac{s^2 - 4R^2 - 4Rr - r^2}{4R^2},$$

式 ③ 等价于

$$\frac{r^2}{2R^2} \geqslant \frac{s^2 - 4R^2 - 4Rr - r^2}{4R^2}(2-\frac{2r}{R}) \Leftrightarrow$$

$$s^2 \leqslant 4R^2 + 10Rr - r^2 + \frac{Rr^2}{R-r}. \qquad ⑤$$

利用引理,只要证明

$$2R^2 + 10Rr - r^2 + 2(R-2r)\sqrt{R(R-2r)} \leqslant 4R^2 + 10Rr + r^2 + \frac{Rr^2}{R-r}. \qquad ⑥$$

$$\Leftrightarrow 2(R-2r)\sqrt{R(R-2r)} \leqslant 2R^2 - 6Rr + 2r^2 + \frac{Rr^2}{R-r}. \qquad ⑦$$

因为

$$2R^2 - 6Rr + 2r^2 + \frac{Rr^2}{R-r} - 2(R-2r)\sqrt{R(R-2r)}$$

$$= 2(R-2r)(R-r) - \frac{(R-2r)r^2}{R-r} - 2(R-2r)\sqrt{R(R-2r)}$$

$$= \frac{R-2r}{R-r}(2(R-r)^2 - r^2 - 2(R-r)\sqrt{R(R-2r)})$$

$$= \frac{R-2r}{R-r}(\sqrt{R(R-2r)} - (R-r))^2,$$

这就完成了式 ⑤ 的证明.

评注 如果 $\triangle ABC$ 是锐角三角形,那么由不等式([5]): $s \leqslant \dfrac{3\sqrt{3}R}{2}$,于是推出 ⑤ 强于 ②.

参考文献

[1] A. Bager, A family of geometric inequalities, Univ. Beograd. Publ. Elektrotehn. Fak. Ser. Mat. Fiz., 338-352(1971), 5-25.

[2] V. N. Murty, G. Tsintsifas and M. S. Klamkin, Problem 544, Crux Math., 6(1980), 153; 7(1981), 150-153.

[3] D. S. Mitrinoviʹc, J. E. Peʹcariʹc and V. Volenec, Recent Advances in geometric inequalities, Dordrecht, Netherlands, Kluwer Academic Publishers, 1989.

[4] Cezar Lupu and Tudorel Lupu, Problem 11341, The American Mathematical Monthly, 2(115), 2008.

[5] O. Bottema, R. Z. Djordjeviʹc, R. R. Janiʹc, D. S. Mitrinoviʹc and P. M. Vasiʹc, Geometric inequalities, Grʺoningen, Wolters-Noordhoff, 1969.

Wei-dong Jiang, China
Mihály Bencze, Romania

3.11 论 Casey 不等式

Casey 定理是几何学中的一个著名的结果(见[3,4]). 托勒密定理(见[2])可以看作是 Casey 定理的特殊情况. 另一方面, 托勒密不等式(见[3])可认为是托勒密定理的推广. 本节中我们将证明托勒密不等式进行推广.

定理 1 (Casey 定理) 当且仅当 $T_{(12)}T_{(34)} \pm T_{(12)}T_{(42)} \pm T_{(14)}T_{(23)} = 0$ 时, 圆 c_1, c_2, c_3, c_4 与第五个圆相切或与一直线相切, 这里 $T_{(ij)}$ 是圆 i 和圆 j 的公切线的长.

定理 2 设 $\triangle ABC$ 内接于圆 O. 圆 I 切 O 于不包含点 A 的 $\overset{\frown}{BC}$ 上的一点. 过 A, B, C 作圆 I 的切线 AA', BB', CC', 那么有
$$aAA' = bBB' + cCC',$$
这里 a, b, c 是 $\triangle ABC$ 的三边.

定理 3 (Casey 不等式) 设 $\triangle ABC$ 是内接于圆 O 的三角形, 设 I 是使 A, B, C 都不在其内部的圆. 过 A, B, C 作圆 I 的切线 AA', BB', CC', 那么有

(1) 如果圆 $O \cap$ 圆 $I = \varnothing$, 那么 aAA', bBB', cCC' 是一个三角形的边长.

(2) 如果圆 $O \cap$ 圆 $I \neq \varnothing$, 我们说:

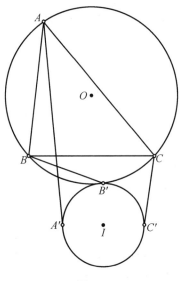

图 20

交点在不包含点 A 的 $\stackrel{\frown}{BC}$ 上,那么 $aAA' \geqslant bBB' + cCC'$.

交点在不包含点 B 的 $\stackrel{\frown}{CA}$ 上,那么 $bBB' \geqslant cCC' + aAA'$.

交点在不包含点 C 的 $\stackrel{\frown}{AB}$ 上,那么 $cCC' \geqslant aAA' + bBB'$.

当且仅当圆 I 与圆 O 相切时,等式成立.

证明 (1) 圆 $O \cap$ 圆 $I = \varnothing$,设 r 是圆 I 的半径.作圆 (I, r')(与 I 是同心圆,半径为 r')切圆 O 于不包含点 A 的 $\stackrel{\frown}{BC}$ 上的点.不难看出 $r' \geqslant r$.分别作圆 I 的切线 AA'', BB'', CC'',这里 $A'', B'', C'' \in (I, r')$.由勾股定理,得
$$AA'^2 + r^2 = IA^2, AA''^2 + r'^2 = IA^2.$$
于是 $AA'^2 = AA''^2 + r'^2 - r^2$.类似地
$$BB'^2 = BB''^2 + r'^2 - r^2, CC'^2 = CC''^2 + r'^2 - r^2. \qquad ①$$

由定理 2,两边平方后得
$$a^2 AA''^2 = b^2 BB''^2 + c^2 CC''^2 + 2bc BB'' CC''. \qquad ②$$

如果我们证明了 $bBB' + cCC' \geqslant aAA' \geqslant |bBB' - cCC'|$,那么 aAA', bBB', cCC' 是一个三角形的边长.事实上,$bBB' + cCC' \geqslant aAA'$ 等价于
$$b^2 BB'^2 + c^2 CC'^2 + 2bc BB' \cdot CC' \geqslant a^2 AA'^2.$$

由 ① 得
$$b^2 (BB''^2 + r'^2 - r^2) + c^2 (CC''^2 + r'^2 - r^2) + 2bc BB' \cdot CC' \geqslant a^2 AA'^2.$$

由 ② 得
$$(b^2 + c^2 - a^2)(r'^2 - r^2) - 2bc BB'' \cdot CC'' + 2bc BB' \cdot CC' \geqslant 0.$$

由 ① 得

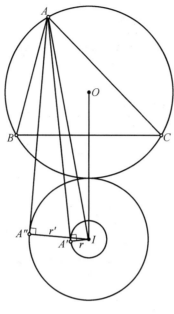

图 21

$$2bc(r'^2 - r^2)\cos A - 2bc BB'' \cdot CC'' + 2bc\sqrt{(BB''^2 + r'^2 - r^2)(CC''^2 + r'^2 - r^2)} \geqslant 0,$$

$$\cos A(r'^2 - r^2) - BB'' \cdot CC'' + \sqrt{(BB''^2 + r'^2 - r^2)(CC''^2 + r'^2 - r^2)} \geqslant 0.$$

由 Cauchy-Schwarz 不等式得

$$\sqrt{(BB''^2 + r'^2 - r^2)(CC''^2 + r'^2 - r^2)} \geqslant BB'' \cdot CC'' + r'^2 - r^2$$

注意到因为 $r' \geqslant r$, $(1 + \cos A) \geqslant 0$, 所以不等式 $\cos A(r'^2 - r^2) + r'^2 - r^2 \geqslant 0$ 成立. 这就完成了证明.

现在不等式 $aAA' \geqslant |bBB' - cCC'|$, 等价于

$$b^2 BB'^2 + c^2 CC'^2 - 2bc BB' \cdot CC' \leqslant a^2 AA'^2.$$

像上面一样, 要证明的是

$$\cos A(r'^2 - r^2) - BB'' CC'' - \sqrt{(BB''^2 + r'^2 - r^2)(CC''^2 + r'^2 - r^2)} \geqslant 0.$$

因为

$$-\sqrt{(BB''^2 + r'^2 - r^2)(CC''^2 + r'^2 - r^2)} \leqslant -(r'^2 - r^2),$$

左边小于或等于

$$\cos A(r'^2 - r^2) - (r'^2 - r^2) - BB'' \cdot CC'' < 0.$$

(2) 设圆 $I \cap$ 圆 $O \neq \varnothing$, (I, r) 与不包含点 A 的 $\overset{\frown}{BC}$ 相交.

如图 22, 作 (I, r'') 与不包含点 A 的 $\overset{\frown}{BC}$ 相切. 不难看出 $r'' \leqslant r$, 作 (I, r'') 的切线 AA'', BB'', CC'', 这里 A'', B'', C' 分属于 (I, r''). 像 ① 一样, 由勾股定理, 我们得到

$$AA'^2 = AA''^2 + r'^2 - r^2, \quad BB'^2 = BB''^2 + r'^2 - r^2, \quad CC'^2 = CC''^2 + r'^2 - r^2,$$

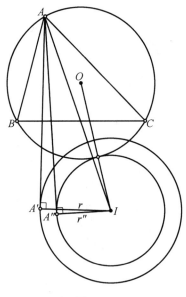

图 22

或
$$AA''^2 = AA'^2 + r^2 - r'^2,$$
$$BB''^2 = BB'^2 + r^2 - r'^2,$$
$$CC''^2 = CC'^2 + r^2 - r'^2. \qquad ③$$

利用定理 2 和式 ③ 得到以下形式
$$\cos A(r''^2 - r^2) - BB'' \cdot CC'' + BB' \cdot CC' \leqslant 0 \qquad ④$$

注意到
$$BB'' \cdot CC'' = \sqrt{(BB'^2 + r^2 - r''^2)(CC'^2 + r^2 - r''^2)} \geqslant BB' \cdot CC' + r^2 - r''^2,$$

左边小于或等于
$$\cos A(r''^2 - r^2) - (r^2 - r''^2) = (r''^2 - r^2)(1 + \cos A) \leqslant 0,$$

这是因为 $r'' \leqslant r, (1 + \cos A) \geqslant 0$.

参考文献

[1] http://mathworld.wolfram.com/PtolemyInequality.html.

[2] http://mathworld.wolfram.com/PtolemysTheorem.html.

[3] Roger A. Johnson, Advanced Euclidean Geometry, Dover Publications, August 31, 2007.

[4] http://mathworld.wolfram.com/CaseysTheorem.html.

Tran Quang Hung, Hanoi, Vietnam

3.12 德洛茨·法尼直线定理的拉蒙恩的一般化的简短证明

弗洛·范·拉蒙恩(Floor van Lamoen)在[5]中提出了德洛茨·法尼(Droz-Farny)直线定理一个更一般的版本,我们将对此给出一个简短的证明.

3.12.1 德洛茨·法尼直线定理的一般化

1899 年德洛茨·法尼发现了以下漂亮的定理,现在称为德洛茨·法尼直线定理:

定理 1 (德洛茨·法尼定理) 如果过三角形的垂心作两条互相垂直的直线,它们与每一条边所在的直线截得一条线段,那么这三条线段的中线共点.

如图 23,我们用 A_1, B_1, C_1 和 A_2, B_2, C_2 分别表示两条互相垂直的直线 d_1, d_2 与边 BC, CA, AB 所在的直线的交点.德洛茨·法尼定理说的是线段 A_1A_2, B_1B_2 和 C_1C_2 的中点 A_3, B_3, C_3 共线.

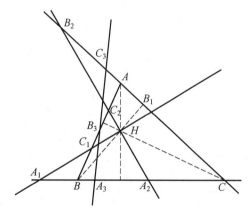

图 23

尽管图形比较简单,第一个已知的证明使用的是解析法[7]. 几年以后, N. Reigold[6], D. Grinberg[2],[3],[4] 和 M. Stevanovic[8] 在 Hyacinthos 论坛上给出了几个证明. 在 2004 年,艾梅(J. L. Ayme)用一种美妙的方法完成了他的系列证明[1]. 在艾梅的文章出现一个月以后,拉蒙恩(Lamoen)[5]不加证明地提出了以下的一般性的情况:

定理 2 (拉蒙恩定理) 如果相交线段的中点改为 A_3, B_3, C_3,将相应的线段 A_1A_2, B_1B_2 和 C_1C_2 分成的比相同,那么 A_3, B_3, C_3 仍然共线.

3.12.2 定理 2 的证明

如图 24,用 e, f 表示经过垂心 H,且分别与 AB, AC 平行的直线.再设 x, y 是经过顶

点 A 分别平行于直线 d_1, d_2 的直线. X, Y 分别是 BC 所在的直线与 x, y 的交点.

因为直线束 (HC, HC_2, HB, e) 是 (HB_2, HB_1, f, HC) 在旋转变换 $\Psi(H, +\frac{\pi}{2})$ 下的像，所以

$$\frac{BC_1}{BC_2} = \frac{CB_1}{CB_2}$$

即

$$\frac{BC_1}{CB_1} = \frac{BC_2}{CB_2},$$

于是乘以 $\frac{AC}{AB}$，得到

$$\frac{C_1B}{AB} \cdot \frac{AC}{B_1C} = \frac{C_2B}{AB} \cdot \frac{AC}{B_2C}.$$

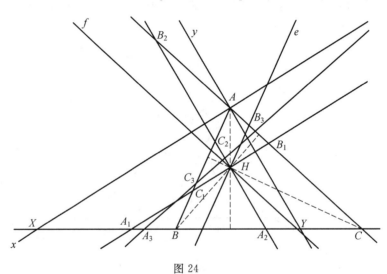

图 24

另一方面，由于

$$\frac{C_1B}{AB} = \frac{A_1B}{XB}, \frac{AC}{B_1C} = \frac{XC}{A_1C}, \frac{C_2B}{AB} = \frac{A_2B}{YB}, \frac{AC}{B_2C} = \frac{YC}{A_2C},$$

推出

$$\frac{A_1B}{A_1C} \cdot \frac{XB}{XC} = \frac{A_2B}{A_2C} \cdot \frac{YB}{YC}.$$

它等价于点组 (B, C, A, X_1) 与 (B, C, A_2, Y) 共轭. 现在 (AB, AC, AA_1, AX) 与 d_1，(AB, AC, AA_2, AY) 与 d_2 相交，推得

$$\frac{C_1A_1}{C_1B_1} = \frac{C_2A_2}{C_2B_2},$$

两个退化的 $\triangle A_1B_1C_1$ 和 $\triangle A_2B_2C_2$ 相似.

对于点 P 用向量 $\boldsymbol{P}$ 表示 $\overrightarrow{XP}$，这里 X 是 $\triangle ABC$ 所在平面内确定的点. 因为 $\dfrac{C_1A_1}{C_1B_1} = \dfrac{C_2A_2}{C_2B_2}$，所以存在满足 $k+l=1$ 的两个实数 k 和 l，使

$$\boldsymbol{C}_1 = k\boldsymbol{A}_1 + l\boldsymbol{B}_1, \boldsymbol{C}_2 = k\boldsymbol{A}_2 + l\boldsymbol{B}_2.$$

另一方面，因为 A_3, B_3, C_3 分别将相应的线段 A_1A_2, B_1B_2 和 C_1C_2 分成的比相同，所以存在满足 $u+v=1$ 的两个实数 u 和 v，使

$$\boldsymbol{A}_3 = u\boldsymbol{A}_1 + v\boldsymbol{A}_2, \boldsymbol{B}_3 = u\boldsymbol{B}_1 + v\boldsymbol{B}_2, \boldsymbol{C}_3 = u\boldsymbol{C}_1 + v\boldsymbol{C}_2.$$

于是，

$$\begin{aligned}\boldsymbol{C}_3 &= u\boldsymbol{C}_1 + v\boldsymbol{C}_2 = u(k\boldsymbol{A}_1 + l\boldsymbol{B}_1) + v(k\boldsymbol{A}_2 + l\boldsymbol{B}_2) \\ &= k(u\boldsymbol{A}_1 + v\boldsymbol{A}_2) + l(u\boldsymbol{B}_1 + v\boldsymbol{B}_2) \\ &= k\boldsymbol{A}_3 + l\boldsymbol{B}_3.\end{aligned}$$

根据 $k+l=1$ 这一事实，表明点 A_3, B_3, C_3 共线. 这就完成了定理 2 的证明.

参考文献

[1] J. L. Ayme, A synthetic proof of the Droz-Farny line theorem, Forum Geom., 4(2004)219-224.

[2] D. Grinberg, Hyacinthos messages 6128, 6141, 6245, December 10-11, 2002.

[3] D. Grinberg, Hyacinthos message 7384, July 23, 2003.

[4] D. Grinberg, Hyacinthos message 9845, June 2, 2004.

[5] F. V. Lamoen, Hyacinthos message 10716, October 17, 2004.

[6] N. Reingold, Hyacinthos message 7383, July 22, 2003.

[7] I. Sharygin, Problemas de Geometria, (Spanish translation), Mir Edition, 1986.

[8] M. Stevanovic, Hyacinthos message 9130, January 25, 2004.

Cosmin Pohoata, Princeton, USA
Son Hong Ta, Hanoi, Vietnam

3.13 一般化表示定理及其应用

本节中我们将讨论带余除法的某些一般化的情况，也就是说我们观察一般化表示定理和加权的一般化表示. 最后将应用于解决数学奥林匹克问题，这些问题涉及有关熟知的钱币问题，即 Diophantine Frobenius(FP) 问题.

3.13.1 引言

在学习数学的初始阶段中,带余除法是理解为一种实验的事实,很快成为熟悉的操作琐事. 在现实中,这是一个反映整数的基本性质的定理(表示定理). 它不仅仅是数论的基础,提升到一些基本定理和结构,如欧几里得除法、数的进位制,而且涉及广泛的数学. 下面考虑的一般化表示定理归功于表示定理的存在性.

3.13.2 一些定义、事实和命题

表示定理(RT):

定理1 对于任何两个整数 a 和 b, $b \neq 0$, 存在唯一的一对整数 (k, r), 使

$$\begin{cases} a = kb + r \\ 0 \leqslant r < |b| \end{cases} \Leftrightarrow \begin{cases} \dfrac{a}{b} = k + \dfrac{r}{b} \\ 0 \leqslant r < |b| \end{cases}.$$

这里 a 和 b 分别是被除数和除数. 数 $k = k_b(a)$, $r = r_b(a)$ 分别称为商和余数. 如果余数 $r_b(a) = 0$, 我们就说 b 整除 a, 或 a 被 b 整除, 记作 $b | a$.

设 $D(a)$ 是整数 a 的正约数的集合. 对于任何子集 $A \subset Z$, 设 $D(A)$ 是对于所有 $a \in A$ 的共同的正约数的集合, 即

$$D(A) = \bigcap_{a \in A} D(a).$$

再设

$$d(A) = \max D(A) = 最大公约数(A)$$

是 A 的正的最大公约数.

实际上,如果 $A = \{a_1, a_2, \cdots, a_n\}$, 我们就写作 $D(a_1, a_2, \cdots, a_n)$, 不写作 $D(A)$, 写作 $d(a_1, a_2, \cdots, a_n)$, 不写作 $d(A)$. 当 $A = \{a\}$ 时, 我们定义 $d(a) = a$. 因为(由欧几里得除法推出)

$$D(a, b) = D(d(a, b)),$$

用数学归纳法不难证明

$$D(A) = D(d(A)).$$

从定义也可推出

$$D(A \cup B) = D(A) \cap D(B).$$

如果 $d(A) = 1$, 我们就说整数集 A 是互质的, 如果 A 的任何两个不同的数 a 和 b, 有最大公约数$(a, b) = 1$(换一种写法是 $d(a, b) = 1$ 或记号 $a \perp b$), 我们就说 A 是整体互质的.

$d(a, b)$ 的性质如下:

(1) 对于任何整数 k, $d(a, b) = d(a - kb, b)$, 这也称作保守性.

(2) 存在整数 x,y,使 $d(a,b)=ax+by$. 这也称为 $d(a,b)$ 的线性表示. 实际上,如果 $d(a,b)=1$,那么 $ax+by=1$,如果对于某整数 $x,y,ax+by=1$,那么 $d(a,b)=1$.

(3) 对于任何 $k\in \mathbf{N}$,有 $d(ka,kb)=kd(a,b)$.

(4) 当且仅当 $d(a,bc)=1$ 时,$d(a,b)=1$,且 $d(a,c)=1$.

(5) 如果 $d(ab,c)=1,d(b,c)=1$,那么 $d(a,c)=1$.

(6) 如果 $d(b,c)=1$,且 b,c 整除 a,那么 bc 整除 a.

(7) 如果 bc 整除 a,且 $d(b,a)=1$,那么 c 整除 a.

(8) 对于任何两个整数集合 $A,B,d(d(A),(B))=d(A\bigcup B)$.

事实上,因为
$$D(d(A),d(B))=D(d(A))\bigcup D(d(B))=D(A)\bigcap D(B)=D(A\bigcup B),$$
所以
$$d(d(A),d(B))=\max\{D(d(A),(B))\}=\max\{D(A\bigcup B)\}=d(A\bigcup B).$$

3.13.3 一般化表示定理(GRT)

定理 2 设 m 是整数,$\{a_1,a_2,\cdots,a_n\}$ 是整体互质的正整数集合,那么存在唯一的一组整数 $k,r_1,r_2,\cdots,r_n$,使
$$\frac{m}{a_1a_2\cdots a_n}=k+\frac{r_1}{a_1}+\frac{r_2}{a_2}+\cdots+\frac{r_n}{a_n},$$
其中 $0\leqslant r_i<a_i,i=1,2,\cdots,n$.

证明 我们将用数学归纳法证明存在性.

基础情况. 设 $n=2$,因为 $d(a_1,a_2)=1$,则存在整数 x_1,x_2,使 $x_1a_1+x_2a_2=1$. 由表示定理,我们有
$$mx_1=k_2a_2+r_2$$
$$mx_2=k_1a_1+r_1$$
其中 $0\leqslant r_i<a_i,i=1,2$,于是
$$m=mx_1a_1+mx_2a_2=a_1(k_2a_2+r_2)+a_2(k_1a_1+r_1)$$
$$=a_1a_2(k_1+k_2)+a_1r_2+a_2r_1.$$
于是
$$\frac{m}{a_1a_2}=k+\frac{r_1}{a_1}+\frac{r_2}{a_2},$$
这里 $k=k_1+k_2$.

归纳步骤 设 $\{a_1,a_2,\cdots,a_n,a_{n+1}\}$ 是 $n+1$ 个正整数的整体互质集合. 根据归纳假定,存在整数 $k,r_1,r_2,\cdots,r_n$,使
$$\frac{m}{a_1a_2\cdots a_n}=k+\sum_{i=1}^n\frac{r_i}{a_i},$$

其中 $0 \leqslant r_i < a_i, i = 1, 2, \cdots, n$,那么
$$\frac{m}{a_1 a_2 \cdots a_n a_{n+1}} = \frac{k}{a_{n+1}} + \sum_{i=1}^{n} \frac{r_i}{a_i},$$

由表示定理,存在整数 l 和 r_{n+1},使
$$\frac{k}{a_{n+1}} = l + \frac{r_{n+1}}{a_{n+1}},$$

其中 $0 \leqslant r_{n+1} < a_{n+1}$. 根据基础情况,存在整数 l_i, t_i, s_i,使 $0 \leqslant t_i \leqslant a_i, 0 \leqslant s_i < a_{n+1}$,以及
$$\frac{r_i}{a_{n+1} a_i} = l_i + \frac{s_i}{a_{n+1}}, i = 1, 2, \cdots, n.$$

由表示定理,存在整数 l_{n+1} 和 t_{n+1},使
$$\frac{r_{n+1} + \sum_{i=1}^{n} \frac{s_i}{a_i}}{a_{n+1}} = l_{n+1} + \frac{t_{n+1}}{a_{n+1}},$$

这里 $0 \leqslant l_{n+1} < a_{n+1}$. 最后
$$\frac{m}{a_1 a_2 \cdots a_n a_{n+1}} = (l + \frac{r_{n+1}}{a_{n+1}}) + \left(\sum_{i=1}^{n} l_i + \sum_{i=1}^{n} \frac{t_i}{a_i} + \sum_{i=1}^{n} \frac{s_i}{a_{n+1}}\right)$$
$$= l + \sum_{i=1}^{n} l_i + \sum_{i=1}^{n} \frac{t_i}{a_i} + \frac{\sum_{i=1}^{n} s_i + r_{n+1}}{a_{n+1}} = l + \sum_{i=1}^{n+1} l_i + \sum_{i=1}^{n+1} \frac{t_i}{a_i}.$$

这里 $0 \leqslant t_i \leqslant a_i, i = 1, 2, \cdots, n+1$.

现在我们来证明唯一性. 假定有两个表示式
$$\frac{m}{a_1 a_2 \cdots a_n} = k + \sum_{i=1}^{n} \frac{r_i}{a_i} = h + \sum_{i=1}^{n} \frac{s_i}{a_i},$$

其中 $0 \leqslant r_i, s_i < a_i, i = 1, 2, \cdots, n$. 设 $A_i = \frac{a_1 a_2 \cdots a_n}{a_i}, i = 1, 2, \cdots, n$.

因为 $k - h = \sum_{i=1}^{n} \frac{s_i - r_i}{a_i}$,当 $i \neq j$ 时, $n_{ij} = \frac{A_j}{a_i}$,那么
$$A_j(k-h) = \sum_{i=1}^{n} \frac{A_j(s_i - r_i)}{a_i} \Leftrightarrow A_j(k-h) = \left(\sum_{i=1, i \neq j}^{n} n_{ij}(s_i - r_i)\right) + \frac{A_j(s_j - r_j)}{a_j}.$$

因为 $\frac{A_j(s_i - r_i)}{a_j}$ 是整数, $d(A_j, a_j) = 1$,我们有 a_j 整除 $|s_j - r_j| < a_j, j = 1, 2, \cdots, n$.

这是一个矛盾.

推论 1 (加权一般表示(WGR)).

设 $\{a_1, a_2, \cdots, a_n\}$ 是正整数的整体互质集合, $p_1, p_2, \cdots, p_n$ 是正整数,且 $p_i \perp a_i, i = 1, 2, \cdots, n$,那么存在唯一的一组整数 $l, t_1, t_2, \cdots, t_n$,使
$$\frac{m}{a_1 a_2 \cdots a_n a_{n+1}} = l + \frac{p_1 t_1}{a_1} + \frac{p_2 t_2}{a_2} + \cdots + \frac{p_n t_n}{a_n},$$

其中 $0 \leqslant t_i < a_i, i=1,2,\cdots,n$.

证明 由加权一般表示定理,存在整数 $k, r_1, r_2, \cdots, r_n$,使

$$\frac{m}{a_1 a_2 \cdots a_n a_{n+1}} = \frac{k}{a_{n+1}} + \sum_{i=1}^{n} \frac{r_i}{a_i},$$

其中 $0 \leqslant r_i < a_i, i=1,2,\cdots,n$. 对于每一个 $i=1,2,\cdots,n$,存在 l_i, s_i, t_i,使 $0 \leqslant s_i < p_i$, $0 \leqslant t_i < a_i$, 以及

$$\frac{r_i}{a_i p_i} = l_i + \frac{s_i}{p_i} + \frac{t_i}{a_i}, \frac{r_i}{a_i} = l_i p_i + s_i + \frac{p_i t_i}{a_i},$$

于是

$$\frac{m}{a_1 a_2 \cdots a_n a_{n+1}} = l + \sum_{i=1}^{n} \frac{p_i t_i}{a_i},$$

这里 $l = k + \sum_{i=1}^{n} (l_i p_i + s_i)$.

唯一性可以与由一般化表示定理的唯一性部分类似证明.

加权一般表示的一个应用是中国剩余定理(CRT).事实上,设 $x \equiv r_i \pmod{a_i}, i=1$, $2,\cdots,n$. 设 $\{a_1, a_2, \cdots, a_n\}$ 是正整数的整体互质集合.设 $A = a_1 a_2 \cdots a_n$,设 $A_i = \frac{A}{a_i}$,那么由权重为 p_i 的加权一般表示,使 $p_i A_i \equiv 1 \pmod{a_i}, i=1,2,\cdots,n$,我们对于某组整数 l, t_1, $t_2, \cdots, t_n$,可以把 x 写为

$$\frac{x}{A} = l + \sum_{i=1}^{n} \frac{p_i t_i}{a_i} \Leftrightarrow x = Al + A \sum_{i=1}^{n} \frac{p_i t_i}{a_i} = l a_1 a_2 \cdots a_n + \sum_{i=1}^{n} A_i p_i t_i,$$

这里 $0 \leqslant t_i < a_i, i=1,2,\cdots,n$.

对于 $i=1,2,\cdots,n$,由这一表示式推得

$$x \equiv t_i \pmod{a_i},$$

由条件 $x \equiv r_i \pmod{t_i}$,得

$$r_i \equiv t_i \pmod{a_i},$$

这里 $0 \leqslant t_i, r_i < a_i, i=1,2,\cdots,n$,推得 $r_i = t_i$,于是

$$x = l a_1 a_2 \cdots a_n + \sum_{i=1}^{n} A_i p_i r_i,$$

这就是中国剩余定理的拉格朗日形式.

3.13.4 一些应用

下面一些应用是涉及 Diophantine Frobenius(FP) 的一类数学奥林匹克问题.

一些定义:

设 $A = \{a_1, a_2, \cdots, a_n\}$ 是正整数的整体互质集合.设 $G(A)$ 是 $a_1, a_2, \cdots, a_n$ 的一切非

负系数的线性组合的集合,即
$$G(A) = \{a_1x_1 + a_2x_2 + \cdots + a_nx_n \mid x_1, x_2, \cdots, x_n \in \mathbf{N}\}.$$

一个属于 $G(A)$ 的数称为 $A-$正规数,其余的数称为 $A-$非正规数,或者分别简称为正规数,或非正规数.

不难看出任何负整数都是非正规数,最小的正规数是非负的. 因为 $G(A)$ 是一个几乎可归纳的集合,即存在整数 m,使
$$Z_{>m} = \{m+1, m+2, m+3, \cdots\} \in G(A),$$

于是,由好排序原则,我们定义最小正整数 μ,具有性质
$$Z_{>\mu} \in G(A),$$

这同时是最大的 $A-$非正规数,即
$$\mu = \mu(A) = \max Z \backslash G(A).$$

于是,如果 $1 \in A$,那么 $\mu(A) = -1$.

一般的 Frobenius 问题是:

求把 $\mu(A)$ 写成整体互质集合
$$A = \{a_1, a_2, \cdots, a_n\}$$

的函数的公式. 这一问题的一般情况是对于 $n=3$ 还是明显而平凡的,存在许多算法,但是没有公式. 但在 $a_1, a_2, \cdots, a_n$ 特殊的条件下,Frobenius 问题可以成功解决. 下面是有解的一些特殊情况.

一些问题:

问题 1 对于两个互质的整数 a 和 b,求 $\mu(a,b)$ 的公式.

解 设 $a, b \in \mathbf{N}^*, a \perp b$. 考虑方程 $ax + by = m$ 在 $\mathbf{N}$ 中的解,这里 $m \in \mathbf{N}$. 根据表示定理和一般表示定理,存在整数 $t \geqslant 0, s \geqslant 0, k, p, p', q, q'$,使 $x = bt + q', y = as + p'$, $\frac{m}{ab} = k + \frac{p}{a} + \frac{q}{b}, 0 \leqslant p', p < a, 0 \leqslant q', q < b$,于是

$$ax + by = m \Leftrightarrow t + s + \frac{p'}{a} + \frac{q'}{b} = k + \frac{p}{a} + \frac{q}{b} \Leftrightarrow$$

$$\begin{cases} t + s = k \\ p = p', q = q' \end{cases}$$

由表示式的唯一性推得最后一个方程组成立,于是当且仅当方程
$$t + s = k \qquad \text{①}$$

在 $\mathbf{N}$ 中有解时,方程 $ax + by = m$ 在 $\mathbf{N}$ 中有解. 因为 -1 是使方程 $ax + by = m$ 在 $\mathbf{N}$ 中无解的最大整数 k,所以使方程 $ax + by = m$ 在 $\mathbf{N}$ 中无解的 m 的最大值是
$$ab\left(-1 + \frac{a-1}{a} + \frac{b-1}{b}\right) = ab - a - b.$$

于是

$$\mu(a,b) = ab - a - b$$

以及

$$Z_{>\mu(a,b)} \subset G(a,b).$$

这一公式是 J. J. Sylvest 在 1884 年发现的.

由式 ① 推得当且仅当 $m = (k-1)ab + aq + bp$ 时,方程 $ax + by = m$ 恰有 k 组解,这里 p, q 是满足 $0 \leqslant p < a, 0 \leqslant q < b$ 的任何整数.

问题 2 求非负的 (a,b)—非正规数的个数 $N(a,b)$,也就是说,使方程 $ax + by = m$ 在 $\mathbf{N}$ 中无解的非负数 m 的值.

解 因为当且仅当
$$m = -ab + qa + pb \geqslant 0 \Leftrightarrow qa + pb \geqslant ab, 0 \leqslant p \leqslant a-1, 0 \leqslant q \leqslant b-1$$
时,方程 $ax + by = m$ 在 $\mathbf{N}$ 中在无解,于是设 $t = a - p$,得到
$$m = qa - bt,$$
这里 $0 \leqslant q \leqslant b-1, 1 \leqslant t \leqslant a$,以及 $qa - bt \geqslant 0 \Leftrightarrow t \leqslant \lfloor \frac{aq}{b} \rfloor$. 因为 $\frac{aq}{b} \leqslant \frac{a(b-1)}{b} < a$,所以 $m = qa - bt$,这里 $0 \leqslant q \leqslant b-1, 1 \leqslant t \leqslant \lfloor \frac{aq}{b} \rfloor$. 于是

$$N(a,b) = \sum_{q=0}^{b-1} \sum_{t=i}^{\lfloor \frac{aq}{b} \rfloor} 1 = \sum_{q=0}^{b-1} \lfloor \frac{aq}{b} \rfloor = \sum_{q=1}^{b-1} \lfloor \frac{aq}{b} \rfloor = \sum_{q=1}^{b-1} \left(\frac{aq}{b} - \left\{ \frac{aq}{b} \right\} \right)$$

$$= \frac{a}{b} \cdot \frac{b(b-1)}{2} - \sum_{q=1}^{b-1} \left\{ \frac{aq}{b} \right\} = \frac{a(b-1)}{2} - \sum_{q=1}^{b-1} \frac{r_b(aq)}{b}$$

$$= \frac{a(b-1)}{2} - \sum_{q=1}^{b-1} \frac{q}{b} = \frac{a(b-1)}{2} - \frac{b-1}{2} = \frac{(a-1)(b-1)}{2},$$

这是因为 $\{r_b(aq) \mid 1 \leqslant q \leqslant b-1\} = \{1, 2, \cdots, b-1\}$.

问题 3 对于给定的正整数 k 和 $a \perp b$,求使混合组
$$\begin{cases} ax + by = m \\ 0 \leqslant x \leqslant ky \end{cases} \qquad ②$$
在 $\mathbf{N}$ 中无解的最大整数 m.

解 像问题 1 的解中一样,由表示定理和一般表示定理,我们有唯一确定的整数 $t \geqslant 0, s \geqslant 0, l, p, q$,使 $x = at + p, y = bs + q, m = lab + pb + qa, 0 \leqslant p < a, 0 \leqslant q < b$,以及
$$② \Leftrightarrow \begin{cases} t + s = l, t, s \geqslant 0 \\ at + p \leqslant k(bs + q) \end{cases} \Leftrightarrow \begin{cases} s = l - t \\ 0 \leqslant t \leqslant \min\left\{ l, \lfloor \frac{kbl + kq - p}{kb + a} \rfloor \right\} \end{cases}.$$

因为当且仅当 $0 \leqslant kbl + kq - p$ 时,方程组 ② 有解,所以当且仅当 $m = lab + pb + qa$, $0 \leqslant p < a, 0 \leqslant q < b$,以及

$$kbl + kq - p \leqslant -1 \Leftrightarrow lb + q \leqslant \lfloor \frac{p-1}{k} \rfloor \Leftrightarrow lab + qa \leqslant a\lfloor \frac{p-1}{k} \rfloor$$

时,混合组 ② 无解.

那么当 $p=a-1$ 时,取 m 得最大值. 于是, m 的最大值是

$$a\lfloor \frac{a-2}{k} \rfloor + b(a-1).$$

问题 4 如果 $a_i = a + (i-1)b, i=1,2,\cdots,n$,这里 $a>1, a \perp b$,求 $\mu(a_1, a_2, \cdots, a_n)$, 即求使方程

$$ax_1 + (a+b)x_2 + \cdots + (a+(n-1)b)x_n = m \qquad ③$$

在 **N** 中无解的最大整数 m.

解 设 $y = x_1 + x_2 + \cdots + x_n, x = x_2 + 2x_3 + \cdots + (n-1)x_n, t_1 = x_n, t_2 = x_{n-1} + x_n, \cdots, t_{n-2} = x_3 + \cdots + x_n, t_{n-1} = x_2 + x_3 + \cdots + x_n$. 于是可以把式 ③ 改写成 $ay + bx = m$,这里 x, y 依附于条件 $x = t_1 + t_2 + \cdots + t_{n-1}, 0 \leqslant t_1 \leqslant t_2 \leqslant \cdots \leqslant t_{n-1} \leqslant y$. 因为当且仅当 $0 \leqslant x \leqslant (n-1)y$ 时,混合组

$$\begin{cases} t_1 + t_2 + \cdots + t_{n-1} = x \\ 0 \leqslant t_1 \leqslant t_2 \leqslant \cdots \leqslant t_{n-1} \leqslant y \end{cases}$$

无解(要证明!),那么 $\mu(a_1, a_2, \cdots, a_n)$ 等于使混合组

$$\begin{cases} ax + bx = m \\ 0 \leqslant x \leqslant (n-1)y \end{cases} \qquad ④$$

无解的 n 的最大值. 于是由问题 3

$$\mu(a, a+b, a+2b, \cdots, (a+(n-1)b)) = a\lfloor \frac{a-2}{n-1} \rfloor + b(a-1).$$

注意到因为当且仅当 $(n-1)bl + (n-1)q - p \geqslant 0, 0 \leqslant p \leqslant a-1, 0 \leqslant q \leqslant b-1$ 时, 式 ④ 可解. 于是

$$G(a, a+b, a+2b, \cdots, (a+(n-1)b))$$
$$= \{abl + pb + qa \mid 0 \leqslant p \leqslant a-1, 0 \leqslant q \leqslant b-1,$$
$$l \geqslant \lfloor \frac{p + (b-q)(n-q) - 1}{b(n-1)} \rfloor\}$$

问题 5 (IMO24,1983,问题 3) 设 a,b,c 是两两的互质的正整数. 证明: $2abc - ab - bc - ca$ 是不能表示为 $xbc + yca + zab$ 的最大整数,这里 x, y, z 是非负整数(或利用我们的术语,证明: $\mu(ab, bc, ca) = 2abc - ab - bc - ca$).

证明 我们将证明原题的一般情况;更精确地说,我们将寻求 $\mu(A_1, A_2, \cdots, A_n)$,这里 $A_i = \frac{A}{a_i}, i=1,2,\cdots,n, A = a_1 a_2 \cdots a_n, \{a_1, a_2, \cdots, a_n\}$ 是整体互质集合,也就是说,我们将寻找使方程

$$\sum_{i=1}^{n} A_i x_i = m \Leftrightarrow \sum_{i=1}^{n} \frac{x_i}{A} = \frac{m}{A} \qquad ⑤$$

无非负整数解的最大的整数 m. 根据表示定理和一般表示定理,存在唯一的一组正整数 $t_i \geqslant 0, p_i, r_i, i = 1, 2, \cdots, n$,使 $x_i = t_i a_i + p_i, 0 \leqslant p < a_i, i = 1, 2, \cdots, n$,以及 $\frac{m}{A} = k + \sum_{i=1}^{n} \frac{r_i}{a_i}$,这里 $0 \leqslant r_i < a_i, i = 1, 2, \cdots, n$. 于是根据一般表示定理,我们有

$$式 ⑤ \Leftrightarrow \sum_{i=1}^{n} (t_i + \frac{p_i}{a_i}) = k + \sum_{i=1}^{n} \frac{r_i}{a_i} \Leftrightarrow \sum_{i=1}^{n} t_i + \sum_{i=1}^{n} \frac{p_i}{a_i} = k + \sum_{i=1}^{n} \frac{r_i}{a_i}$$

$$\Leftrightarrow \begin{cases} \sum_{i=1}^{n} t_i = k \\ p_i = r_i, i = 1, 2, \cdots, n \end{cases}.$$

因为当且仅当 $k \geqslant 0$ 时,$\sum_{i=1}^{n} t_i = k$ 有非负整数解,所以当且仅当

$$m \in \{ A(k + \sum_{i=1}^{n} \frac{r_i}{a_i}) \mid k \leqslant -1, 且 0 \leqslant r_i < a_i \}$$

时,式 ⑤ 无解. 因此

$$\mu\{A_1, A_2, \cdots, A_n\} = A(-1 + \sum_{i=1}^{n} \frac{a_i - 1}{a_i}) = (n-1)A - \sum_{i=1}^{n} A_i.$$

评注 因为方程 $\sum_{i=1}^{n} t_i = k$ 恰有 $\binom{k+n-1}{k}$ 组非负整数解,所以 $m = Ak + \sum_{i=1}^{n} (\frac{r_i}{a_i})$ 的方程 ⑤ 恰也有 $\binom{k+n-1}{k}$ 组非负整数解证明一下!

两个有关的问题.

(1) 求一切 m,使 $15x + 10y + 6z = m$ 有 2 010 组非负整数解.

(2) 求最小的 m,使 $15x + 10y + 6z = m$ 有 171 组非负整数解.

问题 6 设 a, b 是互质的正整数.求使方程

$$a^2 x + aby + b^2 z = m \qquad ⑥$$

没有非负整数解的最大整数 m,即求 $\mu(a^2, ab, b^2)$.

解 根据表示定理,存在唯一的一组整数 $t \geqslant 0, s \geqslant 0, p, q$,使 $x = bt + q', z = as + p', 0 \leqslant p' < a, 0 \leqslant q' < b$,于是

$$a^2 x + aby + b^2 z = a^2 (bt + q') + aby + b^2 (as + p') = ab((at + y + bs) + \frac{bp'}{a} + \frac{aq'}{ab}),$$

另一方面,根据加权 (a, b) 的一般表示定理,存在唯一的一组整数 k, p, q,使

$$\frac{m}{ab} = k + \frac{bp}{a} + \frac{aq}{b},$$

这里 $0 \leqslant p < a, 0 \leqslant q < b$. 由于加权一般表示的唯一性，我们有

$$a^2 x + ab y + b^2 z = m \Leftrightarrow (at + y + bs) + \frac{bp'}{a} + \frac{aq'}{b} = k + \frac{bp}{a} + \frac{aq}{b} \Leftrightarrow$$

$$at + y + bs = k, p' = p, q' = q.$$

因为当且仅当 $k \geqslant 0$ 时，方程 $at + y + bs = k$ 在 $\mathbf{N}$ 中可解，所以当且仅当 $k(m) \leqslant -1$ 时，方程 ⑥ 无解，因此，使方程 ⑥ 在 $\mathbf{N}$ 中无解的 m 的最大整数值是

$$ab(-1 + \frac{b(a-1)}{a} + \frac{a(b-1)}{b}) = -ab + b^2(a-1) + a^2(b-1)$$

$$= ab(a+b-1) - a^2 - b^2.$$

于是

$$\mu(a^2, ab, b^2) = ab(a+b-1) - a^2 - b^2.$$

下面的著作对于有兴趣的读者展示了解决所提出的问题的另一些方法.

参考文献

[1] J. L. Ramirez Alfonson, The Diophantine Frobenius Problem, Oxford University Press.

[2] Darren C. Ong, Vadim Ponomarenko, The Frobenius number of geometric sequences, Electronic Journal of Combinatorical Number Theory, 8(2008), Nr. A33.

[3] Amitabha Tripathi, On the Frobenius number for geometric sequences, Electronic Journal of Combinatorical Number Theory, 8(2008), Nr. A43.

Arkady Alt, San Jose, USA

3.14 蒙日－达朗贝尔圆定理

在几何中大量的漂亮的定理中，有一些在简洁性和广泛应用于各种问题中方面显得更为出色. 应用其他技巧通常很难达到与其同等优美的结果. 蒙日－达朗贝尔圆定理就是很好符合上面描述的结果之一，这一定理以著名的法国几何学家蒙日（Gaspard Monge）和达朗贝尔（Jean-le-Rond D'Alembert）命名.

定理 1 在同一个平面内的三个大小不同的圆两两的外相似中心共线. 在笛卡儿坐标系中，圆心为 $X_1(x_1)$ 和 $X_2(x_2)$ 的两个圆 $C(x_1, r_1)$ 和 $C(x_2, r_2)$ 的外相似中心（内相似中心）定义为

$$S_e(C_1, C_2) = \frac{r_1 x_2 - r_2 x_1}{r_2 - r_1}, \left(S_i(C_1, C_2) = \frac{r_1 x_2 + r_2 x_1}{r_2 + r_1} \right)$$

这就是说，$S_e(C_1,C_2)$ 和 $S_i(C_1,C_2)$ 都在 x 轴上，且
$$\frac{S_eX_1}{S_eX_2}=\frac{r_1}{r_2} \text{ 和 } \frac{S_iX_1}{S_iX_2}=-\frac{r_1}{r_2}.$$

注意到对于两个不相交的圆，其中任何一个都不在另一个的内部，它们的外相似中心（内相似中心）是它们的外（内）公切线的交点。如果两圆内（外）切，那么它们的外相似中心（内相似中心）与相应的切点重合。

蒙日－达朗贝尔圆定理可以用笛沙格(Desargues)定理证明。

证明 用 A,B,C 表示三个圆的圆心，设 A',B',C' 是与 $\triangle ABC$ 不交的两两外（内）公切线的交点（图 25）。在 $\triangle A'B'C'$ 中，直线 AA',BB',CC' 分别作为 $\angle A',\angle B',\angle C'$ 的内角的平分线。于是，这三条直线共点于 $\triangle A'B'C'$ 的内心。这表明两个 $\triangle ABC$ 和 $\triangle A'B'C'$ 是一点的透视。由笛沙格定理，它们也是一直线的透视。这意味着三个外相似中心共线。

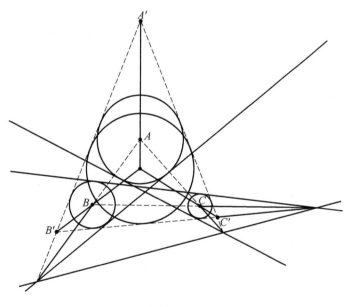

图 25

注意，这一证明可用来证明下面的变式（当然，我们已经用了梅涅劳斯定理）：

推论 1 位于同一平面内由三个不同的圆所确定的内相似中心与最后一对圆的外相似中心共线。

蒙日－达朗贝尔圆定理首先出现在共和国元年(1798 年)的蒙日在给师范学院的射影几何课程(G ométrie Déscriptive, Leçons donné aux écoles normales l'an de la république)中。尽管达朗贝尔并没有对这一课题发表过任何文章，通常认为他鼓励蒙日进行研究。他们的定理后来又被蒙日推广到三维的情况。

(1) 三个共面的圆的六个相似中心每三个分别在四条直线上。

(2) 三个球面每次取两个,六个公切圆锥面的顶点每三个分别在四条直线上.

(3) 空间中给定任何大小和位置都确定的四个球面,每一对的外公切圆锥面共有六个,那么这六个顶点位于同一个平面内,实际上在该平面内四条直线上. 如果另画六个相切的圆锥,那么它们的顶点每三个位于第一组的三个顶点所在的平面内.

我们将证明第二个定理的一部分,并且只考虑外切的情况. 其余的证明类似,留给读者作为练习.

证明 考虑三个球面 S_A, S_B, S_C, 赤道面上的圆分别为 A, B, C. 点 P_1 是包含 S_A 和 S_B 的最小的圆锥的顶点,这表明该顶点在与 S_A 和 S_B 都相切的所有平面内. 这些平面不经过这两个球面之间. 实际上它位于两个平面的交线 ρ 上, 这两个平面与所有三个球面都相切,但不经过其中任何一个球面之中. 类似地,另两点 P_2, P_3 位于这条直线 ρ 上.

下面我们继续这一漂亮的定理. 我们从所谓的三角形的伪内切圆开始. 这一术语是由 L. Bamnkoff 在对三个圆命名时引进的[2]. 其中每一个圆都与三角形的两边相切,且与外接圆内切. 几何作图,它们之间的性质与关系,和伪旁切圆(定义为一个与两边相切,且与外接圆外切的圆,这样的圆有三个)都能在[2],[5],[6]中找到. 这里,我们只关注 P. Yiu 在[6]中的主要结果,也在图 26 中画出.

定理 2 (Yiu) 有三条直线,其中每一条都连接三角形的一个顶点和外接圆和相应的伪内切圆的切点,则这三条直线共点于外接圆和内切圆的相似中心.

证明 设 K_A, K_B, K_C 分别是外接圆为圆 O 和内切圆为圆 I 的 $\triangle ABC$ 的 $\angle A, \angle B, \angle C$ 内的伪内切圆. A', B', C' 是这三个伪内切圆与圆 O 的切点. 根据蒙日 — 达朗贝尔定理, 外相似中心 A(K_A 与圆 I 的), A'(K_A 与圆 O 的) 和 X_{56}(圆 O 与圆 I 的) 共线 (这一记号根据[3]). 类似地,点 B, B', X_{56} 共线,点 C, C', X_{56} 也共线. 于是直线 AA', BB', CC' 共点于外接圆和内切圆的外相似中心.

现在我们准备证明 2002 年伊朗队选拔国际数学奥林匹克的测试题的一个结果.

习题 1 设 I 是给定的 $\triangle ABC$ 的内心, A_1, A_2 是 BC 边所在的直线与过 I 的 IB, IC 的垂线的交点(图 27). X 是 AI 与 $\triangle ABC$ 的外接圆的第二个交点, A_1', A_2' 分别是 $B'A_1$, $C'A_1$ 与 CA, AB 所在的直线的交点. 类似地,定义 B_1', B_2', C_1', C_2',那么直线 $A_1'A_2'$, $B_1'B_2'$ 和 $C_1'C_2'$ 共点.

证明 我们从一个辅助结果开始,尽管这个结果与 1993 年的 IMO 的一个问题类似.

引理 1 在定理 2 的证明中所示的图(图 26)中,V, W 分别是圆 K_a 与边 CA, AB 所在的直线的切点,那么 $\triangle ABC$ 的内心是线段 VW 的中点.

手头有几种证明方法. 例如,见[7]中的讨论. 我们将提供一个使用帕斯卡定理的方法,但是我们鼓励读者尝试其他方法.

引理 1 的证明 设 Y, Z 是 $\triangle ABC$ 的 $\angle ABC, \angle BCA$ 的内角平分线与外接圆的不同

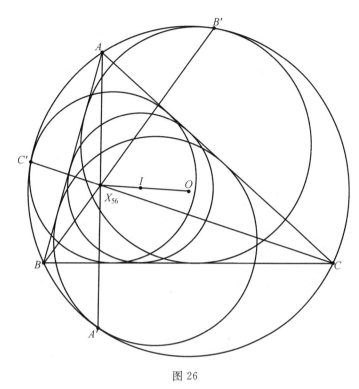

图 26

于顶点的交点. 根据推论 1, 圆 O 与 K_a 的外相似中心 A', K_a 与退化的圆 AB 的内相似中心 W, 与退化的圆 AB 与圆 O 的内相似中心 Z 共线. 类似地, 我们确认点 A', V, Y 共线, 在这种情况下, 根据帕斯卡定理, 在内接六边形 $ABYA'ZC$ 中, 点 V, I 和 W 在同一直线上. 将这一点与 AI 是线段 VW 的垂直平分线这一事实相结合, 得到 I 是线段 VW 的中点. 这就证明了引理 1.

现在回到习题 1 的证明, 我们看到 A_1, A_2 是边 BC 所在的直线与圆 K_b, K_c 的切点. 于是点 B', A_1, X 和点 C', A_2, X 分别共线, 于是由帕斯卡定理, 在内接六边形 $ABB'XC'C$ 中, 得到 BB' 和 CC' 的交点在直线 $A_1'A_2'$ 上. 但是由定理 2, 这一点是 X_{56}, 即圆 I 和圆 O 的外相似中心. 在这种情况下, 我们可以类似地说 X_{56} 在直线 $B_1'B_2'$ 和 $C_1'C_2'$ 上. 这就完成了习题 1 的证明.

下一个著名的结果涉及三角形的马尔法蒂圆, 即位于三角形的内部的三个圆互相外切, 又与三角形的两边相切. 如图 27 所示. 马尔法蒂 (Gian Francesco Malfatti) 提出了上面三个圆的作图问题, 他猜想这个所谓的马尔法蒂问题是可解的. 这一问题是要在三角形内寻求三个不重叠的圆, 使它们的总面积达到最大值. 他的猜想并不正确, 因为已经知道有些例子中马尔法蒂圆并不是最好的解.

习题 2 设 Γ_A, Γ_B, Γ_C 是三个马尔法蒂圆. 在图 29 中, 我们看到 D 表示 Γ_B 和 Γ_C 的切点, E 表示 Γ_C 和 Γ_A 的切点, F 表示 Γ_A 和 Γ_B 的切点. 于是直线 AD, BE, CF 共点.

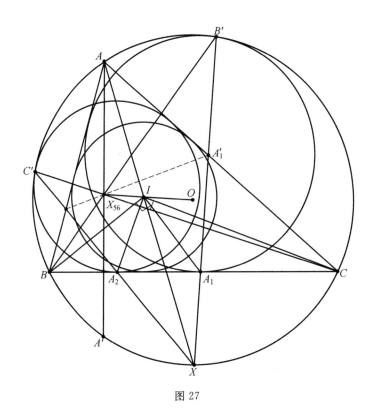

图 27

证明 设 U, V 和 W 分别是圆 Γ_A, Γ_B 和 Γ_C 的圆心. 直线 EF 和 VW, 直线 FD 和 WU, 直线 DE 和 VU 分别相交于 X, Y, Z(有一点或所有三点都可能是无穷远点, 但此时命题仍然成立). 将梅涅劳斯定理用于 $\triangle UVW$, 截线是 EFX, FDY, DEZ, 分别得到 Γ_B 和 Γ_C, Γ_C 和 Γ_A, Γ_A 和 Γ_B 的外公切线的交点 X, Y, Z. 由蒙日-达朗贝尔定理, 这些点共线. 因此, 根据笛沙格定理, 直线 AD, BE, CF 共点.

虽然像罗马尼亚在 2007 年 IMO 队选拔赛测试题中的问题 2 那样, 现在给出的结果在文献中已熟知了. 直线 AD, BE, CF 的公共点以 X_{179} 出现[3], 其三线坐标是

$$\left(\sec^4 \frac{A}{4}, \sec^4 \frac{B}{4}, \sec^4 \frac{C}{4}\right),$$

这是由 Peter Yff 算得的, 也称为阿其马-马尔法蒂(Ajima-Malfatti)点.

现在我们把注意力回到波兰在第 48 届 IMO 中(2007 年东道主是越南)提出的问题. 这一问题是由 Waldemar Pompe 提出, 出现在 IMO Shortlist 的问题 G8, 这也是最后一道几何题. 又利用蒙日-达朗贝尔圆定理给出一种很漂亮的解法.

习题 3 点 P 在凸四边形 $ABCD$ 的边 BC 上. 设 ω 是 $\triangle CPD$ 的内切圆, I 是内心. 假定 ω 分别与 $\triangle APD$ 和 $\triangle BPC$ 的内切圆相切于 K, L. 设直线 AC 和 BD 相交于 E, 直线 AK 和 BL 相交于 F, 那么 E, I 和 F 共线.

证明 考虑 $\Gamma(O)$ 与四边形 $ABCD$ 的直线 AB, BC, DA 相切(根据阿波罗尼斯问题,

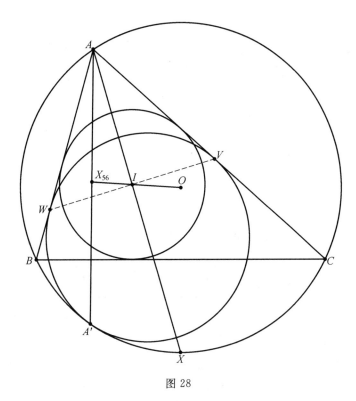

图 28

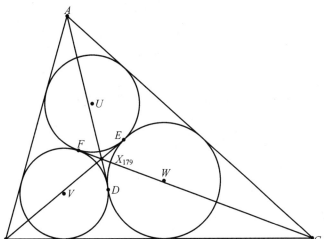

图 29

这个圆是存在的),用 ρ_1, ρ_2 分别表示 $\triangle APD$ 和 $\triangle BPC$ 的内切圆.

如图 30,因为 A 是 ρ_1 和 Γ 的外相似中心,K 是 ρ_1 和 ω 的内相似中心,根据推论 1,我们知道直线 AK 交 OI 于 Γ 和 ω 的内相似中心. 类似地得到,BK 交 OI 于 Γ 和 ω 的同一个内相似中心,于是这必是点 F,于是留下的是要证明 E 在直线 OI 上.

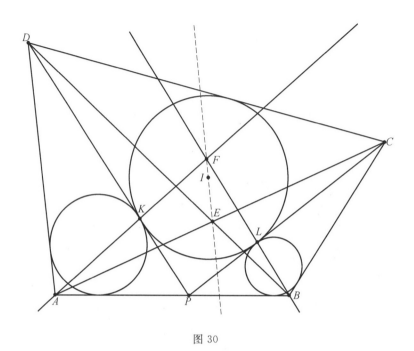

图 30

根据 Pithot 定理,容易看出四边形和 APCD 和 PBCD 都有内切圆,设 ω_a, ω_b 分别表示其内切圆. A 是 ω_a 和 Γ 的外相似中心, C 是 ω_a 和 ω 的外相似中心,于是,由蒙日-达朗贝尔圆定理,直线 AC 交直线 OI 于 ω 和 Γ 的外相似中心. 类似地,因为 B 是 ω_b 和 Γ 的外相似中心, D 是 ω 和 ω_b 的外相似中心,直线 BD 交直线 OI 于 Γ 和 ω 的外相似中心. 在这种情况下,我们推得 E, F 分别是圆 Γ 和 ω 的内相似中心和外相似中心. 这就完成了习题 6 的证明,又证明了交比 (O, E, I, F) 是 -1.

作为蒙日-达朗贝尔圆定理的最后一个应用,我们选择近年来 IMO 中最难的问题. 有些人可能不同意称它为"最难的问题",但是在这次竞赛中,远没有其他问题比做对该题的学生这样少. 这是 Vladimir Shmarov 提出的,在竞赛中放在第 6 题. 解出该题的学生的人数出乎意料的少. 在 535 名学生中只有 12 人得到完全的解答.

习题 4 如图 31,设 $ABCD$ 是凸四边形, $|BA|$ 与 $|BC|$ 不等. k_1 和 k_2 分别表示 $\triangle ABC$ 和 $\triangle ACD$ 的内切圆. 假定存在圆 k,与射线 BA 的 A 的一侧,射线 BC 的 C 的一侧相切,也与直线 AD 和 CD 相切. 证明: k_1 和 k_2 的外公切线相交在 k 上.

证明 首先我们确立以下的预备结果,这一结果在我们的证明中起着关键的作用.

引理 2 再设 E, F 是 k_1, k_2 与 AC 的切点, E', F' 分别是圆 k_1, k_2 上与 E, F 相对的点,那么 B, E', F' 共线.

引理 2 的证明 注意 B 是圆 k, k_1 的外相似中心, D 是 k, k_2 的内相似中心. 推论 1 是说 AC 和 BD 的交点 U 是 k_1 和 k_2 的内相似中心.

设 P, Q, R, S 分别是圆 k 与直线 AB, CD, DA, BC 的切点. 如果 Y 是 AB, CD 的交点,

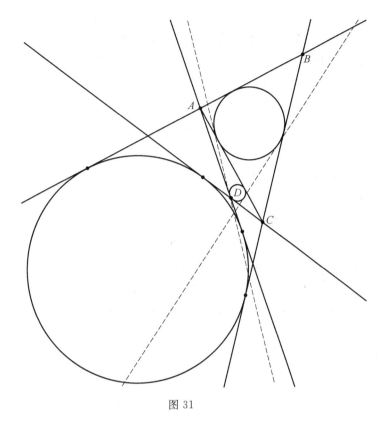

图 31

Z 是 BC, DA 的交点,由布里安香(Brianchon)定理,在(退化了的)外切六边形 $YQDZSB$ 中,我们知道 YZ, QS, BD 共点.另一方面,由布里安香定理,这次应用于(退化了的)外切六边形 $YDRZBP$ 中,直线 YZ, PR, BD 共点,于是我们得到直线 YZ, BD, QS, PR 都共点,这一公共点用 V 表示.

因为 BD 和 AC 相交于 U, AB, CD 相交于 Y,直线束 (ZB, ZU, ZA, ZY) 是调和直线束;所以被截线 BD 所截,得到 U, V 将线段 BD 调和分割.如果 O 是 k 的圆心,现在我们可以看到直线束 (OB, OU, OA, OY) 是调和直线束,所以将该直线束与过圆 k_1, k_2 的圆心的直线的交点在直线 AC 上投影后,得到点 E, F 将线段 UW 调和分割,这里我们用 W 表示 AC 和 OV 的交点.(注意因为 V 是关于 k 的极,所以 $OV \perp AC$.)

再设 k_3 和 k_4 分别是 $\triangle ADC$ 和 $\triangle ABC$ 的旁切圆,E_r, F_r 是它们与 AC 的切点.与上面的过程相同,我们推得 E_r 和 F_r 将线段 UW 调和分割,将此与 $|E_r F_r| = |EF|$(因为 E_r, F_r 是 E, F 关于 AC 的中点的反射),以及 U 在 $[EF]$ 和 $[E_r F_r]$ 的内部这一事实相结合,推出 $E \equiv E_r, F \equiv F_r$.在这种情况下,将蒙日—达朗贝尔定理用于 k_1, k_2 和退化的圆 AC,则点 B, E' 和 $F_r \equiv F$ 共线.这就证明了引理 2.

现在把注意力回到主要的目标(习题 4 的证明),设 V' 是直线 OV 与 k——靠近

AC——的交点,那么将蒙日－达朗贝尔定理用于 k,k_1 和退化的圆 AC,得到点 V',E',B 共线,于是由引理 2,得到 V' 在直线 $E'F$ 上. 类似地,我们得到 E,F',V' 共线,于是我们确立 k 和 k_1 的外相似中心是 EF' 和 $E'F$ 的交点(注意这一点是唯一的,因为 $|BA|\neq|BC|$),根据该点的定义,这个交点在 k 上. 这就结束了习题 4 的证明.

参考文献

[1] R. C. Archibald, Centers of similitude of circles and certain theorems attributed to Monge. Were they known to the Greeks?, Amer. Math. Monthly, 22(1915), No. 1, 6-12.

[2] L. Bankoff, A Mixtilinear Adventure, Crux Math., 9(1983), 2-7.

[3] C. Kimberling, Encyclopedia of Triangle Centers, available at http://faculty.evansville.edu/ck6/encyclopedia/ETC.html.

[4] K. L. Nguyen and J. C. Salazar, On Mixtilinear Incircles and Excircles, Forum Geom., 6(2006), 1-16.

[5] C. Pohoata, Geometric Constructions of the Mixtilinear Incircles, Crux Math., to appear.

[6] P. Yiu, Mixtilinear Incircles, Amer. Math. Monthly, 106(1999), No. 10, 952−955.

[7] http://www.mathlinks.ro/Forum/viewtopic.php?p=196786#196786.

Cosmin Pohoata, Princeton, USA

Jan Vonk, Gent, Belgium

编辑手记

对数学所言,什么是最重要的?《美国数学月刊》前主编哈尔莫斯一语道破:问题是数学的心脏.对于学习数学而言,什么最重要呢?是习题.正如华罗庚先生所指出:看书不做习题,就像入宝山而空返.那么什么样的问题和习题,才有价值呢?

晚清重臣左宗棠回湘阴老家,游境内神鼎山时,做了一副嵌字联,道是:神所依凭,将在德矣;鼎之轻重,似可问焉.显然,左宗棠的这副联语化自《左传·宣公三年》中的如下这段话:"楚子伐陆浑之戎,遂至于雒,观兵于周疆.定王使王孙满劳楚子.楚子问鼎之大小轻重焉.对曰:'在德不在鼎……周德虽衰,天命未改.鼎之轻重,未可问也.'"这段话也是后世"问鼎"一词的出处.

问题和习题重不重要如同问鼎之大小轻重一样——在人,在于提出者在圈子中的地位与分量.本书作者蒂图在国际数学奥林匹克中地位极高,曾有一本小书《美国奥数生》就专门介绍过他.

蒂图原来是罗马尼亚的一位数学教师,IMO的起源就在罗马尼亚,所以那里有着深厚的数学竞赛土壤,蒂图在东欧裂变时去了美国,在美国重新开辟了一片天地,甚至还自己创办了一个名为XYZ的出版社,专门出版与数学竞赛相关的图书.笔者对其极其欣赏,一鼓作气买下了他们这个小出版社的几乎全部图书的中文版权,总共也就几十本.其后有国内的其他大社闻讯后也要出版,怎奈大陆中文版权全在我们工作室手中,为了保持其系统性与完整性,我们坚持独家出版,绝不转让,望同行谅解.

本书的译者是上海的中学数学教研员余应龙先生.对余先生笔者了解挺多,所以要多介绍几句.有人曾发问:"编辑工作有什么好?"笔者认为最大的好处就是能与行业内的精英近距离地接触与学习.

余先生出生在上海的大户人家,父亲是一位财务专业人员,家境殷实.新中国成立后由于出身问题,余先生的青年时代相当的苦闷与压抑,经过痛苦的思考他决定不能就此沉沦下去,要奋斗要闯出一条路来.余先生决心已下,便开始了从身体到学业的魔鬼训练,身体的锻炼是以冷水浴和长跑为主,学业上的自修是以外语为主.余先生自修了英语、俄语、法语、德语,其中英语已经达到了能翻译文学名著的程度(余先生翻译的一本反映种族隔离政策的小说已完成了几十年,笔者承诺,择机将其出版,以此向他在逆境中奋起的行为致敬).在数学方面余先生也翻译了大量的国外名著,其中有波兰数论专家希尔宾斯基的《数论》,另外他还涉猎了许多其他学科,如天体力学等.在那个几乎全民信奉读书无用论的荒唐年代,他坚信知识是有用的,人是要有本事才行的(不知为什么上海人大都坚信此道,在"文化大革命"时期不肯虚度的人居全国之首,20世纪80年代宣传的物理学家曹狄秋,概率学家郑伟安等都是上海的普通青年工人).余先生曾将当年偷偷买到的许多外文版的数理专著转送给了笔者,使笔者感到惭愧的是对于此,笔者只能有叶公好龙之嫌了.

令我们不安的是,由于在当前的社会大环境下,数学书销售不畅,我们并没有给出能够标志余先生劳动价值的报酬.这在我们国家似乎是有历史渊源的,曾看见过一个有意思的资料.

《胶东文化》创刊号于1949年1月1日出版,68页.封面是毛泽东头戴八角帽头像,两侧有红旗映衬,下方饰以党徽,"新年创刊号"字体分外醒目.封二印有"迎接1949年,在毛主席胜利的旗帜下,英勇前进!胶东文化社全体同人鞠躬"字样.该刊编委会由以马少波为主任、江风为副主任的20人组成.有趣的是,这份刊物是以当时的猪肉价为参照计算稿酬的.

该刊"征稿条例"中说:"来稿一经刊载,每千字以猪肉斤半时价计酬,逐期结算."尽显胶东解放区的地方特色和时代特征.

余先生老有所为,从动手到动脑,我们在上海见面时是在复旦旧书店.出来后令笔者诧异的是这位七旬老人居然驾驶着一辆车,而且告诉笔者他是年近七十才学的开车.退休后他携夫人游遍欧美、澳洲,在沪期间则笔耕不辍,为我们工作室翻译了大量的数学著作,并且自己全部用电脑打出来,又好又快.对一项工作完成好坏的一个最高评价就是叫:超预期.余老师的工作完全是一种超预期的好,许多中年男性经常在想一个问题:人的一生应该如何度过? 就像以张爱玲小说改编的电影《半生缘》中的曼桢最后对自己所说的:"每个人的一生,总有一两件事可以拿来讲."

也有人曾经拿这个问题问金庸:"人的一生应如何度过?"94 岁的老先生答:"大闹一场,悄然离去."

按照以上说法,余先生的人生之路还是很理想的,先苦后甜,尽心尽力,有益社会,充实高效.

本书是一本问题集,问题好、解法优,一个好的问题和一个好的解法都是有价值的,更何况是两者的结合,对此单墫老师举过一个例子:

已知:$x,y,z \in \mathbf{R}^+$,求证:
$$x^3z + y^3x + z^3y \geqslant xyz(x+y+z) \qquad ①$$

证明 式 ① 的两边都是 x,y,z 的轮换式,不妨设 y 在 x,z 之间.

因为 x^2,z^2 的大小顺序与 xz,yz 相同,所以由排序不等式
$$x^2xz + z^2yz \geqslant x^2yz + z^2xz \qquad ②$$

同样 y^2,z^2 的顺序与 yx,zx 的相同,所以
$$y^2yx + z^2zx \geqslant y^2zx + z^2yx \qquad ③$$

由 ②,③ 得 ①.

常见的排序不等式,现在分成两次运用,颇为有趣.

又证 式 ① 即
$$\frac{x^2}{y} + \frac{y^2}{z} + \frac{z^2}{x} \geqslant x + y + z \qquad ④$$

因为
$$\frac{x^2}{y} + y \geqslant 2x$$
$$\frac{y^2}{z} + z \geqslant 2y$$
$$\frac{z^2}{x} + x \geqslant 2z$$

以上三式相加即得 ④.

更一般地,设 $x_1,x_2,\cdots,x_n \in \mathbf{R}^+$,则
$$\frac{x_1^2}{x_2} + \frac{x_2^2}{x_3} + \frac{x_3^2}{x_4} + \cdots + \frac{x_n^2}{x_1} \geqslant x_1 + x_2 + \cdots + x_n \qquad ⑤$$

式 ⑤ 是单老师发现的推广,曾作为 1984 年全国高中联赛的压轴题. 原来单老师的解答用归纳法,较繁. 但第二天,参加命题的一位老师即找到简单证法(即"又证"的证法).

另一个例子来自公众号"许康华竞赛优学"(这是个活跃的微信公众号),是文来中学王子龙老师写的题为《也谈一道三角不等式的证明》的文章.

著名奥数教练张小明教授于 2018 年 3 月 10 日在"许康华竞赛优学"公众号发表了《三角形不等式的"$B-C$"证法》一文,文中开始从一道经典的三角不等式

$$\sum \cos A \leqslant \frac{3}{2}$$

的证明讲起,逐步深入到主题.

笔者对开始的这个三角不等式很感兴趣,故抛砖引玉,给出几种证法,以飨读者.

由于对称性,不妨设 $0 < A \leqslant B \leqslant C < \pi$.

证法一(琴生不等式+调整法)

(1) 若 $C \leqslant \frac{\pi}{2}$,因为余弦函数是 $\left[0, \frac{\pi}{2}\right]$ 的凹函数,所以

$$\frac{1}{3}\sum \cos A \leqslant \cos \frac{\sum A}{3} = \cos \frac{\pi}{3} = \frac{1}{2}$$

所以 $\sum \cos A \leqslant \frac{3}{2}$,当且仅当 $A=B=C=\frac{\pi}{3}$ 时取等号.

(2) 若 $\frac{\pi}{2} < C < \pi$,此时显然不能对三个角直接使用余弦函数的琴生不等式,但是依旧继续可以对两个锐角使用琴生不等式,故得以下证法.

$$\frac{1}{2}\sum \cos A = \frac{1}{2}(\cos A + \cos B) - \frac{1}{2}\cos(A+B)$$

$$\leqslant \cos \frac{A+B}{2} - \frac{1}{2}\left(2\cos^2 \frac{A+B}{2} - 1\right)$$

$$= -\cos^2 \frac{A+B}{2} + \cos \frac{A+B}{2} + \frac{1}{2} \leqslant \frac{3}{4}$$

所以 $\sum \cos A \leqslant \frac{3}{2}$,当且仅当 $A=B$,$\cos \frac{A+B}{2} = \frac{1}{2}$ 时取等号,而此时 $A=B=C=\frac{\pi}{3}$,故 $\sum \cos A < \frac{3}{2}$.

综上 $\sum \cos A \leqslant \frac{3}{2}$,当且仅当 $A=B=C=\frac{\pi}{3}$ 时取等号.

证法二(余弦定理＋Schur 不等式)

Schur 不等式 a,b,c 均为非负数，k 为正常数，则不等式 $\sum_{cyc} a^k(a-b)(a-c) \geqslant 0$ 成立，当且仅当 $a=b=c$ 或 $a=b,c=0$ 及其循环排列时取等号．

为了便于读者理解证明思路，使用分析法叙述如下：

$$\sum \cos A \leqslant \frac{3}{2}$$

$$\Leftarrow \sum \frac{b^2+c^2-a^2}{2bc} \leqslant \frac{3}{2}$$

$$\Leftarrow \sum \frac{b^2+c^2-a^2}{bc} \leqslant 3$$

$$\Leftarrow \sum a(b^2+c^2-a^2) \leqslant 3abc$$

$$\Leftarrow \sum a(a^2-b^2-c^2) + 3abc \leqslant 0$$

$$\Leftarrow \sum a(a-c)(b-c) \geqslant 0$$

最后一个不等式即为指数 $k=1$ 的 Schur 不等式．

注：(1) 事实上根据证法二可见，原不等式成立的条件可以放宽到 a,b,c 均为非负数即可，而不需要一定要满足构成三角形的三边．放宽后取等号条件也有所宽松，只需 $a=b=c$ 或 $a=b,c=0$ 及其循环排列时均可取等号．

(2) 指数 $k=0$ 时，Schur 不等式依旧成立，即

$$\sum_{cyc}(a-b)(a-c) \geqslant 0$$

这是因为

$$\sum_{cyc}(a-b)(a-c) = \sum_{cyc} a^2 - \sum_{cyc} ab - \sum_{cyc} ac + \sum_{cyc} bc$$

$$= \sum_{cyc} a^2 - \sum_{cyc} ab$$

$$= \frac{1}{2}\sum_{cyc}(a-b)^2 \geqslant 0$$

这是中学数学竞赛选手熟知的一个结论．但要注意指数为 0 时不等式取等号的条件比 Schur 不等式取等号的条件更严格，只能是 $a=b=c$ 时．

在介绍证法三和证法四之前先引入两个重要的恒等式：

R,r 分别为 $\triangle ABC$ 的外接圆和内切圆半径，则有以下恒等式：

$$\sin A + \sin B + \sin C = 4\cos\frac{A}{2}\cos\frac{B}{2}\cos\frac{C}{2}$$

和

$$\frac{r}{R} = 4\sin\frac{A}{2}\sin\frac{B}{2}\sin\frac{C}{2} = \cos A + \cos B + \cos C - 1$$

分析 三角恒等式部分只需和差化积两次即可证明,故只需证明

$$\frac{r}{R} = 4\sin\frac{A}{2}\sin\frac{B}{2}\sin\frac{C}{2}$$

证明 利用三角形面积和正弦定理我们有

$$\frac{a+b+c}{2}r = \frac{1}{2}ab\sin C$$

$$\Rightarrow \frac{a+b+c}{2}r = \frac{1}{2} \cdot 4R^2 \sin A \sin B \sin C$$

$$\Rightarrow \left(\frac{a}{R} + \frac{b}{R} + \frac{c}{R}\right)\frac{r}{R} = 4\sin A \sin B \sin C$$

$$\Rightarrow 2(\sin A \sin B \sin C)\frac{r}{R} = 4\sin A \sin B \sin C$$

$$\Rightarrow \frac{r}{R} = \frac{2\sin A \sin B \sin C}{\sin A + \sin B + \sin C}$$

由第一个三角恒等式得

$$\frac{r}{R} = \frac{2\sin A \sin B \sin C}{4\cos\frac{A}{2}\cos\frac{B}{2}\cos\frac{C}{2}} \Rightarrow \frac{r}{R} = 4\sin\frac{A}{2}\sin\frac{B}{2}\sin\frac{C}{2}$$

证毕.

证法三(三角恒等式+欧拉公式)

依旧采用分析法叙述

$$\sum\cos A \leqslant \frac{3}{2} \Leftarrow \left(\sum\cos A\right) - 1 \leqslant \frac{1}{2} \Leftarrow \frac{r}{R} \leqslant \frac{1}{2} \Leftarrow R \geqslant 2r$$

由三角形欧拉公式 $R^2 = d^2 + 2Rr$(d 为三角形外接圆圆心与内切圆圆心距)得 $R^2 \geqslant 2Rr$,即 $R \geqslant 2r$. 当且仅当 $d=0$,即 $A=B=C=\frac{\pi}{3}$ 时取等号.

证法四(三角恒等式+琴生不等式)

分析 证法一由于钝角三角形不能直接用余弦函数凹凸性,不得不使用调整法,为了克服这一问题,我们可以使用三角恒等式把内角化为半角,把余弦化为正弦,从而克服以上问题.

证明 $\sum\cos A \leqslant \frac{3}{2} \Leftarrow \left(\sum\cos A\right) - 1 \leqslant \frac{1}{2}$

$$\Leftarrow 4\sin\frac{A}{2}\sin\frac{B}{2}\sin\frac{C}{2} \leqslant \frac{1}{2}$$

$$\Leftarrow \sin\frac{A}{2}\sin\frac{B}{2}\sin\frac{C}{2} \leqslant \frac{1}{8}$$

$$\Leftarrow \ln\sin\frac{A}{2}\sin\frac{B}{2}\sin\frac{C}{2} \leqslant \ln\frac{1}{8}$$

$$\Leftarrow \sum_{cyc}\ln\sin\frac{A}{2} \leqslant 3\ln\frac{1}{2}$$

令 $f(x) = \ln\sin x, x \in (0, \frac{\pi}{2})$，则 $f''(x) = \frac{-1}{\sin^2 x} < 0$.

故 $f(x)$ 为 $(0, \frac{\pi}{2})$ 上的一个凹函数，由琴生不等式得

$$\frac{1}{3}\sum_{cyc}\ln\sin\frac{A}{2} = \frac{1}{3}\sum_{cyc}f\left(\frac{A}{2}\right) \leqslant f\left(\frac{1}{2}\sum\frac{A}{2}\right)$$

$$= \ln\sin\frac{\sum\frac{A}{2}}{3} = \ln\frac{1}{2}$$

于是 $\sum_{cyc}\ln\sin\frac{A}{2} \leqslant 3\ln\frac{1}{2}$. 当且仅当 $\frac{A}{2} = \frac{B}{2} = \frac{C}{2}$，即 $A = B = C = \frac{\pi}{3}$ 时取等号.

最后笔者认为这个三角不等式是一道好题，引用金磊老师于 2018 年 2 月 4 日在"许康华竞赛优学"公众号上发表的《又和老婆讨论小学奥数题》一文中的原话："我跟她说这个题目确实是一道好题！所谓'好题'，标准是'起点低、解法多、观点高'. 也就是说，题目易入手，所有人都能做，可以从各个方面去解决；但题目又有内涵，可以引导愿意深入思考的人去探索和发现新的解法，甚至新的知识."

我记得上周末拜访裘宗沪裘老时，裘老也曾谈起"好题"的标准是"让学生有话可说，产生思考". 对此，我的观点与裘老基本不谋而合.

本书是蒂图的系列图书中的第一本，其余的各本很快就会与大家见面，敬请期待！

刘培杰
于哈工大
2018 年 3 月 15 日

刘培杰数学工作室
已出版(即将出版)图书目录——初等数学

书　名	出版时间	定　价	编号
新编中学数学解题方法全书(高中版)上卷	2007—09	38.00	7
新编中学数学解题方法全书(高中版)中卷	2007—09	48.00	8
新编中学数学解题方法全书(高中版)下卷(一)	2007—09	42.00	17
新编中学数学解题方法全书(高中版)下卷(二)	2007—09	38.00	18
新编中学数学解题方法全书(高中版)下卷(三)	2010—06	58.00	73
新编中学数学解题方法全书(初中版)上卷	2008—01	28.00	29
新编中学数学解题方法全书(初中版)中卷	2010—07	38.00	75
新编中学数学解题方法全书(高考复习卷)	2010—01	48.00	67
新编中学数学解题方法全书(高考真题卷)	2010—01	38.00	62
新编中学数学解题方法全书(高考精华卷)	2011—03	68.00	118
新编平面解析几何解题方法全书(专题讲座卷)	2010—01	18.00	61
新编中学数学解题方法全书(自主招生卷)	2013—08	88.00	261
数学奥林匹克与数学文化(第一辑)	2006—05	48.00	4
数学奥林匹克与数学文化(第二辑)(竞赛卷)	2008—01	48.00	19
数学奥林匹克与数学文化(第二辑)(文化卷)	2008—07	58.00	36′
数学奥林匹克与数学文化(第三辑)(竞赛卷)	2010—01	48.00	59
数学奥林匹克与数学文化(第四辑)(竞赛卷)	2011—08	58.00	87
数学奥林匹克与数学文化(第五辑)	2015—06	98.00	370
世界著名平面几何经典著作钩沉——几何作图专题卷(上)	2009—06	48.00	49
世界著名平面几何经典著作钩沉——几何作图专题卷(下)	2011—01	88.00	80
世界著名平面几何经典著作钩沉(民国平面几何老课本)	2011—03	38.00	113
世界著名平面几何经典著作钩沉(建国初期平面三角老课本)	2015—08	38.00	507
世界著名解析几何经典著作钩沉——平面解析几何卷	2014—01	38.00	264
世界著名数论经典著作钩沉(算术卷)	2012—01	28.00	125
世界著名数学经典著作钩沉——立体几何卷	2011—02	28.00	88
世界著名三角学经典著作钩沉(平面三角卷Ⅰ)	2010—06	28.00	69
世界著名三角学经典著作钩沉(平面三角卷Ⅱ)	2011—01	38.00	78
世界著名初等数论经典著作钩沉(理论和实用算术卷)	2011—07	38.00	126
发展你的空间想象力	2017—06	38.00	785
走向国际数学奥林匹克的平面几何试题诠释(上、下)(第1版)	2007—01	68.00	11,12
走向国际数学奥林匹克的平面几何试题诠释(上、下)(第2版)	2010—02	98.00	63,64
平面几何证明方法全书	2007—08	35.00	1
平面几何证明方法全书习题解答(第1版)	2005—10	18.00	2
平面几何证明方法全书习题解答(第2版)	2006—12	18.00	10
平面几何天天练上卷·基础篇(直线型)	2013—01	58.00	208
平面几何天天练中卷·基础篇(涉及圆)	2013—01	28.00	234
平面几何天天练下卷·提高篇	2013—01	58.00	237
平面几何专题研究	2013—07	98.00	258

I

刘培杰数学工作室
已出版(即将出版)图书目录——初等数学

书　名	出版时间	定　价	编号
最新世界各国数学奥林匹克中的平面几何试题	2007—09	38.00	14
数学竞赛平面几何典型题及新颖解	2010—07	48.00	74
初等数学复习及研究(平面几何)	2008—09	58.00	38
初等数学复习及研究(立体几何)	2010—06	38.00	71
初等数学复习及研究(平面几何)习题解答	2009—01	48.00	42
几何学教程(平面几何卷)	2011—03	68.00	90
几何学教程(立体几何卷)	2011—07	68.00	130
几何变换与几何证题	2010—06	88.00	70
计算方法与几何证题	2011—06	28.00	129
立体几何技巧与方法	2014—04	88.00	293
几何瑰宝——平面几何500名题暨1000条定理(上、下)	2010—07	138.00	76,77
三角形的解法与应用	2012—07	18.00	183
近代的三角形几何学	2012—07	48.00	184
一般折线几何学	2015—08	48.00	503
三角形的五心	2009—06	28.00	51
三角形的六心及其应用	2015—10	68.00	542
三角形趣谈	2012—08	28.00	212
解三角形	2014—01	28.00	265
三角学专门教程	2014—09	28.00	387
图天下几何新题试卷.初中(第2版)	2017—11	58.00	855
圆锥曲线习题集(上册)	2013—06	68.00	255
圆锥曲线习题集(中册)	2015—01	78.00	434
圆锥曲线习题集(下册·第1卷)	2016—10	78.00	683
圆锥曲线习题集(下册·第2卷)	2018—01	98.00	853
论九点圆	2015—05	88.00	645
近代欧氏几何学	2012—03	48.00	162
罗巴切夫斯基几何学及几何基础概要	2012—07	28.00	188
罗巴切夫斯基几何学初步	2015—06	28.00	474
用三角、解析几何、复数、向量计算解数学竞赛几何题	2015—03	48.00	455
美国中学几何教程	2015—04	88.00	458
三线坐标与三角形特征点	2015—04	98.00	460
平面解析几何方法与研究(第1卷)	2015—05	18.00	471
平面解析几何方法与研究(第2卷)	2015—06	18.00	472
平面解析几何方法与研究(第3卷)	2015—07	18.00	473
解析几何研究	2015—01	38.00	425
解析几何学教程.上	2016—01	38.00	574
解析几何学教程.下	2016—01	38.00	575
几何学基础	2016—01	58.00	581
初等几何研究	2015—02	58.00	444
十九和二十世纪欧氏几何学中的片段	2017—01	58.00	696
平面几何中考.高考.奥数一本通	2017—07	28.00	820
几何学简史	2017—08	28.00	833
四面体	2018—01	48.00	880
平面几何图形特性新析.上篇	即将出版		911
平面几何图形特性新析.下篇	2018—06	88.00	912
平面几何范例多解探究.上篇	2018—04	48.00	913
平面几何范例多解探究.下篇	即将出版		914

刘培杰数学工作室
已出版（即将出版）图书目录——初等数学

书 名	出版时间	定 价	编号
俄罗斯平面几何问题集	2009—08	88.00	55
俄罗斯立体几何问题集	2014—03	58.00	283
俄罗斯几何大师——沙雷金论数学及其他	2014—01	48.00	271
来自俄罗斯的5000道几何习题及解答	2011—03	58.00	89
俄罗斯初等数学问题集	2012—05	38.00	177
俄罗斯函数问题集	2011—03	38.00	103
俄罗斯组合分析问题集	2011—01	48.00	79
俄罗斯初等数学万题选——三角卷	2012—11	38.00	222
俄罗斯初等数学万题选——代数卷	2013—08	68.00	225
俄罗斯初等数学万题选——几何卷	2014—01	68.00	226
463个俄罗斯几何老问题	2012—01	28.00	152
谈谈素数	2011—03	18.00	91
平方和	2011—03	18.00	92
整数论	2011—05	38.00	120
从整数谈起	2015—10	28.00	538
数与多项式	2016—01	38.00	558
谈谈不定方程	2011—05	28.00	119
解析不等式新论	2009—06	68.00	48
建立不等式的方法	2011—03	98.00	104
数学奥林匹克不等式研究	2009—08	68.00	56
不等式研究（第二辑）	2012—02	68.00	153
不等式的秘密（第一卷）	2012—02	28.00	154
不等式的秘密（第一卷）（第2版）	2014—02	38.00	286
不等式的秘密（第二卷）	2014—01	38.00	268
初等不等式的证明方法	2010—06	38.00	123
初等不等式的证明方法（第二版）	2014—11	38.00	407
不等式·理论·方法（基础卷）	2015—07	38.00	496
不等式·理论·方法（经典不等式卷）	2015—07	38.00	497
不等式·理论·方法（特殊类型不等式卷）	2015—07	48.00	498
不等式探究	2016—03	38.00	582
不等式探秘	2017—01	88.00	689
四面体不等式	2017—01	68.00	715
数学奥林匹克中常见重要不等式	2017—09	38.00	845
同余理论	2012—05	38.00	163
[x]与{x}	2015—04	48.00	476
极值与最值.上卷	2015—06	28.00	486
极值与最值.中卷	2015—06	38.00	487
极值与最值.下卷	2015—06	28.00	488
整数的性质	2012—11	38.00	192
完全平方数及其应用	2015—08	78.00	506
多项式理论	2015—10	88.00	541
奇数、偶数、奇偶分析法	2018—01	98.00	876

刘培杰数学工作室
已出版(即将出版)图书目录——初等数学

书 名	出版时间	定 价	编号
历届美国中学生数学竞赛试题及解答(第一卷)1950—1954	2014—07	18.00	277
历届美国中学生数学竞赛试题及解答(第二卷)1955—1959	2014—04	18.00	278
历届美国中学生数学竞赛试题及解答(第三卷)1960—1964	2014—06	18.00	279
历届美国中学生数学竞赛试题及解答(第四卷)1965—1969	2014—04	28.00	280
历届美国中学生数学竞赛试题及解答(第五卷)1970—1972	2014—06	18.00	281
历届美国中学生数学竞赛试题及解答(第六卷)1973—1980	2017—07	18.00	768
历届美国中学生数学竞赛试题及解答(第七卷)1981—1986	2015—01	18.00	424
历届美国中学生数学竞赛试题及解答(第八卷)1987—1990	2017—05	18.00	769
历届IMO试题集(1959—2005)	2006—05	58.00	5
历届CMO试题集	2008—09	28.00	40
历届中国数学奥林匹克试题集(第2版)	2017—03	38.00	757
历届加拿大数学奥林匹克试题集	2012—08	38.00	215
历届美国数学奥林匹克试题集:多解推广加强	2012—08	38.00	209
历届美国数学奥林匹克试题集:多解推广加强(第2版)	2016—03	48.00	592
历届波兰数学竞赛试题集.第1卷,1949~1963	2015—03	18.00	453
历届波兰数学竞赛试题集.第2卷,1964~1976	2015—03	18.00	454
历届巴尔干数学奥林匹克试题集	2015—05	38.00	466
保加利亚数学奥林匹克	2014—10	38.00	393
圣彼得堡数学奥林匹克试题集	2015—01	38.00	429
匈牙利奥林匹克数学竞赛题解.第1卷	2016—05	28.00	593
匈牙利奥林匹克数学竞赛题解.第2卷	2016—05	28.00	594
历届美国数学邀请赛试题集(第2版)	2017—10	78.00	851
全国高中数学竞赛试题及解答.第1卷	2014—07	38.00	331
普林斯顿大学数学竞赛	2016—06	38.00	669
亚太地区数学奥林匹克竞赛题	2015—07	18.00	492
日本历届(初级)广中杯数学竞赛试题及解答.第1卷(2000~2007)	2016—05	28.00	641
日本历届(初级)广中杯数学竞赛试题及解答.第2卷(2008~2015)	2016—05	38.00	642
360个数学竞赛问题	2016—08	58.00	677
奥数最佳实战题.上卷	2017—06	38.00	760
奥数最佳实战题.下卷	2017—05	58.00	761
哈尔滨市早期中学数学竞赛试题汇编	2016—07	28.00	672
全国高中数学联赛试题及解答:1981—2017(第2版)	2018—05	98.00	920
20世纪50年代全国部分城市数学竞赛试题汇编	2017—07	28.00	797
高中数学竞赛培训教程:平面几何问题的求解方法与策略.上	2018—05	68.00	906
高中数学竞赛培训教程:平面几何问题的求解方法与策略.下	2018—06	78.00	907
高中数学竞赛培训教程:整除与同余以及不定方程	2018—01	88.00	908
高中数学竞赛培训教程:组合计数与组合极值	2018—04	48.00	909
国内外数学竞赛题及精解:2016~2017	2018—07	45.00	922
高考数学临门一脚(含密押三套卷)(理科版)	2017—01	45.00	743
高考数学临门一脚(含密押三套卷)(文科版)	2017—01	45.00	744
新课标高考数学题型全归纳(文科版)	2015—05	72.00	467
新课标高考数学题型全归纳(理科版)	2015—05	82.00	468
洞穿高考数学解答题核心考点(理科版)	2015—11	49.80	550
洞穿高考数学解答题核心考点(文科版)	2015—11	46.80	551

IV

刘培杰数学工作室
已出版(即将出版)图书目录——初等数学

书　名	出版时间	定　价	编号
高考数学题型全归纳:文科版.上	2016—05	53.00	663
高考数学题型全归纳:文科版.下	2016—05	53.00	664
高考数学题型全归纳:理科版.上	2016—05	58.00	665
高考数学题型全归纳:理科版.下	2016—05	58.00	666
王连笑教你怎样学数学:高考选择题解题策略与客观题实用训练	2014—01	48.00	262
王连笑教你怎样学数学:高考数学高层次讲座	2015—02	48.00	432
高考数学的理论与实践	2009—08	38.00	53
高考数学核心题型解题方法与技巧	2010—01	28.00	86
高考思维新平台	2014—03	38.00	259
30分钟拿下高考数学选择题、填空题(理科版)	2016—10	39.80	720
30分钟拿下高考数学选择题、填空题(文科版)	2016—10	39.80	721
高考数学压轴题解题诀窍(上)(第2版)	2018—01	58.00	874
高考数学压轴题解题诀窍(下)(第2版)	2018—01	48.00	875
北京市五区文科数学三年高考模拟题详解:2013~2015	2015—08	48.00	500
北京市五区理科数学三年高考模拟题详解:2013~2015	2015—09	68.00	505
向量法巧解数学高考题	2009—08	28.00	54
高考数学万能解题法(第2版)	即将出版	38.00	691
高考物理万能解题法(第2版)	即将出版	38.00	692
高考化学万能解题法(第2版)	即将出版	28.00	693
高考生物万能解题法(第2版)	即将出版	28.00	694
高考数学解题金典(第2版)	2017—01	78.00	716
高考物理解题金典(第2版)	即将出版	68.00	717
高考化学解题金典(第2版)	即将出版	58.00	718
我一定要赚分:高中物理	2016—01	38.00	580
数学高考参考	2016—01	78.00	589
2011~2015年全国及各省市高考数学文科精品试题审题要津与解法研究	2015—10	68.00	539
2011~2015年全国及各省市高考数学理科精品试题审题要津与解法研究	2015—10	88.00	540
最新全国及各省市高考数学试卷解法研究及点拨评析	2009—02	38.00	41
2011年全国及各省市高考数学试题审题要津与解法研究	2011—10	48.00	139
2013年全国及各省市高考数学试题解析与点评	2014—01	48.00	282
全国及各省市高考数学试题审题要津与解法研究	2015—02	48.00	450
新课标高考数学——五年试题分章详解(2007~2011)(上、下)	2011—10	78.00	140,141
全国中考数学压轴题审题要津与解法研究	2013—04	78.00	248
新编全国及各省市中考数学压轴题审题要津与解法研究	2014—05	58.00	342
全国及各省市5年中考数学压轴题审题要津与解法研究(2015版)	2015—04	58.00	462
中考数学专题总复习	2007—04	28.00	6
中考数学较难题、难题常考题型解题方法与技巧.上	2016—01	48.00	584
中考数学较难题、难题常考题型解题方法与技巧.下	2016—01	58.00	585
中考数学较难题常考题型解题方法与技巧	2016—09	48.00	681
中考数学难题常考题型解题方法与技巧	2016—09	48.00	682
中考数学选择填空压轴好题妙解365	2017—05	38.00	759

刘培杰数学工作室
已出版(即将出版)图书目录——初等数学

书 名	出版时间	定 价	编号
中考数学小压轴汇编初讲	2017—07	48.00	788
中考数学大压轴专题微言	2017—09	48.00	846
北京中考数学压轴题解题方法突破(第3版)	2017—11	48.00	854
助你高考成功的数学解题智慧:知识是智慧的基础	2016—01	58.00	596
助你高考成功的数学解题智慧:错误是智慧的试金石	2016—04	58.00	643
助你高考成功的数学解题智慧:方法是智慧的推手	2016—04	68.00	657
高考数学奇思妙解	2016—04	38.00	610
高考数学解题策略	2016—05	48.00	670
数学解题泄天机(第2版)	2017—10	48.00	850
高考物理压轴题全解	2017—04	48.00	746
高中物理经典问题25讲	2017—05	28.00	764
高中物理教学讲义	2018—01	48.00	871
2016年高考文科数学真题研究	2017—04	58.00	754
2016年高考理科数学真题研究	2017—04	78.00	755
初中数学、高中数学脱节知识补缺教材	2017—06	48.00	766
高考数学小题抢分必练	2017—10	48.00	834
高考数学核心素养解读	2017—09	38.00	839
高考数学客观题解题方法和技巧	2017—10	38.00	847
十年高考数学精品试题审题要津与解法研究.上卷	2018—01	68.00	872
十年高考数学精品试题审题要津与解法研究.下卷	2018—01	58.00	873
中国历届高考数学试题及解答.1949—1979	2018—01	38.00	877
数学文化与高考研究	2018—03	48.00	882
跟我学解高中数学题	2018—07	58.00	926
中学数学研究的方法及案例	2018—05	58.00	869

新编640个世界著名数学智力趣题	2014—01	88.00	242
500个最新世界著名数学智力趣题	2008—06	48.00	3
400个最新世界著名数学最值问题	2008—09	48.00	36
500个世界著名数学征解问题	2009—06	48.00	52
400个中国最佳初等数学征解老问题	2010—01	48.00	60
500个俄罗斯数学经典老题	2011—01	28.00	81
1000个国外中学物理好题	2012—04	48.00	174
300个日本高考数学题	2012—05	38.00	142
700个早期日本高考数学试题	2017—02	88.00	752
500个前苏联早期高考数学试题及解答	2012—05	28.00	185
546个早期俄罗斯大学生数学竞赛题	2014—03	38.00	285
548个来自美苏的数学好问题	2014—11	28.00	396
20所苏联著名大学早期入学试题	2015—02	18.00	452
161道德国工科大学生必做的微分方程习题	2015—05	28.00	469
500个德国工科大学生必做的高数习题	2015—06	28.00	478
360个数学竞赛问题	2016—08	58.00	677
200个趣味数学故事	2018—02	48.00	857
德国讲义日本考题.微积分卷	2015—04	48.00	456
德国讲义日本考题.微分方程卷	2015—04	38.00	457
二十世纪中叶中、英、美、日、法、俄高考数学试题精选	2017—06	38.00	783

刘培杰数学工作室
已出版(即将出版)图书目录——初等数学

书　　名	出版时间	定　价	编号
中国初等数学研究　2009卷(第1辑)	2009—05	20.00	45
中国初等数学研究　2010卷(第2辑)	2010—05	30.00	68
中国初等数学研究　2011卷(第3辑)	2011—07	60.00	127
中国初等数学研究　2012卷(第4辑)	2012—07	48.00	190
中国初等数学研究　2014卷(第5辑)	2014—02	48.00	288
中国初等数学研究　2015卷(第6辑)	2015—06	68.00	493
中国初等数学研究　2016卷(第7辑)	2016—04	68.00	609
中国初等数学研究　2017卷(第8辑)	2017—01	98.00	712
几何变换(Ⅰ)	2014—07	28.00	353
几何变换(Ⅱ)	2015—06	28.00	354
几何变换(Ⅲ)	2015—01	38.00	355
几何变换(Ⅳ)	2015—12	38.00	356
初等数论难题集(第一卷)	2009—05	68.00	44
初等数论难题集(第二卷)(上、下)	2011—02	128.00	82,83
数论概貌	2011—03	18.00	93
代数数论(第二版)	2013—08	58.00	94
代数多项式	2014—06	38.00	289
初等数论的知识与问题	2011—02	28.00	95
超越数论基础	2011—03	28.00	96
数论初等教程	2011—03	28.00	97
数论基础	2011—03	18.00	98
数论基础与维诺格拉多夫	2014—03	18.00	292
解析数论基础	2012—08	28.00	216
解析数论基础(第二版)	2014—01	48.00	287
解析数论问题集(第二版)(原版引进)	2014—05	88.00	343
解析数论问题集(第二版)(中译本)	2016—04	88.00	607
解析数论基础(潘承洞,潘承彪著)	2016—07	98.00	673
解析数论导引	2016—07	58.00	674
数论入门	2011—03	38.00	99
代数数论入门	2015—03	38.00	448
数论开篇	2012—07	28.00	194
解析数论引论	2011—03	48.00	100
Barban Davenport Halberstam 均值和	2009—01	40.00	33
基础数论	2011—03	28.00	101
初等数论100例	2011—05	18.00	122
初等数论经典例题	2012—07	18.00	204
最新世界各国数学奥林匹克中的初等数论试题(上、下)	2012—01	138.00	144,145
初等数论(Ⅰ)	2012—01	18.00	156
初等数论(Ⅱ)	2012—01	18.00	157
初等数论(Ⅲ)	2012—01	28.00	158

刘培杰数学工作室
已出版(即将出版)图书目录——初等数学

书　名	出版时间	定　价	编号
平面几何与数论中未解决的新老问题	2013—01	68.00	229
代数数论简史	2014—11	28.00	408
代数数论	2015—09	88.00	532
代数、数论及分析习题集	2016—11	98.00	695
数论导引提要及习题解答	2016—01	48.00	559
素数定理的初等证明.第2版	2016—09	48.00	686
数论中的模函数与狄利克雷级数(第二版)	2017—11	78.00	837
数论:数学导引	2018—01	68.00	849
数学眼光透视(第2版)	2017—06	78.00	732
数学思想领悟(第2版)	2018—01	68.00	733
数学解题引论	2017—05	48.00	735
数学史话览胜(第2版)	2017—01	48.00	736
数学应用展观(第2版)	2017—08	68.00	737
数学建模尝试	2018—04	48.00	738
数学竞赛采风	2018—01	68.00	739
数学技能操握	2018—03	48.00	741
数学欣赏拾趣	2018—02	48.00	742
从毕达哥拉斯到怀尔斯	2007—10	48.00	9
从迪利克雷到维斯卡尔迪	2008—01	48.00	21
从哥德巴赫到陈景润	2008—05	98.00	35
从庞加莱到佩雷尔曼	2011—08	138.00	136
博弈论精粹	2008—03	58.00	30
博弈论精粹.第二版(精装)	2015—01	88.00	461
数学 我爱你	2008—01	28.00	20
精神的圣徒　别样的人生——60位中国数学家成长的历程	2008—09	48.00	39
数学史概论	2009—06	78.00	50
数学史概论(精装)	2013—03	158.00	272
数学史选讲	2016—01	48.00	544
斐波那契数列	2010—02	28.00	65
数学拼盘和斐波那契魔方	2010—07	38.00	72
斐波那契数列欣赏	2011—01	28.00	160
Fibonacci 数列中的明珠	2018—06	58.00	928
数学的创造	2011—02	48.00	85
数学美与创造力	2016—01	48.00	595
数海拾贝	2016—01	48.00	590
数学中的美	2011—02	38.00	84
数论中的美学	2014—12	38.00	351

刘培杰数学工作室
已出版(即将出版)图书目录——初等数学

书　名	出版时间	定　价	编号
数学王者　科学巨人——高斯	2015—01	28.00	428
振兴祖国数学的圆梦之旅:中国初等数学研究史话	2015—06	98.00	490
二十世纪中国数学史料研究	2015—10	48.00	536
数字谜、数阵图与棋盘覆盖	2016—01	58.00	298
时间的形状	2016—01	38.00	556
数学发现的艺术:数学探索中的合情推理	2016—07	58.00	671
活跃在数学中的参数	2016—07	48.00	675
数学解题——靠数学思想给力(上)	2011—07	38.00	131
数学解题——靠数学思想给力(中)	2011—07	48.00	132
数学解题——靠数学思想给力(下)	2011—07	38.00	133
我怎样解题	2013—01	48.00	227
数学解题中的物理方法	2011—06	28.00	114
数学解题的特殊方法	2011—06	48.00	115
中学数学计算技巧	2012—01	48.00	116
中学数学证明方法	2012—01	58.00	117
数学趣题巧解	2012—03	28.00	128
高中数学教学通鉴	2015—05	58.00	479
和高中生漫谈:数学与哲学的故事	2014—08	28.00	369
算术问题集	2017—03	38.00	789
自主招生考试中的参数方程问题	2015—01	28.00	435
自主招生考试中的极坐标问题	2015—04	28.00	463
近年全国重点大学自主招生数学试题全解及研究.华约卷	2015—02	38.00	441
近年全国重点大学自主招生数学试题全解及研究.北约卷	2016—05	38.00	619
自主招生数学解证宝典	2015—09	48.00	535
格点和面积	2012—07	18.00	191
射影几何趣谈	2012—04	28.00	175
斯潘纳尔引理——从一道加拿大数学奥林匹克试题谈起	2014—01	28.00	228
李普希兹条件——从几道近年高考数学试题谈起	2012—10	18.00	221
拉格朗日中值定理——从一道北京高考试题的解法谈起	2015—10	18.00	197
闵科夫斯基定理——从一道清华大学自主招生试题谈起	2014—01	28.00	198
哈尔测度——从一道冬令营试题的背景谈起	2012—08	28.00	202
切比雪夫逼近问题——从一道中国台北数学奥林匹克试题谈起	2013—04	38.00	238
伯恩斯坦多项式与贝齐尔曲面——从一道全国高中数学联赛试题谈起	2013—03	38.00	236
卡塔兰猜想——从一道普特南竞赛试题谈起	2013—06	18.00	256
麦卡锡函数和阿克曼函数——从一道前南斯拉夫数学奥林匹克试题谈起	2012—08	18.00	201
贝蒂定理与拉姆贝克莫斯尔定理——从一个拣石子游戏谈起	2012—08	18.00	217
皮亚诺曲线和豪斯道夫分球定理——从无限集谈起	2012—08	18.00	211
平面凸图形与凸多面体	2012—10	28.00	218
斯坦因豪斯问题——从一道二十五省市自治区中学数学竞赛试题谈起	2012—07	18.00	196

IX

刘培杰数学工作室
已出版(即将出版)图书目录——初等数学

书　名	出版时间	定　价	编号
纽结理论中的亚历山大多项式与琼斯多项式——从一道北京市高一数学竞赛试题谈起	2012—07	28.00	195
原则与策略——从波利亚"解题表"谈起	2013—04	38.00	244
转化与化归——从三大尺规作图不能问题谈起	2012—08	28.00	214
代数几何中的贝祖定理(第一版)——从一道 IMO 试题的解法谈起	2013—08	18.00	193
成功连贯理论与约当块理论——从一道比利时数学竞赛试题谈起	2012—04	18.00	180
素数判定与大数分解	2014—08	18.00	199
置换多项式及其应用	2012—10	18.00	220
椭圆函数与模函数——从一道美国加州大学洛杉矶分校(UCLA)博士资格考题谈起	2012—10	28.00	219
差分方程的拉格朗日方法——从一道 2011 年全国高考理科试题的解法谈起	2012—08	28.00	200
力学在几何中的一些应用	2013—01	38.00	240
高斯散度定理、斯托克斯定理和平面格林定理——从一道国际大学生数学竞赛试题谈起	即将出版		
康托洛维奇不等式——从一道全国高中联赛试题谈起	2013—03	28.00	337
西格尔引理——从一道第18届 IMO 试题的解法谈起	即将出版		
罗斯定理——从一道前苏联数学竞赛试题谈起	即将出版		
拉克斯定理和阿廷定理——从一道 IMO 试题的解法谈起	2014—01	58.00	246
毕卡大定理——从一道美国大学数学竞赛试题谈起	2014—07	18.00	350
贝齐尔曲线——从一道全国高中联赛试题谈起	即将出版		
拉格朗日乘子定理——从一道 2005 年全国高中联赛试题的高等数学解法谈起	2015—05	28.00	480
雅可比定理——从一道日本数学奥林匹克试题谈起	2013—04	48.00	249
李天岩—约克定理——从一道波兰数学竞赛试题谈起	2014—06	28.00	349
整系数多项式因式分解的一般方法——从克朗耐克算法谈起	即将出版		
布劳维不动点定理——从一道前苏联数学奥林匹克试题谈起	2014—01	38.00	273
伯恩赛德定理——从一道英国数学奥林匹克试题谈起	即将出版		
布查特—莫斯特定理——从一道上海市初中竞赛试题谈起	即将出版		
数论中的同余数问题——从一道普特南竞赛试题谈起	即将出版		
范·德蒙行列式——从一道美国数学奥林匹克试题谈起	即将出版		
中国剩余定理:总数法构建中国历史年表	2015—01	28.00	430
牛顿程序与方程求根——从一道全国高考试题解法谈起	即将出版		
库默尔定理——从一道 IMO 预选试题谈起	即将出版		
卢丁定理——从一道冬令营试题的解法谈起	即将出版		
沃斯滕霍姆定理——从一道 IMO 预选试题谈起	即将出版		
卡尔松不等式——从一道莫斯科数学奥林匹克试题谈起	即将出版		
信息论中的香农熵——从一道近年高考压轴题谈起	即将出版		
约当不等式——从一道希望杯竞赛试题谈起	即将出版		
拉比诺维奇定理	即将出版		
刘维尔定理——从一道《美国数学月刊》征解问题的解法谈起	即将出版		
卡塔兰恒等式与级数求和——从一道 IMO 试题的解法谈起	即将出版		
勒让德猜想与素数分布——从一道爱尔兰竞赛试题谈起	即将出版		
天平称重与信息论——从一道基辅市数学奥林匹克试题谈起	即将出版		
哈密尔顿—凯莱定理:从一道高中数学联赛试题的解法谈起	2014—09	18.00	376
艾思特曼定理——从一道 CMO 试题的解法谈起	即将出版		

刘培杰数学工作室
已出版(即将出版)图书目录——初等数学

书 名	出版时间	定 价	编号
阿贝尔恒等式与经典不等式及应用	2018—06	98.00	923
迪利克雷除数问题	2018—07	48.00	930
贝克码与编码理论——从一道全国高中联赛试题谈起	即将出版		
帕斯卡三角形	2014—03	18.00	294
蒲丰投针问题——从2009年清华大学的一道自主招生试题谈起	2014—01	38.00	295
斯图姆定理——从一道"华约"自主招生试题的解法谈起	2014—01	18.00	296
许瓦兹引理——从一道加利福尼亚大学伯克利分校数学系博士生试题谈起	2014—08	18.00	297
拉姆塞定理——从王诗宬院士的一个问题谈起	2016—04	48.00	299
坐标法	2013—12	28.00	332
数论三角形	2014—04	38.00	341
毕克定理	2014—07	18.00	352
数林掠影	2014—09	48.00	389
我们周围的概率	2014—10	38.00	390
凸函数最值定理:从一道华约自主招生题的解法谈起	2014—10	28.00	391
易学与数学奥林匹克	2014—10	38.00	392
生物数学趣谈	2015—01	18.00	409
反演	2015—01	28.00	420
因式分解与圆锥曲线	2015—01	18.00	426
轨迹	2015—01	28.00	427
面积原理:从常庚哲命的一道CMO试题的积分解法谈起	2015—01	48.00	431
形形色色的不动点定理:从一道28届IMO试题谈起	2015—01	38.00	439
柯西函数方程:从一道上海交大自主招生的试题谈起	2015—02	28.00	440
三角恒等式	2015—02	28.00	442
无理性判定:从一道2014年"北约"自主招生试题谈起	2015—01	38.00	443
数学归纳法	2015—03	18.00	451
极端原理与解题	2015—04	28.00	464
法雷级数	2014—08	18.00	367
摆线族	2015—01	38.00	438
函数方程及其解法	2015—05	38.00	470
含参数的方程和不等式	2012—09	28.00	213
希尔伯特第十问题	2016—01	38.00	543
无穷小量的求和	2016—01	28.00	545
切比雪夫多项式:从一道清华大学金秋营试题谈起	2016—01	38.00	583
泽肯多夫定理	2016—03	38.00	599
代数等式证题法	2016—01	28.00	600
三角等式证题法	2016—01	28.00	601
吴大任教授藏书中的一个因式分解公式:从一道美国数学邀请赛试题的解法谈起	2016—06	28.00	656
易卦——类万物的数学模型	2017—08	68.00	838
"不可思议"的数与数系可持续发展	2018—01	38.00	878
最短线	2018—01	38.00	879
幻方和魔方(第一卷)	2012—05	68.00	173
尘封的经典——初等数学经典文献选读(第一卷)	2012—07	48.00	205
尘封的经典——初等数学经典文献选读(第二卷)	2012—07	38.00	206
初级方程式论	2011—03	28.00	106
初等数学研究(Ⅰ)	2008—09	68.00	37
初等数学研究(Ⅱ)(上、下)	2009—05	118.00	46,47

刘培杰数学工作室
已出版（即将出版）图书目录——初等数学

书　　名	出版时间	定　价	编号
趣味初等方程妙题集锦	2014—09	48.00	388
趣味初等数论选美与欣赏	2015—02	48.00	445
耕读笔记(上卷)：一位农民数学爱好者的初数探索	2015—04	28.00	459
耕读笔记(中卷)：一位农民数学爱好者的初数探索	2015—05	28.00	483
耕读笔记(下卷)：一位农民数学爱好者的初数探索	2015—05	28.00	484
几何不等式研究与欣赏.上卷	2016—01	88.00	547
几何不等式研究与欣赏.下卷	2016—01	48.00	552
初等数列研究与欣赏·上	2016—01	48.00	570
初等数列研究与欣赏·下	2016—01	48.00	571
趣味初等函数研究与欣赏.上	2016—09	48.00	684
趣味初等函数研究与欣赏.下	即将出版		685
火柴游戏	2016—05	38.00	612
智力解谜.第1卷	2017—07	38.00	613
智力解谜.第2卷	2017—07	38.00	614
故事智力	2016—07	48.00	615
名人们喜欢的智力问题	即将出版		616
数学大师的发现、创造与失误	2018—01	48.00	617
异曲同工	即将出版		618
数学的味道	2018—01	58.00	798
数贝偶拾——高考数学题研究	2014—04	28.00	274
数贝偶拾——初等数学研究	2014—04	38.00	275
数贝偶拾——奥数题研究	2014—04	48.00	276
钱昌本教你快乐学数学(上)	2011—12	48.00	155
钱昌本教你快乐学数学(下)	2012—03	58.00	171
集合、函数与方程	2014—01	28.00	300
数列与不等式	2014—01	38.00	301
三角与平面向量	2014—01	28.00	302
平面解析几何	2014—01	38.00	303
立体几何与组合	2014—01	28.00	304
极限与导数、数学归纳法	2014—01	38.00	305
趣味数学	2014—03	28.00	306
教材教法	2014—04	68.00	307
自主招生	2014—05	58.00	308
高考压轴题(上)	2015—01	48.00	309
高考压轴题(下)	2014—10	68.00	310
从费马到怀尔斯——费马大定理的历史	2013—10	198.00	Ⅰ
从庞加莱到佩雷尔曼——庞加莱猜想的历史	2013—10	298.00	Ⅱ
从切比雪夫到爱尔特希(上)——素数定理的初等证明	2013—07	48.00	Ⅲ
从切比雪夫到爱尔特希(下)——素数定理100年	2012—12	98.00	Ⅲ
从高斯到盖尔方特——二次域的高斯猜想	2013—10	198.00	Ⅳ
从库默尔到朗兰兹——朗兰兹猜想的历史	2014—01	98.00	Ⅴ
从比勃巴赫到德布朗斯——比勃巴赫猜想的历史	2014—02	298.00	Ⅵ
从麦比乌斯到陈省身——麦比乌斯变换与麦比乌斯带	2014—02	298.00	Ⅶ
从布尔到豪斯道夫——布尔方程与格论漫谈	2013—10	198.00	Ⅷ
从开普勒到阿诺德——三体问题的历史	2014—05	298.00	Ⅸ
从华林到华罗庚——华林问题的历史	2013—10	298.00	Ⅹ

刘培杰数学工作室
已出版(即将出版)图书目录——初等数学

书　名	出版时间	定　价	编号
美国高中数学竞赛五十讲.第1卷(英文)	2014—08	28.00	357
美国高中数学竞赛五十讲.第2卷(英文)	2014—08	28.00	358
美国高中数学竞赛五十讲.第3卷(英文)	2014—09	28.00	359
美国高中数学竞赛五十讲.第4卷(英文)	2014—09	28.00	360
美国高中数学竞赛五十讲.第5卷(英文)	2014—10	28.00	361
美国高中数学竞赛五十讲.第6卷(英文)	2014—11	28.00	362
美国高中数学竞赛五十讲.第7卷(英文)	2014—12	28.00	363
美国高中数学竞赛五十讲.第8卷(英文)	2015—01	28.00	364
美国高中数学竞赛五十讲.第9卷(英文)	2015—01	28.00	365
美国高中数学竞赛五十讲.第10卷(英文)	2015—02	38.00	366
三角函数	2014—01	38.00	311
不等式	2014—01	38.00	312
数列	2014—01	38.00	313
方程	2014—01	28.00	314
排列和组合	2014—01	28.00	315
极限与导数	2014—01	28.00	316
向量	2014—09	38.00	317
复数及其应用	2014—08	28.00	318
函数	2014—01	38.00	319
集合	即将出版		320
直线与平面	2014—01	28.00	321
立体几何	2014—04	28.00	322
解三角形	即将出版		323
直线与圆	2014—01	28.00	324
圆锥曲线	2014—01	38.00	325
解题通法(一)	2014—07	38.00	326
解题通法(二)	2014—07	38.00	327
解题通法(三)	2014—05	38.00	328
概率与统计	2014—01	28.00	329
信息迁移与算法	即将出版		330
IMO 50年.第1卷(1959—1963)	2014—11	28.00	377
IMO 50年.第2卷(1964—1968)	2014—11	28.00	378
IMO 50年.第3卷(1969—1973)	2014—09	28.00	379
IMO 50年.第4卷(1974—1978)	2016—04	38.00	380
IMO 50年.第5卷(1979—1984)	2015—04	38.00	381
IMO 50年.第6卷(1985—1989)	2015—04	58.00	382
IMO 50年.第7卷(1990—1994)	2016—01	48.00	383
IMO 50年.第8卷(1995—1999)	2016—06	38.00	384
IMO 50年.第9卷(2000—2004)	2015—04	58.00	385
IMO 50年.第10卷(2005—2009)	2016—01	48.00	386
IMO 50年.第11卷(2010—2015)	2017—03	48.00	646

刘培杰数学工作室
已出版(即将出版)图书目录——初等数学

书　　名	出版时间	定　价	编号
方程(第2版)	2017—04	38.00	624
三角函数(第2版)	2017—04	38.00	626
向量(第2版)	即将出版		627
立体几何(第2版)	2016—04	38.00	629
直线与圆(第2版)	2016—11	38.00	631
圆锥曲线(第2版)	2016—09	48.00	632
极限与导数(第2版)	2016—04	38.00	635
历届美国大学生数学竞赛试题集.第一卷(1938—1949)	2015—01	28.00	397
历届美国大学生数学竞赛试题集.第二卷(1950—1959)	2015—01	28.00	398
历届美国大学生数学竞赛试题集.第三卷(1960—1969)	2015—01	28.00	399
历届美国大学生数学竞赛试题集.第四卷(1970—1979)	2015—01	18.00	400
历届美国大学生数学竞赛试题集.第五卷(1980—1989)	2015—01	28.00	401
历届美国大学生数学竞赛试题集.第六卷(1990—1999)	2015—01	28.00	402
历届美国大学生数学竞赛试题集.第七卷(2000—2009)	2015—08	18.00	403
历届美国大学生数学竞赛试题集.第八卷(2010—2012)	2015—01	18.00	404
新课标高考数学创新题解题诀窍:总论	2014—09	28.00	372
新课标高考数学创新题解题诀窍:必修1～5分册	2014—08	38.00	373
新课标高考数学创新题解题诀窍:选修2-1,2-2,1-1,1-2分册	2014—09	38.00	374
新课标高考数学创新题解题诀窍:选修2-3,4-4,4-5分册	2014—09	18.00	375
全国重点大学自主招生英文数学试题全攻略:词汇卷	2015—07	48.00	410
全国重点大学自主招生英文数学试题全攻略:概念卷	2015—01	28.00	411
全国重点大学自主招生英文数学试题全攻略:文章选读卷(上)	2016—09	38.00	412
全国重点大学自主招生英文数学试题全攻略:文章选读卷(下)	2017—01	58.00	413
全国重点大学自主招生英文数学试题全攻略:试题卷	2015—07	38.00	414
全国重点大学自主招生英文数学试题全攻略:名著欣赏卷	2017—03	48.00	415
劳埃德数学趣题大全.题目卷.1:英文	2016—01	18.00	516
劳埃德数学趣题大全.题目卷.2:英文	2016—01	18.00	517
劳埃德数学趣题大全.题目卷.3:英文	2016—01	18.00	518
劳埃德数学趣题大全.题目卷.4:英文	2016—01	18.00	519
劳埃德数学趣题大全.题目卷.5:英文	2016—01	18.00	520
劳埃德数学趣题大全.答案卷:英文	2016—01	18.00	521
李成章教练奥数笔记.第1卷	2016—01	48.00	522
李成章教练奥数笔记.第2卷	2016—01	48.00	523
李成章教练奥数笔记.第3卷	2016—01	38.00	524
李成章教练奥数笔记.第4卷	2016—01	38.00	525
李成章教练奥数笔记.第5卷	2016—01	38.00	526
李成章教练奥数笔记.第6卷	2016—01	38.00	527
李成章教练奥数笔记.第7卷	2016—01	38.00	528
李成章教练奥数笔记.第8卷	2016—01	48.00	529
李成章教练奥数笔记.第9卷	2016—01	28.00	530

刘培杰数学工作室
已出版（即将出版）图书目录——初等数学

书　名	出版时间	定　价	编号
第19～23届"希望杯"全国数学邀请赛试题审题要津详细评注(初一版)	2014—03	28.00	333
第19～23届"希望杯"全国数学邀请赛试题审题要津详细评注(初二、初三版)	2014—03	38.00	334
第19～23届"希望杯"全国数学邀请赛试题审题要津详细评注(高一版)	2014—03	28.00	335
第19～23届"希望杯"全国数学邀请赛试题审题要津详细评注(高二版)	2014—03	38.00	336
第19～25届"希望杯"全国数学邀请赛试题审题要津详细评注(初一版)	2015—01	38.00	416
第19～25届"希望杯"全国数学邀请赛试题审题要津详细评注(初二、初三版)	2015—01	58.00	417
第19～25届"希望杯"全国数学邀请赛试题审题要津详细评注(高一版)	2015—01	48.00	418
第19～25届"希望杯"全国数学邀请赛试题审题要津详细评注(高二版)	2015—01	48.00	419
物理奥林匹克竞赛大题典——力学卷	2014—11	48.00	405
物理奥林匹克竞赛大题典——热学卷	2014—04	28.00	339
物理奥林匹克竞赛大题典——电磁学卷	2015—07	48.00	406
物理奥林匹克竞赛大题典——光学与近代物理卷	2014—06	28.00	345
历届中国东南地区数学奥林匹克试题集(2004～2012)	2014—06	18.00	346
历届中国西部地区数学奥林匹克试题集(2001～2012)	2014—07	18.00	347
历届中国女子数学奥林匹克试题集(2002～2012)	2014—08	18.00	348
数学奥林匹克在中国	2014—06	98.00	344
数学奥林匹克问题集	2014—01	38.00	267
数学奥林匹克不等式散论	2010—06	38.00	124
数学奥林匹克不等式欣赏	2011—09	38.00	138
数学奥林匹克超级题库(初中卷上)	2010—01	58.00	66
数学奥林匹克不等式证明方法和技巧(上、下)	2011—08	158.00	134,135
他们学什么：原民主德国中学数学课本	2016—09	38.00	658
他们学什么：英国中学数学课本	2016—09	38.00	659
他们学什么：法国中学数学课本.1	2016—09	38.00	660
他们学什么：法国中学数学课本.2	2016—09	28.00	661
他们学什么：法国中学数学课本.3	2016—09	38.00	662
他们学什么：苏联中学数学课本	2016—09	28.00	679
高中数学题典——集合与简易逻辑·函数	2016—07	48.00	647
高中数学题典——导数	2016—07	48.00	648
高中数学题典——三角函数·平面向量	2016—07	48.00	649
高中数学题典——数列	2016—07	58.00	650
高中数学题典——不等式·推理与证明	2016—07	38.00	651
高中数学题典——立体几何	2016—07	48.00	652
高中数学题典——平面解析几何	2016—07	78.00	653
高中数学题典——计数原理·统计·概率·复数	2016—07	48.00	654
高中数学题典——算法·平面几何·初等数论·组合数学·其他	2016—07	68.00	655

刘培杰数学工作室
已出版(即将出版)图书目录——初等数学

书　名	出版时间	定价	编号
台湾地区奥林匹克数学竞赛试题.小学一年级	2017—03	38.00	722
台湾地区奥林匹克数学竞赛试题.小学二年级	2017—03	38.00	723
台湾地区奥林匹克数学竞赛试题.小学三年级	2017—03	38.00	724
台湾地区奥林匹克数学竞赛试题.小学四年级	2017—03	38.00	725
台湾地区奥林匹克数学竞赛试题.小学五年级	2017—03	38.00	726
台湾地区奥林匹克数学竞赛试题.小学六年级	2017—03	38.00	727
台湾地区奥林匹克数学竞赛试题.初中一年级	2017—03	38.00	728
台湾地区奥林匹克数学竞赛试题.初中二年级	2017—03	38.00	729
台湾地区奥林匹克数学竞赛试题.初中三年级	2017—03	28.00	730
不等式证题法	2017—04	28.00	747
平面几何培优教程	即将出版		748
奥数鼎级培优教程.高一分册	即将出版		749
奥数鼎级培优教程.高二分册.上	2018—04	68.00	750
奥数鼎级培优教程.高二分册.下	2018—04	68.00	751
高中数学竞赛冲刺宝典	即将出版		883
初中尖子生数学超级题典.实数	2017—07	58.00	792
初中尖子生数学超级题典.式、方程与不等式	2017—08	58.00	793
初中尖子生数学超级题典.圆、面积	2017—08	38.00	794
初中尖子生数学超级题典.函数、逻辑推理	2017—08	48.00	795
初中尖子生数学超级题典.角、线段、三角形与多边形	2017—07	58.00	796
数学王子——高斯	2018—01	48.00	858
坎坷奇星——阿贝尔	2018—01	48.00	859
闪烁奇星——伽罗瓦	2018—01	58.00	860
无穷统帅——康托尔	2018—01	48.00	861
科学公主——柯瓦列夫斯卡娅	2018—01	48.00	862
抽象代数之母——埃米·诺特	2018—01	48.00	863
电脑先驱——图灵	2018—01	58.00	864
昔日神童——维纳	2018—01	48.00	865
数坛怪侠——爱尔特希	2018—01	68.00	866
当代世界中的数学.数学思想与数学基础	2018—04	38.00	892
当代世界中的数学.数学问题	即将出版		893
当代世界中的数学.应用数学与数学应用	即将出版		894
当代世界中的数学.数学王国的新疆域(一)	2018—04	38.00	895
当代世界中的数学.数学王国的新疆域(二)	即将出版		896
当代世界中的数学.数林撷英(一)	即将出版		897
当代世界中的数学.数林撷英(二)	即将出版		898
当代世界中的数学.数学之路	即将出版		899

联系地址：哈尔滨市南岗区复华四道街10号　哈尔滨工业大学出版社刘培杰数学工作室
　　　网　　址：http://lpj.hit.edu.cn/
　　　邮　　编：150006
　　　联系电话：0451—86281378　　13904613167
　　　E-mail:lpj1378@163.com